化工原理

（第3版）下册

蒋维钧 雷良恒 刘茂林 戴猷元 余立新 编著

清华大学出版社

北京

内 容 简 介

本书为清华大学精品课程"化工原理"的教材,在清华大学多个系所使用多年。全书分上、下两册。上册包括流体流动、流体输送机械、流体流过颗粒和颗粒层的流动、非均相混合物的分离、传热和蒸发等 6 章,书末有 26 个附录;下册包括传质分离过程概论、吸收、蒸馏、气液传质设备、液液萃取、干燥、吸附分离、膜分离和其他分离方法等 9 章。

本书可供高等院校化工、生物化工、环境、食品、轻工、制药和材料等专业的师生作教材使用,也可作为从事上述专业的设计、开发和运行的工程技术人员的学习参考书。

本书可与《化工原理习题解析(上、下册)》配套使用。

图书在版编目(CIP)数据

化工原理. 下册/蒋维钧,雷良恒,刘茂林等编著. --3 版. --北京:清华大学出版社,2010.8
(2025.8重印)
(清华大学化学工程系列教材)
ISBN 978-7-302-22685-7

Ⅰ. ①化… Ⅱ. ①蒋… ②雷… ③刘… Ⅲ. ①化工原理—高等学校—教材 Ⅳ. ①TQ02

中国版本图书馆 CIP 数据核字(2010)第 085959 号

责任编辑:柳 萍 洪 英
责任校对:赵丽敏
责任印制:丛怀宇

出版发行:清华大学出版社
   网 址:https://www.tup.com.cn,https://www.wqxuetang.com
   地 址:北京清华大学学研大厦 A 座 邮 编:100084
   社 总 机:010-83470000   邮 购:010-62786544
   投稿与读者服务:010-62776969,c-service@tup.tsinghua.edu.cn
   质量反馈:010-62772015,zhiliang@tup.tsinghua.edu.cn
印 装 者:天津鑫丰华印务有限公司
经 销:全国新华书店
开 本:170mm×230mm 印 张:28 字 数:533 千字
版 次:2010 年 8 月第 3 版   印 次:2025 年 8 月第 8 次印刷
定 价:85.00 元

产品编号:023827-04

第 3 版前言

　　由清华大学出版社出版的《化工原理》(1992)及《化工原理》第 2 版(2002)已由清华大学多个院系及十余所兄弟院校使用多年,反映良好。1997 年,《化工原理》被评为全国优秀教材二等奖(化工类)。2005 年,《化工原理》第 2 版被评为北京市精品教材。根据化学工程与工艺的学科发展需要及"化工原理"课程讲授的要求,第 3 版对部分内容做了进一步修订。

　　《化工原理》是化工类及相关专业的重要技术基础课程教材,其主要内容是讲授化工单元操作的基本原理、典型设备的结构、操作性能和设计计算。《化工原理》遵循"掌握基本原理、突出过程强化、激发交叉兴趣、增强创新能力"的讲授逻辑,内容体现掌握基本理论与激发创新意识并重,既突出基本理论,又重视联系实际、丰富工程性内容,以启发学生的创新思维和意识,引导学生从掌握基本原理出发,注重培养创新能力。

　　《化工原理》将化工单元操作按照过程共性归类。以动量传递为基础,阐述流体流动、流体输送机械、流体流过颗粒和颗粒层的流动、非均相混合物的分离;以热量传递为基础,阐述传热及蒸发操作;以质量传递为基础,阐述吸收、精馏、萃取、干燥、吸附、膜分离和其他分离方法等单元操作。《化工原理》除了强调流动、传热、传质等概论方面的描述外,还注意引入过程强化和新型分离技术的研究现状等内容,并通过思考题或讨论题,培养学生综合能力和分析解决问题能力。教材可读性强,易于自学。

　　《化工原理》分上、下两册。上册包括流体流动、流体输送机械、流体流过颗粒和颗粒层的流动、非均相混合物的分离、传热和蒸发等 6 章,书末有 26 个附录;下册包括传质分离过程概论、吸收、蒸馏、气液传质设备、液液萃取、干燥、吸附分离、膜分离和其他分离方法等 9 章。本书可作为高等院校化工类及相关专业学生的"化工原理"、"化学工程基础"等课程的教材,也可作为从事化工、生物化工、环境、食品加工、轻工、制药和材料等行业的工程技术人员的学习参考书。

　　《化工原理》第 1 版各章分别由蒋维钧(绪论,第 3、4、6、7、9 章)、戴猷元(第 1、2 章)、顾惠君(第 5 章)、雷良恒(第 10、11 章)和刘茂林(第 8、12、13 章)编写,最后由蒋维钧修改,统一定稿。

　　《化工原理》第 2 版对第 1 版进行了修订,并新增了膜分离、其他分离方法两章,更新了部分附录。修订工作由戴猷元和余立新负责完成。膜分离由戴猷元和余立新编写,其他分离方法由蒋维钧和余立新编写。

《化工原理》第 3 版的修订工作由戴猷元和余立新负责完成。除了对第 2 版的部分内容做了修订外,主要章节新增了"讨论题及题解"等内容。

由于编者自身的学术水平和教学及研究实践的限制,书中难免存在不足之处,希望专家、同行、广大学生和读者批评指正。

编者

2010 年 7 月

目　　录

7 传质分离过程概论

7.1 传质分离过程

混合物分离是化工类生产中的重要过程。混合物可以分为均相混合物和非均相混合物两类。非均相混合物的分离主要依靠力学原理,即质点运动与流体力学的原理进行分离,已在第 4 章中进行了讨论。本章以及以后的几章讨论的主要是均相混合物的分离,这些分离过程的特点是依靠物质的传递(分子传递和涡流传递)来实现混合物中各组分的分离,因此统称为传质分离过程。某些非均相混合物也是依靠物质传递达到分离的目的,例如湿固体物料中的水分依靠使水分传递到气相来实现物料的干燥,这些非均相混合物的分离方法(如干燥、浸取)也列入传质分离过程。

传质分离过程可分为两大类:

(1) 平衡分离过程:根据混合物中诸组分在两相间的平衡分配不同来实现混合物的分离,这类分离方法称为平衡分离过程。如蒸馏、吸收、萃取、吸附和干燥等。

(2) 速率分离过程:根据混合物中各组分在某种场的作用下扩散速度不同的性质来实现它们的分离,这类分离方法称为速率分离过程,例如气体扩散、电泳等。

在一般化工生产中主要应用平衡分离过程,所以本课程主要讨论平衡分离过程。后面讲到的传质分离过程主要为平衡分离过程。

化工生产中遇到的混合物是多种多样的。它们可以是气体、液体或固体;它们可以是均相的,也可以是非均相的(例如某些固体混合物);其中各组分的物理化学性质可以相差很大,也可以十分相似;各组分的含量可以相差很大,也可以处于同样数量级。另一方面,分离混合物的目的也各不相同,一般说可以分为以下 4 种情况:

(1) 分离:将混合物中各组分完全分开,得到各个纯组分或若干种产品。例如,将空气分离而得氧、氮和多种稀有气体,将原油分离成汽油、煤油、柴油等若干产物。

(2) 提取和回收:从混合物中提取出某种或某几种有用的组分。例如从矿石中提取某种有用的金属,从工厂排放的废料中回收有价值的物质或除去污染环境的有害物质。

（3）纯化：除去混合物中所含的少量杂质。例如合成氨生产中除去原料气中的 CO_2 和 CO 等有害气体，以制取纯净的 N_2、H_2 混合气体。

（4）浓缩：将含组分很少的稀溶液浓缩。

因此，为了有效地进行混合物的分离，必须根据具体情况，采用不同的方法。

应用平衡分离原理实现混合物分离的方法很多，每种方法均有其本身的特点。但是，分析各种常用的分离方法可以发现，尽管各种分离方法的具体情况各不相同，它们的基本原理、所用的分析与处理问题的方法和设备很多是相同的或相似的。掌握这些平衡分离过程的基本原理和方法，对于更好地理解与掌握各种具体的分离方法无疑是有益的。

本章讨论平衡分离过程的共同的基本原理、分离的基本方法，以及分离设备的基本类型和设计方法。

平衡分离过程的共同基础是混合物中各组分在两相间平衡时的分配（即相对组成）不同，所以作为讨论问题的基础，首先要说明混合物中组成的表示方法。

7.2　混合物组成的表示方法

为了分析问题与设计计算的方便，对于各种传质分离过程，常常采用不同的组成表示方法，化工计算中常用的组成表示方法有以下 4 种。

7.2.1　质量浓度与物质的量浓度

单位体积混合物中某物质（组分）的质量称为该物质（组分）的质量浓度，其定义式为

$$G_A = \frac{m_A}{V} \tag{7-1}$$

式中：G_A——组分 A 的质量浓度，kg/m^3；

　　　m_A——混合物中组分 A 的质量，kg；

　　　V——混合物的体积，m^3。

单位体积混合物中某组分的物质的量称为该组分的物质的量浓度（也称浓度），其定义式为

$$c_A = \frac{n_A}{V} \tag{7-2}$$

式中：c_A——组分 A 的浓度，$kmol/m^3$；

　　　n_A——混合物中组分 A 的物质的量，kmol。

组分 A 的质量浓度与物质的量浓度的关系为

$$c_A = \frac{G_A}{M_A} \qquad (7\text{-}3)$$

式中：M_A——组分 A 的摩尔质量。

7.2.2　质量分数与摩尔分数

混合物中某组分 A 的质量 m_A 占混合物总质量 m 的比例称为组分 A 的质量分数 a_A：

$$a_A = \frac{m_A}{m} \qquad (7\text{-}4)$$

显然，混合物中所有组分（A，B，…）的质量分数之和等于 1，即

$$a_A + a_B + \cdots = 1 \qquad (7\text{-}5)$$

混合物中某组分 A 的物质的量 n_A 占混合物总物质的量 n 的比例称为组分 A 的摩尔分数 x_A：

$$x_A = \frac{n_A}{n} \qquad (7\text{-}6)$$

同上，混合物中所有组分的摩尔分数之和等于 1，即

$$x_A + x_B + \cdots = 1 \qquad (7\text{-}7)$$

一般用 x，y 分别表示两个不同相中组分的摩尔分数，对于气液体系，y 表示气相中的摩尔分数，x 表示液相中的摩尔分数。

组分 A 的质量分数与摩尔分数的关系为

$$x_A = \frac{a_A}{M_A} \bigg/ \left(\frac{a_A}{M_A} + \frac{a_B}{M_B} + \cdots \right) \qquad (7\text{-}8)$$

或

$$x_A = \frac{a_A}{M_A} \bigg/ \frac{1}{\overline{M}} \qquad (7\text{-}9)$$

式中：a_A，a_B，…——组分 A，B，…的质量分数；

M_A，M_B，…——组分 A，B，…的摩尔质量；

$\overline{M}$——混合物的平均摩尔质量。

7.2.3　质量比与摩尔比

混合物中单位质量惰性物质（指传质分离过程中不在相间传递的物质）所含某组分的质量称为该组分的质量比，其定义式为

$$\overline{X}_A = \frac{m_A}{m - m_A} \qquad (7\text{-}10)$$

式中：$\overline{X}_A$——组分 A 的质量比。

质量比与质量分数的关系为

$$\overline{X}_A = \frac{a_A}{1 - a_A} \qquad (7\text{-}11)$$

混合物中 1 mol 惰性物质所含某组分的物质的量称为该组分的摩尔比。在传质分离过程中用 X 和 Y 分别表示两相中的摩尔比,对于气液体系,通常用 X 表示液相中的摩尔比,用 Y 表示气相中的摩尔比。摩尔比的定义式为

$$X_A = \frac{n_A}{n - n_A} \qquad (7\text{-}12)$$

式中:X_A——组分 A 的摩尔比。

摩尔比与摩尔分数的关系为

$$X_A = \frac{x_A}{1 - x_A} \qquad (7\text{-}13)$$

7.2.4 气体的总压与组分的分压

对于气体混合物,其组成还常常用总压和分压间接表示。总压、组分分压与组分的摩尔分数和摩尔比的关系为

$$x_A = \frac{p_A}{p} \qquad (7\text{-}14)$$

$$X_A = \frac{p_A}{p - p_A} \qquad (7\text{-}15)$$

式中:p——气体的总压;

p_A——组分 A 的分压。

实际上应用哪种方法表示混合物的组成,需根据过程计算时使用上的方便而定。因此需要掌握各种组成表示方法之间的换算。进行各种组成表示方法相互换算的要点是取一定量的混合物作为基准,然后根据组成定义再作换算。

例 7-1 已知氨水的质量浓度为 240 kg/m³,此溶液的密度为 910 kg/m³。求氨在溶液中的质量分数、质量比、摩尔分数和摩尔比。

解:取 1 m³ 溶液作为基准。

氨水的质量分数 a_{NH_3}:

$$a_{NH_3} = \frac{240}{910} = 0.264$$

氨水的质量比 $\overline{X}_{NH_3}$:

$$\overline{X}_{NH_3} = \frac{240}{910 - 240} = \frac{240}{670} = 0.358$$

氨水的摩尔分数 x_{NH_3}：

$$x_{NH_3} = \frac{\dfrac{240}{17}}{\dfrac{240}{17}+\dfrac{670}{18}} = \frac{14.1}{14.1+37.2} = 0.275$$

氨水的摩尔比 X_{NH_3}：

$$X_{NH_3} = \frac{\dfrac{240}{17}}{\dfrac{670}{18}} = \frac{14.1}{37.2} = 0.379$$

7.3　传质分离过程的热力学基础——组分在两相间的平衡

平衡分离过程分离混合物的基本方法是根据混合物中诸组分在两相间平衡时分配不同的性质，通过人为地加入另一个相，或者变更条件产生一个新相从而形成一个两相体系，利用待分离的组分在此两相间的分配不同，某些组分在某一相中富集，从而实现其分离。所以组分在两相间的平衡是传质分离过程的热力学基础。

一个混合物与另一相接触时，其中的组分就会在两相间传递，最后达到平衡，此时两相中各组分的组成不再发生变化。平衡时组分在两相中的组成关系称为组分在两相间的平衡关系，利用各组分在两相间平衡关系的不同，可以实现混合物的分离。例如在 20℃下含氨(NH_3)空气与水接触时，NH_3 在水、气两相间的平衡关系如图 7-1 中的曲线所示，此曲线叫做平衡线。当气相中 NH_3 的含量(以其分压表示)一定时，平衡时水中含 NH_3 量亦为一定值。例如，当气相中 NH_3 的分压为 4.23 kPa 时，水中 NH_3 的平衡组成为 0.05(质量比)。当气、液两相中 NH_3 的组成为此值时，NH_3 在两相间达平衡，NH_3 在两相间不会再发生净的传递。空气中的 O_2 和 N_2 在水中的溶解度很小，可以看成它们在水中的质量浓度为零。

设想使 NH_3 分压为 4.23 kPa 的含 NH_3 空气与氨组成为 0.02(质量比)的氨水接触，NH_3 在两相间不呈平衡。水中氨的组成低于分压为 4.23 kPa 的含氨空气的平衡组成 0.05(质量比)，因此氨就向水中传递(被水吸收)，使它在水中的含量提高。因为空气几乎不溶于水，也就是说它与 NH_3 在水、气两相间的分配不同，所以加水可以使 NH_3 与空气分离，这个过程称为吸收过程。过程的推动力为实际体系离开平衡状态的距离，可以用含氨空气与氨水组成的两相体系的状态点 a 与平衡线的水平距离表示：

$$\Delta \overline{X} = 0.05 - 0.02 \qquad (7\text{-}16)$$

也可以用 a 点与平衡线的垂直距离表示：

$$\Delta p = 4.23 - 1.6 \qquad (7\text{-}17)$$

式中：1.6 kPa——与组成为 0.02 的氨水呈平衡的气体中氨的分压。

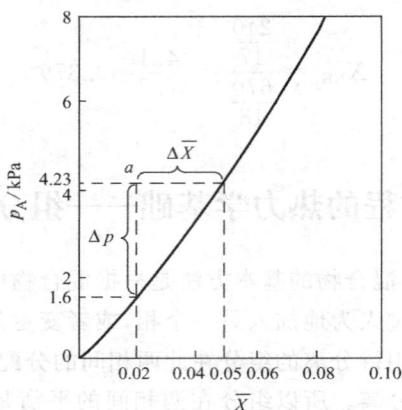

图 7-1　NH$_3$ 在空气与水两相间的平衡关系

　　再如，苯与甲苯的混合物在 101.3 kPa 的压力下气、液两相平衡时的组成关系（平衡线）如图 7-2 所示。图中横坐标表示液相中苯的摩尔分数 x，纵坐标表示气相中苯的摩尔分数 y。由图可知，当液相中苯的组成为 0.5 时，气相中苯的平衡组成为 0.7。设想使苯的摩尔分数为 0.5 的苯-甲苯混合液与苯的摩尔分数为 0.5 的苯-甲苯混合气接触，苯与甲苯在两相间呈不平衡，与含苯 0.5 的苯-甲苯混合液呈平衡的气相中苯的摩尔分数应为 0.7，比实际混合气中苯的摩尔分数高，所以苯要从液相向气相传递。相反地，甲苯要从气相向液相传递。上述过程是苯-甲苯精馏过程中发生的传递过程，这个过程的推动力也是实际体系与平衡状态间的距离，可以用相互接触的气、液两相状态点 a 与平衡线之间的垂直距离表示：

$$\Delta y = 0.7 - 0.5 \qquad (7\text{-}18)$$

或者用 a 点与平衡线之间的水平距离表示：

$$\Delta x = 0.5 - 0.29 \qquad (7\text{-}19)$$

　　由上面两个例子可知，混合物中诸组分在两相间平衡时的分配不同为它们的分离提供了可能性。

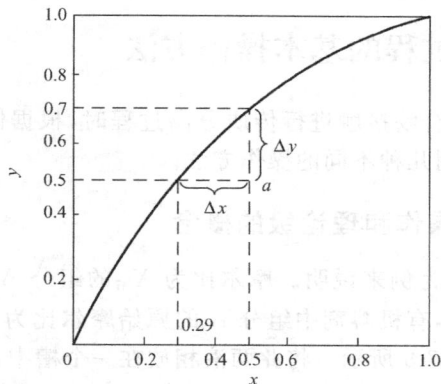

图 7-2　苯-甲苯的气、液相平衡关系

7.4　传质分离过程的两种基本类型

混合物中诸组分在两相间的分配,根据其相对量的不同可以分为两种情况,与此相对应的分离方法也可以分为两类。

1. 混合物中诸组分在两相间的分配相差很大

例如氨和空气的混合气在气相与水相间的分配。此体系两相平衡时,水相中溶解的空气相对于 NH_3 来说很少,实际上可以认为只有氨溶入水相,空气几乎不溶于水相。这就是说,当水相与气相接触时只有一种组分(氨)进入水相,从而使氨与空气得到分离。

吸收、简单萃取、浸取、干燥以及简单吸附等分离过程属于这种类型。这种分离方法的特点是只需引入一股物流,形成两相接触体系即可实现组分的分离。

2. 混合物中诸组分在两相间的分配相差不大

苯-甲苯混合物的气、液两相平衡属于这类情况。平衡时,气相中苯的相对含量较液相中高(或者说液相中甲苯的相对含量较气相中高),但是高得不多。例如与含苯 0.5 摩尔分数(含甲苯也是 0.5)的液体呈平衡的气相中苯的含量为 0.7 摩尔分数(含甲苯为 0.3)。对于这类情况只引入一股物流已不可能实现苯与甲苯的完全分离。为了使这两个组分完全分离,必须再加入另一股物流,譬如,对于精馏是回流与上升气流。

精馏、回流萃取、分馏吸附、同位素化学交换等分离过程属于这种类型。这类分离方法的特点是需要引入两股物流,分段形成两相接触体系,整个过程可以同时分段进行(如精馏、回流萃取),也可以周期性地轮换进行(如色层分离等)。

7.5　传质分离过程的基本操作方法

引入另一相与混合物接触进行传质分离过程时,根据体系平衡情况和分离要求的不同,可以采用几种不同的操作方法。

7.5.1　单级接触操作和理论级的概念

以液液萃取过程为例来说明。摩尔比为 X_{Ai} 的组分 A 的水溶液,用有机溶剂来提取其中组分 A,有机溶剂中组分 A 的原始摩尔比为 Y_{Ai}。组分 A 在两液相中的平衡关系如图 7-3 所示。将此两液相放在一个槽中,搅拌均匀,水溶液中的组分 A 向有机相转移,经过一定时间澄清,两相分开,这种操作称为单级接触操作。现分析此操作过程中组分 A 的转移和两相组成的变化情况。开始时两相的状态点为 a 点,组分 A 在水相中的摩尔比为 X_{Ai},与其呈平衡的有机相的组成应为 Y_{Ai}^*。实际有机相中的组成为 Y_{Ai},低于平衡值,所以组分 A 要向有机相中转移,使其在有机相中的组成提高,也就是说向平衡的状态转移,此时过程的推动力为

$$\Delta Y_{Ai} = Y_{Ai}^* - Y_{Ai} \qquad (7-20)$$

同理,也可以用

$$\Delta X_{Ai} = X_{Ai} - X_{Ai}^* \qquad (7-20a)$$

来表示过程的推动力。由于组分 A 从水相传递到有机相,水相中组分 A 的组成下降,有机相中组分 A 的组成增高。在任何时刻组分 A 在两相中的组成关系可以用物料衡算确定。根据组分 A 的衡算,从水相中传出的组分 A 的量等于进入有机相的组分 A 的量:

$$L(X_{Ai} - X_A) = S(Y_A - Y_{Ai}) \qquad (7-21)$$

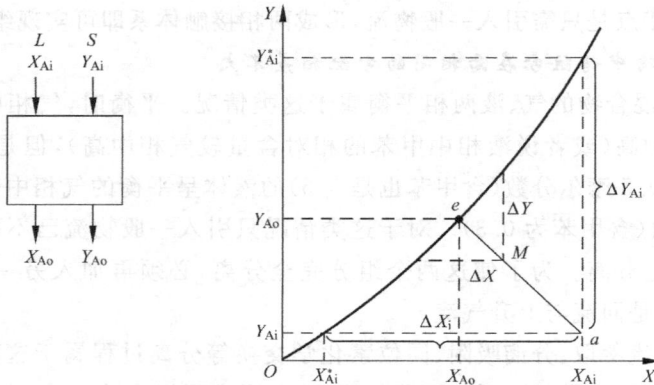

图 7-3　单级接触操作

式中：L——水相中水的物质的量，即除组分 A 以外的惰性物质的物质的量；

S——有机相中溶剂的物质的量，即除组分 A 以外的惰性物质的物质的量；

X_A，Y_A——在任意时刻水相、有机相中组分 A 的摩尔比。

在图 7-3 中，式(7-21)为经过(X_{Ai}，Y_{Ai})点、斜率为 $-L/S$ 的直线 ae，此线称为过程的操作线。由图可知，随着组分 A 从水相向有机相的传递，两相的状态点沿 ae 线按 $a \to e$ 方向移动。任意时刻，例如状态点 M，两相传质的推动力为 ΔY 或 ΔX，可见随着过程的进行，传质推动力逐渐减小。这个过程的终点是两相达到平衡，此时两相的状态点为操作线与平衡线的交点(e 点)。两相接触进行物质传递最后达到平衡的一级设备称为一个理论级，过程的结果使部分组分 A 从水相中分离出来，所以，理论级是传质分离过程中能实现一定分离效果的基本单元。每个理论级所能达到的分离效果与两相量比、平衡关系以及两相的原始组成等因素有关。后面将会讲到，在传质分离过程中，可以用为了达到一定的分离要求所需的理论级(有时称理论板)数来表示一个分离过程的难易程度和分离要求的高低。分离要求高，体系难分离，则分离所需的理论级数多；反之，分离要求低或体系易分离，则分离所需的理论级数少。

单级接触最终两相达到平衡，即达到一个理论级的分离程度，需要很长的(理论上需无限长)时间，所以实际上是不可能的。通常在一定的接触时间内两相间组分 A 的转移只能进行到一定程度，例如进行到 M 点，M 点离平衡点的距离表示该实际单级接触操作与一个理论级的差距，这种差距通常用级效率表示。

以上所述的单级接触操作是间歇进行的，液相与液相、液相与固相所形成的两相体系可以采用这种操作方式。

7.5.2 并流接触操作

单级接触操作也可以连续进行，这就是并流接触操作。仍以前面讲的萃取过程为例，令两相并流流入传质设备(如填料塔或管道一类设备)，在并行流动过程中两相接触，组分 A 从水相转移到有机相(见图 7-4)，从进口到出口，水相中组分 A 的组成由 X_{Ai} 降低到 X_{Ao}，有机相中组分 A 的组成从 Y_{Ai} 提高到 Y_{Ao}。这一过程相当于间歇操作的单级接触操作经历了一定时间，所以从设备入口到出口两相状态的变化类似于单级接触操作，如图 7-3 的操作线所示。所以并流操作的操作线与单级接触的操作线的方程相同，但是含义略有差别。并流操作的分离效果的极限也是一个理

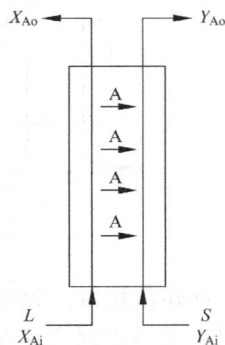

图 7-4 并流接触操作

论级。

液相与液相、液相与固相、气相与液相以及气相与固相等两相体系均可以采用并流接触操作。

7.5.3 逆流接触操作

如上所述,单级接触操作和并流接触操作的分离极限是一个理论级。因此,除了根据相平衡关系特别容易分离的体系以外,单级接触和并流接触操作的分离效果都是不理想的,它们不能使混合物达到比较完全的分离。为了使混合物在较经济的条件下实现较完全的分离,可以采用逆流接触操作。所以逆流操作是传质分离过程中应用最普遍的操作方法。

逆流接触操作有连续逆流与多级逆流两种。

1. 连续逆流

图 7-5 是两相连续逆流操作的示意图。过程可以在立式的塔(例如填料塔)中进行。也以前面所说的液液萃取为例,组成为 X_{Ai} 的组分 A 的水溶液从塔顶加入,自上而下流动。用来提取组分 A 的不含组分 A 或含组分 A 很少的有机溶剂(组分 A 的摩尔比为 Y_{Ai})从塔底进入,自下而上流动,与水溶液接触,组分 A 从水相传递到有机相。只要有机相与水相的流量比适当大,塔底流出的水相中组分 A 的组成 X_{Ao} 就有可能降低到接近于与有机相入口组成呈平衡的组成 X_{Ai}^*。

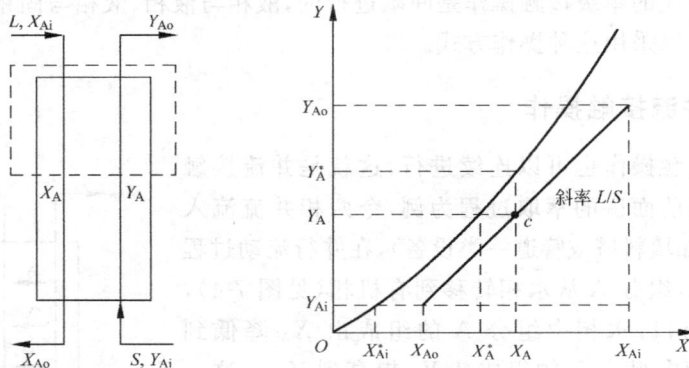

图 7-5 连续逆流操作

在逆流接触过程中,任意截面上接触的两相中组分 A 的组成 X_A 和 Y_A 可以根据从塔顶到该截面,即图 7-5 中虚线所示系统的物料衡算确定。对于稳态操作,从水溶液中传出的组分 A 的量等于进入有机溶剂中的组分 A 的量,即

$$L(X_{Ai} - X_A) = S(Y_{Ao} - Y_A) \qquad (7\text{-}22)$$

此式表示塔中任意截面上水相组成与有机相组成的关系,它在 $Y\text{-}X$ 图上为一通过 (X_{Ai}, Y_{Ao}) 点、斜率为 L/S 的直线,称为逆流接触操作的操作线。分析操作线上任意点 c 的情况:与水相呈平衡的有机相中组分 A 的组成应为 Y_A^*,比实际有机相的组成 Y_A 高(或者说与有机相呈平衡的水相中组分 A 的组成 X_A^* 比实际水相的组成 X_A 低),所以组分 A 从水相向有机相传递,过程的推动力可用 $\Delta Y = Y_A^* - Y_A$ 或 $\Delta X = X_A - X_A^*$ 表示。从整个塔来看,从上到下操作线与平衡线之间的垂直或水平距离表示塔中各截面上的传质推动力,因此,从上到下组分 A 不断从水相向有机相传递,只要塔有足够的高度,水溶液出口的组成 X_{Ao} 就可以降低到很低的程度。塔愈高,水溶液出口的 X_{Ao} 愈低,从水相中分离出来的组分 A 愈多,组分 A 的分离愈完全。

2. 多级逆流

多级逆流操作的流程如图 7-6 所示(N 级)。从总体上看,多级逆流操作中两相流向与连续逆流相同,其所能达到的分离效果亦与连续逆流相当。各级间相遇两相的组成关系也如式(7-22)所示,也就是说总体上它的操作线也与连续逆流相同(见图 7-6)。但是,两者的作用机理以及所用设备和处理问题的方法有些不同。

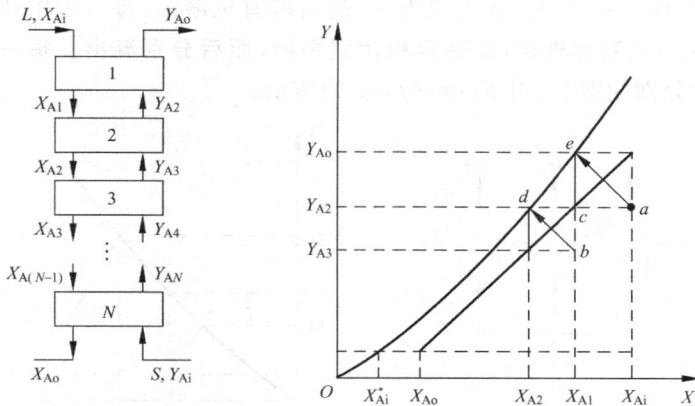

图 7-6　多级逆流操作

原始水溶液与从第 2 级出来的有机相一起进入第 1 级,在其中两相接触,此时两相的状态如 a 点(X_{Ai}, Y_{A2})所示,因为与组成为 Y_{A2} 的有机相呈平衡的水相平衡组成应为 X_{A2},小于 X_{Ai},所以两相不平衡,组分 A 要从水相传递到有机相。在这一级中组分 A 的传递和两相组成的变化过程,如同单级接触一样(见图 7-3 中的 ae 线),最终两相达到平衡,这一级为一个理论级。这一个理论级的操作结果使

水相组成从 X_{Ai} 降低到 X_{A1}，有机相组成从 Y_{A2} 提高到 Y_{Ao}。组成为 Y_{Ao} 的有机相与组成为 X_{A1} 的水相分别离开第 1 级，前者为顶部流出的有机相，后者流入第 2 级。在第 2 级进行与第 1 级类似的过程，如图 7-6 中的 bd 线所示。组成为 X_{A1} 的水相与第 3 级上来的组成为 Y_{A3} 的有机相接触，组分 A 从水相传递到有机相，最终两相达到平衡，结果水相组成从 X_{A1} 降低到 X_{A2}，有机相组成从 Y_{A3} 提高到 Y_{A2}。这样水相从上而下，每经一级，组分 A 的组成降低一点，最后从第 N 级出去，其组成 X_{AN} 可以达到接近于与有机相入口浓度呈平衡的组成 X_{Ai}^*，这就是说组分 A 可以比较完全地从水溶液中分离出来。而有机相从下而上，每经一级，组分 A 的组成提高一点，最后从第 1 级出去，其组成 Y_{Ao} 可以达到接近于与水相入口组成呈平衡的组成 Y_{Ai}^*。

多级逆流操作所用理论级数愈多，组分 A 从水相中分离出来的愈多，组分 A 的分离愈完全；另一方面，为了使混合物达到一定的分离程度所需理论级数愈多，表示过程的分离愈困难。

多级逆流的级数与连续逆流的塔高相对应，级数愈多相当于塔愈高。

7.5.4 错流接触操作

错流接触操作的流程如图 7-7 所示。以萃取过程为例，水溶液依次流经 1，2，3，…诸级，在每一级中加入组成为 Y_{Ai} 的新鲜有机溶剂，每一级中两相接触组分 A 从水相传递到有机相，最终两相达到平衡，而后分别流出。每一级中两相状态的变化分别如图 7-7 中的 ae，bf，cg 线所示。

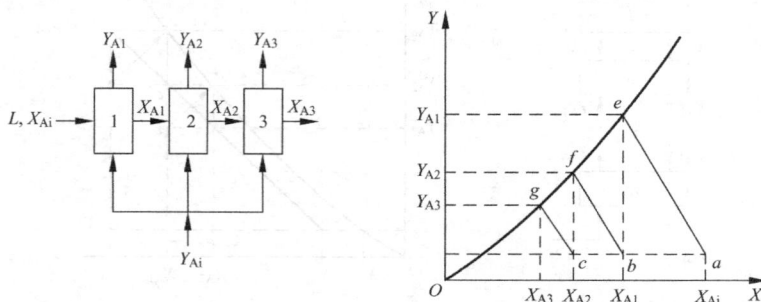

图 7-7 错流接触操作

错流接触操作也可以在一级中半连续进行。例如湿物料的沸腾干燥（半连续操作），将湿物料放入沸腾干燥器中，然后连续通热空气进行干燥，直到湿物料中水含量降低到要求值为止。单级鼓泡吸收器也属于这种操作。

7.6 分析、处理传质分离过程的两种方法和两类设备

7.5 节讲到的单级接触与并流操作和多级逆流与连续逆流分别表示分析与处理传质分离过程的两种方法,即分级接触操作(或称级操作)与微分接触操作。

单级接触操作为分级接触操作,并流操作为微分接触操作,它们的操作情况与分离效果类似,它们的作用极限均是两相达到平衡,因此可以得到同样的分离效果。不同的是单级接触操作需要很长的时间两相才能达到平衡(即达到一个理论级),而并流接触操作则需要经过很高的塔两相才能达到平衡。

多级逆流为分级接触操作,连续逆流操作为微分接触操作,它们总的流向和分离效果类似,多级逆流操作级数的多少相当于连续逆流操作塔的高低。这两种操作的操作线也是相同的。但是,这两种操作中两相相互作用的机理不同,对于连续逆流操作,在任何截面上相遇的两相互相接触,进行传质,这就是说相遇的两相即为作用的两相,因此操作线上每一个点都代表某一截面上相遇和相互作用的两相的组成关系,此点(如图 7-5 中的 c 点)与平衡线的水平或垂直距离表示两相间传质的推动力。多级逆流则不然,在任意两级间相遇的两相(对应于操作线上的一个点,如图 7-6 中的 c 点)并不是相互作用的两相,从第 2 级出来的组成为 Y_{A2} 的有机相不是与第 1 级出来的组成为 X_{A1} 的水溶液接触,而是与进入第 1 级的组成为 X_{Ai} 的水相接触,进行传质,因此过程的推动力不是多级逆流操作线与平衡线间的距离。在多级逆流系统中每一级内两相作用的推动力,例如在 1 级中两相作用过程的传质推动力为 ae 线上不同点与平衡线间的垂直或水平距离。

与上述两种方法相对应,传质分离设备有两种基本类型:分级接触式设备和微分接触式设备。

7.6.1 分级接触式设备

板式塔是分级接触式设备的代表。分级接触式设备计算的一个主要内容是确定实际需要的级数,因为实际上这类设备的一个级不能达到一个理论级的分离程度,所以常用级效率来表示实际级接近理论级的程度。分级接触式设备级数的计算过程是先算出分离所需的理论级数 N_T,然后除以级效率 η,即得实际需要的级数为

$$N_p = \frac{N_T}{\eta} \tag{7-23}$$

例如某一设备的级效率为 0.5,意即此设备的两个实际级相当于一个理论级,因此如果分离所需的理论级数为 N_T,则实际所需级数为

$$N_p = \frac{N_T}{0.5} = 2N_T$$

在板式塔中通常把理论级称为理论板。

7.6.2　微分接触式设备

填料塔是微分接触式设备的代表。微分接触式设备计算的一个主要内容是应用传质通量方程(见7.7节)确定分离所需的填料层高(即塔高)。

微分接触式设备也可以应用级操作的处理方法进行设计计算,此时引用当量高度(或等板高度)的概念。微分接触式设备当量高度的含义是:两相在高为1个当量高度 H_e 的设备(如填料层)内进行传质的分离效果相当于1个理论级,因此设备所需的高度 H 为

$$H = N_T H_e \tag{7-24}$$

7.7　传质分离过程的动力学

前面几节简要说明如何利用混合物中诸组分在两相间平衡时分配不同的性质,人为地使之形成两相体系,使组分在相间传递,实现混合物的分离,这是传质分离过程的一个方面,即过程的热力学。传质分离过程的另一个方面是过程的动力学,它讨论传质分离过程的机理和速率,即组分如何从一个相传递到另一个相及传递的速率。

一般来说,物质从一相传递到另一相的过程可以分为3步:

(1) 物质从一相的主体传递到两相的界面;

(2) 在界面上物质从一相转入另一相;

(3) 物质从界面的另一相向其主体传递。

为了认识两相间的传质,首先要讨论物质从流体主体到界面和从界面到流体主体的传递,即单相中的传递,然后讨论两相间的传递。

7.7.1　单相中物质的传递

物质在流体相中的传递可以依靠分子扩散和涡流扩散来实现,它们分别与传热中的热传导和对流类似。物质在流体主体与界面间的扩散亦与流体与壁面间的对流传热类似,并称之为对流传质。

1. 分子扩散

依靠物质分子的热运动,物质从一处转移到另一处的过程称为分子扩散。在任何物体中物质的分子始终处于不停运动之中,由于这种运动,物质可以从一处向另一处扩散。但是,当流体中各处的物质浓度相同时,在任何位置上组分正反方向的扩散速度相同,所以在流体各处没有组分的净转移。如果静止的流体

中存在物质的浓度差,那么由于分子扩散,物质就从浓度高的地方扩散到浓度低的地方。在层流流动的流体中,如果与流向垂直的方向上存在浓度差,那么在此方向上物质亦会通过分子扩散从浓度高的地方移向浓度低的地方。在任何涡流流动的流体中,只要存在浓度差,也将有物质通过分子扩散从浓度高处移向低处,只是此时物质的扩散除了依靠分子扩散外,主要是依靠涡流扩散。由此可见,只要存在浓度差就会有分子扩散引起的物质传递。

2. 费克定律

分子扩散的速度用单位时间内通过单位截面积的量表示,称为分子扩散通量。对于两组分物系,某种组分的分子扩散速度(扩散通量)与该组分扩散方向上的浓度梯度成正比,此关系在 1855 年由费克在实验的基础上提出,称为费克定律,其数学表达式为

$$J_A = -D_{AB} \frac{dc_A}{dz} \tag{7-25}$$

式中:J_A——混合物中某处组分 A 在 z 方向上的分子扩散通量,$kmol/(m^2 \cdot s)$;

$\frac{dc_A}{dz}$——混合物中该处组分 A 在 z 方向上的浓度梯度,$kmol/m^4$;

D_{AB}——组分 A 在介质 B 中的扩散系数,m^2/s。

因为组分 A 是沿着浓度降低的方向扩散,为使沿此方向的扩散通量 J_A 为正值,式的右侧加负号。

对于组分 B,同样可以写出它的扩散通量 J_B 为

$$J_B = -D_{BA} \frac{dc_B}{dz} \tag{7-26}$$

式中诸符号与式(7-25)中的符号意义类同。

对于气体,浓度可以用分压表示:

$$c_A = \frac{p_A}{RT} \tag{7-27}$$

故式(7-25)可表示为

$$J_A = -\frac{D_{AB}}{RT} \frac{dp_A}{dz} \tag{7-28}$$

式中:p_A——组分 A 的分压,Pa;

T——气体的温度,K;

R——摩尔气体常数,$8\ 314\ J/(kmol \cdot K)$。

对于静止的 A,B 两组分的混合气体,设其中存在浓度差,则 A,B 两组分将产生分子扩散。就混合气体中某一截面而言,两组分的扩散通量各为

$$J_A = -D_{AB} \frac{dc_A}{dz}$$

$$J_B = D_{BA} \frac{dc_B}{dz}$$

它们的扩散方向恰好相反。若气体为理想气体,其中各处温度与压力相同,则气体中各处的总浓度 c_T 均相等:

$$c_T = c_A + c_B = 常数$$

所以

$$\frac{dc_A}{dz} = -\frac{dc_B}{dz} \tag{7-29}$$

因为气体处于静止状态,没有整体的流动,所以必须有

$$J_A = J_B \tag{7-30}$$

即

$$J_A = -D_{AB} \frac{dc_A}{dz} = J_B = D_{BA} \frac{dc_B}{dz} \tag{7-30a}$$

将式(7-29)代入式(7-30a),可得

$$D_{AB} = D_{BA} \tag{7-31}$$

可见,对于两组分气体混合物,组分 A 在介质 B 中的扩散系数等于组分 B 在介质 A 中的扩散系数。

对于液体混合物,因为通常总浓度 c_T 不是常数,所以组分的扩散系数不存在与上类似的关系。

3. 传质通量(传质速度)

费克定律形式上与动量传递中的牛顿粘性定律和热量传递中的傅里叶定律类似,在气体中三者的传递机理也很类似。与动量传递和热量传递类似,费克定律表述的扩散通量也是以流体中某截面为基准的分子扩散通量。实际上在讨论相同传质过程时,常常以设备中某个截面为基准(即以空间中的某个截面为基准)来分析通过此截面的传质通量,这里除了按费克定律计算的分子扩散通量外,还包括流体整体流动提供的通量。

如图 7-8 所示,取设备中的截面 Ⅰ—Ⅰ 讨论。此截面上组分 A 与 B 的浓度与浓度梯度分别为 c_A 和 c_B,dc_A/dz 和 dc_B/dz,则通过截面 Ⅰ—Ⅰ 的组分 A 的传质通量 N_A 为组分 A 的分子扩散通量与流体整体流动而引起的组分 A 的通量之和,即

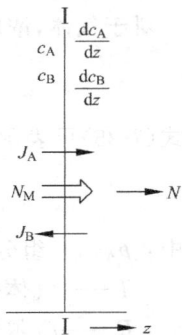

图 7-8 传质通量

$$N_A = J_A + N_M \frac{c_A}{c_T} \tag{7-32}$$

式中:N_A——组分 A 的传质通量,kmol/(m² · s);

N_M——流体整体流动经过截面 Ⅰ—Ⅰ 的通量,kmol/(m² · s)。

同理,组分 B 通过截面Ⅰ—Ⅰ的传质通量为

$$N_B = -J_B + N_M \frac{c_B}{c_T} \qquad (7-33)$$

显然,通过截面Ⅰ—Ⅰ的组分 A 和 B 的总通量 N 为

$$N = N_M + J_A - J_B \qquad (7-34)$$

4. 扩散系数

扩散系数是物质很重要的传递性质,它表示物质分子扩散速度的大小,扩散系数大,表示分子扩散快。扩散系数的单位可根据式(7-25)确定,与热传导中的导热系数和流体的运动粘度相同,其单位也是 m^2/s(以前出版的文献中常用 cm^2/s)。

物质的扩散系数不仅取决于它本身,而且还与介质(与它共存的其他物质)、它的浓度、温度以及压力等因素有关。物质在不同条件下的扩散系数一般需要通过实验测定,例 7-5 将说明如何用实验方法求取物质在气体中的扩散系数。常见物系的扩散系数可在手册中查到。当查不到实验数据时,可以通过实验求取,或者采用适当的半经验公式或经验公式估算。

1) 物质在气体中的扩散系数

物质在气体中的扩散系数主要取决于温度、压力和气体组分的性质,当压力不高时,扩散系数基本上与物质在气体中的浓度没有关系。表 7-1 中列举了若干两组分气体混合物的扩散系数,由表可知,气体中的扩散系数为 $10^{-1} \sim 1\ cm^2/s$ ($10^{-5} \sim 10^{-4}\ m^2/s$)。

表 7-1 两组分气体混合物的扩散系数(101.3 kPa)

物　系	温度/K	扩散系数/(cm^2/s)	物　系	温度/K	扩散系数/(cm^2/s)
空气-氨	273	0.198	空气-水	298	0.260
空气-苯	298	0.096 2	氢-氨	293	0.849
空气-二氧化碳	273	0.136	氢-氧	273	0.697
空气-二硫化碳	273	0.088 3	氮-氨	293	0.241
空气-氯	273	0.124	氮-乙烯	298	0.163
空气-乙醇	298	0.132	氮-氢	288	0.743
空气-乙醚	293	0.089 6	氮-氧	273	0.181
空气-甲醇	298	0.162	氧-氨	293	0.253
空气-汞	614	0.473	氧-苯	293	0.093 9
空气-二氧化硫	273	0.122	氧-乙烯	293	0.182

当没有扩散系数的实验数据时,可以应用文献上介绍的半经验公式。这些公式都是根据气体分子动力理论,先经理论推导,然后加以适当修正而得,关系式中的特性常数由实验确定。

根据分子动力论可得

$$D = b \frac{T^{\frac{3}{2}}}{p(V_A^{\frac{1}{3}} + V_B^{\frac{1}{3}})^2} \sqrt{\frac{1}{M_A} + \frac{1}{M_B}} \qquad (7\text{-}35)$$

Gilliland(1934)用实验确定了上式中的常数 b,得

$$D = \frac{4.36 \times 10^{-5} T^{\frac{3}{2}}}{p(V_A^{\frac{1}{3}} + V_B^{\frac{1}{3}})^2} \sqrt{\frac{1}{M_A} + \frac{1}{M_B}} \qquad (7\text{-}36)$$

式中:D——分子扩散系数,m^2/s;

$\quad\quad p$——总压力,kPa;

$\quad\quad T$——温度,K;

$\quad\quad M_A, M_B$——A,B 两组分的摩尔质量,g/mol;

$\quad\quad V_A, V_B$——A,B 两组分在正常沸点下的分子体积,cm^3/mol。

组分的分子体积可根据正常沸点下液态纯组分的密度求得。表 7-2 中列出了一些常见气体的分子体积。物质的分子体积也可以根据组成该物质的原子体积按柯普(Koop)加和法则近似估算,表 7-2 中也列出了若干原子的原子体积。

表 7-2 若干气体的分子体积和元素的原子体积

原 子 体 积		分 子 体 积	
元 素	原子体积 /(cm³/mol)	气 体	分子体积 /(cm³/mol)
H	3.7	H_2	14.3
C	14.8	O_2	25.6
F	8.7	N_2	31.2
Cl		空气	29.9
在一端的,如在 R—Cl 中;	21.6	CO	30.7
居中的,如在 R—CHCl—R 中	24.6	CO_2	34
Br	27	SO_2	44.8
I	37	NO	23.6
N	15.6	N_2O	36.4
在伯胺中	10.5	NH_3	25.8
在仲胺中	12.0	H_2O	18.9
O	7.4	H_2S	32.9
在甲酯中	9.1	Cl_2	48.4
在乙酯及甲醚、乙醚中	9.9	Br_2	53.2
在高级酯及醚中	11.0	I_2	71.5
在酸中	12		
与 N,S,P 结合	8.3		
S	25.6		
P	27		

例 7-2 根据柯普的加和法则估算醋酸(CH_3COOH)的分子体积 V。

解：从表 7-2 中查得 C，H，O 的原子体积分别为 14.8，3.7，12 cm^3/mol，所以

$$V = (2 \times 14.8 + 4 \times 3.7 + 2 \times 12) = 68.4 \ cm^3/mol$$

式(7-36)比较简单，使用方便，但误差较大(可达 20%)。

Hirschbelder 等(1948，1949)提出以下估算扩散系数的关系式：

$$D_{AB} = \frac{1.88 \times 10^{-5} T^{\frac{3}{2}}}{p \sigma_{AB}^2 \Omega_D} \sqrt{\frac{1}{M_A} + \frac{1}{M_B}} \tag{7-37}$$

式中：$D，p，T，M_A，M_B$——意义和单位与式(7-36)相同；

σ_{AB}——碰撞直径，由组分 A 与 B 的分子碰撞直径按下式计算：

$$\sigma_{AB} = \frac{\sigma_A + \sigma_B}{2} \tag{7-38}$$

Ω_D——碰撞积分，是 kT/ε_{AB} 的函数，其关系见表 7-3，其中的 k 为玻耳兹曼常数，ε_{AB} 为分子相互作用能参数，可按下式计算：

$$\varepsilon_{AB} = (\varepsilon_A \varepsilon_B)^{0.5} \tag{7-39}$$

若干物质的 σ 与 ε 值见表 7-4。

表 7-3 碰撞积分与 $\frac{kT}{\varepsilon}$ 的关系

$\frac{kT}{\varepsilon}$	Ω_D
0.4	2.318
0.6	1.877
0.8	1.612
1.0	1.439
1.2	1.320
1.6	1.167
2.0	1.075
2.4	1.012
2.6	0.987 8
3.0	0.949 0
5.0	0.842 2
10.0	0.742 4
20.0	0.664 0
40.0	0.596 0
60.0	0.559 6
80.0	0.535 2
100.0	0.517 0

表 7-4 气体分子的 $\frac{\varepsilon}{k}$ 与 σ

气 体	$\frac{\varepsilon}{k}$ /K	σ /Å*
C_2H_2	185	4.221
空气	97	3.617
苯	440	5.270
CO_2	190	3.996
CO	110	3.590
Cl_2	357	4.115
$CHCl_3$	327	5.430
C_2H_5OH	391	4.455
F_2	112	3.653
H_2	33.3	2.968
HCl	360	3.305
CH_4	136.5	3.822
CH_3OH	507	3.585
NO	119	3.470
N_2	91.5	3.681
O_2	113	3.433
SO_2	252	4.290
H_2O	356	2.649

* 1 Å=10^{-10}m。

Wilke 和 Lee 提出,式(7-37)中的常数 1.88×10^{-5} 如用下列关系式求得:

$$常数 = \left(21.7 - 4.98\sqrt{\frac{1}{M_A} + \frac{1}{M_B}}\right) \times 10^{-6} \qquad (7\text{-}40)$$

则计算值与实验值更加符合。

以上关系式均是在常压和与室温相差不大的条件下得出的,它们只能在中等的压力和温度变化范围内使用。

当温度、压力变化时,气体扩散系数的变化可根据下式估算:

$$D = D_0 \frac{p_0}{p}\left(\frac{T}{T_0}\right)^{1.5} \qquad (7\text{-}41)$$

式中:D——物质在压力 p、温度 T 时的扩散系数;

D_0——物质在压力 p_0、温度 T_0 时的扩散系数。

例 7-3 估算在 20℃ 和 101.3 kPa 下 CO_2 在空气中的扩散系数。

解:(1)应用式(7-36)

由表 7-2 查得:$V_{CO_2} = 34, V_{空气} = 29.9$,所以

$$D = \frac{4.36 \times 10^{-5} \times 293^{1.5}}{101.33 \times (34^{\frac{1}{3}} + 29.9^{\frac{1}{3}})^2}\sqrt{\frac{1}{44} + \frac{1}{29}} = 1.29 \times 10^{-5} \text{ m}^2/\text{s}$$

(2)应用式(7-37)

由表 7-4 查得:$\sigma_{CO_2} = 3.996, \sigma_{空气} = 3.617$,所以

$$\sigma_{AB} = \frac{3.996 + 3.617}{2} = 3.806$$

$$\left(\frac{\varepsilon}{k}\right)_{CO_2} = 190$$

$$\left(\frac{\varepsilon}{k}\right)_{空气} = 97$$

$$\frac{\varepsilon_{AB}}{k} = \sqrt{190 \times 97} = 135$$

$$\frac{kT}{\varepsilon_{AB}} = \frac{293}{135} = 2.17$$

由表 7-3 的数估值,$\Omega_D = 1.048$,由式(7-37):

$$D = \frac{1.88 \times 10^{-5} \times 293^{1.5}}{101.33 \times 3.806^2 \times 1.048}\sqrt{\frac{1}{44} + \frac{1}{29}} = 1.46 \times 10^{-5} \text{ m}^2/\text{s}$$

(3)应用式(7-37)与式(7-40)计算

$$常数 = \left(21.7 - 4.98\sqrt{\frac{1}{44} + \frac{1}{29}}\right) \times 10^{-6} = 2.051 \times 10^{-5}$$

所以

$$D = 1.59 \times 10^{-5} \ \text{m}^2/\text{s}$$

不同研究者的实验值为 $1.547 \times 10^{-5} \ \text{m}^2/\text{s}$ 与 $1.653 \times 10^{-5} \ \text{m}^2/\text{s}$。

2）物质在液体中的扩散系数

物质在液体中的扩散系数与组分的性质、温度、粘度以及浓度有关。

因为液体中的分子比气体中的密集，分子运动不如在气体中自由，所以可以预计物质在液体中的扩散系数要比在气体中小得多。一般两者相差 $10^4 \sim 10^5$ 倍。但是由于气体中组分的浓度比液体中小，所以气体中的扩散通量只比液体大 $10 \sim 10^2$ 倍。表 7-5 列举了若干物质在水中的扩散系数。

表 7-5　若干物质在水中的扩散系数

溶　质	温度/℃	浓度/(kmol/m³)	扩散系数/($10^{-5} \ \text{cm}^2/\text{s}$)
Cl$_2$	16	0.12	1.26
HCl	0	9	27
		2	1.8
	10	9	3.3
		2.5	2.5
	16	0.5	2.44
NH$_3$	5	3.5	1.24
	15	1.5	1.77
CO$_2$	10	0	1.46
	20	0	1.77
NaCl	18	0.05	1.26
		0.2	1.21
		1.0	1.24
		3.0	1.36
		5.4	1.54

液体中的扩散系数也可用一些经验公式估算，但是由于液体中分子间的作用比较复杂，理论分析还不够成熟，所以现有估算液体中扩散系数的关系式的可靠性不如气体。

对于很稀的非电解质溶液，物质在液体中的扩散系数可按下式估算：

$$D_{AS} = 7.4 \times 10^{-12} \frac{(\alpha M)^{\frac{1}{2}} T}{\mu V^{0.6}} \tag{7-42}$$

式中：T——温度，K；

M——溶剂的摩尔质量；

μ——溶液的粘度，10^{-3} Pa·s；

V——溶质的分子体积，cm³/mol；

α——溶剂的缔合程度。对于水为 2.6,对甲醇为 1.9,对乙醇为 1.5,对不缔合的溶剂(如苯)为 1。

例 7-4 乙醇水稀溶液,其浓度为 0.05 kmol/m³,溶液在 10℃时的粘度为 1.45×10^{-3} Pa·s。求乙醇在此溶液中的扩散系数。

解:从表 7-2 中查得 C,H,O 的原子体积分别为 14.8,3.7,7.4 cm³/mol,所以

$$V_{C_2H_5OH} = 2 \times 14.8 + 6 \times 3.7 + 7.4 = 59.2 \text{ cm}^3/\text{mol}$$

$$\alpha = 2.6$$

根据式(7-42):

$$D_{AS} = \frac{7.4 \times 10^{-12} \times (2.6 \times 18)^{\frac{1}{2}} \times 283}{1.45 \times 59.2^{0.6}} = 8.5 \times 10^{-10} \text{ m}^2/\text{s}$$

5. 单相中的稳态分子扩散

当两相互相接触,物质在相间进行物质传递时,从一相的主体到界面将建立起一定的浓度分布。在组分扩散的方向,组分的浓度逐渐降低,经过较长时间,过程达稳态,此时各处的浓度保持定值,不再随时间而变化,组分的扩散速度也变为定值。

相间的物质传递有两种典型情况:等摩尔反向扩散和单向扩散,因此单相中的物质传递也有这两种情况。

1)等摩尔反向扩散

两组分混合物的精馏过程是等摩尔反向扩散的例子。在该过程中(例如前面提到过的甲苯-苯体系),易挥发的组分从液相向气相传递,难挥发组分则从气相向液相传递。如果两种组分的汽化热相等,那么 1 mol 难挥发组分从气相冷凝传入液相时所放出的热量恰好使 1 mol 易挥发组分从液相汽化转入气相。这样,在气、液两相中这两种组分就形成了等摩尔反向扩散。在气相中难挥发的组分从气相主体向气、液界面扩散,易挥发组分从界面向气相主体扩散,两者扩散通量大小相同、方向相反。与此类似,在液相中难挥发组分从气、液相界面向液相主体扩散,易挥发组分从液相主体向界面扩散。

现讨论在稳态条件下,两组分(A 和 B)混合物在气相内的传质速度。取界面的气相侧和离界面 z 的两个截面①和②(见图 7-9),在该两截面上组分 A 的浓度分别为 c_{A1},c_{A2}(分压分别为 p_{A1},p_{A2}),组分 B 的浓度分别为 c_{B1},c_{B2}(分压分别为 p_{B1},p_{B2}),计算组分 A 和 B 的传质通量。

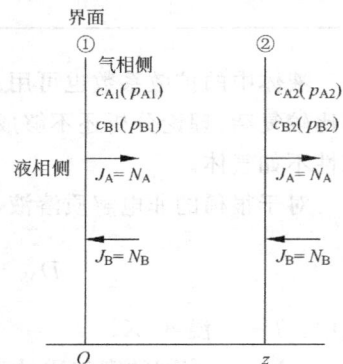

图 7-9 等摩尔反向扩散

取截面①与②之间的空间为系统作物料衡算,因系稳态等摩尔反向扩散,通过截面①的组分 A 与 B 的传质通量 N_A 与 N_B 应分别等于通过截面②的组分 A 与 B 的传质通量,即沿 z 方向的组分 A 和 B 的传质通量均为常数。另一方面,在截面①与②之间,没有物质的增减,因此没有流体的整体流动($N_M = 0$),所以根据式(7-32),在 z 方向上,通过任意截面的组分 A 的传质通量为

$$N_A = J_A = -D_{AB}\frac{dc_A}{dz} = -\frac{D_{AB}}{RT}\frac{dp_A}{dz} = \text{常数} \tag{7-43}$$

由式(7-43)可知,$c_A(p_A)$ 随 z 的变化为直线关系。

从截面①到截面②积分上式,得

$$N_A = \frac{D_{AB}}{z}(c_{A1} - c_{A2}) \tag{7-44}$$

或

$$N_A = \frac{D_{AB}}{zRT}(p_{A1} - p_{A2}) \tag{7-45}$$

同理,对于组分 B 可得

$$N_B = \frac{D_{AB}}{z}(c_{B1} - c_{B2}) \tag{7-46}$$

或

$$N_B = \frac{D_{AB}}{zRT}(p_{B1} - p_{B2}) \tag{7-47}$$

而

$$N_A = -N_B \tag{7-48}$$

对于液相内的传质,如总浓度 c_T 可视为常数,也可以应用式(7-44)与式(7-46)。

2)单向扩散

吸收过程是单向扩散的例子。在吸收过程中(例如用水吸收氨-空气混合物中的氨),只有被液体吸收的组分从气相向液相传递,没有物质从液相向气相传递(假设少量液体溶剂的汽化可忽略不计)。

现讨论在稳态条件下被吸收组分 A 在气相内的传质通量。取离界面 z 和界面气相侧的两个截面①和②(见图 7-10),该两截面上组分 A 的浓度分别为 c_{A1},c_{A2}(分压分别为 p_{A1},p_{A2}),组分 B 的浓度分别为 c_{B1},c_{B2}(分压分别为 p_{B1},p_{B2}),计算组分 A 的传质速度。

取截面①和②之间的空间为系统作物料衡算。因过程为组分 A 的稳态单向扩散,组分 A 通过截面①的传质通量应等于通过

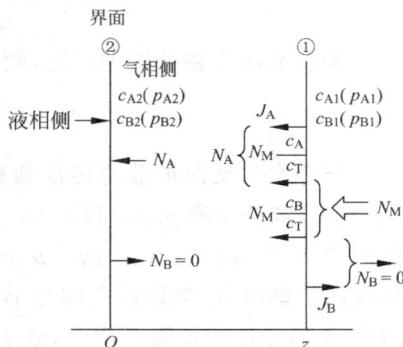

图 7-10 单向扩散

截面②的传质通量。组分 B 通过此两截面的传质通量均为零。在截面①与②之间的任意截面上存在如下关系：

$$N_A = J_A + N_M \frac{c_A}{c_T} = 常数 \tag{7-49}$$

$$N_B = J_B + N_M \frac{c_B}{c_T} = 0 \tag{7-50}$$

式中：N_M——气相整体流动形成的混合气体的传质通量。

N_B 等于零，意即组分 B 在设备空间中没有流动，所以单向扩散也称为停滞介质中的扩散。由于

$$N_M = N_A \tag{7-51}$$

代入式(7-49)得

$$N_A = J_A \frac{c_T}{c_T - c_A} = - D_{AB} \frac{c_T}{c_T - c_A} \frac{\mathrm{d}c_A}{z} = 常数 \tag{7-52}$$

或

$$N_A = \frac{D_{AB}}{RT} \frac{p}{p - p_A} \frac{\mathrm{d}p_A}{z} = 常数 \tag{7-53}$$

从截面①到截面②积分式(7-53)，可得组分 A 的传质通量 N_A 为

$$N_A = \frac{D_{AB} p}{zRT} \ln \frac{p - p_{A2}}{p - p_{A1}} \tag{7-54}$$

式中

$$\ln \frac{p - p_{A2}}{p - p_{A1}} = \ln \left(\frac{p - p_{A2}}{p - p_{A1}} \right) \frac{(p - p_{A2}) - (p - p_{A1})}{(p - p_{A2}) - (p - p_{A1})}$$

$$= \ln \left(\frac{p_{B2}}{p_{B1}} \right) \frac{p_{A1} - p_{A2}}{p_{B2} - p_{B1}} = \frac{p_{A1} - p_{A2}}{p_{Bm}} \tag{7-55}$$

式中：p_{Bm}——组分 B 在①和②两截面上的分压的对数平均值。

将式(7-55)代入式(7-54)得

$$N_A = \frac{D_{AB}}{zRT} \frac{p}{p_{Bm}} (p_{A1} - p_{A2}) \tag{7-56}$$

若以浓度代替分压和总压，则得

$$N_A = \frac{D_{AB}}{z} \frac{c_T}{c_{Bm}} (c_{A1} - c_{A2}) \tag{7-57}$$

与等摩尔反向扩散的传质通量计算式(7-44)与式(7-45)比较，式(7-56)与式(7-57)多了一项 p/p_{Bm} 和 c_T/c_{Bm}，此项表示单向扩散的传质通量为等摩尔反向扩散的 p/p_{Bm}（或 c_T/c_{Bm}）倍。$p/p_{Bm}>1$，组分 A 单向扩散时的传质通量比等摩尔反向扩散时大，其原因是组分 B 在相内的分子扩散而引起的气相整体流动使组分 A 的传质通量随之增大，故 p/p_{Bm}（或 c_T/c_{Bm}）称为漂流因子。当组分 A 的浓度较低时，$p_{Bm} \approx p$（$c_{Bm} \approx c_T$），则漂流因子接近于 1。

对于液相内的传质,如总浓度 c_T 可视为常数,则也可应用式(7-57)。

对于非等摩尔反向扩散和单向扩散,也可以根据 N_A 与 N_B 的具体关系和式(7-32)~式(7-34)求出 N_A 与 N_B。

例 7-5 如图 7-11 所示的装置,可以用来测定 328 K 下水蒸气在空气中的扩散系数。将此装置放在 328 K 的恒温箱内,压力为 101.33 kPa,立管内盛水,开始时水面离上端管口的距离为 125 mm,上部管中通过不含水的干燥空气。装置的设计应保证水面上的立管中无对流,实验中测得经 290 h,管中水面离上端管口距离从 125 mm 增加到 150 mm。求水蒸气在空气中的扩散系数。

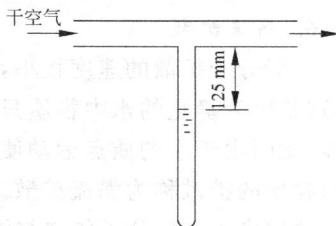

图 7-11　例 7-5 附图

解:因为立管中水面的下降是由于水蒸发并依靠分子扩散通过立管上部传递到流动的空气中所引起的,因此水在空气中的传质通量可以用管中水面下降的速度表示:

$$N_A = \frac{c_{AL} \mathrm{d}z}{\mathrm{d}t} \tag{Ⅰ}$$

式中:c_{AL}——水的浓度,kmol/m³。

此例为水蒸气的单向扩散,因水面下降很慢,所以可以认为是单向稳态扩散。当水面距上端管口距离为 z 时,根据式(7-56),水蒸气的传质通量为

$$N_A = \frac{D_{AB}}{zRT} \frac{p}{p_{Bm}} (p_{A1} - p_{A2}) \tag{Ⅱ}$$

式中:p_{A2}——立管出口处水蒸气的分压,等于零;

p_{A1}——水与空气界面上水蒸气的分压,等于 328 K 下水的饱和蒸气压 (15.73 kPa)。

$$c_{AL} = \frac{985.6}{18} = 54.7 \text{ kmol/m}^3$$

$$p_{Bm} = \frac{101.33 - (101.33 - 15.73)}{\ln \dfrac{101.33}{101.33 - 15.73}} = 93.20 \text{ kPa}$$

从 $t = 0$ s,$z = 0.125$ m 到 $t = 290 \times 3\,600$ s,$z = 0.15$ m 对式(Ⅱ)积分:

$$\int_{0.125}^{0.15} z \mathrm{d}z = \frac{D_{AB}}{c_{AL}RT} \frac{p}{p_{Bm}} p_{A1} \int_0^{1.044 \times 10^6} \mathrm{d}t$$

$$\frac{1}{2} \times (0.15^2 - 0.125^2) = \frac{D_{AB}}{54.7 \times 8.314 \times 328} \times \frac{101.33}{93.20} \times 15.73 \times 1.044 \times 10^6$$

所以

$$D_{AB} = \frac{1}{2} \times (0.15^2 - 0.125^2) \times \frac{54.7 \times 8.314 \times 328 \times 93.2}{101.33 \times 15.73 \times 1.044 \times 10^6}$$

$$= 2.87 \times 10^{-5} \text{ m}^2/\text{s}$$

6. 涡流扩散

一般分子扩散的速度很小,例如一杯清水中滴入一滴红墨水,红色的扩散很慢,这是因为静止的水中物质只依靠分子扩散。为了加速红色的扩散,可以用棒搅拌,此时由于水的质点运动使红色很快扩散。这种依靠流体质点的运动而引起的物质的扩散称为涡流扩散。在讨论流体湍流运动时曾经讲到,湍流时流体层间的剪应力 τ 是分子传递与涡流传递两部分作用的结果:

$$\tau = \mu \frac{\mathrm{d}u}{\mathrm{d}y} + \varepsilon \frac{\mathrm{d}u}{\mathrm{d}y} = (\mu + \varepsilon) \frac{\mathrm{d}u}{\mathrm{d}y} \tag{7-58}$$

式中,等号右边前后两项分别表示由于分子传递和涡流传递所产生的摩擦力,其中涡流传递表示由与流体流向垂直的方向上流体质点的脉动所引起的动量传递。在流体内的热量传递,也存在类似的关系:

$$Q = -\lambda \frac{\mathrm{d}t}{\mathrm{d}y} - \varepsilon_H \frac{\mathrm{d}t}{\mathrm{d}y} = -(\lambda + \varepsilon_H) \frac{\mathrm{d}t}{\mathrm{d}y} \tag{7-59}$$

与动量传递和热量传递类似,在湍流流动的流体中,物质的传递也包括两部分:分子扩散传递和涡流扩散传递,前者是由于分子运动所产生,后者则是由于流体质点的运动所产生。所以传质速度可以用类似于式(7-58)或式(7-59)的形式表示:

$$N_A = -D \frac{\mathrm{d}c_A}{\mathrm{d}y} - \varepsilon_D \frac{\mathrm{d}c_A}{\mathrm{d}y} = -(D + \varepsilon_D) \frac{\mathrm{d}c_A}{\mathrm{d}y} \tag{7-60}$$

式中,等号右边第二项表示涡流扩散的传质通量,ε_D 称为涡流扩散系数。涡流扩散系数表示涡流扩散能力的大小,ε_D 大表示在浓度梯度方向上的质点脉动强烈,传质快。与分子扩散系数 D 不同,ε_D 不是流体的物理性质,而是流动状态的函数,也就是说与流动系统的几何形状、尺寸、所处的位置、流速以及流体的物理性质等影响流体流动状态的因素有关。

7. 对流传质

流动流体与两相界面之间的传质称为对流传质。在两相传质过程中,两相的界面有两种情况:

(1)固定界面:气、固两相或液、固两相间的界面为固体的表面,所以是固定界面。

(2)流动界面:气、液两相和液、液两相间的界面为流动界面。

当界面为固定界面时,例如干燥、吸附、浸取等过程中,流体与界面之间的质量传递与流体与壁面间的对流传热类似。当流体流过固定界面(壁面)并与之进行物质传递时,从壁面到流体主体分为三层:层流层、过渡层和湍流层(见图 7-12)。因此从界面到流体主体的传质过程依次分别是:在层流层中,流体质点没有与界面垂直的运动,物质的传递只依靠分子扩散;在过渡层中存在与界面垂直方向的质点的不强的湍流运动,因此在此层中物质同时依靠分子扩散与涡流扩散来传递;在湍流层中物质也依靠分子扩散和涡流扩散传递,但因质点的涡流脉动比较强烈,分子扩散与涡流扩散比较,微不足道,物质传递主要依靠涡流扩散。与上述诸层中的传递机理相对应,从界面到流体主体存在与速度分布相似的扩散组分的浓度分布。

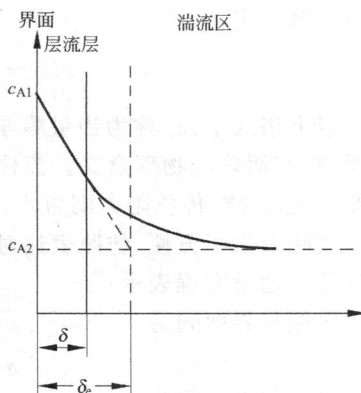

图 7-12　流体与界面间的对流传质
(浓度分布与当量膜厚)

当界面为流动界面时,因界面也可以自由流动,界面的情况比较复杂,可以随两相接触状态的不同有很大的变化。但在有的条件下(例如湿壁塔),界面的状况与固定界面类似,这时流体与界面间的对流传质情况与上面所述的流体与固定界面间的对流传质类似,因此目前常常把气、液和液、液相间的界面也看成固定界面处理。

对于图 7-12 所示的传质过程,理论上只要已知浓度分布就能求得界面与流体间的传质速度。通常把这个传质过程看成是通过膜厚为 δ_e 的分子扩散过程。δ_e 根据以下方法确定,延长层流中的浓度分布线,与流体的主体浓度(平均浓度)线相交。这样就可以应用前面导出的计算稳态分子扩散的关系式计算流体与界面间的传质通量。

对于等摩尔反向扩散:

在气相中,常用分压表示组分的含量,故

$$N_A = \frac{D_{AB}}{\delta_e RT}(p_{A1} - p_{A2}) \tag{7-61}$$

在液相中,常用浓度表示组分的含量,故

$$N_A = \frac{D_{AB}}{\delta_e}(c_{A1} - c_{A2}) \tag{7-62}$$

对于单向扩散:

在气相中,有

$$N_A = \frac{D_{AB}}{\delta_e RT}\frac{p}{p_{Bm}}(p_{A1} - p_{A2}) \tag{7-63}$$

在液相中,有

$$N_A = \frac{D_{AB}}{\delta_e} \frac{c_T}{c_{Bm}} (c_{A1} - c_{A2}) \tag{7-64}$$

以上诸式中,δ_e 称为当量膜厚,它是一个虚拟的厚度,但是它与层流层厚度相对应,有明确的物理意义。流体的湍流运动愈强烈,层流层愈薄,相应的当量膜厚 δ_e 也愈薄,传质阻力则愈小,传质通量愈大。

实际上为了方便,仿照表达对流传热速率的牛顿冷却定律,把上述关系式用下列传质通量方程表示:

气相与界面间为

$$N_A = k_G(p_A - p_{Ai}) \tag{7-65}$$

液相与界面间为

$$N_A = k_L(c_A - c_{Ai}) \tag{7-66}$$

式中:p_A, p_{Ai}——扩散组分 A 在气相主体与界面上的分压,Pa;

c_A, c_{Ai}——扩散组分 A 在液相主体与界面上的浓度,$kmol/m^3$;

k_G——以分压差表示推动力的气相传质分系数,$kmol/(m^2 \cdot s \cdot Pa)$;

k_L——以浓度差表示推动力的液相传质分系数,m/s。

传质分系数的倒数表示传质阻力。与对流传热类似,影响传质分系数的因素包括流体的物性(密度 ρ、粘度 μ、扩散系数 D)、设备的特征尺寸以及流体流速等。由于传质过程的复杂性,各种因素与 k 的关系,目前还只能针对具体过程通过实验确定,通常把它们表示成无量纲特征数的关系式,例如

$$Sh = f(Re, Sc) \tag{7-67}$$

式中:Sh——舍伍德数,$Sh = kd/D$;

Re——雷诺数,$Re = du\rho/\mu$,表示流动对传质的影响;

Sc——施密特数,$Sc = \mu/\rho D$,表示物性对传质的影响;

d——传质设备的特征尺寸。

在湿壁塔中(见图 7-13),液体沿管壁呈膜状流下,气体自下而上通过管子,根据挥发性液体(如水、甲苯等)汽化向气相传递的实验结果得出:

$$Sh = \frac{k_c d}{D} = 0.023 Re^{0.83} Sc^{0.44} \tag{7-68}$$

式中:k_c——以浓度差表示推动力的传质分系数,用下式计算:

$$k_c = k_G RT \frac{p_{Bm}}{p}$$

d——塔内径。

式(7-68)在形式上与流体在管内作湍流时的对流传热系

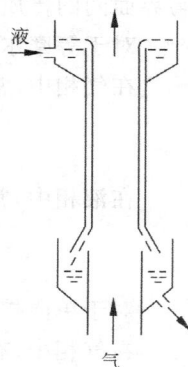

图 7-13 湿壁塔

数的特征数关系式相似,说明对流传质与对流传热的相似性。

但是与固定界面比较,流动界面的情况更复杂多样。因此,在多数情况下,对流传质比对流传热要复杂得多,传质分系数与各有关因素之间的关系也更复杂。

因为混合物的组成有不同的表示方法,所以传质通量表达式也可以有不同的形式。

对于气相中的传质,若组成(或推动力)用摩尔分数 y 表示,则由式(7-65)得

$$N_A = k_G(p_A - p_{Ai}) = k_y(y_A - y_{Ai}) \tag{7-69}$$

式中:k_y——用组分 A 的摩尔分数差表示推动力的气相传质分系数。因为

$$y_A = \frac{p_A}{p} \tag{7-70}$$

所以

$$k_y = k_G p \tag{7-71}$$

对于液相中的传质,若组成用摩尔分数 x 表示,则由式(7-66)得

$$N_A = k_L(c_A - c_{Ai}) = k_x(x_A - x_{Ai}) \tag{7-72}$$

$$k_x = k_L c_T \tag{7-73}$$

例 7-6 已知:空气的温度为 50℃,流速为 5 m/s,压力为 98.1 kN/m²(表压),其中水蒸气的平均分压为 2.67 kN/m²,湿壁塔的内径为 50 mm。试计算空气通过淋水的湿壁塔时水汽化的气相传质分系数 k_G。

解:应用式(7-68)得

$$k_G = 0.023 \frac{D}{RTd} \frac{p}{p_{Bm}} \left(\frac{du\rho}{\mu}\right)^{0.83} \left(\frac{\mu}{\rho D}\right)^{0.44}$$

式中:D 查表 7-1 可得,在 101.3 kPa、25℃时,水在空气中的扩散系数为 2.6×10^{-5} m²/s,根据式(7-41)得

$$D = 2.6 \times 10^{-5} \times \left(\frac{323}{298}\right)^{1.5} \times \frac{101.3}{101.3 + 98.1} = 1.49 \times 10^{-5}\ \text{m}^2/\text{s}$$

ρ:因空气中含水较少,可按空气计算:

$$\rho = \frac{29}{22.4} \times \frac{273}{323} \times \frac{199.4}{101.3} = 2.15\ \text{kg/m}^3$$

μ:查本教材上册的附录,$\mu = 0.0195 \times 10^{-3}$ Pa·s,则有

$$\frac{du\rho}{\mu} = \frac{0.05 \times 5 \times 2.15}{0.0195 \times 10^{-3}} = 27\,600$$

$$\frac{\mu}{\rho D} = \frac{0.0195 \times 10^{-3}}{2.15 \times 1.49 \times 10^{-5}} = 0.61$$

p_{Bm}:50℃水的饱和蒸气压 $= 12.34$ kPa

$$p_{Bm} = \frac{1}{2}(199.4 - 12.34 + 199.4 - 2.67) = 191.9 \text{ kPa}$$

所以

$$k_G = 0.023 \times \frac{1.49 \times 10^{-5}}{8\ 314 \times 323 \times 0.05} \times \frac{199.4}{191.9} \times 27\ 600^{0.83} \times 0.61^{0.44}$$

$$= 1.04 \times 10^{-8} \text{ kmol/(m}^2 \cdot \text{s} \cdot \text{Pa)}$$

7.7.2 两相间的传质

前面提到,当两相接触时,如组分在两相呈不平衡,组分将从一相传递到另一相,这个过程的推动力可用两相的实际状态与平衡状态的距离表示。例如图 7-14 所示的气液体系,组分 A 的分压为 p_A 的气相与浓度为 c_A 的液相接触时,组分 A 传递过程的推动力,可以分别表示为

$$\Delta p_A = p_A - p_A^*$$

或

$$\Delta c_A = c_A^* - c_A$$

式中:p_A^*——与浓度为 c_A 的液相呈平衡的气相中组分 A 的平衡分压;

c_A^*——与分压为 p_A 的气相呈平衡的液相中组分 A 的平衡浓度。

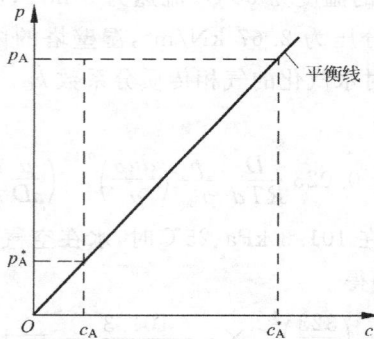

图 7-14 气、液两相传质的推动力

因此,仿照式(7-65)与式(7-66),组分 A 从一相传递到另一相的传质通量可以用下式表示:

$$N_A = K_G(p_A - p_A^*) \tag{7-74}$$

或

$$N_A = K_L(c_A^* - c_A) \tag{7-75}$$

式中:K_G——用气相分压差表示推动力时的总传质系数,kmol/(m^2 · s · Pa);

K_L——用液相浓度差表示推动力时的总传质系数,m/s。

式(7-74)和式(7-75)称为两相间传质的总传质通量方程。

如前所述,对于组分 A 从气相传递到液相的过程可分为以下 3 步:①组分 A 从气相主体扩散到气、液界面;②在界面上组分 A 由气相转入液相;③组分 A 由液相界面扩散到液相主体。一般,界面上组分 A 从气相传入液相的过程很快,可以认为两相处于平衡状态。所以,对于稳态传质,根据式(7-74)、式(7-75)、式(7-65)、式(7-66),得

$$N_A = \frac{p_A - p_A^*}{1/K_G} = \frac{c_A^* - c_A}{1/K_L} = \frac{p_A - p_{Ai}}{1/k_G} = \frac{c_{Ai} - c_A}{1/k_L} \qquad (7-76)$$

式中:p_{Ai},c_{Ai}——界面上组分 A 在气相中的分压和液相中的浓度,它们处于平衡状态。

如果组分 A 在气、液两相间的平衡关系可表述为

$$p = \frac{c}{H} \qquad (7-77)$$

即符合亨利定律,则将式(7-77)代入式(7-76)可得

$$N_A = \frac{p_A - p_A^*}{1/K_G} = \frac{p_A - p_{Ai}}{1/k_G} = \frac{p_{Ai} - p_A^*}{1/(k_L H)} = \frac{p_A - p_A^*}{1/k_G + 1/(k_L H)} \qquad (7-78)$$

所以

$$\frac{1}{K_G} = \frac{1}{k_G} + \frac{1}{k_L H} \qquad (7-79)$$

$$K_G = \frac{1}{1/k_G + 1/(k_L H)} \qquad (7-80)$$

同理

$$N_A = \frac{c_A^* - c_A}{1/K_L} = \frac{c_A^* - c_{Ai}}{H/k_G} = \frac{c_{Ai} - c_A}{1/k_L} = \frac{c_A^* - c_A}{H/k_G + 1/k_L} \qquad (7-81)$$

所以

$$\frac{1}{K_L} = \frac{H}{k_G} + \frac{1}{k_L} \qquad (7-82)$$

$$K_L = \frac{1}{H/k_G + 1/k_L} \qquad (7-83)$$

由上可知,总传质系数与两相传质分系数之间的关系与传热系数和对流传热系数之间的关系颇为相似。

如果组成用摩尔分数表示,则可以得出如下的传质通量方程:

$$N_A = K_x (x_A - x_A^*) \qquad (7-84)$$

或

$$N_A = K_y (y_A^* - y_A) \qquad (7-85)$$

式中:K_x——以液相摩尔分数差表示推动力的总传质系数,$kmol/(m^2 \cdot s)$;

K_y——以气相摩尔分数差表示推动力的总传质系数,$kmol/(m^2 \cdot s)$。

K_x 和 K_y 与传质系数 k_x 和 k_y 也存在与式(7-80)和式(7-83)类似的关系。

在两相传质中，因为界面浓度难以确定，所以实际上应用式(7-74)、式(7-75)、式(7-84)和式(7-85)等形式的总传质通量方程进行微分接触式设备的计算。

关于单相传质与两相传质的进一步讨论，将在后续诸章中结合具体过程进行。

习　题

7-1 用不同的组成表示法表示下列两组分混合物：

(1) 焦炉气燃烧后的干废气，其中含 CO_2 9%（体积分数），其余假设全为 N_2，试计算 CO_2 的摩尔分数、质量分数、摩尔比和质量比；

(2) 含乙醇 12%（质量分数）的水溶液，其密度为 980 kg/m³，试计算乙醇的摩尔分数、摩尔比、质量比、质量浓度和物质的量浓度。

7-2 将含有水蒸气的空气从 101.33 kPa、293 K 压缩到 1 013.3 kPa，然后在中间冷却器中进行冷却，测得 318 K 时开始有水冷凝，气体从中间冷却器出来的温度为 298 K。求：

(1) 压缩前后以及冷却器出口的混合气体中，水蒸气的质量分数、质量比、摩尔分数、摩尔比和物质的量浓度；

(2) 水蒸气冷凝的百分率。

7-3 计算 SO_2 在 40℃、101.33 kPa 压力下的空气中的扩散系数。

7-4 计算甲醇在 30℃ 的水中的扩散系数。

7-5 内径 30 mm 的量筒中盛有水，敞口，水温为 25℃，周围空气温度为 30℃，压力为 101.33 kPa，空气中水蒸气含量很低，可忽略不计。量筒中水面到上沿的距离为 10 mm，假设在此空间中空气静止，在量筒口上空气流动，可以把蒸发出的水蒸气很快带走。试问经 2 d(48 h)，量筒中水面降低多少？

7-6 在一内径为 50 mm 的湿壁塔中，用 NaOH 水溶液来吸收空气中的少量 CO_2。塔中温度为 40℃，压力为 50 kPa（表压），空气流速为 4 m/s，其中 CO_2 的平均分压为 6.5 kPa。试求气相传质分系数 k_G 与 k_y。

符 号 说 明

英 文 字 母

$a_A, a_B, \cdots$——组分 A，B，$\cdots$ 的质量分数

c_A——组分 A 的浓度，kmol/m³

c_B——组分 B 的浓度，kmol/m³

c_{AL}——水的浓度，kmol/m³

c_{Bm}——组分 B 的对数平均浓度，kmol/m³

c_T——总浓度，kmol/m³

D_{AB}——组分 A 在介质 B 中的扩散系数，m²/s

D_{BA}——组分 B 在介质 A 中的扩散系数，m²/s

d——特征尺寸，m

G_A——组分 A 的质量浓度，kg/m³

H——设备高度，m；亨利常数，Pa

H_e——当量高度，m

J_A——组分 A 的分子扩散通量,kmol/(m² · s)

J_B——组分 B 的分子扩散通量,kmol/(m² · s)

k——玻耳兹曼常数

k_G——以分压差表示推动力的气相传质分系数,kmol/(m² · s · Pa)

k_L——以浓度差表示推动力的液相传质分系数,m/s

k_c——以浓度差表示推动力的传质分系数,m/s

k_x——以摩尔分数差表示推动力的液相传质分系数,kmol/(m² · s)

k_y——以摩尔分数差表示推动力的气相传质分系数,kmol/(m² · s)

K_G——以气相分压差表示推动力的总传质系数,kmol/(m² · s · Pa)

K_L——以液相浓度差表示推动力的总传质系数,m/s

K_x——以液相摩尔分数差表示推动力的总传质系数,kmol/(m² · s)

K_y——以气相摩尔分数差表示推动力的总传质系数,kmol/(m² · s)

L——水相中水的物质的量,kmol

$\overline{M}$——混合物的平均摩尔质量

$M_A, M_B, \cdots$——组分 A,B,…的摩尔质量,kg/mol

m——混合物的质量,kg

m_A——组分 A 的质量,kg

n——混合物的总物质的量,kmol

n_A——组分 A 的物质的量,kmol

N——总传质通量(传质速度),kmol/(m² · s)

N_A——组分 A 的传质通量,kmol/(m² · s)

N_B——组分 B 的传质通量,kmol/(m² · s)

N_M——流体整体流动的传质通量,kmol/(m² · s)

N_p——实际需要的级数

N_T——理论级数

p——气体的总压,Pa

p_A——组分 A 的分压,Pa

p_B——组分 B 的分压,Pa

p_{Bm}——组分 B 的对数平均分压,Pa

R——摩尔气体常数,8314 J/(kmol · K)

S——有机相中溶质的物质的量,kmol

T——温度,K

t——时间,s

u——流速,m/s

V——混合物的体积,m³;溶质的分子体积,cm³/mol

V_A——组分 A 在正常沸点下的分子体积,cm³/mol

V_B——组分 B 在正常沸点下的分子体积,cm³/mol

x_A——组分 A 的摩尔分数

$\overline{X}_A$——组分 A 的质量比

X_A——组分 A 的摩尔比

y——组分的摩尔分数;距离,m

Y——组分的摩尔比

Y_A——组分 A 的摩尔比

z——距离,m

希 腊 字 母

α——溶剂的缔合程度

δ_e——当量膜厚,m

ε——涡流粘度,Pa · s

ε_D——涡流扩散系数,m²/s

η——级效率

μ——粘度,Pa · s

ρ——密度,kg/m³

σ_{AB}——碰撞直径,Å

τ——剪应力,N/m²

Ω_D——碰撞积分

8 吸 收

利用气体混合物的各组分在液体中的溶解性质不同,将其与适当的液体接触,混合气中易溶的一个或几个组分便溶于该液体内形成溶液,而不能溶解的组分则仍留在气相,从而实现气体混合物的分离,这种过程称为吸收。吸收操作所用的液体称为吸收剂或溶剂,以 S 表示;混合气中,被溶解吸收的组分称为吸收质或溶质,以 A 表示,不被吸收的组分称为惰性组分或载体,以 B 表示;所得到的溶液称为吸收液,其成分为溶剂 S 和溶质 A;排出的气体为吸收尾气,其主要成分为惰性气体 B 以及残余的溶质 A。

吸收操作广泛用于气体混合物的分离。可采用吸收操作的有:工业生产中原料气的净化,以去除其中的杂质;气体中有用组分的回收,以减少物料损失;某些产品的制取,如用水吸收气体中的 HCl 用以制备盐酸;以及废气的治理等。

吸收过程中溶质与吸收剂发生化学反应的吸收称为化学吸收;不发生化学反应的吸收,称为物理吸收。

气体溶于吸收剂时,常常要放出溶解热,发生化学反应时,还会有反应热,因此,在吸收过程中,一般的情况下,体系的温度都要提高。随着吸收过程的发生,体系的温度发生明显变化的吸收称为非等温吸收或变温吸收。对于溶质含量较低的物理吸收过程,体系的温度变化不大,可视为等温过程,称为等温吸收。

吸收过程中只有单一组分被吸收时,称为单组分吸收。有两个或两个以上组分被吸收时,称为多组分吸收。

本章着重讨论低浓气体混合物的单组分等温物理吸收,对其他吸收过程只概略介绍。

第 7 章已经述及,为了分析问题和计算方便,对于不同的情况可以采用不同的组成表示法。在分析吸收过程时,可用摩尔分数 y 和摩尔比 Y 表示混合气中溶质 A 的组成。但由于含义不同,在计算被吸收的溶质量 Q 时,各种关系式就有所差别,如

$$Q = V_0' y_0 - V_e' y_e \tag{8-1}$$

$$Q = V(Y_0 - Y_e) \tag{8-1a}$$

式中:Y_0,Y_e——初始与吸收终了时气体中溶质的摩尔比;

V——惰性气体 B 的摩尔流量,kmol/h;

y_0，y_e——初始与吸收终了时气体中溶质的摩尔分数；

V'_0，V'_e——初始与吸收终了时混合气的总摩尔流量，kmol/h。

由于惰性气体 B 基本上不溶于溶剂中，因此 V 在吸收过程中不发生变化。吸收过程中，溶质不断被吸收，混合气量逐渐减少，$V'_0 \neq V'_e$。所以，吸收计算时用摩尔比表示法较为方便。

工业生产中，用溶质的吸收率 E_A 来衡量吸收的效果。吸收率定义为

$$E_A = \frac{被吸收的溶质量（kmol）}{吸收前气相中的溶质总数（kmol）}$$

$$E_A = \frac{V'_0 y_0 - V'_e y_e}{V'_0 y_0} = \frac{V(Y_0 - Y_e)}{VY_0} = 1 - \frac{Y_e}{Y_0} \qquad (8-2)$$

吸收率愈高，表示气体混合物的分离愈完全。

多数吸收操作过程中，吸收剂需要再生利用。因此，实际生产中，吸收操作流程往往包括吸收操作和吸收剂再生两个部分。再生过程可以采用精确、解吸和其他分离过程。解吸操作通常采用惰性解吸气体与吸收液接触，利用吸收液中溶质与溶剂的挥发度不同而将溶液中的溶质提取出来，因此又称为气提。一般选用不溶于溶剂，易于和溶质分离的气体作为惰性解吸气。

实质上解吸是吸收的逆过程，解吸的理论和计算方法与吸收类似。但是在这两个过程中溶质的传递方向不同，吸收过程中溶质是由气相到液相，解吸过程中溶质是由液相到气相，因此两者的操作条件不同。吸收操作宜压力高，温度低；解吸操作宜压力低，温度高。吸收过程所选用的吸收剂应既要有利于吸收，也要便于解吸再生。

8.1 吸收过程的气液平衡关系

溶质在气、液相间的平衡关系是分析判断溶质在相间传递过程中的方向、极限以及确定传质过程推动力大小的依据。

8.1.1 气液平衡关系

本节只讨论单组分物理吸收的气、液相平衡关系，即气相中只有溶质 A 和惰性气体 B 两个组分，液相中只有溶质 A 和吸收剂 S 两个组分。

对于单组分物理吸收体系，组分数 $C = 3$（溶质 A、惰性气体 B 和吸收剂 S），相数 $\phi = 2$（气、液两相）。根据相律，自由度 F 应为

$$F = C - \phi + 2 = 3 - 2 + 2 = 3$$

即三组分气、液两相平衡时，在温度 T、总压 p 和气、液相组成的 4 个变量中，有

3 个独立变量,另一个变量是它们的函数。因此,在 p,T 一定的条件下,气、液相平衡时,气相的组成是液相组成的单值函数。根据组成的表示法不同,有以下的函数关系:

$$p_A^* = f(c_A)$$

$$p_A^* = f(x_A)$$

$$y_A^* = f(x_A)$$

$$Y_A^* = f(X_A)$$

在平衡状态下,气相中溶质的分压称为平衡分压或饱和分压,液相中溶质的组成称为平衡组成或称为气体在液体中的溶解度。实际上,对于多数体系,在总压不很高的情况下,可以认为气体在液体中的溶解度只取决于该气体在气相中的分压,而与总压无关。

气、液相平衡关系一般通过实验测出。可用列表、图线或关系式表示,用二维坐标绘成的气、液相平衡关系曲线,又称溶解度曲线。

8.1.2 亨利定律

对于稀溶液或难溶气体,在一定温度和总压不大的情况下,溶质在液相中的溶解度与它在气相中的分压成正比。这一关系称为亨利(Henry)定律。其数学表达式如下:

$$p_A^* = Ex_A \tag{8-3}$$

式中:p_A^*——溶质 A 在气相中的平衡分压,Pa;

x_A——溶质 A 在溶液中的摩尔分数;

E——亨利常数,Pa。

亨利系数的值决定于物系的特性及体系的温度。溶质或溶剂不同,体系不同,E 也就不同。其单位与压力的单位相同。E 的大小表示了气体组分在该溶剂(吸收剂)中的溶解度的大小。E 愈大,溶解度愈小。因为气体在液体中的溶解度随温度的升高而降低,故亨利系数随温度的升高而增大。表 8-1 是若干气体水溶液的亨利系数。

表 8-1 若干气体水溶液的亨利系数

气体	温度/℃															
	0	5	10	15	20	25	30	35	40	45	50	60	70	80	90	100
	$E/10^6$ kPa															
H_2	5.87	6.16	6.44	6.70	6.92	7.16	7.39	7.52	7.61	7.70	7.75	7.75	7.71	7.65	7.61	7.55
N_2	5.35	6.05	6.77	7.48	8.15	8.76	9.36	9.98	10.5	11.0	11.4	12.2	12.7	12.8	12.8	12.8
空气	4.38	4.94	5.56	6.15	6.73	7.30	7.81	8.34	8.82	9.23	9.59	10.2	10.6	10.8	10.9	10.8

气体	温度/℃															
	0	5	10	15	20	25	30	35	40	45	50	60	70	80	90	100
	$E/10^6$ kPa															
CO	3.57	4.01	4.48	4.95	5.43	5.88	6.28	6.68	7.05	7.39	7.71	8.32	8.57	8.57	8.57	8.57
O_2	2.58	2.95	3.31	3.69	4.06	4.44	4.81	5.14	5.42	5.70	5.96	6.37	6.72	6.96	7.08	7.10
CH_4	2.27	2.62	3.01	3.41	3.81	4.18	4.55	4.92	5.27	5.58	5.85	6.34	6.75	6.91	7.01	7.10
NO	1.71	1.96	2.21	2.45	2.67	2.91	3.14	3.35	3.57	3.77	3.95	4.24	4.44	4.54	4.58	4.60
C_2H_6	1.28	1.57	1.92	2.90	2.66	3.06	3.47	3.88	4.29	4.69	5.07	5.72	6.31	6.70	6.96	7.01
	$E/10^5$ kPa															
C_2H_4	5.59	6.62	7.78	9.07	10.3	11.6	12.9	—	—	—	—	—	—	—	—	—
N_2O	—	1.19	1.43	1.68	2.01	2.28	2.62	3.06	—	—	—	—	—	—	—	—
CO_2	0.738	0.888	1.05	1.24	1.44	1.66	1.88	2.12	2.36	2.60	2.87	3.46				
C_2H_2	0.73	0.85	0.97	1.09	1.23	1.35	1.48	—	—	—	—	—	—	—	—	—
Cl_2	0.272	0.334	0.399	0.461	0.537	0.604	0.669	0.74	0.80	0.86	0.90	0.97	0.99	0.97	0.96	—
H_2S	0.272	0.319	0.372	0.418	0.489	0.552	0.617	0.686	0.755	0.825	0.689	1.04	1.21	1.37	1.46	1.50
	$E/10^4$ kPa															
SO_2	0.167	0.203	0.245	0.294	0.355	0.413	0.485	0.567	0.661	0.763	0.871	1.11	1.39	1.70	2.01	—

由于气、液相中溶质 A 的组成有各种不同的表示法,因此亨利定律有各种不同的表达式:

$$p_A^* = \frac{c_A}{H} \tag{8-4}$$

$$y_A^* = m x_A \tag{8-5}$$

式中:c_A——溶质 A 在溶液中的浓度,$kmol/m^3$;

y_A^*——与组成为 x_A 的溶液呈平衡的气相中溶质 A 的摩尔分数;

H——溶解度系数,$kmol/(m^3 \cdot kPa)$;

m——相平衡常数。

与 E 相反,H 愈大,溶解度愈大,且随温度的升高而降低。与 E 相似,m 愈大,溶解度愈小,且随温度的升高而增大。

根据组成之间的关系,可以推导出 E,H 和 m 这 3 个常数之间的关系:

$$H = \frac{c}{E} \tag{8-6}$$

$$m = \frac{E}{p} \tag{8-7}$$

式中:c——溶液的总浓度,$kmol/m^3$。

对于稀溶液,溶液中溶质 A 的浓度 c_A 很小,因此 $c \approx \rho/M_s$,其中 ρ 为溶液的

密度，M_S 为溶剂 S 的摩尔质量，故

$$H = \frac{\rho}{EM_S} \tag{8-6a}$$

对于低浓气体的吸收，使用摩尔比表示平衡关系比较方便。

将 $y = Y/(Y+1)$，$x = X/(X+1)$ 代入式(8-5)，经整理可得

$$Y_A^* = \frac{mX_A}{1+(1-m)X_A} \tag{8-8}$$

当 X_A 很小时，式(8-8)可近似写成

$$Y_A^* = mX_A \tag{8-9}$$

由上可见，在气相中溶质组成 y 一定的情况下，降低温度，提高总压，溶质在液相中的平衡组成升高，有利于吸收的进行。

例 8-1 系统温度为 25℃，总压为 101.3 kPa 的条件下，含 CO_2 的某混合气与水接触，试求与含有 0.3 摩尔分数 CO_2 的混合气呈平衡的液相中 CO_2 的平衡浓度 c_A^* 为若干 kmol/m³（假设：该浓度范围气、液相平衡关系符合亨利定律）。

解： 令 p_A 为 CO_2 在气相中的分压，则由分压定律：

$$p_A = py_A = 101.3 \times 0.3 = 30.4 \text{ kPa}$$

由式(8-4)可知：

$$c_A^* = Hp_A$$

式中：H——25℃时 CO_2 在水中的溶解度系数。

由式(8-6a)可知：

$$H = \frac{\rho}{EM_S}$$

故

$$c_A^* = \frac{\rho}{EM_S}p_A$$

查表 8-1，25℃时 CO_2 在水中的亨利系数 $E = 1.66 \times 10^5$ kPa。因 CO_2 为难溶于水的气体，溶液浓度很低，溶液密度可按 25℃的纯水计算，可取 $\rho = 1\,000$ kg/m³，则

$$c_A^* = \frac{\rho}{EM_S}p_A = \frac{1\,000}{1.66 \times 10^5 \times 18} \times 30.4 = 10.17 \times 10^{-3} \text{ kmol/m}^3$$

8.1.3 用气液平衡关系分析吸收过程

1. 判断过程的方向

当气、液两相接触时，可用气、液相平衡关系确定一相与另一相组成呈平衡的组成，将其与此相的实际组成比较，便可判断过程的方向。

如在 101.3 kPa、20℃下，稀氨水的气、液相平衡关系为 $y^* = 0.94x$。若有含氨 0.094 摩尔分数的混合气和组成 $x_A = 0.05$ 的氨水接触，试确定过程的方向。

可用相平衡关系确定与实际气相组成 $y = 0.094$ 呈平衡的液相组成 x_A^*：

$$x_A^* = \frac{y}{0.94} = \frac{0.094}{0.94} = 0.1$$

x_A^* 称为气相 y 的平衡组成。将其与实际的液相组成 $x_A = 0.05$ 比较，实际液相组成小于平衡组成 $x_A^* = 0.1$，因此气、液两相接触的结果，氨将从气相转入液相，即发生吸收过程。

当然，也可用相平衡关系确定与实际液相组成 $x_A = 0.05$ 呈平衡的气相组成 y_A^*：

$$y_A^* = 0.94 x_A = 0.94 \times 0.05 = 0.047$$

y_A^* 称为液相 x 的平衡组成。与实际的气相组成 y_A 比较，$y_A = 0.094$ 大于平衡组成 y_A^*，因此氨将从气相转入液相。

若含氨 0.02 摩尔分数的混合气和 $x = 0.05$ 的氨水接触，则

$$x_A^* = \frac{y}{0.94} = \frac{0.02}{0.94} = 0.021$$

$$x_A = 0.05 > x_A^* = 0.021$$

因此，气、液两相接触时，氨将由液相转入气相，即发生解吸过程。或

$$y_A^* = 0.94 \times 0.05 = 0.047 > y_A = 0.02$$

可判断出该过程是解吸过程。

总之，不论用哪一相的平衡组成和另一相的实际组成比较，均可判断两相接触时的传质方向。

用气、液相平衡曲线图来判断两相接触时的传质方向，可以更加直观明了。已知相互接触的气、液两相的实际组成 y_A 和 x_A，即可在 x-y 坐标图中确定其状态点 A，称为初始状态点。若点 A 在平衡曲线的上方，两相接触的结果发生吸收过程；相反，若初始状态点在平衡线的下方，则将发生解吸过程。图 8-1 所表示的是通过求 y_A^* 来判断组成为 $x_A = 0.05$ 的液相分别与 $y_A = 0.094$ 和 $y_A = 0.02$ 的气相相接触时（其状态分别用 A_1 与 A_2 点表示）的过程传质方向的示意图。

2. 计算过程的推动力

若一相的实际组成等于另一相的平衡组成，如气相组成 y_A 等于液相 x_A 的平衡组成 y_A^* 时，则传质过程不会发生。只有一相的组成不等于另一相的平衡组成时，两相接触才会发生气体的吸收或解吸。实际组成离平衡组成的差距越大，过程的速率也越快，这个差距称为推动力。

由前述分析可知，推动力可以有两种表示法：$y_A - y_A^*$ 和 $x_A^* - x_A$。前者称为以气相组成差表示的吸收推动力，后者称为以液相组成差表示的吸收推动力。

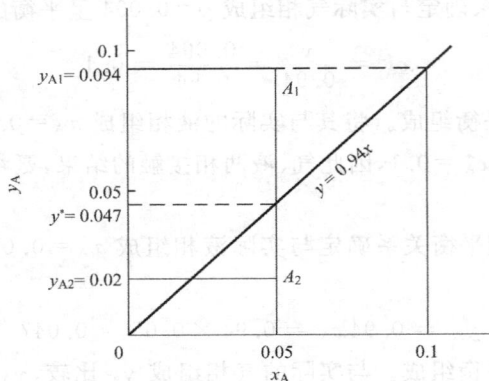

图 8-1　用相平衡曲线判断过程方向

3. 确定过程的极限

所谓过程的极限是指两相经充分接触后,各自组成变化的最大可能性。这和两相的量比有关,也和两相的接触方式(逆流或并流)有关。

下面以逆流接触吸收塔为例加以讨论。将溶质组成为 y_1 的混合气由某塔的底部送入,溶剂自塔顶加入,气、液两相为逆流吸收(见图 8-2)。若增加塔高,吸收剂用量减少(即液气比减小),则塔底出口的吸收液中溶质的组成 x_1 必将增高。但即使在塔很高、吸收剂量很少的情况下,x_1 也不会无限增大,其极限为塔底气相 y_1 的平衡组成 x_1^*,即

$$x_{max} = x_1^* = y_1/m$$

另一方面,随着塔的增高,吸收剂用量增加(即液气比增加),出口气体中溶质 A 的组成 y_2 将随之降低。但即使塔无限高,吸收剂用量很大,出口气的组成 y_2 也不会低于吸收剂入口组成 x_2 的平衡组成 y_2^*,即

$$y_{min} = y_2^* = mx_2$$

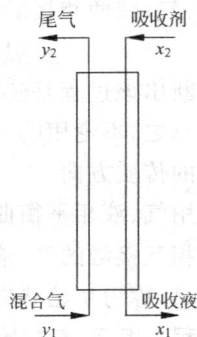

图 8-2　逆流吸收示意图

由此可见,由相平衡关系和液气比便可确定吸收剂出口的最高组成和混合气出口的最低组成。

例 8-2　在总压 1 000 kPa、温度 25℃下,含 CO_2 为 0.06 摩尔分数的空气与含 CO_2 为 0.1 g/L 的水溶液接触,试问:

(1) 将发生吸收还是解吸?

（2）以分压差表示的推动力为多少？

（3）如气体与水溶液逆流接触，空气中 CO_2 的含量最低可能降到多少？

解：（1）判别过程方向

气相中 CO_2 的分压：

$$p_{CO_2} = 1\,000 \times 0.06 = 60 \text{ kPa}$$

查表 8-1 得 25℃下 CO_2 溶解在水中的亨利系数 $E = 1.66 \times 10^5$ kPa。

因为水溶液 CO_2 浓度很低，其密度与平均相对分子质量皆与水相同，所以溶液的总浓度为

$$c = \frac{\rho}{M} = \frac{997}{18} = 55.4 \text{ kmol/m}^3$$

CO_2 在水中的摩尔分数：

$$x = \frac{0.1/44}{55.4} = 4.1 \times 10^{-5}$$

平衡分压：

$$p_{CO_2}^* = Ex = 1.66 \times 10^5 \times 4.1 \times 10^{-5} = 6.8 \text{ kPa}$$

$$p_{CO_2} > p_{CO_2}^*$$

故该过程为 CO_2 由气相转入液相的吸收过程。

（2）推动力

$$\Delta p_{CO_2} = p_{CO_2} - p_{CO_2}^* = 60 - 6.8 = 53.2 \text{ kPa}$$

（3）吸收过程的极限

对于逆流吸收操作，当液气比 L/V 大至一定程度 $\left(\text{该例 } \dfrac{L}{V} \geqslant \dfrac{E}{p} = \dfrac{1.66 \times 10^5 \text{ kPa}}{1\,000 \text{ kPa}} = 166\right)$，且塔无穷高时，则出塔气体中 CO_2 的含量最低可降到与入口水溶液呈平衡的分压（6.8 kPa），所以空气中 CO_2 含量最低为

$$y_{\min} = y_2^* = \frac{p_{CO_2}^*}{p} = \frac{6.8}{1\,000} = 0.006\,8$$

8.1.4 吸收剂的选择

选择良好的吸收剂是设计吸收过程的主要一环，一般应根据具体情况按下列原则进行选择：

（1）吸收剂对于溶质应有较大的溶解度，以提高吸收速率，减少吸收剂用量。同时为了便于吸收剂的再生回收，其溶解度应随操作条件的改变有显著的差异。

（2）应有良好的选择性，即对于混合气中待吸收组分的溶解度要大，其余组

分的溶解度应小。

（3）挥发性小，以减少其损失。

（4）粘度低，有利于气、液接触，提高吸收速率，也便于输送。

（5）无毒，难燃，腐蚀性小，不污染环境，易得，价廉，易于再生利用。

8.2 吸收过程机理和吸收速率方程

吸收过程是物质由气相到液相的两相传递过程，这个过程的进行可分为 3 个步骤：

（1）溶质由气相主体传递到气、液两相界面的气相一侧。

（2）溶质在界面上溶解，并由气相转入液相。

（3）溶质由相界面的液相一侧传递到液相主体。

由于相界面和界面附近流体流动状况和传质过程很复杂，提出了各种不同的传质模型来描述整个传质过程。但至今仍没有一个完美的理论能说明两流体相间在各种不同情况下的传质机理。1923 年惠特曼（Whitman）提出来的双膜理论应用较为普遍。本节着重介绍双膜理论，并以此建立相间传质速率方程。

8.2.1 双膜理论

双膜理论对传质过程进行了简化，有一定的适用范围。该理论包括流体流动模型和传质模型两部分。

1. 流体流动模型

（1）互相接触的气、液两相间有一个固定的界面；

（2）界面两侧分别存在着两层膜：气膜和液膜，膜内的流体是层流流动，膜外流体为湍流流动；

（3）膜层厚度和流体流动状况有关。

2. 传质模型

（1）传质过程为定态的传质过程，因此，沿传质方向组分的传质速率为常数。

（2）界面上没有传质阻力，在界面上气、液两侧的溶质在瞬间即可达到平衡，即溶质 A 在界面上的两相组成是平衡关系。

（3）在界面两侧的两层膜内，物质以分子扩散的形式进行传质。

（4）膜外湍流区由于流体湍动大，传质速率很高，传质阻力可以忽略不计。因此，相间的传质阻力决定于界面两侧膜的传质阻力，故该模型又称双阻力模型。

根据双膜理论，吸收过程中气、液相界面附近的浓度分布如图 8-3 所示。

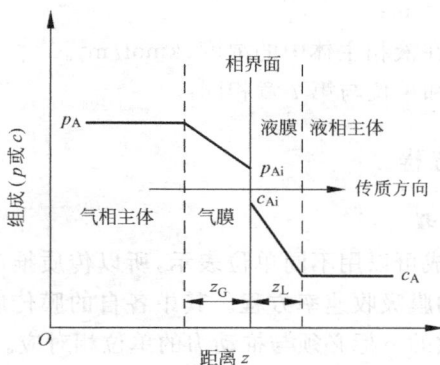

图 8-3 气、液相界面附近的浓度分布(双膜模型)

图 8.3 中的 p_{Ai} 为界面上气相一侧 A 组分的气相分压,c_{Ai} 为界面上液相一侧 A 组分的摩尔浓度。根据双膜理论,p_{Ai} 和 c_{Ai} 为平衡关系。若相平衡关系符合亨利定律,则

$$p_{Ai} = \frac{c_{Ai}}{H}$$

气体吸收是溶质 A 的单向扩散过程,根据第 7 章所述溶质通过气膜的吸收速率方程为

$$(N_A)_G = \frac{Dp}{z_G RT p_{Bm}}(p_A - p_{Ai}) = k_G(p_A - p_{Ai}) \tag{8-10}$$

式中:$(N_A)_G$——溶质通过气膜的传质通量,$kmol/(m^2 \cdot s)$;

k_G——以分压表示推动力的气膜传质系数或称气相传质系数,$kmol/(m^2 \cdot s \cdot Pa)$,由下式计算:

$$k_G = \frac{Dp}{z_G RT p_{Bm}}$$

z_G——气膜厚度,m;

p_A——溶质 A 在气相主体中的分压,Pa。

溶质通过液膜的吸收速率方程为

$$(N_A)_L = \frac{D'c}{z_L c_{Bm}}(c_{Ai} - c_A) = k_L(c_{Ai} - c_A) \tag{8-11}$$

式中:$(N_A)_L$——溶质通过液膜的传质通量,$kmol/(m^2 \cdot s)$;

k_L——以摩尔浓度表示推动力的液膜传质系数或称液相传质系数,m/s,用下式计算:

$$k_L = \frac{D'c}{z_L c_{Bm}}$$

z_L——液膜厚度,m;

c_A——溶质 A 在液相主体中的浓度,$kmol/m^3$。

其他符号的意义和单位与第 7 章相同。

8.2.2 吸收速率方程

1. 膜吸收速率方程

因为混合物的组成可以用不同单位表示,所以传质推动力有不同的表示方法,因此有各种不同的膜吸收速率方程。其中各自的膜传质系数的大小和单位互不相同,膜传质系数的下标必须与推动力的单位相对应。

1) 气膜吸收速率方程

气膜吸收速率方程有以下 3 种形式:

$$N_A = k_G(p_A - p_{Ai}) \tag{8-12}$$

$$N_A = k_y(y_A - y_{Ai}) \tag{8-13}$$

$$N_A = k_Y(Y_A - Y_{Ai}) \tag{8-14}$$

式中:k_G——以分压差表示推动力的气相传质系数,$kmol/(m^2 \cdot s \cdot Pa)$;

k_y——以摩尔分数差表示推动力的气相传质系数,$kmol/(m^2 \cdot s)$;

k_Y——以摩尔比差表示推动力的气相传质系数,$kmol/(m^2 \cdot s)$;

p_A,y_A 和 Y_A——溶质 A 在气相主体中的分压、摩尔分数和摩尔比;

p_{Ai},y_{Ai} 和 Y_{Ai}——溶质在界面上气相侧的分压、摩尔分数和摩尔比。

上述 3 个不同形式气膜吸收速率方程的物理意义相同,可用任何一个进行计算,其中 3 个气膜传质系数意义相同,但它们的单位和数值不同,它们之间可以根据组成表示法的相互关系进行换算,例如:

$$N_A = k_y(y_A - y_{Ai}) = k_G(p_A - p_{Ai}) = k_G p(y_A - y_{Ai})$$

所以

$$k_y = pk_G \tag{8-15}$$

同理可导出

$$k_Y = \frac{pk_G}{(1+Y_A)(1+Y_{Ai})} \tag{8-16}$$

当 Y 很小时,有

$$k_Y = pk_G \tag{8-17}$$

式中:p——总压。

2) 液膜吸收速率方程

液膜吸收速率方程也有 3 种形式:

$$N_A = k_L(c_{Ai} - c_A) \tag{8-18}$$

$$N_A = k_x(x_{Ai} - x_A) \tag{8-19}$$

$$N_A = k_X(X_{Ai} - X_A) \tag{8-20}$$

式中：c_A，x_A 和 X_A——溶质 A 在液相主体中的浓度、摩尔分数和摩尔比；

$\quad\quad c_{Ai}$，x_{Ai} 和 X_{Ai}——溶质 A 在界面上液相侧的浓度、摩尔分数与摩尔比；

$\quad\quad k_L$，k_x 和 k_X——以浓度差、摩尔分数差和摩尔比差表示推动力的液膜传质系数，它们的物理意义相同，单位和数值不同，它们之间也可根据各组成表示法的相互关系换算：

$$k_x = ck_L \tag{8-21}$$

$$k_X = \frac{ck_L}{(1 + X_A)(1 + X_{Ai})} \tag{8-22}$$

3）相界面的组成

由双膜理论的传质模型可知：p_{Ai} 与 c_{Ai}，y_{Ai} 与 x_{Ai}，Y_{Ai} 与 X_{Ai} 分别互为平衡关系，因此，若相界面某一侧的组成已知，另一侧的组成可用相平衡关系求出。对于定态传质过程，有

$$(N_A)_G = (N_A)_L = k_G(p_A - p_{Ai}) = k_L(c_{Ai} - c_A)$$

故

$$\frac{p_A - p_{Ai}}{c_A - c_{Ai}} = -\frac{k_L}{k_G} \tag{8-23}$$

当已知 p_A，c_A 及 k_L/k_G 时，根据上式和平衡关系，联立求解，便可求出 p_{Ai}，c_{Ai}。

图 8-4 中，p_{Ai} 与 c_{Ai} 为直线 AI（式(8-23)）与平衡线交点的坐标值。实际上，两相界面的浓度难以测定，通常测得的是流体两相的主体浓度 p_A 与 c_A，因此，一般用总吸收速率方程来描述吸收的传质速率更为方便。

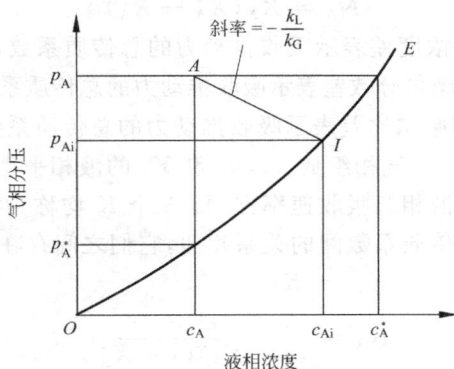

图 8-4 界面浓度的确定

2. 总吸收速率方程

与膜吸收速率方程类似,总吸收速率方程也有不同形式。

1) 气相总吸收速率方程

用气相组成来表示吸收推动力时,总吸收速率方程为

$$N_A = K_G(p_A - p_A^*) \tag{8-24}$$

$$N_A = K_y(y_A - y_A^*) \tag{8-25}$$

$$N_A = K_Y(Y_A - Y_A^*) \tag{8-26}$$

式中:K_G——以气相分压差表示吸收推动力的总传质系数,$\text{kmol}/(\text{m}^2 \cdot \text{s} \cdot \text{Pa})$;

K_y——以气相摩尔分数差表示吸收推动力的总传质系数,$\text{kmol}/(\text{m}^2 \cdot \text{s})$;

K_Y——以气相摩尔比差表示吸收推动力的总传质系数,$\text{kmol}/(\text{m}^2 \cdot \text{s})$;

p_A^*,y_A^*,Y_A^*——液相组成 c_A、x_A 和 X_A 的气相平衡组成。

上述诸式均称为气相总吸收速率方程。3 个 K 称为气相总传质(或称吸收)系数,它们的物理意义相同,但单位和数值不同,其相互关系与各气膜传质系数间的关系类似

$$K_y = pK_G \tag{8-27}$$

$$K_Y = \frac{pK_G}{(1+Y_A)(1+Y_A^*)} \tag{8-28}$$

当 Y 很小时,有

$$K_Y \approx pK_G \tag{8-29}$$

2) 液相总吸收速率方程

用液相组成差来表示吸收推动力时,总吸收速率方程为

$$N_A = K_L(c_A^* - c_A) \tag{8-30}$$

$$N_A = K_x(x_A^* - x_A) \tag{8-31}$$

$$N_A = K_X(X_A^* - X_A) \tag{8-32}$$

式中:K_L——以液相浓度差表示吸收推动力的总传质系数,m/s;

K_x——以液相摩尔分数差表示吸收推动力的总传质系数,$\text{kmol}/(\text{m}^2 \cdot \text{s})$;

K_X——以液相摩尔比差表示吸收推动力的总传质系数,$\text{kmol}/(\text{m}^2 \cdot \text{s})$;

c_A^*、x_A^* 和 X_A^*——气相组成 p_A、y_A 和 Y_A 的液相平衡组成。

上述诸式均称为液相总吸收速率方程。3 个 K 均称为液相总传质(或称吸收)系数,与前述液膜传质系数间的关系相似,它们之间存在以下关系:

$$K_x = cK_L \tag{8-33}$$

$$K_X = \frac{cK_L}{(1+X_A)(1+X_A^*)} \tag{8-34}$$

3) 气相总吸收系数与液相总吸收系数的关系

因为气相总吸收速率方程和液相总吸收速率方程中的组成互为平衡关系,

所以气相与液相总吸收系数间存在一定的数量关系。当 $p^* = c/H$ 时,由式(8-24)和式(8-30)可得

$$K_G = HK_L \qquad (8-35)$$

当 $y^* = mx$ 时,由式(8-25)和式(8-31)可得

$$mK_y = K_x \qquad (8-36)$$

3. 总传质系数与膜传质系数的关系

由双膜理论,利用相平衡关系可导出总传质系数和膜传质系数之间的关系。

根据双膜理论,c_{Ai} 和 p_{Ai} 呈平衡关系,p_A^* 是 c_A 的平衡分压。若吸收相平衡关系符合亨利定律,则

$$c_{Ai} = Hp_{Ai}$$

$$c_A = Hp_A^*$$

因此液膜传质速率方程式(8-18)可写成

$$(N_A)_L = Hk_L(p_{Ai} - p_A^*)$$

改写成

$$\frac{(N_A)_L}{Hk_L} = p_{Ai} - p_A^* \qquad (8-37)$$

气膜传质速率方程(8-12)及气相总传质速率方程(8-24)可分别改写成

$$\frac{(N_A)_G}{k_G} = p_A - p_{Ai} \qquad (8-38)$$

$$\frac{N_A}{K_G} = p_A - p_A^* \qquad (8-39)$$

定态时:

$$(N_A)_G = (N_A)_L = N_A$$

式(8-37)和式(8-38)相加,并和式(8-39)比较,得

$$\frac{1}{K_G} = \frac{1}{k_G} + \frac{1}{Hk_L} \qquad (8-40)$$

式中:$\frac{1}{K_G}, \frac{1}{k_G}, \frac{1}{Hk_L}$ —— 总阻力、气膜阻力和液膜阻力。

同样可以导出

$$\frac{1}{K_L} = \frac{H}{k_G} + \frac{1}{k_L} \qquad (8-41)$$

即

总阻力 = 气膜阻力 + 液膜阻力

在 k_L 和 k_G 的数值大致相当的条件下,对易溶气体,H 大,$1/k_G \gg 1/Hk_L$,液膜阻力可忽略不计,总阻力主要取决于气膜阻力,$K_G = k_G$,这种情况称为气膜控

制；对难溶气体，H 小，$1/k_L \gg H/k_G$，气膜阻力可忽略不计，总阻力取决于液膜阻力，$K_L = k_L$，这种情况称为液膜控制。

根据亨利定律的其他形式：

$$y = mx$$
$$p_A = Ex$$

及传质速率关系式：

$$N_A = K_y(y_A - y_A^*)$$
$$N_A = k_x(x_{Ai} - x_A)$$
$$N_A = k_y(y_A - y_{Ai})$$

同样可导出

$$\frac{1}{K_y} = \frac{1}{k_y} + \frac{m}{k_x} \tag{8-42}$$

$$\frac{1}{K_x} = \frac{1}{k_x} + \frac{1}{mk_y} \tag{8-43}$$

$$\frac{1}{K_G} = \frac{1}{k_G} + \frac{E}{k_x} \tag{8-44}$$

$$\frac{1}{K_x} = \frac{1}{k_x} + \frac{1}{Ek_G} \tag{8-45}$$

例 8-3　110 kPa 下操作的氨吸收塔的某截面上，含氨 0.03 摩尔分数的气体与氨浓度为 1 kmol/m³ 的氨水相遇。已知气膜传质系数 $k_G = 5 \times 10^{-9}$ kmol/(m²·s·Pa)，液膜传质系数 $k_L = 1.5 \times 10^{-4}$ m/s，氨水的平衡关系可用亨利定律表示，溶解度系数 $H = 7.3 \times 10^{-4}$ kmol/(m³·Pa)。试计算：

（1）气、液界面上的两相组成；

（2）以分压差和浓度差表示的总推动力、总传质系数和传质速率；

（3）以摩尔分数差表示推动力的气相总传质系数；

（4）气膜与液膜阻力的相对大小。

解：（1）界面组成

应用式(8-23)，得

$$\frac{1.1 \times 10^5 \times 0.03 - p_{Ai}}{1 - c_{Ai}} = -\frac{1.5 \times 10^{-4}}{5 \times 10^{-9}} \tag{8-46}$$

平衡关系为

$$p_{Ai} = \frac{c_{Ai}}{7.3 \times 10^{-4}} \tag{8-47}$$

将式(8-46)与式(8-47)联合求解得：

界面气相侧氨分压 $p_{Ai} = 1.45 \times 10^3$ Pa；

界面液相侧氨的浓度 $c_{Ai}=1.06$ kmol/m³。

（2）总推动力、总传质系数、传质速率

以分压差表示的总推动力：

$$\Delta p_A = p_A - p_A^* = p_A - \frac{c_A}{H} = 3.0 \times 10^3 - \frac{1}{7.3 \times 10^{-4}} = 1.63 \times 10^3 \text{ Pa}$$

以浓度差表示的总推动力：

$$\Delta c_A = c_A^* - c_A = Hp_A - c_A = 3.0 \times 10^3 \times 7.3 \times 10^{-4} - 1 = 1.19 \text{ kmol/m}^3$$

总传质系数：

$$K_G = \frac{1}{\frac{1}{k_G} + \frac{1}{Hk_L}} = \frac{1}{\frac{1}{5 \times 10^{-9}} + \frac{1}{7.3 \times 10^{-4} \times 1.5 \times 10^{-4}}}$$

$$= \frac{1}{2 \times 10^8 + 9.1 \times 10^6} = 4.78 \times 10^{-9} \text{ kmol/(m}^2 \cdot \text{s} \cdot \text{Pa)}$$

$$K_L = \frac{K_G}{H} = \frac{4.78 \times 10^{-9}}{7.3 \times 10^{-4}} = 6.55 \times 10^{-6} \text{ m/s}$$

传质速率：

$$N = K_G(p_A - p_A^*) = 4.78 \times 10^{-9} \times 1.63 \times 10^3$$
$$= 7.79 \times 10^{-6} \text{ kmol/(m}^2 \cdot \text{s)}$$

或

$$N = K_L(c_A^* - c_A) = 6.55 \times 10^{-6} \times 1.19$$
$$= 7.79 \times 10^{-6} \text{ kmol/(m}^2 \cdot \text{s)}$$

（3）气相总传质系数

$$K_y = pK_G = 1.0 \times 10^5 \times 4.78 \times 10^{-9} = 4.78 \times 10^{-4} \text{ kmol/(m}^2 \cdot \text{s)}$$

（4）气膜阻力与液膜阻力

$$\text{气膜阻力} = \frac{1}{k_G} = 2 \times 10^8 \text{ m}^2 \cdot \text{s} \cdot \text{Pa/kmol}$$

$$\text{液膜阻力} = \frac{1}{Hk_L} = 9.1 \times 10^6 \text{ m}^2 \cdot \text{s} \cdot \text{Pa/kmol}$$

$$\text{总阻力} = \frac{1}{k_G} + \frac{1}{Hk_L} = 2.091 \times 10^8 \text{ m}^2 \cdot \text{s} \cdot \text{Pa/kmol}$$

$$\frac{\text{气膜阻力}}{\text{总阻力}} = \frac{2 \times 10^8}{2.091 \times 10^8} = 0.956$$

即气相阻力占总阻力的 95.6%，故本例的吸收过程属气膜控制。

8.3 吸收塔的设计与计算

工业生产中，吸收操作多采用塔式设备。既可用气、液两相在塔内逐级接触的板式塔，也可用气、液两相在塔内连续接触的填料塔。

塔内气、液两相的流动方式原则上可为逆流,也可为并流。通常采用逆流操作,吸收剂从塔顶加入,自上而下流动,与从下向上流动的混合气接触,吸收了溶质的吸收液从塔底排出。混合气自塔底送入,自下而上流动,其中溶质被吸收,尾气从塔顶排出。

吸收计算按给定条件、任务的不同,可分为设计型和操作型两类。设计型计算是在给定条件下,设计出达到一定分离要求所需要的吸收塔。操作型计算是针对已有的吸收塔对其操作条件与吸收效果间的关系进行分析计算,操作型计算大致可分为两种情况:第一种情况是给定操作条件求算吸收效果,即气、液两相出口浓度;第二种情况是给定吸收效果或要求,确定操作条件。不管哪种类型的计算,其基本原理及所用关系式都是一样的,只是具体的计算方法与步骤有些不同。本节着重讨论设计型的吸收计算。

前面已经述及,吸收剂一般都要循环再用,因此工业生产中,离开吸收塔的吸收液,要送到解吸塔进行解吸,使吸收液中溶质的浓度由 X_1 降至 X_2,然后作为吸收剂再送回吸收塔内,吸收过程的流程如图 8-5 所示。解吸塔的解吸效果将影响吸收塔的吸收效率。设计吸收塔时应考虑解吸塔的解吸能力。

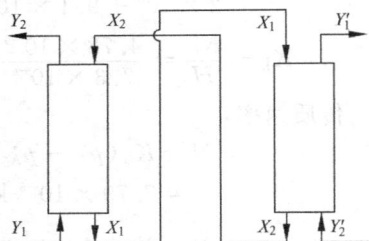

图 8-5 吸收流程图

吸收塔的设计计算一般是在以下已知条件下进行的:

(1) 待分离混合气中溶质 A 的组成 Y_1(摩尔比,下同)和处理量 V(kmol(惰性气体)/h);

(2) 吸收剂的种类及操作温度、操作压力,即已知吸收相平衡关系;

(3) 吸收剂中的溶质 A 的初始组成 X_2 或已知吸收剂的再生效果;

(4) 分离要求,即吸收率 E_A。

设计计算任务为:

(1) 确定合适的吸收剂用量 L(kmol(纯溶剂)/h),或液气比 L/V;

(2) 计算塔径;

(3) 计算塔高。

8.3.1 吸收塔的物料衡算与操作线方程

第 7 章已经述及,通过物料衡算可以确定各物流之间量的关系,以及设备中任意位置两物料组成之间的关系。

1. 全塔物料衡算

图 8-6 为一逆流连续接触式吸收塔示意图。以下标"1"代表塔底截面,下标"2"代表塔顶截面。

在定态下,单位时间进、出吸收塔的溶质量,可通过全塔物料衡算确定,即

$$VY_1 + LX_2 = VY_2 + LX_1$$

或

$$V(Y_1 - Y_2) = L(X_1 - X_2) \tag{8-48}$$

式中:V——单位时间通过吸收塔的惰性气体摩尔流量,kmol(B)/h;

L——单位时间内通过吸收塔的溶剂摩尔流量,kmol(S)/h;

Y_1, Y_2——进塔及出塔气体中溶质 A 的摩尔比,kmol(A)/kmol(B);

X_1, X_2——出塔及进塔液体中溶质 A 的摩尔比,kmol(A)/kmol(S)。

全塔物料衡算式(8-48)表示逆流吸收塔中气、液相流率 V, L 和塔底、塔顶两端的气、液相组成 Y_1, X_1 与 Y_2, X_2 的关系。其中 Y_1, X_1 最高,Y_2, X_2 最低,故塔底称为高浓端,塔顶称为低浓端。式中进塔混合气的流率 V 和组成 Y_1 是吸收任务规定的。吸收剂初始组成 X_2 根据工艺上的考虑确定,或由再生效果决定,由给定的吸收率 E_A 可求出塔顶尾气浓度 Y_2:

$$Y_2 = Y_1(1 - E_A) \tag{8-49}$$

因此,吸收剂用量 L 确定后,便可由式(8-48)求出塔底排出的吸收液组成 X_1。

2. 吸收塔的操作线方程式与操作线

逆流操作的吸收塔内,气体自下而上,其组成由 Y_1 逐渐降至 Y_2;液体自上而下,其组成由 X_2 逐渐增至 X_1。在定态下,塔中各个截面上的气、液相组成 Y 与 X 之间的关系,可通过吸收塔中任一横截面(如图 8-6 所示的 m—n)与塔的任何一端之间作溶质 A 的物料衡算便可得到

$$VY + LX_1 = VY_1 + LX$$

或

$$Y = \frac{L}{V}X + \left(Y_1 - \frac{L}{V}X_1\right) \tag{8-50a}$$

在 m—n 截面与塔顶端之间作溶质 A 的物料衡算,则可得

$$Y = \frac{L}{V}X + \left(Y_2 - \frac{L}{V}X_2\right) \tag{8-50b}$$

式(8-50a)与式(8-50b)是等效的,皆可称为逆流吸收塔的操作线方程式。它们表明塔内任一横截面上的气相组成 Y 与液相组成 X 之间呈直线关系,直线的斜率 L/V 称为液气比。操作线在 X-Y 坐标图上为一直线(见图 8-7),线段的端点分别为塔底端液、气相组成所确定的点 $B(X_1, Y_1)$ 和塔顶端液、气相组成所确定的点 $T(X_2, Y_2)$。操作线只决定于塔底和塔顶两端的气、液相组成和液气比,

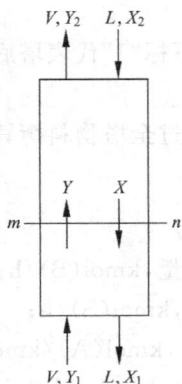

图 8-6 逆流吸收塔的物料衡算　　图 8-7 逆流吸收塔的操作线

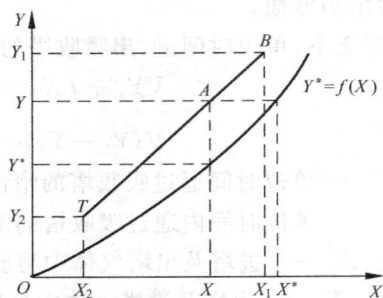

其上任何一点 A，代表塔内相应截面上的液、气相组成 X,Y。

连续接触式填料塔上任一截面上的气、液两相既相遇又相互接触进行传质。因此，任一截面上相间的传质推动力为该截面上一相的组成和另一相的平衡组成之差，即 $Y-Y^*$ 或 X^*-X，也就是操作线和平衡线的垂直距离或水平距离，如图 8-7 所示。两线相距越远，传质推动力越大。

吸收操作时，填料层内任一横截面上溶质在气相中的实际分压总是高于与其相接触的液相的平衡分压，所以吸收操作线总是位于平衡线的上方。反之，解吸操作线位于平衡线的下方。

8.3.2　吸收剂用量的确定

确定合适的吸收剂用量 L 是吸收塔设计计算时的首要任务。由图 8-8 可以看出，吸收剂的初始组成 X_2 是给定的，出塔尾气组成 Y_2 可由所要求的吸收率 E_A 求出，因此吸收操作线的低浓端 T 的坐标 (X_2,Y_2) 是已知的。因操作线的高浓端 B 的坐标为 (X_1,Y_1)，B 点必在 $Y=Y_1$ 的水平线上，故从 T 点出发作一斜率为 L/V 的直线，该直线与 $Y=Y_1$ 水平线的交点即为操作线的高浓端 B。

B 点的坐标取决于操作线的斜率，即液气比 L/V。在 V 给定的条件下，吸收剂用量 L 减少，操作线的斜率 L/V 变小，操作线向平衡线靠近，出塔吸收液中溶质的组成 X_1 增大，吸收推动力减小，达到 Y_2 分离要求所需的塔高增加。当吸收剂用量减少到使操作线与平衡线相交，如图 8-8 所示，则操作线高浓端为 B^*，$X_1=X_1^*$。此时在塔的底部的推动力 $\Delta Y=0$，出塔尾气中溶质 A 的组成降至 Y_2 所需的塔高为无穷高。这是液气比的下限，此状况下的液气比称为最小液气比，以 $(L/V)_{min}$ 表示。相应的吸收剂用量为最小吸收剂用量，以 L_{min} 表示。

当液气比小于最小液气比时,则无论用多高的塔都不能达到预定的分离要求。

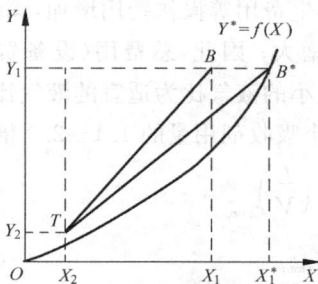

图 8-8 吸收塔的最小液气比
(塔底部推动力为零)

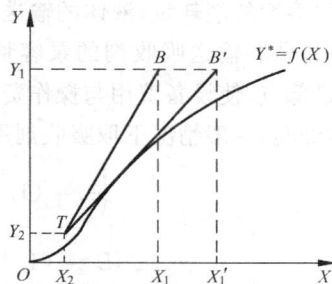

图 8-9 吸收塔的最小液气比
(塔中部推动力为零)

最小液气比的确定与平衡线的形状有关,若平衡线符合图 8-8 所示的一般情况,则 $Y=Y_1$ 的水平线与平衡线的交点 B^* 为最小液气比时的操作线高浓端,读出 B^* 的横坐标 X_1^*,于是得

$$\left(\frac{L}{V}\right)_{\min} = \frac{Y_1 - Y_2}{X_1^* - X_2} \qquad (8\text{-}51a)$$

或

$$L_{\min} = V \frac{Y_1 - Y_2}{X_1^* - X_2} \qquad (8\text{-}51b)$$

式中:X_1^*——与入塔气体组成 Y_1 呈平衡的液相组成。

若平衡关系符合亨利定律,则 $Y=Y_1$ 水平线和直线 $Y=mX$ 的交点 B^* 为最小液气比时操作线的高浓端,$X_1^* = Y_1/m$,因此根据式(8-51)有

$$\left(\frac{L}{V}\right)_{\min} = \frac{Y_1 - Y_2}{Y_1/m - X_2} \qquad (8\text{-}52a)$$

或

$$L_{\min} = V \frac{Y_1 - Y_2}{Y_1/m - X_2} \qquad (8\text{-}52b)$$

若平衡曲线如图 8-9 中所示的形状,则由点 T 作平衡曲线的切线,切点处吸收的推动力为零。因此该切线与 $Y=Y_1$ 的水平线的交点 B' 为最小液气比时的操作线高浓端,读出 B' 的横坐标 X_1',于是

$$\left(\frac{L}{V}\right)_{\min} = \frac{Y_1 - Y_2}{X_1' - X_2} \qquad (8\text{-}53a)$$

或

$$L_{\min} = V \frac{Y_1 - Y_2}{X_1' - X_2} \qquad (8\text{-}53b)$$

实际采用的液气比或吸收剂用量必须大于最小液气比或最小吸收剂用量,其具体数值的大小,取决于经济效果核算。显然当吸收剂用量 L 为最小吸收剂用量

时,所需塔高为无穷大,设备费用无穷大;吸收剂用量增加,所需塔高降低,设备费用降低,但溶剂的消耗量,液体的输送功率及再生费用等操作费用增加,同时,再生系统的设备费和输送吸收剂的泵容量也随之增大;因此,总费用(设备费＋操作费)有一最低点,使设备费用与操作费用之和最小的液气比为适宜的液气比。根据生产实践经验,一般情况下取吸收剂用量为最小吸收剂用量的 $1.1 \sim 2.0$ 倍,即

$$\frac{L}{V} = (1.1 \sim 2.0)\left(\frac{L}{V}\right)_{\min} \tag{8-54a}$$

或

$$L = (1.1 \sim 2.0)L_{\min} \tag{8-54b}$$

式中的比例系数的大小,取决于当时当地材料和加工费用与能源的价格政策和比价。此外,为了保证填料表面能被液体充分润湿,还应该考虑到单位塔截面积上单位时间内流下的液体量不得小于某一最低允许值。

例 8-4 用清水吸收丙酮,吸收塔的操作压力为 101.32 kPa,温度为 293 K。进吸收塔的气体中丙酮含量为 0.026 摩尔分数,要求吸收率为 80%。在操作条件下,丙酮在两相间的平衡关系为 $Y = 1.18X$,求最小液气比为多少? 如果要求吸收率为 90%,则最小液气比又为多少?

解:(1)吸收率为 80% 时的最小液气比

进塔气中丙酮的组成 $\quad Y_1 = \dfrac{0.026}{1-0.026} = 0.0267$

出塔气中丙酮的组成 $\quad Y_2 = 0.0267 \times 0.2 = 0.00534$

进塔溶剂中丙酮组成 $X_2 = 0$。因平衡线为直线,应用式(8-52a)求最小液气比:

$$\left(\frac{L}{V}\right)_{\min} = \frac{0.0267 - 0.00534}{0.0267/1.18} = 0.944$$

(2)吸收率为 90% 时最小液气比

出塔气中丙酮的组成 $Y_2 = 0.0267 \times 0.1 = 0.00267$,所以

$$\left(\frac{L}{V}\right)_{\min} = \frac{0.0267 - 0.00267}{0.0267/1.18} = 1.062$$

可见在其他条件相同时,吸收率不同,最小液气比则不同,吸收率高,最小液气比亦大。

例 8-5 用洗油吸收焦炉气中的芳烃。吸收塔内的温度为 $27℃$,压力为 106.7 kPa。焦炉气流量为 $850 \text{ m}^3/\text{h}$,其中所含芳烃的摩尔分数为 0.02,要求芳烃回收率不低于 95%。进入吸收塔顶的洗油中所含芳烃的摩尔分数为 0.005。若取溶剂用量为理论最小用量的 1.5 倍,求每小时送入吸收塔顶的洗油量及塔底流出的吸收液组成。

操作条件下的平衡关系可用下式表达:

$$Y^* = \frac{0.125X}{1 + 0.875X}$$

解：进入吸收塔的惰性气体摩尔流量为

$$V = \frac{850}{22.4} \times \frac{273}{273 + 27} \times \frac{106.7}{101.3} \times (1 - 0.02) = 35.64 \text{ kmol/h}$$

进塔气体中芳烃的组成为

$$Y_1 = \frac{0.02}{1 - 0.02} = 0.020\ 4$$

出塔气体中芳烃的组成为

$$Y_2 = 0.020\ 4 \times (1 - 0.95) = 0.001\ 02$$

进塔洗油中芳烃组成为

$$X_2 = \frac{0.005}{1 - 0.005} = 0.005\ 03$$

按照已知的平衡关系式 $Y^* = 0.125X/(1 + 0.875X)$，在 Y-X 直角坐标系中标绘出平衡曲线 $0E$，如图 8-10 所示。再据 X_2，Y_2 之值在图上确定操作线端点 T。因平衡线为向上凸的曲线，而 Y_2 又低，所以过点 T 作平衡曲线 $0E$ 的切线，交水平线 $Y = 0.020\ 4$ 于点 B^*，读出点 B^* 的横坐标为

$$X_1^* = 0.176$$

则

$$L_{\min} = V \frac{Y_1 - Y_2}{X_1^* - X_2} = \frac{35.64 \times (0.020\ 4 - 0.001\ 02)}{0.176 - 0.005\ 03} = 4.04 \text{ kmol/h}$$

$$L = 1.5L_{\min} = 1.5 \times 4.04 = 6.06 \text{ kmol/h}$$

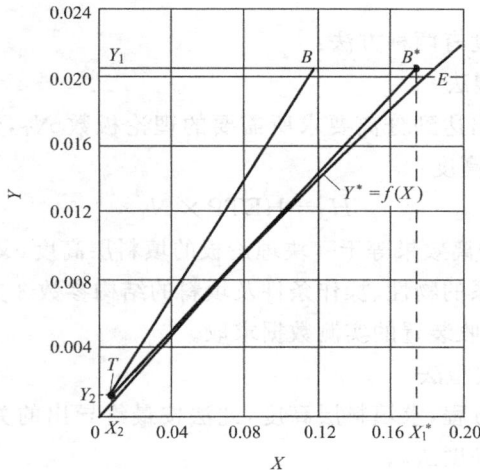

图 8-10　例 8-5 图示

式中, L 为每小时送入吸收塔顶的纯溶剂量。考虑到入塔洗油中含有芳烃,则每小时送入吸收塔顶的洗油量应为

$$6.06 \times \frac{1}{1-0.005} = 6.09 \text{ kmol/h}$$

吸收液组成可依全塔物料衡算式求出:

$$X_1 = X_2 + \frac{V(Y_1 - Y_2)}{L} = 0.005\,03 + \frac{35.64(0.020\,4 - 0.001\,02)}{6.06} = 0.119$$

8.3.3 塔径的确定

塔的直径主要取决于气、液流率的大小,以及体系的物性和所选塔板的性能(对于板式塔)或填料的种类和尺寸(对于填料塔),用下式计算确定:

$$D_{\text{T}} = \sqrt{\frac{4V_s}{\pi u}} \tag{8-55}$$

式中:D_{T}——板式塔或填料塔的塔径,m;

V_s——通过塔的实际气体的体积流量,m³/s;

u——所选空塔气速,m/s。

因为吸收过程中气相中的溶质逐步减少,气体压力逐渐降低,所以塔中不同截面上的 V_s 有所不同,计算时一般取全塔中最大的体积流量。u 的大小与液气比、气液密度、液体的粘度、塔板的结构或填料的种类及尺寸有关。其计算将在第 10 章中专门讨论。

8.3.4 填料层高度的计算

确定填料层高度有两种方法:

(1) 理论级模型法

由已知条件求出达到分离要求所需要的理论板数 N_{T},然后乘以等板高度 HETP,求出填料层高度:

$$H = \text{HETP} \times N_{\text{T}} \tag{8-56}$$

式中:HETP——分离效果等于一块理论板的填料层高度,又称当量高度,m。

等板高度与物系的物性、操作条件及填料的结构参数 3 方面有关,影响因素较多,一般由实际吸收装置的实测数据求取。

(2) 传质速率模型法

根据吸收速率方程,求填料层高度,此法按最终导出的关系式,常称为传质单元数和传质单元高度法。

在此先讨论如何应用吸收速率方程求解连续接触逆流操作的填料层高度。

1. 基本关系式的导出

由于填料塔内任一截面上的气、液相组成 Y、X 和推动力 ΔY（或 ΔX），都是随塔高而连续变化的，不同截面上的传质速率各不相同，因此，必须从分析填料层内某一微分段 $\mathrm{d}H$ 内溶质的吸收过程入手。

如图 8-11 所示，$\mathrm{d}H$ 微分段中的传质面积为

$$\mathrm{d}A = \Omega a \mathrm{d}H \tag{8-57}$$

式中：$\mathrm{d}A$——$\mathrm{d}H$ 微分段内的传质面积，m^2；

Ω——塔的截面积，m^2；

a——$1\ \mathrm{m}^3$ 填料中的传质面积（称为有效比表面积），$\mathrm{m}^2/\mathrm{m}^3$。

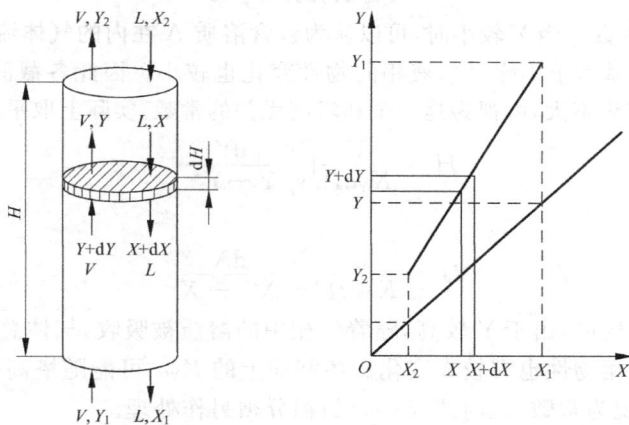

图 8-11 微元填料层的物料衡算

根据物料衡算，气相经 $\mathrm{d}H$ 后，其中被吸收的溶质量为

$$\mathrm{d}G = V\mathrm{d}Y \tag{8-58}$$

液相经 $\mathrm{d}H$ 后，其中吸收的溶质量为

$$\mathrm{d}G = L\mathrm{d}X \tag{8-59}$$

根据吸收速率方程，微分段内溶质的吸收量为

$$\mathrm{d}G = K_Y(Y - Y^*)\mathrm{d}A \tag{8-60}$$

或

$$\mathrm{d}G = K_X(X^* - X)\mathrm{d}A \tag{8-61}$$

式（8-57）、式（8-58）、式（8-60）联立求解便得

$$\mathrm{d}H = \frac{V}{K_Y a\Omega} \frac{\mathrm{d}Y}{Y - Y^*} \tag{8-62}$$

同理，由式（8-57）、式（8-59）、式（8-61）得

$$\mathrm{d}H = \frac{L}{K_X a\Omega} \frac{\mathrm{d}X}{X^* - X} \tag{8-63}$$

以上两式中单位体积填料层内的有效接触面积 a 是指那些被流动的液体膜层所覆盖的，能提供气、液接触的有效面积。它小于单位体积填料层中的固体表面积（称为比表面积）。a 值不仅与填料的形状、尺寸及充填状况有关，而且受流体物性及流动状况的影响。a 的数值很难直接测定，为此常将它与吸收系数的乘积视为一体，作为一个物理量看待，称为体积吸收系数。如 $K_Y a$ 及 $K_X a$ 分别称为气相总体积吸收系数及液相总体积吸收系数，其单位为 $kmol/(m^3 \cdot s)$。其物理意义是在单位推动力、单位时间、单位体积填料层内吸收的溶质量。

根据分离要求，式(8-62)积分可得所需填料层高度 H：

$$H = \int_{Y_2}^{Y_1} \frac{V}{K_Y a \Omega} \frac{dY}{Y - Y^*} \tag{8-64}$$

式中，Ω，V 为常数。当 Y 较小时，可以认为包含溶质 A 在内的气体流量 V' 及液流量 L' 在全塔中基本上不变，气、液相的物性变化也较小。因此各截面上的体积传质系数 $K_Y a$ 变化不大，可视为是一个和塔高无关的常数，实际上取平均值，于是：

$$H = \frac{V}{K_Y a \Omega} \int_{Y_2}^{Y_1} \frac{dY}{Y - Y^*} \tag{8-65}$$

同理可得

$$H = \frac{L}{K_X a \Omega} \int_{X_2}^{X_1} \frac{dX}{X^* - X} \tag{8-66}$$

对于高浓气体，由于 Y 较高，随着气相中的溶质被吸收，气体总量 V' 有较大变化，气、液两相物性也有较大变化。各截面上的 $K_Y a$ 可能随塔高显著变化，因此，$K_Y a$ 不能视为常数，此时式(8-64)的积分须另作处理。

2. 低浓气体传质单元高度和传质单元数

式(8-65)等号右端因式 $\dfrac{V}{K_Y a \Omega}$ 的单位为

$$\frac{kmol/s}{[kmol/(m^3 \cdot s)](m^2)} = m$$

式中，m 是高度单位，故 $\dfrac{V}{K_Y a \Omega}$ 称为气相总传质单元高度，以 H_{OG} 表示：

$$H_{OG} = \frac{V}{K_Y a \Omega} \tag{8-67}$$

式(8-65)等号右端因式 $\displaystyle\int_{Y_2}^{Y_1} \frac{dY}{Y - Y^*}$ 的积分号内分子与分母具有相同的单位，其积分必然得一无量纲的数值，称为气相总传质单元数，以 N_{OG} 表示：

$$N_{OG} = \int_{Y_2}^{Y_1} \frac{dY}{Y - Y^*} \tag{8-68}$$

因此，式(8-65)可写为

$$H = H_{OG} N_{OG} \tag{8-69}$$

同理,式(8-66)可写为

$$H = H_{OL} N_{OL} \tag{8-70}$$

$$H_{OL} = \frac{L}{K_X a \Omega} \tag{8-71}$$

$$N_{OL} = \int_{X_2}^{X_1} \frac{dX}{X^* - X} \tag{8-72}$$

式中：H_{OL}——**液相总传质单元高度**,m;

　　　N_{OL}——**液相总传质单元数**。

式(8-65)和式(8-66)可写成如下通式:

　　　　填料层高度 = 传质单元高度 × 传质单元数

由式(8-65)和式(8-66)的导出过程可知,应用不同的吸收速率方程,可得出形式类似的不同的计算填料层高度的关系式。若所用的传质速率方程是膜速率关系式,如:

或

$$N_A = k_Y (Y - Y_i)$$

则可得

$$N_A = k_X (X_i - X)$$

$$H = H_G N_G \tag{8-73}$$

$$H = H_L N_L \tag{8-74}$$

式中：H_G, H_L——气相传质单元高度 $\dfrac{V}{k_Y a \Omega}$ 及液相传质单元高度 $\dfrac{L}{k_X a \Omega}$;

　　　N_G, N_L——气相传质单元数 $\displaystyle\int_{Y_2}^{Y_1} \frac{dY}{Y - Y_i}$ 及液相传质单元数 $\displaystyle\int_{X_2}^{X_1} \frac{dX}{X_i - X}$。

传质单元数 N_{OG}, N_{OL}, N_G, N_L 中的分子为气相(或液相)组成的变化,分母为过程的推动力,它综合反映出完成该吸收过程的难易程度。传质单元数的大小取决于分离要求的高低和整个填料层平均推动力的大小,它与吸收的分离要求、平衡关系与液气比有关,与设备的类型和设备中气、液两相的流动状况等无关。这样,在设备选择之前即可先计算过程所需的传质单元数。要求气体的浓度变化$(Y_1 - Y_2)$越大,或操作线离平衡线越近,推动力越小,则吸收过程难度越大,所需的传质单元数也就越多。

传质单元高度 H_{OG}, H_{OL}, H_G, H_L 表示完成一个传质单元分离效果所需的塔高,是吸收设备传质效能高低的反映,其大小与设备的类型及设备中气、液两相的流动条件有关。如 H_{OG} 可视为 V/Ω 和 $1/K_Y a$ 的乘积,V/Ω 为单位塔截面上惰性气体的摩尔流量,$1/K_Y a$ 反映传质阻力的大小。通常 $K_Y a$(或 $K_X a$, $k_Y a$, $k_X a$)随流率 V(或 L)的增加而提高较大,但 $V/K_Y a$(或 $L/K_X a$, $V/k_Y a$, $L/k_X a$ 等)则与流率的关系较小。

3. 传质单元数的求解

传质单元数的表达式中 Y^*（或 X^*）是液相（或气相）的平衡组成，需要用相平衡关系确定。因此，根据平衡关系是直线还是曲线，传质单元数的求解有几种不同的方法。

1）平衡关系为直线时的解法

当平衡关系为直线时，可用解析法求传质单元数，有两种解法。

（1）对数平均推动力法

因操作线为直线，所以当平衡线也为直线时，操作线与平衡线间的垂直距离 $\Delta Y = Y - Y^*$（或水平距离 $\Delta X = X^* - X$）亦为 Y（或 X）的直线函数（见图 8-12）：

$$\frac{\mathrm{d}Y}{\mathrm{d}(Y - Y^*)} = 常数 = \frac{Y_1 - Y_2}{(Y_1 - Y_1^*) - (Y_2 - Y_2^*)} \tag{8-75a}$$

$$\frac{\mathrm{d}Y}{\mathrm{d}(\Delta Y)} = \frac{Y_1 - Y_2}{\Delta Y_1 - \Delta Y_2} \tag{8-75b}$$

式中：$\Delta Y_1 = Y_1 - Y_1^*$——塔底的气相总推动力；

$\Delta Y_2 = Y_2 - Y_2^*$——塔顶的气相总推动力。

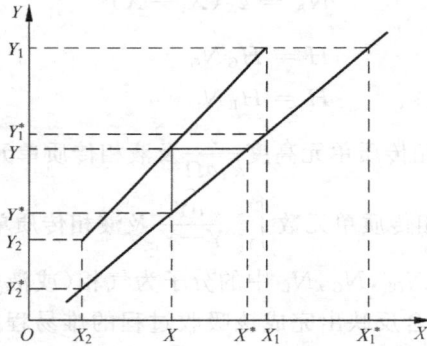

图 8-12 操作线与平衡线均为直线时的总推动力

由式（8-75b）得

$$\mathrm{d}Y = \frac{Y_1 - Y_2}{\Delta Y_1 - \Delta Y_2} \mathrm{d}(\Delta Y) \tag{8-76}$$

将式（8-76）代入式（8-68），并从塔顶到塔底积分得

$$N_{\mathrm{OG}} = \frac{Y_1 - Y_2}{\Delta Y_1 - \Delta Y_2} \int_{\Delta Y_2}^{\Delta Y_1} \frac{\mathrm{d}(\Delta Y)}{\Delta Y} = \frac{Y_1 - Y_2}{\Delta Y_1 - \Delta Y_2} \ln \frac{\Delta Y_1}{\Delta Y_2}$$

$$= \frac{Y_1 - Y_2}{\dfrac{\Delta Y_1 - \Delta Y_2}{\ln \dfrac{\Delta Y_1}{\Delta Y_2}}} = \frac{Y_1 - Y_2}{\Delta Y_{\mathrm{m}}} \tag{8-77}$$

$$\Delta Y_{\mathrm{m}} = \frac{\Delta Y_1 - \Delta Y_2}{\ln \dfrac{\Delta Y_1}{\Delta Y_2}} \qquad (8-78)$$

式中,ΔY_{m} 为过程平均推动力,等于吸收塔两端以气相组成差表示的总推动力的对数平均值。

同理可以导出

$$N_{\mathrm{OL}} = \frac{X_1 - X_2}{\Delta X_{\mathrm{m}}} \qquad (8-79)$$

$$\Delta X_{\mathrm{m}} = \frac{\Delta X_1 - \Delta X_2}{\ln \dfrac{\Delta X_1}{\Delta X_2}} = \frac{(X_1^* - X_1) - (X_2^* - X_2)}{\ln \dfrac{X_1^* - X_1}{X_2^* - X_2}} \qquad (8-80)$$

式中,平均推动力 ΔX_{m} 为吸收塔两端以液相组成差表示的总推动力的对数平均值。

由式(8-77)和式(8-80)可知,传质单元数为塔底与塔顶的组成差和塔底与塔顶的传质推动力的对数平均值之比。

(2) 吸收因数法

当相平衡关系为 $Y^* = mX$ 时,应用该式和操作线关系 $(Y-Y_2)/(X-X_2) = L/V$ 可将传质单元数表达式中的 Y^* 转换成

$$Y^* = m\left(\frac{V}{L}(Y - Y_2) + X_2\right) \qquad (8-81)$$

然后代入式(8-68)并积分,得

$$\begin{aligned}
N_{\mathrm{OG}} &= \int_{Y_2}^{Y_1} \frac{\mathrm{d}Y}{Y - Y^*} = \int_{Y_2}^{Y_1} \frac{\mathrm{d}Y}{Y - m\left(\dfrac{V}{L}(Y - Y_2) + X_2\right)} \\
&= \int_{Y_2}^{Y_1} \frac{\mathrm{d}Y}{\left(1 - \dfrac{mV}{L}\right)Y + \left(\dfrac{mV}{L}Y_2 - mX_2\right)} \\
&= \frac{1}{1 - \dfrac{mV}{L}} \ln \frac{\left(1 - \dfrac{mV}{L}\right)Y_1 + \left(\dfrac{mV}{L}Y_2 - mX_2\right)}{\left(1 - \dfrac{mV}{L}\right)Y_2 + \left(\dfrac{mV}{L}Y_2 - mX_2\right)} \\
&= \frac{1}{1 - \dfrac{mV}{L}} \ln \frac{\left(1 - \dfrac{mV}{L}\right)(Y_1 - mX_2) + \left(\dfrac{mV}{L}Y_2 - \dfrac{m^2V}{L}X_2\right)}{Y_2 - mX_2}
\end{aligned}$$

经整理可得

$$N_{\mathrm{OG}} = \frac{1}{1 - \dfrac{mV}{L}} \ln\left(\left(1 - \frac{mV}{L}\right)\frac{Y_1 - mX_2}{Y_2 - mX_2} + \frac{mV}{L}\right) \qquad (8-82)$$

$$N_{OG} = \frac{1}{1-S}\ln\left((1-S)\frac{Y_1 - mX_2}{Y_2 - mX_2} + S\right) \tag{8-83}$$

式中，$S = mV/L$，称为解吸因子。

由式(8-82)可以看出，N_{OG} 的数值取决于 mV/L 与 $(Y_1 - mX_2)/(Y_2 - mX_2)$ 这两个因素。为了计算方便，在半对数坐标纸上，以 mV/L 为已定参数，按式(8-82)标绘出 N_{OG}-$(Y_1 - mX_2)/(Y_2 - mX_2)$ 的关系曲线(见图 8-13)，利用该图可由已知的 V, Y_1, Y_2, L, X_2 及 m 值查得 N_{OG}，或由已知的 V, Y_1, L, X_2, N_{OG} 及 m 求出 Y_2。

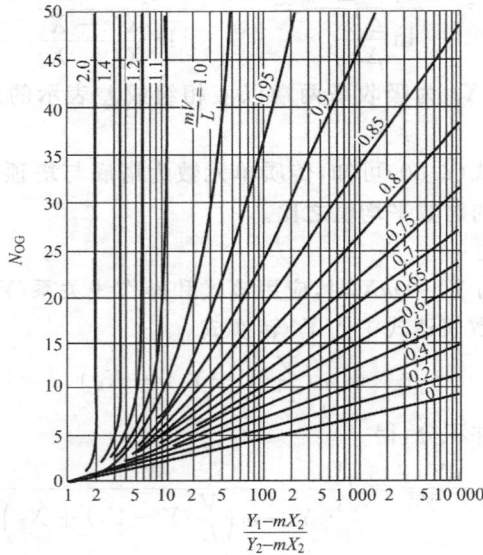

图 8-13　N_{OG}-$\dfrac{Y_1 - mX_2}{Y_2 - mX_2}$ 关系图

图 8-13 中，横坐标 $(Y_1 - mX_2)/(Y_2 - mX_2)$ 值的大小反映了溶质吸收率的高低。在 mV/L 和 Y_1, X_2 一定的情况下，E_A 愈高，Y_2 愈小，$(Y_1 - mX_2)/(Y_2 - mX_2)$ 的数值便愈大，N_{OG} 的值也就愈大。

参数 mV/L 反映吸收推动力的大小。在 Y_1, X_2 和 E_A 一定的条件下，横坐标 $(Y_1 - mX_2)/(Y_2 - mX_2)$ 之值便已确定，增大 mV/L 值意味着减小液气比。结果是 X_1 提高，塔内吸收推动力变小，N_{OG} 值增大；反之，若 mV/L 值减小，则 N_{OG} 值变小。

图 8-13 只有在 $(Y_1 - mX_2)/(Y_2 - mX_2) \geqslant 0$ 及 $mV/L \leqslant 0.75$ 的范围内使用时，读数才较准确，否则误差较大。

同理,当 $Y^* = mX$ 时,可导出液相总传质单元数 N_{OL} 的如下关系式:

$$N_{OL} = \frac{1}{1 - \frac{L}{mV}} \ln\left(\left(1 - \frac{L}{mV}\right)\frac{Y_1 - mX_2}{Y_1 - mX_1} + \frac{L}{mV}\right) \tag{8-84}$$

$$N_{OL} = \frac{1}{1 - A} \ln\left((1 - A)\frac{Y_1 - mX_2}{Y_1 - mX_1} + A\right) \tag{8-85}$$

式中,$A = L/mV$ 称为吸收因子。

将式(8-85)与式(8-83)相比较可以看出,二者具有同样的函数形式,因此图 8-13 可用于表示以 L/mV 为参数的 N_{OL}-$(Y_1 - mX_2)/(Y_1 - mX_1)$ 关系。

与对数平均推动力法比较,这两种方法都是基于平衡线为直线,而且吸收因子法是基于平衡线是通过原点的直线 $Y = mX$。因此凡是可以应用吸收因子法的体系,必定可以应用对数平均推动力法,通常当平衡线为直线时,用对数平均推动力法较方便。只有对于吸收的操作型问题,有时用吸收因子法较为方便。

例 8-6 设计一用水吸收丙酮的填料吸收塔,进塔气的流量为 70 kmol(惰性空气)/(h·m²),其中丙酮的组成 $Y_1 = 0.02$。用不含丙酮的清水吸收,要求吸收率为 90%,吸收塔的操作压力为 101.3 kPa,温度为 293 K。在此条件下丙酮在两相间的平衡关系为 $Y = 1.18X$。取液气比为最小液气比的 1.4 倍,气相总体积传质系数 $K_Ya = 2.2 \times 10^{-2}$ kmol/(s·m³)。求所需填料层的高度。

解: 出塔气中丙酮的组成 $Y_2 = 0.02 \times 0.1 = 0.002$,所以

$$\left(\frac{L}{V}\right)_{min} = \frac{0.02 - 0.002}{0.02/1.18} = 1.044$$

$$\frac{L}{V} = 1.4 \times 1.062 = 1.487$$

根据全塔物料衡算求水出口丙酮含量 X_1:

$$X_1 = \frac{V(Y_1 - Y_2)}{L} = \frac{0.02 - 0.002}{1.487} = 0.012\,1$$

$$H_{OG} = \frac{V}{K_Ya\Omega} = \frac{70}{3\,600 \times 2.2 \times 10^{-2}} = 0.88 \text{ m}$$

因平衡线为直线,用对数平均推动力法求传质单元数:

$$\Delta Y_m = \frac{(Y_1 - Y_1^*) - Y_2}{\ln\dfrac{Y_1 - Y_1^*}{Y_2}} = \frac{0.02 - 1.18 \times 0.012\,1 - 0.002}{\ln\dfrac{0.02 - 1.18 \times 0.012\,1}{0.002}} = 0.003\,5$$

$$N_{OG} = \frac{0.02 - 0.002}{0.003\,5} = 5.14$$

所以填料层高度为

$$H = 0.88 \times 5.14 = 4.5 \text{ m}$$

用吸收因子法求传质单元数：

$$\frac{mV}{L} = \frac{1.18}{1.487} = 0.79$$

$$\frac{Y_1 - mX_2}{Y_2 - mX_2} = \frac{0.02}{0.002} = 10$$

应用式(8-82)求 N_{OG}：

$$N_{OG} = \frac{1}{1 - 0.79}\ln[(1 - 0.79) \times 10 + 0.79] = 5.1$$

也可查图 8-13 求 N_{OG}，但读数时易造成较大误差。

2）平衡关系为曲线时的解法

（1）图解积分法

平衡线为曲线时，一般用图解积分法求传质单元数：

$$N_{OG} = \int_{Y_2}^{Y_1} \frac{dY}{Y - Y^*}$$

图解积分法的步骤为：

① 由操作线和平衡线求出与 Y 相应的 $Y - Y^*$，如图 8-14(a)所示；

② 在 Y_1 到 Y_2 的范围内作 $Y\text{-}[1/(Y - Y^*)]$ 曲线，如图 8-14(b)所示；

③ 在 Y_1 与 Y_2 之间，$Y\text{-}[1/(Y - Y^*)]$ 曲线和横坐标所包围的面积即为传质单元数，如图 8-14(b)之阴影部分所示。

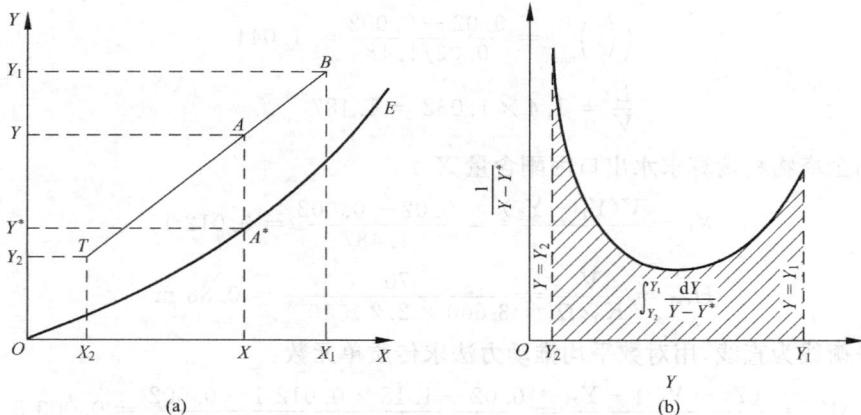

图 8-14　图解积分法求 N_{OG}

（2）近似图解法

分析传质单元数的定义式(8-68)，分离效果等于一个传质单元的意义就是气相溶质组成变化等于其平均推动力。根据以上分析，当平衡线是直线或接近直线时,可用梯级图解法求传质单元数,该法所作出的每个阶梯内推动力的平均值,恰好等于该阶梯前后溶质组成的变化,该近似图解法又称为倍克(Baker)法。

倍克法的图解步骤如下:

① 在 X-Y 坐标中绘出平衡线 OE 与操作线 TB(见图 8-15)。

② 在平衡线与操作线之间作一系列竖直线段 TT^*,AA^*,BB^* 等,将这些线段的中点连成曲线 MN。MN 为平衡线与操作线间垂直线段中点的轨迹线。

③ 从代表塔顶状态的端点 T 出发,作水平线与 MN 交于 F,延长 TF 到 F' 使 $FF'=TF$,过 F' 作垂线与操作线 BT 交于 A。图中 $\triangle TFH$ 与 $\triangle TF'A$ 相似,所以

$$F'A = 2FH = HH^*$$

若平衡线的 A^*T^* 段可视为直线。则

$$HH^* = \frac{(TT^* + AA^*)}{2}$$

即 HH^* 代表 T 与 A 两点间气相总推动力($Y-Y^*$)的(算术)平均值。$F'A$ 为 T 与 A 两点间气相浓度变化(Y_A-Y_T),因 $F'A=HH^*$,故图 8-15 中的梯级 $TF'A$ 相应的气相组成从 Y_2 到 Y_A 为一个气相总传质单元。

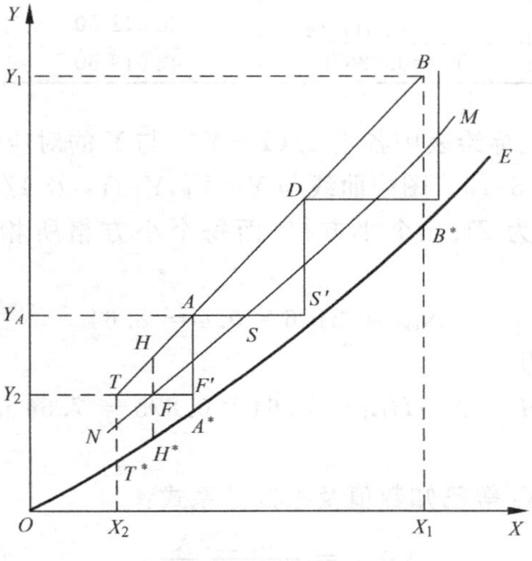

图 8-15　梯级图解法求 N_{OG}

④ 再从 A 点出发,同步骤③作阶梯 $AS'D$。按此继续作梯级,直至达到或超过操作线上代表塔底状态的端点 B 为止,所画出的梯级数即为气相总传质单元数 N_{OG}。图示约为 3 个传质单元。

同样,用操作线 BT 与平衡线 OE 之间的水平线段中点轨迹线也可求出液相总传质单元数。其步骤与求 N_{OG} 基本相同,但作图时要从代表塔底状态的端

点 B 开始,先作垂线,后作水平线。

例 8-7 在填料塔中进行例 8-5 所述的吸收操作。已知气相总传质单元高度为 0.875 m,分别用图解积分法和近似图解法求所需填料层高度。

解:由例 8-5 给出的平衡关系式可知,平衡线为弯曲程度不大的曲线,故可用图解积分法也可用近似图解法求 N_{OG}。

(1) 图解积分法

由例 8-5 所给出的平衡关系算出对应于一系列 X 值的 Y 和 Y^*,随之可计算出一系列 $1/(Y-Y^*)$ 值。今在 X_2 至 X_1 区间内取若干 X 值进行上述计算,其结果列于下表:

X		Y		Y^*	$\dfrac{1}{Y-Y^*}$
	0.005 03		0.001 02	0.000 62	2 500
	0.02		0.003 56	0.002 45	901
	0.04		0.006 95	0.004 83	472
$X_2=$	0.06	$Y_2=$	0.010 35	0.007 12	310
	0.08		0.013 74	0.009 35	228
	0.10		0.017 14	0.011 50	177
$X_1=0.119$		$Y_1=0.020\ 4$		0.013 50	145

在普通坐标纸上标绘表中各组 $1/(Y-Y^*)$ 与 Y 的对应数据,并将所得各点连成一条曲线,见图 8-16。图中曲线与 $Y=Y_1$,$Y=Y_2$ 及 $1/(Y-Y^*)=0$ 的 3 条直线所包围的面积为 21.6 个小方格,而每个小方格所相当的数值为 $200\times0.002=0.4$,所以

$$N_{OG} = 21.6 \times 0.4 = 8.64$$

则所需填料层高度为

$$H = N_{OG}H_{OG} = 8.64 \times 0.875 = 7.56 \text{ m}$$

(2) 近似图解法

由 Y_1,Y_2,X_1,X_2 等已知数值及平衡关系式:

$$Y^* = \frac{0.125X}{1+0.875X}$$

在 Y-X 直角坐标中绘出操作线 BT 及平衡线 OE,并作 MN 线使之平分 BT 与 OE 之间的垂直距离。然后由点 T 开始作梯级,使每个梯级的水平线段都被 MN 线等分,见图 8-17。从图中可以看出,达到点 B 时可画出约 8.7 个梯级,即 $N_{OG}=8.7$,则所需填料层高度为

$$H = 8.7 \times 0.875 = 7.61 \text{ m}$$

该结果与用图解积分法求出的结果相差很小。

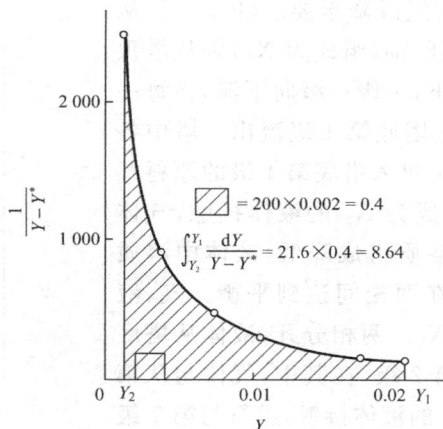

图 8-16　例 8-7 图示 1

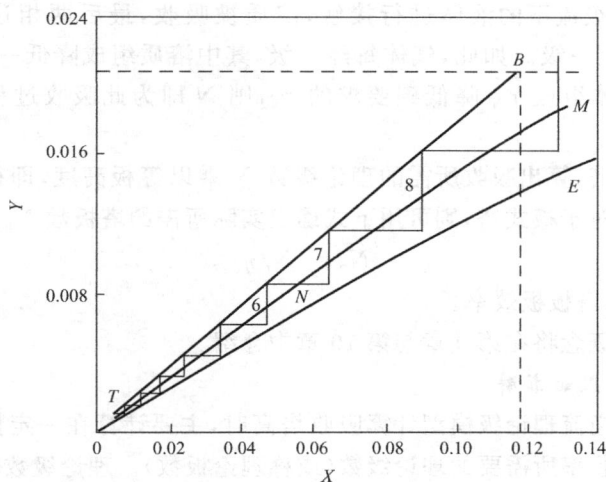

图 8-17　例 8-7 图示 2

8.3.5　理论级数与塔高的计算

1. 吸收过程的多级逆流理论级模型与塔高计算

吸收过程可在填料塔中进行,也可在板式塔中进行,这两类塔的塔高均可以用多级逆流的理论级模型进行计算。

图 8-18 是多级逆流理论级模型示意图。原料气(组成为 Y_0)从塔底进入第 1 级,自下而上,一级一级往上升,在每一级中与自上向下的吸收剂接触,溶质被

吸收,最后气体中溶质组成降至要求的 Y_e 时,从塔顶的 N 级流出。吸收剂(组成为 X_0)则从塔顶进入第 N 级,自上而下,一级一级向下流,在每一级中吸收溶质,最后从塔底第 1 级流出。塔中各级内的作用情况如下:进入塔底第 1 级的原料气与第 2 级流下来的组成为 X_2 的液体接触,气体中的溶质被吸收,其溶质组成降低,液体中溶质组成升高,最后溶质在两相间达到平衡。气、液相组成分别为 Y_1 与 X_1。两相分开,液体从塔底流出,气体向上升入第 2 级,在其中,气体与从第 3 级流下的组成为 X_3 的液体接触,进行与第 1 级中类似的吸收过程。两相达平衡而后分开,气体进入第 3 级。这样气体一级一级往上升,在每一

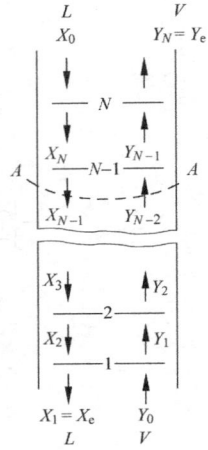

图 8-18　多级逆流理论级模型

级中都与上一级流下的液体进行接触,溶质被吸收,最后两相达平衡而后分开,气体进入上一级。如此,气体每经一级,其中溶质组成降低一点,最后从第 N 级出去,气体组成 Y_N 降低到要求的 Y_e,则 N 即为此吸收过程所需的理论级数。

对于填料塔,算出吸收所需的理论级数 N 乘以等板高度,即得填料层高度(式(8-56))。对于板式塔,则可用下式确定实际所需的塔板数 N_p:

$$N_p = N/\eta \tag{8-86}$$

式中:η——总塔板板效率。

板效率的概念将在第 9 章与第 10 章中介绍。

2. 理论级数的求解

应用多级逆流理论级模型计算吸收塔高时,主要计算在一定操作条件下为达到要求的吸收率所需要的理论级数(或称理论板数)。理论级数的计算应用两个基本关系:溶质在气、液两相间的平衡关系(平衡线)和操作线方程。

多级逆流理论级模型的操作线方程的推导和形式与 8.3.1 节中所述(式(8-50a)与式(8-50b))相同。如图 8-18 所示,以 $A—A$ 截面以上塔体或以下塔体为系统,作溶质的物料衡算,可得过程的操作线方程:

$$Y = \frac{L}{V}X + \left(Y_e - \frac{L}{V}X_0\right) \tag{8-87}$$

或

$$Y = \frac{L}{V}X + \left(Y_0 - \frac{L}{V}X_e\right) \tag{8-88}$$

从上述操作线方程的推导可知,操作线方程所表示的是任意两级间相遇而不相

接触的两相组成(如Y_{N-1}与X_N)间的关系。因此,和连续接触的填料塔有所不同,板式塔气、液两相在塔板上接触的初始推动力为$Y_{N-2}-Y_N^*$,而不是操作线和平衡线的垂直距离。

从前面关于多级逆流理论级模型的作用过程分析可知,离开同一个理论级的气、液相组成互呈平衡,其状态点,如点(X_N,Y_N)在平衡线上;而相邻板间相遇的气、液相组成关系服从操作线关系,如点(X_N,Y_{N-1})在操作线上。因此,可根据以上两点,用逐板计算法或图解法求理论级数N_T,当平衡关系符合亨利定律时,还可用解析法计算理论级数。

1)逐板求理论级数

由塔的某一端开始,根据离开同一个理论级的气、液相组成呈平衡关系,相邻板间相遇的气、液相组成服从操作线方程的原则,进行逐级计算,直至两相组成达到塔的另一端点的组成为止。在计算过程中,平衡线的使用次数即为理论级数。如从塔底端点开始进行逐板计算,其步骤如下:

(1)由已知的气体初始组成Y_0和吸收分离要求E_A,求出塔顶尾气组成Y_e,$Y_e=(1-E_A)Y_0$。

(2)由给定的操作条件确定高浓端(X_e,Y_0)和低浓端(X_0,Y_e)导出操作线方程。

(3)从塔底(也可由塔顶)开始,作逐级计算。用平衡关系,由X_1求出Y_1,用操作线方程,由Y_1求出X_2;再用平衡关系,由X_2求出Y_2。如此反复逐级计算,直至求出的Y_N等于(或刚小于)Y_e为止。运算过程中,使用吸收相平衡关系的次数N,即为吸收所需的理论级数。

2)图解法求理论级数

图解法的实质是根据逐板求理论级的原理,用图解来进行逐板计算。其作法如下:

(1)在X-Y坐标图上绘出平衡线与操作线,参见图8-19。

(2)从操作线上的塔底高浓端(X_e,Y_0)开始(也可以从塔顶开始),作一垂直线,与平衡线交于点1,然后由点1作水平线与操作线交于点$1'$;再由点$1'$作垂直线与平衡线相交于点2得X_2,由点2作水平线与操作线交于点$2'$得X_3。如此反复作阶梯,直至Y等于或刚小于Y_N为止。绘出的阶梯数为理论级数,如图8-19所示为5个理论级。

3)解析法求理论级数

当平衡关系符合$Y^*=mX$,即平衡线为通过原点的直线时,可用克列姆塞尔(Kremser)方程求理论级数。该方程也是根据平衡关系与操作线关系进行逐级迭代运算,经整理而得。推导如下:

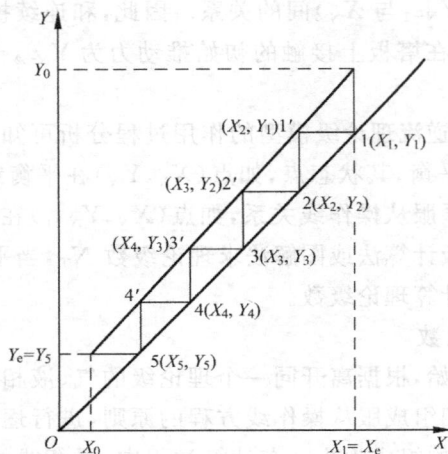

图 8-19 图解法求理论级数

以第 1 级以下塔段为系统(见图 8-18),作溶质的物料衡算,得

$$X_2 = \frac{V}{L}(Y_1 - Y_0) + X_1$$

将平衡关系 $Y = mX$ 代入上式,得

$$Y_2 = \frac{mV}{L}(Y_1 - Y_0) + Y_1 = S(Y_1 - Y_0) + Y_1 = Y_1(S + 1) - SY_0$$

以第 2 级以下塔段为系统,作溶质的物料衡算,得

$$X_3 = \frac{V}{L}(Y_2 - Y_0) + X_1$$

$$Y_3 = S(Y_2 - Y_0) + Y_1$$

将上面的 Y_2 代入上式,经整理得

$$Y_3 = (S^2 + S + 1)Y_1 - (S^2 + S)Y_0$$

如此一级一级向上,作类似的计算及整理,可得

$$Y_N = (S^{N-1} + S^{N-2} + \cdots + S + 1)Y_1 - (S^{N-1} + S^{N-2} + \cdots + S)Y_0 \qquad (8\text{-}89)$$

如 Y_N 等于吸收过程尾气要求的组成 Y_e,则 N 即为需要的理论级数,为便于计算 N,再作以下处理。

由全塔为系统的溶质物料衡算得

$$X_1 = X_0 + \frac{V}{L}(Y_0 - Y_N)$$

$$Y_1 = mX_1 = mX_0 + \frac{mV}{L}(Y_0 - Y_N) = mX_0 + S(Y_0 - Y_N)$$

将 Y_1 代入式(8-89),整理可得

$$(S^N + S^{N-1} + \cdots + S + 1)Y_N - (S^{N-1} + S^{N-2} + \cdots + S + 1)mX_0 = S^N Y_0$$

上式两侧均减 $S^N mX_0$,而后除以 S^N,经整理可得

$$\frac{Y_0 - mX_0}{Y_N - mX_0} = A^N + A^{N-1} + \cdots + A + 1 = \frac{A^{N+1} - 1}{A - 1}$$

将此式改成:

$$\frac{Y_N - mX_0}{Y_0 - mX_0} = \frac{A - 1}{A^{N+1} - 1}$$

两端减 1,得

$$\frac{Y_0 - Y_N}{Y_0 - mX_0} = \frac{A^{N+1} - A}{A^{N+1} - 1} \tag{8-90a}$$

即

$$\frac{Y_0 - Y_e}{Y_0 - mX_0} = \frac{A^{N+1} - A}{A^{N+1} - 1} \tag{8-90b}$$

式(8-90)称为克列姆塞尔方程,此式经整理可得

$$A^{N+1} = (A - 1)\frac{Y_0 - mX_0}{Y_e - mX_0} + 1$$

因此

$$N_T = \frac{1}{\ln A}\ln\left(\left(1 - \frac{1}{A}\right)\frac{Y_0 - mX_0}{Y_e - mX_0} + \frac{1}{A}\right) \tag{8-91}$$

式(8-83)中的 S 以 $1/A$ 代入,除以式(8-91)得

$$\frac{N_{OG}}{N_T} = \frac{A\ln A}{A - 1} \tag{8-92}$$

由上式可知,当 $A < 1$ 时,$N_T > N_{OG}$;当 $A > 1$ 时,$N_{OG} > N_T$。根据图解近似法求 N_{OG} 的方法不难证明,当 $A = 1$ 时,$N_T = N_{OG}$,即当操作线的斜率 L/V 等于平衡线的斜率 m,操作线和平衡线平行时,理论级数 N_T 在数值上等于传质单元数 N_{OG}。

例 8-8 在填料塔中进行例 8-5 所述的吸收操作时,气相传质单元高度仍为 0.875 m。由于气、液相浓度较低,惰性气体及纯液相流量分别可用气体总摩尔流量 G 及液体总摩尔流量 L' 代替;气、液相组成可用摩尔分数代替摩尔比;吸收相平衡关系可用 $y^* = 0.125x$。试用解析法求气相总传质单元数 N_{OG} 及理论级数 N_T,进而求塔高 H 以及该填料塔的等板高度 HETP。

解:(1) 求参数

气相总摩尔流量为

$$G = \frac{850}{22.4} \times \frac{273}{273 + 27} \times \frac{106.7}{101.3} = 36.37 \text{ kmol/h}$$

进塔气体中芳烃的摩尔分数为

$$y_1 = 0.02$$

出塔气体中芳烃的摩尔分数为

$$y_2 = (1 - 0.95) \times 0.02 = 0.001$$

进塔洗油中芳烃的摩尔分数为

$$x_1 = 0.005$$

最小液气比及最小液流量为

$$\left(\frac{L'}{G}\right)_{\min} = \frac{y_1 - y_2}{\dfrac{y_1}{m} - x_2} = \frac{0.02 - 0.001}{\dfrac{0.02}{0.125} - 0.005} = 0.122\ 6$$

$$L'_{\min} = 36.37 \times 0.122\ 6 = 4.458 \text{ kmol/h}$$

$$L' = 1.5 L'_{\min} = 6.687 \text{ kmol/h}$$

（2）用吸收因子法求 N_{OG}

可用式(8-82)，其中 X,Y 改用 x,y；L,V 用液、气的总摩尔流量：

$$N_{OG} = \frac{1}{1-S} \ln\left((1-S)\frac{y_1 - mx_2}{y_2 - mx_2} + S\right)$$

$$S = \frac{mG}{L'} = \frac{0.125 \times 36.37}{6.687} = 0.68$$

$$N_{OG} = \frac{1}{1 - 0.68} \ln\left((1 - 0.68) \times \frac{0.02 - 0.125 \times 0.005}{0.001 - 0.125 \times 0.005} + 0.68\right) = 8.89$$

$$H = N_{OG} H_{OG} = 8.89 \times 0.875 = 7.78 \text{ m}$$

（3）用克列姆塞尔方程求 N_T

$$N_T = \frac{1}{\ln A} \ln\left((1-S)\frac{y_1 - mx_2}{y_2 - mx_2} + S\right)$$

$$A = \frac{1}{S} = \frac{L'}{mG} = \frac{6.687}{36.37 \times 0.125} = 1.47$$

$$N_T = \frac{1}{\ln 1.47} \ln\left((1 - 0.68) \times \frac{0.02 - 0.125 \times 0.005}{0.001 - 0.125 \times 0.005} + 0.68\right) = 7.39$$

已求出

$$H = 7.78 \text{ m}$$

故

$$\text{HETP} = \frac{H}{N_T} = \frac{7.78}{7.39} = 1.05 \text{ m}$$

由计算结果可以看出：

① 气、液相的浓度较低的情况下，气、液量用总摩尔流量，组成用摩尔分数进行计算的结果和例 8-7 所得结果相差不大；

② 由于 $A > 1$，因此在数值上，$N_{OG} > N_T$。

8.3.6　吸收的操作型计算

前已指出，吸收塔的操作型计算是对已知吸收塔的操作条件和吸收效果间的关系进行分析计算,计算中所用的基本关系式与上述设计型计算相同,下面用一例题来说明。

例 8-9 某吸收塔在 101.3 kPa,293 K 下用清水逆流吸收丙酮-空气混合物中的丙酮,操作液气比为 2∶1 时,丙酮回收率可达 95%。已知物系的浓度较低,丙酮在两相间的平衡关系为 $y=1.18x$。吸收过程为气膜控制,总传质系数 K_ya 与气体流率的 0.8 次方成正比。

(1) 今气体流率增加 20%,而液体流率及气、液进口组成不变,试求:

① 丙酮的回收率有何变化?

② 单位时间内被吸收的丙酮量增加多少?

(2) 若气体流率,气、液进口组成,吸收塔的操作温度和压力皆不变。欲将丙酮回收率由原来的 95% 提高至 98%,吸收剂用量应增加到原用量的多少倍?

解: 本题是在填料塔一定的前提下,确定某一操作参数的改变对吸收效果的影响,和要求提高吸收效果,某一操作参数应如何改变,属操作型问题,用吸收因子法进行计算较为方便。解题步骤是:由给出的条件,先求出原有操作条件下该塔的气相总传质单元数 N_{OG},然后根据某一操作参数或分离要求的改变,对传质单元高度和传质单元数的影响,建立关系进行计算。因为是低浓气体吸收,计算中气、液量与组成可以采用气、液总量和摩尔分数。

应用式(8-83),求原有条件下的传质单元数 N_{OG}:

$$N_{OG} = \frac{1}{1-S}\ln\left((1-S)\frac{y_1-mx_2}{y_2-mx_2}+S\right)$$

其中

$$S = \frac{mV}{L} = \frac{1.18}{2.1} = 0.562$$

因为

所以

$$x_2 = 0$$

$$\frac{y_1-mx_2}{y_2-mx_2} = \frac{y_1}{y_2} = \frac{y_1}{(1-E_A)y_1} = \frac{1}{1-E_A}$$

当 $E_A = 95\%$ 时,有

$$\frac{y_1-mx_2}{y_2-mx_2} = \frac{1}{1-0.95} = 20$$

$$N_{OG} = \frac{1}{1-0.562}\ln[(1-0.562)\times 20 + 0.562] = 5.097$$

(1) 气体流量增加 20% 时的操作效果

$$H'_{OG} = \frac{V'}{K'_ya} = \frac{V'/V}{(V'/V)^{0.8}}\frac{V}{K_ya} = \left(\frac{V'}{V}\right)^{0.2}H_{OG} = 1.2^{0.2}H_{OG} = 1.04H_{OG}$$

$$N'_{OG} = \frac{H_{OG}N_{OG}}{H'_{OG}} = \frac{H_{OG}\times 5.097}{1.04H_{OG}} = 4.9$$

$$S = \frac{m}{L/V'} = \frac{1.28}{2.1/1.2} = 0.731$$

$$4.9 = \frac{1}{1-0.731}\ln\left((1-0.731)\frac{1}{1-E_A'} + 0.731\right)$$

因此,丙酮吸收率改变为

$$E_A = 91\%$$

在单位时间内,气量提高后的丙酮回收量与原丙酮回收量之比为

$$\frac{1.2G(y_1 - y_2')}{G(y_1 - y_2)} = \frac{1.2[y_1 - (1-0.91)y_1]}{y_1 - (1-0.95)y_1} = 1.149$$

(2) 当吸收率由 95% 提高至 98%,由于气体流率不变,因此对于气膜控制的吸收过程 H_{OG} 不变,塔高 H 是一定的,故 N_{OG} 仍为 5.097,即

$$5.097 = \frac{1}{1-S'}\ln\left((1-S')\frac{1}{1-E_A'} + S'\right) = \frac{1}{1-S'}\ln\left((1-S')\frac{1}{1-0.98} + S'\right)$$

用试差法求解上式得 $S' = 0.301$,故液气比应提高到

$$L'/G = \frac{1.18}{0.301} = 3.92$$

吸收剂用量应增至

$$L'/L = \frac{3.92}{2.1} = 1.87$$

8.4 吸收系数和传质单元高度

吸收系数或传质单元高度是反映吸收过程物料体系及设备传质动力学特性的参数,是吸收塔设计计算的必需数据,其数值大小主要受物系的性质、操作条件及传质设备的结构参数等 3 方面的影响。由于影响因素十分复杂,迄今为止尚无通用的准确预测方法。一般都是针对具体物系,在一定的操作条件和设备条件(如一定种类填料及一定装填方式的填料塔)下,通过实验测定,实验数据通常整理成适用于一定条件和范围的经验公式以及特征数关联式,以供计算时选用。

8.4.1 吸收系数与传质单元高度的实验测定

实验测定一般在中间试验设备上或生产装置上进行,用实际操作的物系,选定一定的操作条件进行实验,得出分离效果,应用相应的关系式便可求出相应的吸收系数或传质单元高度。

例如,在一填料层高度为 H,塔径为 D 的填料塔内,用一溶质含量为 X_2 的溶

剂 S 吸收空气混合气中的溶质 A,混合气量为 V,其中溶质含量为 Y_1,溶剂用量为 L。经实验便可测得气体和吸收剂的出口组成 Y_2 和 X_1,若已知该物系的平衡关系符合亨利定律 $Y=mX$,则根据该式和已知的 Y_1,X_2 及测得的 X_1,Y_2,便可求出

$$N_{OG} = \frac{Y_1 - Y_2}{\Delta Y_m}$$

再由下式

$$H = \frac{V}{K_Y a\Omega} \frac{Y_1 - Y_2}{\Delta Y_m} = H_{OG} N_{OG}$$

求出

$$H_{OG} = \frac{H}{N_{OG}}$$

则由已知的 V,Ω 求得

$$K_Y a = \frac{V}{\Omega H} N_{OG} \tag{8-93}$$

显然,上述实验测定的 $K_Y a$ 是该体系在实验条件下的气相总体积吸收系数。

测定气膜或液膜吸收系数时,通常是设法在另一相的阻力可被忽略或可以推算的条件下进行实验。例如,可用以下步骤求出用水吸收低浓度氨气时的气膜体积吸收系数 $(k_G a)_{NH_3}$。

由式(8-40)得

$$\frac{1}{K_G a} = \frac{1}{k_G a} + \frac{1}{H k_L a} \tag{8-94}$$

根据上式,首先用上述方法,通过实验测出用水吸收低浓度氨气的气相总体积吸收总系数 $(K_G a)_{NH_3}$。

为了求出 $(k_L a)_{NH_3}$,可选一种在水中的溶解度很小的溶质,如氧气 O_2,在相同的条件下用水吸收,测得 $(K_L a)_{O_2}$。因为气膜阻力可以忽略,故 $(K_L a)_{O_2} = (k_L a)_{O_2}$。然后利用两种不同的溶质 A 与 A′ 的吸收系数或传质单元高度与施密特特征数的关系,由 $(k_L a)_{O_2}$ 求出 $(k_L a)_{NH_3}$。

例如根据后面介绍的液相传质单元高度的计算式(8-111)可得

$$(k_L a)_{NH_3} = (k_L a)_{O_2} \left(\frac{D'_{NH_3}}{D'_{O_2}} \right)^{0.5} \tag{8-95}$$

最后由式(8-94)求出 $(k_G a)_{NH_3}$。

若设计计算时的体系、操作条件及设备参数与实验测定时的情况相同或相近,所测的系数便可直接用于计算。实验测出的数值直接用于计算时,使用条件非常苛刻。为了使用上的方便,常常给出一些经验公式和特征数关联式,这些关系式是从通过系统地改变条件而测出的一系列结果中整理出来的,仍有一定的

使用条件及范围,下面介绍几种常用关系式。

8.4.2 经验公式

1. 用水吸收氨

用水吸收氨属于易溶气体的吸收,吸收阻力主要在气膜中,液膜阻力只占10%左右。根据在充填直径为12.5 mm的陶瓷环形填料的填料塔中,用水吸收氨的实测数据得出计算气膜体积吸收系数的经验公式为

$$k_G a = 6.07 \times 10^{-4} G^{0.9} W^{0.39} \tag{8-96}$$

式中:$k_G a$——气膜体积吸收系数,$kmol/(m^3 \cdot h \cdot kPa)$;

     G——气相空塔质量流速,$kg/(m^2 \cdot h)$;

     W——液相空塔质量流速,$kg/(m^2 \cdot h)$。

式(8-96)反映了在这种填料塔中用水吸收氨时气相和液相质量流速对$k_G a$的影响,式中的系数是该体系和设备的特性常数。

2. 常压下用水吸收二氧化碳

用水吸收二氧化碳属难溶气体的吸收,吸收阻力主要在液膜中。根据下述条件测得的实验数据建立的液膜体积吸收系数的经验公式为

$$k_L a = 2.57 U^{0.96} \tag{8-97}$$

式中:$k_L a$——液膜体积吸收系数,$kmol/(m^3 \cdot h \cdot (kmol/m^3))$;

     U——喷淋密度,即单位时间内喷淋在单位塔截面积上的液相体积,$m^3/(m^2 \cdot h)$。

式(8-97)适用于下述条件:

(1) 直径为10～32 mm的陶瓷环填料塔;

(2) 喷淋密度$U = 3 \sim 20 \ m^3/(m^2 \cdot h)$;

(3) 气体的空塔质量流速为130～580 $kg/(m^2 \cdot h)$;

(4) 操作温度为21～27℃。

式(8-97)表明喷淋密度对液膜吸收系数影响很大,而气体的质量流速在相当大的范围内几乎没有影响。

3. 用水吸收二氧化硫

这是具有中等溶解度的气体吸收。膜体积吸收系数的经验公式分别为

$$k_G a = 9.81 \times 10^{-4} G^{0.7} W^{0.25} \tag{8-98}$$

$$k_L a = \alpha W^{0.82} \tag{8-99}$$

式中,常数α和温度有关,其值列于表8-2中。式中其他符号的意义同式(8-96)。

表 8-2　式(8-99)中的 α 值

温度/℃	10	15	20	25	30
α	0.009 3	0.010 2	0.011 6	0.012 3	0.014 3

式(8-98)及式(8-99)适用的条件为：

(1) 气体的空塔质量流速 G 为 320～4 150 kg/(m² · h)，液体的空塔质量流速 W 为 4 400～58 500 kg/(m² · h)；

(2) 直径为 25 mm 的环形填料塔。

必须强调指出，上面介绍 3 个经验公式只是作为这类经验式的几个例子，它们均适用于某种具体条件，但从这些经验式可以看出气、液流量对吸收系数影响的一般规律。

8.4.3　特征数关联式

1. 常用的特征数

1) 舍伍德(Sherwood)数 Sh

气相舍伍德数为

$$Sh_G = k_G \frac{RTp_{Bm}}{p} \frac{l}{D} \tag{8-100}$$

式中：l——特性尺寸，可以是填料直径或塔径(湿壁塔)等，m；

D——溶质在气相中的分子扩散系数，m²/s；

k_G——气膜吸收系数，kmol/(m² · s · kPa)；

R——摩尔气体常数，kJ/(kmol · K)；

T——温度，K；

p_{Bm}——相界面处与气相主体中的惰性组分分压的对数平均值，kPa；

p——总压力，kPa。

液相舍伍德数为

$$Sh_L = k_L \frac{c_{sm}}{c} \frac{l}{D'} \tag{8-101}$$

式中：k_L——液膜吸收系数，m/s；

D'——溶质在液相中的分子扩散系数，m²/s；

c_{sm}——相界面处与液相主体中溶剂浓度的对数平均值，kmol/m³；

c——溶液的总浓度，kmol/m³；

l——意义与单位同前。

2) 施密特(Schmidt)数 Sc

施密特数反映物性的影响，其表达式为

$$Sc = \frac{\mu}{\rho D} \tag{8-102}$$

式中：μ——混合气体或溶液的粘度，Pa·s；

ρ——混合气体或溶液的密度，kg/m³；

D——溶质的分子扩散系数，m²/s。

3）雷诺数 Re

雷诺数反映流动状况的影响。

气体通过填料层时的雷诺数 Re_G 为

$$Re_G = \frac{d_e u_0 \rho}{\mu} \tag{8-103a}$$

式中：u_0——流体通过填料层的实际速度，m/s；

d_e——填料层的当量直径，即填料层中流体通道的当量直径，m。

填料层当量直径的定义与第3章颗粒床层的当量直径相同，此处表示为

$$d_e = 4\frac{\varepsilon}{\sigma} \tag{8-104}$$

将式（8-104）代入式（8-103a）得

$$Re_G = \frac{4\varepsilon u_0 \rho}{\sigma \mu} = \frac{4\varepsilon\left(\dfrac{u}{\varepsilon}\right)\rho}{\sigma \mu} = \frac{4u\rho}{\sigma \mu} = \frac{4G}{\sigma \mu} \tag{8-103b}$$

式中：u——空塔气速，m/s；

G——气体的空塔质量流速，kg/(m²·s)；

σ——填料层的比表面积，m²/m³；

ε——填料层的空隙率，m³/m³。

液体通过填料层的雷诺数为

$$Re_L = \frac{4W}{\sigma \mu_L} \tag{8-105}$$

式中：W——液体的空塔质量流速，kg/(m²·s)；

μ_L——液体的粘度，Pa·s。

4）伽利略（Galileo）数 Ga

伽利略数 Ga 反映液体受重力作用而沿填料表面向下流动时，所受重力与粘滞力的相对关系，表达式为

$$Ga = \frac{g l^3 \rho^2}{\mu_L^2} \tag{8-106}$$

式中：ρ——液体的密度，kg/m³；

g——重力加速度，9.81 m/s²。

2. 计算气膜吸收系数的特征数关联式

$$Sh_G = \alpha (Re_G)^\beta (Sc_G)^\gamma \tag{8-107a}$$

或

$$k_G = \alpha \frac{pD}{RT p_{Bm} l} (Re_G)^\beta (Sc_G)^\gamma \tag{8-107b}$$

此式是在湿壁塔中实验得到的,既可用于湿壁塔(这时 l 为湿壁塔的塔径),也可用于采用拉西环的填料塔(l 为拉西环填料的外径)。其常数列于表 8-3。

表 8-3 式(8-107)中的常数

应用场合	α	β	γ
湿壁塔	0.023	0.83	0.44
填料塔	0.066	0.8	0.33

式(8-107)的适用范围为 $Re_G = 2 \times 10^3 \sim 3.5 \times 10^4$,$Sc_G = 0.6 \sim 2.5$,$p = 101 \sim 303$ kPa(绝对压力)。

3. 计算液膜吸收系数的特征数关联式

$$Sh_L = 0.000\,595 (Re_L)^{0.67} (Sc_L)^{0.33} (Ga)^{0.33} \tag{8-108a}$$

或

$$k_L = 0.000\,595 \frac{cD'}{c_{Sm} l} (Re_L)^{0.67} (Sc_L)^{0.33} (Ga)^{0.33} \tag{8-108b}$$

式中:l——填料直径,m。

4. 气相及液相传质单元高度的计算式

在溶质浓度低的情况下,气相传质单元高度可按下式计算:

$$H_G = \alpha G^\beta W^\gamma (Sc_G)^{0.5} \tag{8-109}$$

式中:H_G——气相传质单元高度,$H_G = \dfrac{V}{k_y a \Omega}$,m;

α, β, γ——取决于填料类型及尺寸的常数,其值见表 8-4。

表 8-4 式(8-109)中的常数值

填料类型		α	β	γ	气相 $G/(kg/(m^2 \cdot s))$	液相 $W/(kg/(m^2 \cdot s))$
拉西环	25 mm	0.557	0.32	-0.51	$0.271 \sim 0.814$	$0.678 \sim 6.10$
	38 mm	0.689	0.38	-0.40	$0.271 \sim 0.950$	$2.034 \sim 6.10$
	50 mm	0.894	0.41	-0.45	$0.271 \sim 1.085$	$0.678 \sim 6.10$
弧鞍	13 mm	0.367	0.30	-0.24	$0.271 \sim 0.950$	$2.034 \sim 6.10$
	25 mm	0.461	0.36	-0.40	$0.271 \sim 1.085$	$0.542 \sim 6.10$
	38 mm	0.652	0.32	-0.45	$0.271 \sim 1.356$	$0.542 \sim 6.10$

在溶质浓度及气速均较低的情况下,液相传质单元高度可按下式计算:

$$H_L = \alpha \left(\frac{W}{\mu_L} \right)^{\beta} (Sc_L)^{0.5} \tag{8-110}$$

式中:H_L——液相传质单元高度,$H_L = \dfrac{L}{k_x a \Omega}$,m;

α, β——取决于填料类型及尺寸的常数,其值见表8-5。

表 8-5 式(8-110)中的常数值

填 料 类 型		α	β	液相 $W/(kg/(m^2 \cdot s))$
拉西环	25 mm	2.35×10^{-3}	0.22	$0.542 \sim 20.34$
	38 mm	2.61×10^{-3}	0.22	$0.542 \sim 20.34$
	50 mm	2.93×10^{-3}	0.22	$0.542 \sim 20.34$
弧鞍	13 mm	1.456×10^{-3}	0.28	$0.542 \sim 20.34$
	25 mm	1.285×10^{-3}	0.28	$0.542 \sim 20.34$
	38 mm	1.366×10^{-3}	0.28	$0.542 \sim 20.34$

由式(8-109)及式(8-110)可知,在填料类型,尺寸及气、液质量流速相同的情况下,对于两种不同溶质 A 与 A′ 的吸收过程,其传质单元高度与施密特数的0.5 次方成正比。因此,有

$$\frac{(H_L)_{A'}}{(H_L)_A} = \left(\frac{(Sc_L)_{A'}}{(Sc_L)_A} \right)^{0.5}$$

或

$$(H_L)_{A'} = (H_L)_A \left(\frac{(Sc_L)_{A'}}{(Sc_L)_A} \right)^{0.5} \tag{8-111}$$

依式(8-111),可由已知吸收某一溶质 A 时的 H_L(或 $k_L a$)求出相同条件下吸收另一溶质 A′ 的 H_L(或 $k_L a$)。

8.5 其他类型的吸收

8.5.1 高浓度气体吸收

1. 高浓度气体吸收过程分析

混合气体中待吸收组分 A 的摩尔分数高于 0.1 的气体吸收,通常应视为高浓度气体吸收。

在高浓度气体吸收过程中,由于被吸收溶质 A 在混合气中占有较大的比例,因此必须考虑该吸收过程对以下两方面的影响。

1) 对相平衡关系的影响

吸收过程会产生吸收热。高浓气体吸收过程中,由于溶质 A 的溶解量较

大,产生的总热量较多,若液气比较小或塔的散热效果不好,吸收液的温度就会显著升高,这时气体的吸收是变温吸收。随着吸收液温度的升高,溶质的气相平衡分压增大,对吸收不利。当然,如果溶解热不大,液气比又较大,吸收过程产生的热量使吸收液的温度升高很小;或吸收塔的散热效果较好,吸收过程产生的溶解热可及时散出,则这时的高浓气体吸收仍可视为等温吸收。因此,高浓气体吸收也可分为恒温高浓气体吸收过程和变温高浓气体吸收过程。

2) 对传质系数的影响

总传质系数取决于两相的膜传质系数和相平衡关系,而膜传质系数又和两相流速、溶质浓度及体系的温度与压力有关。对于低浓气体吸收,由于混合气中溶质 A 的浓度低,一般液气比又较大,因此吸收过程中两相的流量、溶质浓度和体系的温度变化都不大,所以吸收塔的总传质系数可视为不随塔高而变,是个常数。而高浓气体吸收就不同了,此时必须考虑下述几方面因素对传质系数的影响。

(1) 气、液两相相对流量变化的影响

对于高浓气体吸收,由于混合气中溶质的浓度高,吸收过程中,总气相流率和总液相流率变化都较大,使气、液两相在吸收塔的不同截面上的相对流动状态有较大的变化。对于逆流操作的吸收塔,随着吸收过程的进行,气相流率由塔底至塔顶逐渐减小,液相流率却由塔顶至塔底逐渐增大。也就是说,无论气相还是液相,都是从塔顶至塔底逐渐增大。因此,对塔的不同截面上的总传质系数将有较大影响。

(2) 浓度变化的影响

吸收属于单向扩散过程,气膜和液膜传质系数均与漂流因子有关,因此当气相浓度较高时,气、液相浓度对传质系数的影响不可忽视。由式(8-15)和式(8-10)可得

$$k_y = pk_G = \frac{Dp}{RTz_G} \frac{p}{p_{Bm}} \qquad (8\text{-}112)$$

根据式(7-45)可知,上式中的 $\dfrac{Dp}{RTz_G} = k'_y$,k'_y 为气相中两组分等摩尔反向扩散的传质系数。又根据式(7-55),漂流因子 p/p_{Bm} 可改写成

$$\frac{p}{p_{Bm}} = \frac{p}{\dfrac{p_{B1} - p_{B2}}{\ln \dfrac{p_{B1}}{p_{B2}}}} = \frac{1}{\dfrac{(1-y_1)-(1-y_2)}{\ln \dfrac{1-y_1}{1-y_2}}} = \frac{1}{(1-y)_m} \qquad (8\text{-}113)$$

因此

$$k_y = k'_y \frac{1}{(1-y)_m} \qquad (8\text{-}114)$$

同理

$$k_x = k'_x \frac{1}{(1-x)_m} \qquad (8\text{-}115)$$

通常,为了排除浓度的影响,传质系数的经验数据和经验式,常以 k'_y 或 k'_x(等摩尔反向扩散的传质系数)的形式表示。因此在计算填料层高度中,为考虑浓度的影响需将 k_y 或 k_x 转变成 k'_y 或 k'_x。

（3）温度变化的影响

前已分析,在高浓气体吸收过程中,塔的不同截面的气、液相温度可能有较大的变化,这将影响膜传质系数和相平衡关系,进而影响总传质系数,影响大小取决于该吸收过程是属于气膜控制,还是液膜控制。

2. 等温高浓度气体吸收及其计算

计算等温高浓度气体吸收的塔高时,不必进行热量衡算,但在确定相平衡关系、操作线关系和吸收速率关系时,必须考虑吸收过程中气、液两相的总摩尔流量和两相组成变化的影响,特别是这些变化对于体积传质分系数的影响。

1) 相平衡关系

对于高浓气体吸收,用 x-y 坐标图表示的平衡线一般为曲线。

2) 操作线方程

气、液相中溶质浓度用摩尔分数 y, x 表示时,操作线方程可写成

$$\frac{y}{1-y} = \frac{L}{V}\frac{x}{1-x} + \left(\frac{y_2}{1-y_2} - \frac{L}{V}\frac{x_2}{1-x_2}\right) \tag{8-116}$$

式中：V, L——气、液两相中惰性组分（B 及 S）的摩尔流量,它们在全塔各截面上均为常数。

由上式可以看出,在 x-y 直角坐标系中,操作线为一曲线。

3) 填料层高度的计算公式

由于填料层任意截面上的各参数均随填料层高度而变,因此必须在填料层取微分段 $\mathrm{d}H$,才能进行物质在相间的传递计算。

对 $\mathrm{d}H$ 作组分 A 的物料衡算。相间组分 A 的传递量为

$$\mathrm{d}G_A = \mathrm{d}(V'y) = \mathrm{d}(L'x) \tag{8-117}$$

式中：V', L'——气、液两相的总摩尔流量,kmol/s。

因为

$$V' = \frac{V}{1-y}$$

所以

$$\mathrm{d}G_A = \mathrm{d}(V'y) = V\mathrm{d}\left(\frac{y}{1-y}\right) = V\frac{\mathrm{d}y}{(1-y)^2} = V'\frac{\mathrm{d}y}{1-y} \tag{8-118}$$

同理

$$\mathrm{d}G_A = L'\frac{\mathrm{d}x}{1-x} \tag{8-119}$$

单位时间微分段内传递的组分 A 的量为

$$\mathrm{d}G_\mathrm{A} = N_\mathrm{A}\mathrm{d}A = k_y a(y - y_\mathrm{i})\Omega\mathrm{d}H = k_x a(x_\mathrm{i} - x)\Omega\mathrm{d}H \qquad (8\text{-}120)$$

将式(8-114)、式(8-115)、式(8-118)和式(8-119)的关系代入式(8-120)得

$$V'\frac{\mathrm{d}y}{1-y} = \frac{k'_y a(y - y_\mathrm{i})\Omega\mathrm{d}H}{(1-y)_\mathrm{m}} \qquad (8\text{-}121)$$

及

$$L'\frac{\mathrm{d}x}{1-x} = \frac{k'_x a(x_\mathrm{i} - x)\Omega\mathrm{d}H}{(1-x)_\mathrm{m}} \qquad (8\text{-}122)$$

将上两式变形并积分得

$$H = \int_0^H \mathrm{d}H = \int_{y_2}^{y_1} \frac{V'(1-y)_\mathrm{m}\mathrm{d}y}{k'_y a\Omega(1-y)(y-y_\mathrm{i})} = \int_{y_2}^{y_1} f(y)\mathrm{d}y \qquad (8\text{-}123)$$

$$f(y) = \frac{V'(1-y)_\mathrm{m}}{k'_y a\Omega(1-y)(y-y_\mathrm{i})} \qquad (8\text{-}124)$$

及

$$H = \int_0^H \mathrm{d}H = \int_{x_2}^{x_1} \frac{L'(1-x)_\mathrm{m}\mathrm{d}x}{k'_x a\Omega(1-x)(x_\mathrm{i}-x)} = \int_{x_2}^{x_1} f(x)\mathrm{d}x \qquad (8\text{-}125)$$

式(8-123)或式(8-125)表明,高浓气体等温吸收填料层高度 H 需要通过数值积分或图解积分才可求得。

4) 高浓气体等温吸收填料层高度的求解步骤

在应用式(8-123)或式(8-125)计算填料层高度时,除需要给出平衡关系和求解操作线方程的条件外,还需给出 $k'_y a$ 或 $k'_x a$ 与各影响因素间的函数关系,对于一定的物系和填料,$k'_y a$ 或 $k'_x a$ 主要受气、液流率的影响。

从式(8-123)或式(8-125)可知,为了求 H,首先要求出 V',k'_y,y_i 随 y 的变化值(或 L',k'_x,x_i 随 x 的变化值),才能求出函数值 $f(y)$(或 $f(x)$),再作 y-$f(y)$图(或 x-$f(x)$图),然后进行图解积分,求出 H。以求 $H = \int_{y_2}^{y_1} f(y)\mathrm{d}y$ 为例,其步骤如下:

(1) 将 y_2 与 y_1 之间分成 n 等分,$\Delta y = \dfrac{y_1 - y_2}{n}$,得 $n+1$ 个 y。

(2) 由已知条件算出 V 和 L,确定操作线方程,再用该方程求出与 $n+1$ 个 y 值相应的 $n+1$ 个 x 值。

(3) 由 V,L,$n+1$ 个 y 及 x,用式

$$V' = \frac{V}{1-y}$$

$$L' = \frac{L}{1-x}$$

求出与 $n+1$ 个 y 值相应的 $n+1$ 个 V' 及 L',并由它们算出 $n+1$ 个相应截面上

的气体与液体的质量流速 G 与 W。

(4) 将求出的 $n+1$ 对 G 和 W 代入计算 $k_y'a$ 与 $k_x'a$ 的关系式,便可求出与 y 相应的 $k_y'a$ 和 $k_x'a$。

(5) 由上一步的结果再联立以下 4 式:

$$k_y = k_y' \frac{1}{(1-y)_m}$$

$$k_x = k_x' \frac{1}{(1-x)_m}$$

$$N = k_y(y - y_i) = k_x(x_i - x) \tag{8-126}$$

以及平衡关系:

$$y_i = f(x_i) \tag{8-127}$$

求解 x_i 与 y_i。

通常液相中溶质的 x 较小,可取 $k_x = k_x'$,因此这一步可简化为联立三式求解。

(6) 用以上所求出的与 $n+1$ 个 y 值相应的 V',$k_y'a$,y_i 和给出的 Ω,代入式(8-124)便可求出 $n+1$ 个和 y 对应的 $f(y)$ 函数值。

(7) 作 $f(y)$-y 图,并根据式(8-123)进行图解积分,即可求得 H。

5) 高浓气体等温吸收填料层高度的近似计算

由上可知,式(8-123)或式(8-125)的求解过程十分复杂,实际上常简化计算。

前面已提到 $V'/k_y'a$ 随 V' 的变化较小,因此它沿塔高变化不大,可以取塔顶和塔底的平均值作为常数处理,因此式(8-123)变为

$$H = \frac{V'}{k_y'a\Omega} \int_{y_2}^{y_1} \frac{(1-y)_m}{(1-y)(y-y_i)} dy = H_G N_G \tag{8-128}$$

$$H_G = \frac{V'}{k_y'a\Omega} \tag{8-129}$$

$$N_G = \int_{y_2}^{y_1} \frac{(1-y)_m}{(1-y)(y-y_i)} dy \tag{8-130}$$

当气相组成不很高时,$(1-y)_m$ 可用算术平均值代替,即

$$(1-y)_m = \frac{1}{2}\left[(1-y) + (1-y_i)\right]$$

将上式代入式(8-130),可得

$$N_G = \int_{y_2}^{y_1} \frac{dy}{y-y_i} + \frac{1}{2}\ln\frac{1-y_2}{1-y_1} \tag{8-131}$$

式中,等号右端第一项为低浓度吸收时的传质单元数,因此第二项表示高浓气体

吸收时,漂流因子的影响。显然,当 y_1 和 y_2 较小时,$1 - y_2/(1 - y_1) \approx 1$,则式(8-128)变为

$$N_G = \int_{y_2}^{y_1} \frac{\mathrm{d}y}{y - y_i} \tag{8-132}$$

例 8-10 在一填料塔内,用清水吸收空气混合气中的 SO_2。压力为 101.3 kPa,20 ℃时 SO_2 在水中的溶解度数据列于表 8-6。进塔气体中 SO_2 的摩尔分数为 0.20,出塔时为 0.02。空气流量为 6.53×10^{-4} kmol/s,清水流量为 4.20×10^{-2} kmol/s,塔截面积为 0.092 9 m^2。在 101.3 kPa 下,气膜体积吸收系数计算式为

$$k_y'a = 0.066G^{0.7}W^{0.25} \text{ kmol/(m}^3 \cdot \text{s)}$$

液膜体积吸收系数计算式为

$$k_x'a = 0.152W^{0.82} \text{ kmol/(m}^3 \cdot \text{s)}$$

表 8-6　例 8-10 附表 1

溶解度/ (g(SO_2)/100g(H_2O))	2.5	1.5	1.0	0.7	0.5	0.3	0.2	0.15	0.10	0.05	0.02
p_{SO_2}/kPa	21.5	12.3	7.87	5.20	3.47	1.88	1.13	0.773	0.427	0.160	0.067

试求所需填料层高度 H。

解: 计算中以 $y = 0.04$ 为例,叙述其计算过程。

(1) 将给定的 L, V, y_2, x_2 代入式(8-116)得操作线方程为

$$\frac{y}{1-y} = 64.32 \frac{x}{1-x} + 0.02$$

(2) 在 $y_2 \sim y_1$ 范围内选 6 个 y 值:$y = 0.02, 0.04, 0.08, 0.12, 0.16$ 及 0.2,并记入表 8-7 中的第 1 行。

(3) 用操作线方程计算与各 y 相应的液相组成 x,并记入表 8-7 的第 2 行。如 $y = 0.04$ 时,由 $0.04/(1-0.04) = 64.32x/(1-x) + 0.02$ 得 $x = 0.000\,337$。

(4) 由 V, L 及 y, x 值计算塔内各点的气、液两相的摩尔流量 V', L' 及质量流速 G, W,并分别记入表 8-7 的第 3~6 行,例如 $y = 0.04, x = 0.000\,337$,则

$$V' = \frac{V}{1-y} = \frac{6.53 \times 10^{-4}}{1 - 0.04} = 6.80 \times 10^{-4} \text{ kmol/s}$$

$$L' = \frac{L}{1-x} = \frac{4.2 \times 10^{-2}}{1 - 0.000\,337} = 0.042\,01 \text{ kmol/s}$$

$$G = \frac{V \times M_B + V \frac{y}{1-y} M_A}{\Omega}$$

$$= \frac{6.53 \times 10^{-4} \times 29 + 6.53 \times 10^{-4} \times \frac{0.04}{1 - 0.04} \times 64}{0.092\,9} = 0.222\,6 \text{ kg/(m}^2 \cdot \text{s)}$$

$$W = \frac{L \times M_S + L \frac{x}{1-x} M_A}{\Omega}$$

$$= \frac{4.2 \times 10^{-2} \times 18 + 4.2 \times 10^{-2} \times \frac{0.000\ 337}{1 - 0.000\ 337} \times 64}{0.092\ 9} = 8.148 \ \text{kg/(m}^2 \cdot \text{s)}$$

(5) 计算各点的传质系数,并分别记入表 8-7 的第 7,8 行。如对于($x = 0.000\ 337, y = 0.04$)这一点,则

$$k'_y a = 0.066 G^{0.7} W^{0.25}$$

$$= 0.066 \times 0.222\ 6^{0.7} \times 8.148^{0.25} = 0.038\ 96 \ \text{kmol/(m}^3 \cdot \text{s)}$$

$$k'_x a = 0.152 W^{0.82} = 0.152 \times 8.148^{0.82} = 0.849\ 0 \ \text{kmol/(m}^3 \cdot \text{s)}$$

(6) 求 y_i 与 x_i。因 x 很小,$k_x \approx k'_x$,故应用式(8-114)、式(8-126)与式(8-127)3 式联立求解。此处用图解试差法求相应各截面上的 k_y 和界面浓度 y_i 及 x_i,并分别将 $k_x a / k_y a$,y_i,$1 - y$,$y - y_i$,$(1-y)_m$ 列入表 8-7 的第 9,10,11,12,13 行内。

在 y-x 直角坐标中,根据操作线方程绘出吸收操作线,如图 8-20 中的曲线 BT。根据表 8-6,SO$_2$ 在水中的溶解度数据绘出平衡线,如图 8-20 中的曲线 $0E$。

用图解试差法求 y_i 与 x_i,由操作线上的已知点出发,以上一点求出的 k_y 作为第一次试算的 k_y,作斜率为 $k_x a / k_y a$ 的直线,此直线与平衡线之交点的纵、横坐标值,应接近界面浓度 y_i 及 x_i。用所得的 y_i 按式(8-114)对 k_y 进行修正,并以修正的 k_y 作第二次试差求 y_i,x_i,直到先后两次试差求得的 y_i 接近为止。

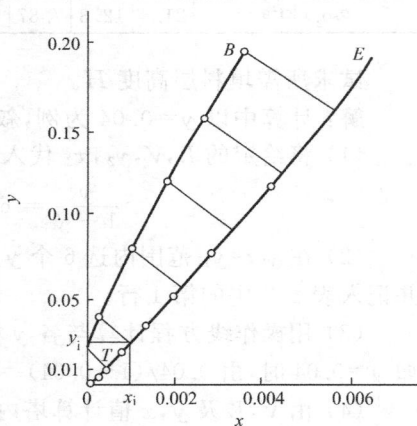

图 8-20 例 8-10 图示

$y = 0.04$ 时,第一次试差直线的斜率为

$$-\frac{k_x a}{k_y a} = -\frac{0.849\ 0}{0.038\ 96} = -21.79$$

过操作线上已知点($x = 0.000\ 337, y = 0.04$)作斜率为 -21.79 的直线,该直线与平衡线交点坐标为

$$x_i = 0.001\ 06$$

$$y_i = 0.024\ 8$$

进行第二次试差

$$k_y a = k'_y a \frac{1}{(1-y)_m} = k'_y a \frac{1}{\dfrac{(1-y)+(1-y_i)}{2}}$$

$$= \frac{0.038\ 96}{0.967\ 6} = 0.040\ 26\ \text{kmol/(m}^2 \cdot \text{s)}$$

$$-\frac{k_x a}{k_y a} = -\frac{0.849\ 0}{0.040\ 26} = -21.08$$

因此得 $y_i = 0.025$，与第一次得到的 y_i 接近，所以 $y_i = 0.025$ 即为所求，故

$$y - y_i = 0.04 - 0.025\ 0 = 0.015$$
$$1 - y = 1 - 0.04 = 0.96$$
$$1 - y_i = 1 - 0.025 = 0.975$$
$$(1-y)_m = \frac{0.96 + 0.975}{2} = 0.967\ 5$$

（7）由已求出的 $V', k'_y a, y - y_i, 1 - y$ 和 $(1-y)_m$ 便可算出各截面上被积函数 $f(y)$ 的值，并列于表 8-7 的第 14 行。如 $y = 0.04$ 时，有

$$f(y) = \frac{V'(1-y)_m}{k_y a \Omega (1-y)(y-y_i)} = \frac{6.80 \times 10^{-4} \times 0.967\ 5}{0.038\ 96 \times 0.092\ 9 \times 0.96 \times 0.015} = 12.62$$

表 8-7　例 8-10 附表 2

参　数	取　　值					
y	0.02	0.04	0.08	0.12	0.16	0.20
x	0	0.000 337	0.001 04	0.001 81	0.002 64	0.003 57
$V'/(\text{kmol/s})$	6.66×10^{-4}	6.80×10^{-4}	7.10×10^{-4}	7.42×10^{-4}	7.77×10^{-4}	8.16×10^{-4}
$V/(\text{kmol/s})$	0.042 00	0.042 01	0.042 04	0.042 08	0.042 11	0.042 15
$G/(\text{kg/(m}^2 \cdot \text{s}))$	0.213 0	0.222 6	0.242 9	0.265 2	0.289 5	0.316 3
$W/(\text{kg/(m}^2 \cdot \text{s}))$	8.138	8.148	8.168	8.190	8.214	8.241
$k'_y a/(\text{kmol/(m}^2 \cdot \text{s}))$	0.037 76	0.038 96	0.041 44	0.044 10	0.046 92	0.049 96
$k'_x a/(\text{kmol/(m}^2 \cdot \text{s}))$	0.848 1	0.849 0	0.850 7	0.852 6	0.854 6	0.856 9
$\dfrac{k_x a}{k_y a}$	−22.46	−21.08	−19.10	−12.29	−15.57	−14.02
y_i	0.009 0	0.025 0	0.056	0.093	0.130	0.168
$1 - y$	0.98	0.96	0.92	0.88	0.84	0.80
$y - y_i$	0.011 0	0.015 0	0.024	0.027	0.030	0.032
$(1-y)_m$	0.986	0.968	0.932	0.894	0.855	0.816
$f(y)$	17.61	12.62	7.78	6.81	6.05	5.60
$\dfrac{1}{y - y_i}$	90.6	66.67	41.7	37.1	33.3	31.2

用求出的各点的 $f(y)$ 值,由数值积分得

$$H = \int_{y_2}^{y_1} f(y)\mathrm{d}y = 1.49 \text{ m}$$

该题若用近似法进行计算,步骤如下:

(1) 求出塔顶和塔底的传质单元高度 $(H_G)_顶$,$(H_G)_底$,然后求传质单元高度的平均值 H_G。

$$H_G = \frac{1}{2}\left[(H_G)_顶 + (H_G)_底\right]$$

$$= \frac{1}{2}\left(\left(\frac{V'}{k'_y a\Omega}\right)_顶 + \left(\frac{V'}{k'_y a\Omega}\right)_底\right)$$

$$= \frac{1}{2}\left(\left(\frac{6.66\times 10^{-4}}{0.037\,76\times 0.092\,9}\right) + \left(\frac{8.16\times 10^{-4}}{0.049\,96\times 0.092\,9}\right)\right) = 0.183 \text{ m}$$

(2) 求出与各 y 值点相应的 $1/(y-y_i)$,记入表 8-7 最后一行。如 $y = 0.04$ 时,有

$$\frac{1}{y-y_i} = \frac{1}{0.015\,0} = 66.67$$

(3) 用求出的各点 $1/(y-y_i)$ 值,由数值积分得

$$\int_{y_2}^{y_1}\frac{\mathrm{d}y}{y-y_i} = 8.01$$

而

$$\frac{1}{2}\ln\frac{1-y_2}{1-y_1} = \frac{1}{2}\ln\frac{1-0.02}{1-0.2} = 0.101\,5$$

则

$$N_G = \int_{y_2}^{y_1}\frac{\mathrm{d}y}{y-y_i} + \frac{1}{2}\ln\frac{1-y_2}{1-y_1} = 8.01 + 0.101\,5 = 8.11$$

(4) 由 $H = H_G N_G$ 得

$$H = 0.183\times 8.11 = 1.48 \text{ m}$$

两种计算法的误差 $= \dfrac{1.49-1.48}{1.49}\times 100\% = 0.7\%$

3. 高浓度气体非等温吸收

在气体吸收过程中,若气体的溶解热(或有化学反应时,放出的反应热),使吸收塔内液相温度随溶质浓度的增加而升高,则这种类型的吸收称为非等温吸收。

1) 高浓度气体非等温吸收过程分析

吸收体系温度的升高,使相平衡关系发生变化,气体的溶解度降低,气相平衡分压升高,致使吸收推动力变小,达到一定分离要求所需的液气比增大,或所需的填料层增高,不利于吸收;当然,随着体系温度的升高,扩散系数变大,使膜传质系数变大,传质速率增加,有利于吸收。但温度对膜传质系数的影响相对较

小,而将传质系数增大的有利因素视为安全系数。因此,在变温吸收过程中,一般只考虑温度变化对于相平衡关系的影响,求出非等温吸收的相平衡关系,进行过程的设计计算。

由以上分析可知,对于高浓度气体非等温吸收过程,不仅要考虑吸收过程中两相溶质浓度变化和两相量的变化对吸收过程的影响,还要考虑温度变化对吸收相平衡关系的影响。

吸收时随着溶解热的释出,气、液相间必然有温差,从而引起相间的传热和传质。气体因温度升高会带走热量,溶剂饱和蒸气压升高而汽化也会带走热量,另外还有热损失。但由于气体的比热容小,如果溶剂的蒸气压较低,汽化所需的热量也很小。因此,气体温度升高所带走的热量和溶剂汽化带走的热量均可忽略不计,若再忽略热损失,则溶质溶解释放出的所有热量可近似认为都被液体所吸收,这种过程称为绝热吸收过程。对于绝热吸收过程可通过热量衡算推算出液体组成与温度的对应关系,从而求出非等温吸收的相平衡关系。

2) 非等温吸收相平衡曲线的求解

可溶组分在溶解过程中所释放出的热量可用微分溶解热 ϕ 来表示,ϕ 是 1 kmol 溶质溶于组成为 x 的大量溶液中所产生的热量,其值与溶液的浓度有关,图 8-21 所示为氨在水中的微分溶解热 ϕ 随溶液组成 x 的关系。

对于绝热吸收过程,可取微元塔高 dH 作热量衡算(见图 8-22):

$$\phi L' \mathrm{d}x + \phi x \mathrm{d}L' = C_{\mathrm{mL}} L' \mathrm{d}T + C_{\mathrm{mL}} T \mathrm{d}L' \tag{8-133}$$

式中:C_{mL}——溶液的平均摩尔热容,kJ/(kmol·K)。

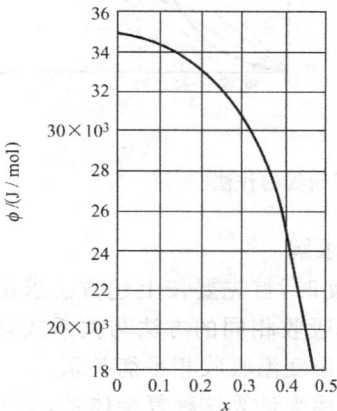

图 8-21 氨在水中的微分溶解热
与组成的关系

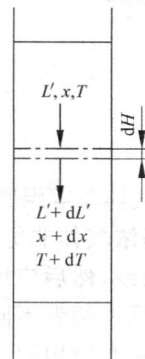

图 8-22 流经微元塔高后液体流量、
浓度和温度的变化

通常，吸收剂用量 L' 与被吸收的溶质量相比很大，式中 $\phi x \mathrm{d}L'$，$C_{\mathrm{mL}} T \mathrm{d}L'$ 两项分别与 $\phi L' \mathrm{d}x$，$C_{\mathrm{mL}} L' \mathrm{d}T$ 相比均可以忽略不计，因此，上式可简化成

$$C_{\mathrm{mL}} \mathrm{d}T = \phi \mathrm{d}x \tag{8-134}$$

如图 8-23(a)所示，将吸收塔中液相组成 x 的变化范围分成若干等分段，每段变化为 Δx，则根据式(8-134)，任意段 n 的热量衡算可近似写成

$$C_{\mathrm{mL}}(T_n - T_{n-1}) = \phi(x_n - x_{n-1})$$

$$T_n = T_{n-1} + \frac{\phi}{C_{\mathrm{mL}}} \Delta x \tag{8-135}$$

式中：T_n，T_{n-1}——离开和进入 n 段的液相温度，K；

ϕ——溶质的微分溶解热，随溶质组成 x 而变，可取 x_{n-1} 至 x_n 的 ϕ_{n-1} 和 ϕ_n 的平均值，kJ/kmol；

C_{mL}——溶液的平均摩尔热容，kJ/(kmol·K)。

当塔顶的液相浓度 x_0、温度 T_0 已知时，利用式(8-135)，便可逐段算出不同 x 处的液相温度，然后根据每一组 (x, T) 值找出与之平衡的气相组成 y，便可作出变温情况下的吸收相平衡曲线，如图 8-23(b)所示。

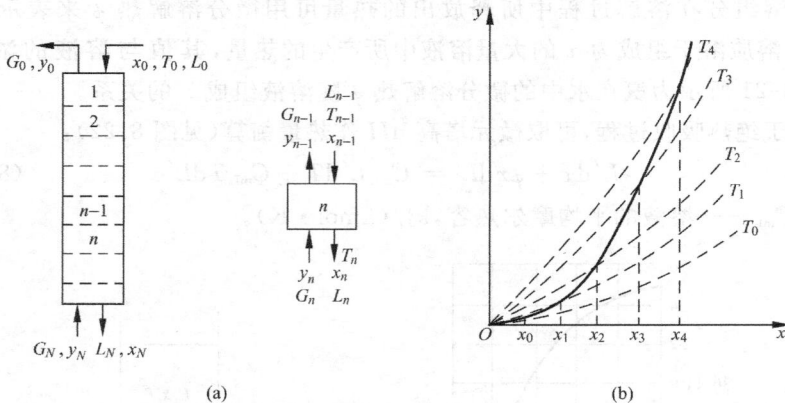

图 8-23 绝热吸收平衡线的作法

3) 高浓气体非等温吸收填料层高度的求解

在计算高浓气体非等温吸收填料层高度时，首先要按上述方法求出变温吸收的相平衡曲线，然后应用与等温高浓气体吸收相同的方法与关系式计算填料层高度，也就是说两者不同的只是这里需要用变温吸收相平衡关系。

目前，已经有商用的化工模拟软件可以用来计算这种复杂体系，应该根据实际情况选用。

当吸收过程的热效应很大时，必须采取措施设法排除热量，以控制吸收过程的温度。措施很多：可在吸收塔内装置冷却元件；也可将吸收剂引出外部加以

冷却；或采用边吸收边冷却的吸收装置；或采用大的喷淋密度，用大量的吸收剂将吸收热带走。各种措施各有优缺点，可根据不同的情况确定。

8.5.2 化学吸收

伴有显著化学反应的吸收过程称为化学吸收。化学吸收有很高的选择性，有较高的吸收率，液相上方溶质的气相平衡分压低，能较彻底地去除气相中的少量溶质。化工生产中的吸收操作很多为化学吸收，如铜氨液吸收 CO、碱洗 CO_2、ADA 法脱硫等。

化学吸收是传质与反应同时进行的过程。溶质 A 首先由气相主体扩散至气、液相界面，随后，在由界面向液相主体的扩散过程中，与吸收剂或液相中某种活泼组分 B 在反应区发生反应，最后反应物从反应区向液相主体扩散。A 与 B 在哪一位置上进行反应（反应区的位置）取决于反应速度与扩散速率的相对大小。反应进行愈快，A 消耗就愈快，A 达相界面后不必扩散很远便会消耗干净，以至于相界面上液相中溶质 A 的浓度接近于零；反之，若反应速度很慢，A 可能扩散到液相主体中后仍有大部分未能参加反应。化学吸收速率不仅与溶质 A 的扩散速率有关，而且与液相中 B 的反向扩散速率、反应物的扩散速率以及化学反应速率都有关。

可溶组分 A 在液相中发生化学反应时，溶质 A 的气相平衡分压只决定于液相中处于溶解状态（未反应的）的 A。化学反应消耗了进入液相中的溶质，使溶解状态的 A 仅为液相中组分 A 总浓度的一部分，因此溶质的有效溶解度增大，而气相分压降低，增大了吸收推动力。

化学吸收速率的计算可以应用与物理吸收相同的方程：

$$N_A = k_y(y - y_i) = k'_x(x_i - x) \tag{8-136}$$

通常将化学吸收的液相传质系数 k'_x 表示为物理吸收 k_x 的某一倍数：

$$k'_x = \beta k_x \tag{8-137}$$

β 称为化学吸收增强因子，于是当已知相平衡关系 $y = mx$ 时，则总传质系数为

$$K_y = \frac{1}{1/k_y + m/\beta k_x} \tag{8-138}$$

于是低浓度气体化学吸收塔高 H 为

$$H = \frac{G}{K_y a} \int_{y_2}^{y_1} \frac{\mathrm{d}y}{y - y^*} = H_{OG} N_{OG} \tag{8-139}$$

β 的大小和组分 A，B 的扩散系数、化学反应速率常数、界面组成及物理吸收传质系数有关，难以确定。因此，设计时往往是靠通过同一体系，在相同或相近操作条件下进行实验，直接测出 k'_x 的数据。

由式(8-138)可以看出,当吸收过程为液膜控制时,液相的化学反应能显著地减小液膜阻力,从而增大总传质系数,这时采用化学吸收的优点非常明显;当吸收过程为气膜控制时,液膜阻力即使大为减小,对总传质系数的影响也不大,这时应用化学吸收,除能降低气相平衡分压外,益处不太大。另一方面,采用化学吸收虽然使吸收较为容易,但解吸困难,在解吸时需要消耗较多的能量;而且,若反应是不可逆的,则反应剂就不能循环使用。

习　题

8-1　已知在 101.3 kPa(绝对压力)下,100 g 水中含氨 1 g 的溶液上方的平衡氨分压为 987 Pa。试求:

(1) 溶解度系数 $H(\mathrm{kmol}/(\mathrm{m}^3 \cdot \mathrm{Pa}))$;

(2) 亨利系数 $E(\mathrm{Pa})$;

(3) 相平衡常数 m;

(4) 总压提高到 200 kPa(表压)时的 H, E, m 值。

8-2　101.3 kPa,10℃时,氧在水中的溶解度可用下式表示:

$$p = 3.31 \times 10^6 x$$

式中:p——氧在气相中的分压,kPa;

x——氧在液相中的摩尔分数。

试求在此温度及压力下,与空气充分接触后,1 m³ 水中溶有多少克氧。

8-3　在文丘里管内用清水洗去含 SO_2 混合气体中的尘粒,气流与洗涤水在气液分离器中分离。出口气体含 SO_2 为 0.1(摩尔分数),操作压力为常压。在以下两种情况下:

(1) 操作温度为 20℃;

(2) 操作温度为 40℃。

试求排出 1 kg 水中 SO_2 的最大可能损失为多少千克?

8-4　在 25℃下,CO_2 分压为 50 kPa 的混合气分别与下述溶液接触:

(1) 含 CO_2 为 0.01 mol/L 的水溶液;

(2) 含 CO_2 为 0.05 mol/L 的水溶液。

试求这两种情况下 CO_2 的传质方向和推动力。

8-5　指出下列过程是吸收过程还是解吸过程,推动力是多少,并在 x-y 图上表示。

(1) 含 SO_2 为 0.001(摩尔分数)的水溶液与含 SO_2 为 0.03(摩尔分数)的混合气接触,总压为 101.3 kPa,$T=35℃$;

(2) 气液组成及总压同(1),$T=15℃$;

(3) 气液组成及温度同(1),总压为 300 kPa(绝对压力)。

8-6　在 101.3 kPa,25℃下,含 CO_2 为 0.2,空气为 0.8(摩尔分数)的气体 1 m³,与 1 m³ 的清水在容积为 2 m³ 的密闭容器中接触,求刚接触时的总传质推动力(分别以分压差、摩尔分数及液相组成差表示)。CO_2 在水中的最终组成及剩余气的总压各为多少?若上述过程在 500 kPa 下进行,各量又为多少?

8-7 氨-空气混合气中含氨 0.12(摩尔分数),在常压和 25℃下用水吸收,过程中不断移走热量以使吸收在等温下进行。进气量为 1 000 m^3,出口气体中含氨 0.01(摩尔分数)。试求被吸收的氨量(kg)和出口气体的体积(m^3)。

8-8 在填料塔中用水吸收混合气中的氨,气体与水均从塔顶进入,自上而下并流接触。气体流量为 1 000 m^3(标准状况)/h,含氨 0.01(摩尔分数),塔内的平均温度为 25℃,总压为常压,此条件下氨在相间的平衡关系为 $Y=0.93X$。

(1) 如用水量为 5 m^3/h,水中不含氨,求氨的最高吸收率;

(2) 如用水量为 10 m^3/h,水中不含氨,求氨的最高吸收率;

(3) 如用水量为 5 m^3/h,水中含氨 5 kg/1 000 kg,求氨的最高吸收率。

8-9 含组分 A 为 0.1 的混合气,用含 A 为 0.01(均为摩尔分数)的液体吸收其中的 A。已知 A 在气、液两相中的平衡关系为 $Y=X$,液气比 $L/V=0.8$,求:

(1) 逆流操作时,吸收液出口最高组成是多少?此时的吸收率是多少?若 $L/V=1.5$,各量又是多少?分别在 X-Y 图上表示;

(2) 若改为并流操作,液体出口最高组成是多少?此时的吸收率又是多少?

8-10 要设计一个用水作吸收剂的填料塔,混合气为低浓度气体,平衡关系服从亨利定律。因计算出填料层过高,故改用两低塔代替,提出图 8-24 所示的 4 个流程。试在 X-Y 图上定性地画出各个流程的操作线与平衡线,注明流程图中相应的组成,并分析各流程的合理性。

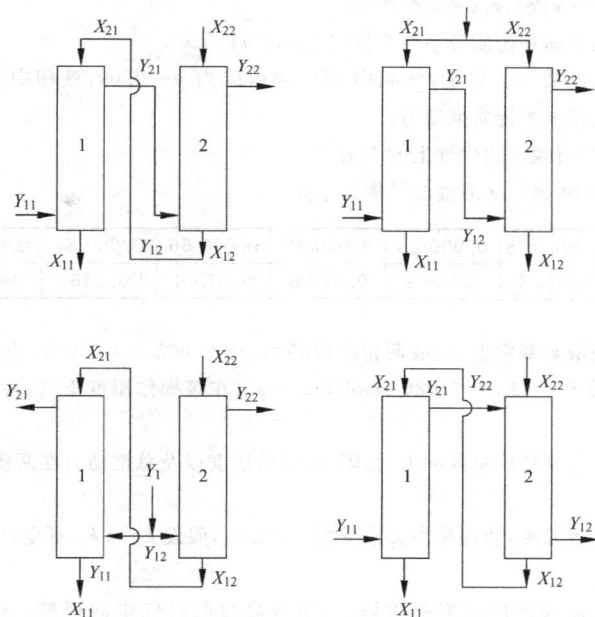

图 8-24 习题 8-10 图示

8-11　在某填料吸收塔中，用清水处理含 SO_2 的混合气体。逆流操作，进塔气体中含 SO_2 为 0.08（摩尔分数），其余为惰性气体。混合气的平均相对分子质量取 28。水的用量比最小用量大 65%，要求每小时从混合气中吸收 2 000 kg 的 SO_2。操作条件下气、液平衡关系为 $Y=26.7X$。计算每小时用水量为多少立方米。

8-12　在吸收塔内用水吸收混于空气中的低浓度甲醇，操作温度为 27℃，压力 101.3 kPa。稳定操作状况下，塔内某截面上的气相中甲醇分压为 5.07 kPa，液相中甲醇浓度为 2 mol/m³。甲醇在水中的溶解度系数 $H=1.955$ kmol/(m³·kPa)，液膜吸收分系数 $k_L=2.08\times10^{-5}$ m/s，气膜吸收分系数 $k_G=1.55\times10^{-5}$ kmol/(m²·s·kPa)。试计算该截面上的吸收速率。

8-13　某设备中用空气直接冷却 50℃ 的水，已知某截面处空气中 $p_{H_2O}=2.7$ kPa，总压为 101.3 kPa（绝对压力），$K_G=0.037$ kmol/(m²·h·kPa)。求 K_Y。

8-14　用水吸收气体中的 SO_2，气体中 SO_2 的平均组成为 0.02（摩尔分数），水中 SO_2 的平均浓度为 1 g/1 000 g。塔中操作压力为 10.1 kPa（表压），现已知气相传质分系数 $k_G=0.3\times10^{-2}$ kmol/(m²·h·kPa)，液相传质分系数 $k_L=0.4$ m/h。操作条件下平衡关系 $y=50x$。求总传质系数 K_Y（kmol/(m²·h)）。

8-15　在 101.3 kPa（绝对压力），27℃ 下用水吸收空气中的甲醇蒸气。设相平衡关系服从亨利定律，溶解度系数 $H=1.98\times10^{-3}$ kmol/(m³·Pa)。已知气相传质分系数 $k_G=5.67\times10^{-5}$ kmol/(m²·h·Pa)，液相传质分系数 $k_L=0.075$ m/h。求总传质系数 K_G 和 K_L，并计算气相传质阻力在总阻力中所占的比例。

8-16　在 30℃ 和 100 kPa 下，用水吸收空气中 SO_2 的体积传质分系数如下：$k_Ga=5\times10^{-4}$ kmol/(m³·s·kPa)，$k_La=5\times10^{-2}$ s⁻¹

（1）把上述两个体积传质分系数变换成 k_ya，k_xa；

（2）设吸收塔内某一位置上，气相中 SO_2 的组成为 $y=0.09$，液相中 SO_2 浓度为 $x=0.002\,05$，求气、液相中的传质推动力；

（3）计算（2）中所规定的位置上的 K_ya。

30℃、100 kPa 时 SO_2 水溶液的平衡关系如下：

x	0.000 056	0.000 138	0.000 28	0.000 42	0.000 56	0.000 84	0.001 38	0.002 8
y_e	0.000 8	0.002 2	0.006 2	0.010 6	0.015 6	0.026	0.047 4	0.104

8-17　在解吸塔某截面上气、液两相组成各为 $y=0.005$，$x=0.015$（均为摩尔分数），两侧体积传质分系数 $k_ya=k_xa=0.026$ kmol/(m³·s)，在该操作温度下气、液平衡关系是 $y=0.4x$。试求：

（1）该截面上两相传质总推动力、总阻力、传质速度以及总推动力在两侧的分配及气、液界面组成；

（2）若升高解吸温度，使平衡关系变为 $y=2.0x$，假设 k_y 与 k_x 不变，（1）中各量的变化如何？

8-18　今有逆流操作的填料吸收塔，用清水吸收原料气中的甲醇。已知处理气量为 1 000 m³（标准状况）/h，原料气中含甲醇 100 g/m³，吸收后的水中含甲醇量等于与进料气体相平衡时组成的 67%。设在标准状况下操作,吸收平衡关系为 $y=1.15x$,甲醇的回收率为 98%,$K_y=0.5$ kmol/(m²·h),塔内填料的有效比表面积为 190 m²/m³,塔内气体的空塔流速为 0.5 m/s。试求:

(1) 水的用量;

(2) 塔径;

(3) 填料层高度。

8-19 从苯吸收塔出来的吸收液中含苯 0.039(质量分数),其余为不挥发性的油(吸收剂)。今需将此溶液中的苯加以解吸回收。为此,先将溶液预热到 149℃,然后送入填料塔的顶部,塔底通入温度为 149℃ 的过热水蒸气(水蒸气与油互不相溶),每 100 kmol 油吸收剂通入 20 kmol 的水蒸气,整个塔系在减压下等温操作,塔顶压力为 66.7 kPa,塔底压力为 72 kPa。塔底液体中含苯 0.001(质量分数),油的相对分子质量为 220,水蒸气在解吸塔内不凝结。设溶液服从拉乌尔定律,在 149℃ 时,纯苯的蒸气压为 563 kPa。试求:

(1) 从塔顶出来的蒸气中苯的含量(摩尔分数);

(2) 全塔对数平均推动力(用气相摩尔分数表示);

(3) 气相总传质单元数。

8-20 在吸收塔中用清水吸收混合气中的 SO₂,气体流量为 5 000 m³(标准状况)/h,其中含 SO₂ 为 0.1(摩尔分数),要求 SO₂ 的吸收率为 95%。气体与水逆流接触,在塔的操作条件下,SO₂ 在两相间的平衡关系为 $y=26.7x$,试求:

(1) 取用水量为最小用量的 1.5 倍时,用水量应为多少?

(2) 在上述条件下,用图解法求所需理论塔板数。

(3) 如采用(2)中求出的理论塔板数,而要求吸收率从 95% 提高到 98%,用水量应增加多少?

8-21 要从 CCl₄-空气混合气中吸收所含 CCl₄,处理的混合气体量为 1 500 kmol/h。混合气中含 CCl₄ 为 0.05(摩尔分数),吸收率为 90%,吸收塔操作压力为 101.3 kPa(绝对压力),温度为 298 K。有两股吸收剂送入塔内:第一股为含 CCl₄ 为 0.022 6(质量分数)的煤油,其量为 222 kmol/h,从塔顶送入;第二股为含 CCl₄ 为 0.137(质量分数)的煤油,其量为 153 kmol/h,在塔中段的液体组成与它相同处送入。在操作系统范围内,平衡关系为 $y=0.13x$,已知吸收过程属气膜控制,$k_G=1.2\times10^{-2}$ kmol/(m²·h·kPa)。纯煤油的平均相对分子质量为 170,CCl₄ 的相对分子质量为 154。塔径为 3.5 m,填料的比表面积 $a=110$ m²/m³。试求:

(1) 填料层高度。

(2) 含 CCl₄ 浓度较高的一股煤油应在距填料层顶部多少米处送入?

(3) 如将两股煤油相混,一起从塔顶送入,欲得同样的吸收率,塔高为多少?

8-22 于 101.3 kPa 下用水吸收混合空气中的氨。已知氨的摩尔分数为 0.1。混合气体于 40℃ 下进入塔底,体积流量为 0.556 m³/s,空塔气速为 1.2 m/s。吸收剂用量为最小用量的 1.1 倍,氨的吸收率为 95%,且已估算出塔内气相总体积吸收系数 K_Ya 的平均值为 0.055 6 kmol/(m³·s)。

水在 20℃ 温度下送入塔顶,由于吸收氨时有溶解热放出,故使氨水温度越接近塔底越高。已根据热效应计算出塔内氨水组成与其温度以及在该温度下的平衡气相组成之间的对应数据,列于本题附表中。试求塔径及填料层高度。

习题 8-22 附表

氨溶液温度 $T/℃$	氨溶液组成 $X/(\text{kmol(氨)}/\text{kmol(水)})$	气相中氨的平衡组成 $Y^*/(\text{kmol(氨)}/\text{kmol(空气)})$
20	0	0
23.5	0.005	0.005 6
26	0.01	0.010
29	0.015	0.018
31.5	0.02	0.027
34	0.025	0.04
36.5	0.03	0.054
39.5	0.035	0.074
42	0.04	0.097
44.5	0.045	0.125
47	0.05	0.156

8-23 如图 8-25 所示,一吸收-解吸系统,两塔填料层高度均为 7 m,经测定处理气体量 $G=1\,000$ kmol/h,吸收剂循环量 $L=150$ kmol/h,解吸气体流量 $G'=300$ kmol/h,组分组成(摩尔分数)如下:$y_1=0.015$,$y_1'=0.045$,$y_2'=0$,$x_2=0.005$,已知吸收系统和解吸系统的相平衡关系分别为 $y_e=0.15x$ 和 $y_e'=0.6x$。求:

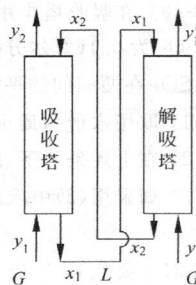

(1) 吸收塔气体的出口组成 y_2;

(2) 解吸塔传质单元高度 H_{OG};

(3) 若解吸气体流量为 250 kmol/h,则 y_2 又为多少?

(假设:L,G,y_1,y_2' 均不变,且气体流量变化时解吸塔 H_{OG} 基本不变。)

图 8-25 习题 8-23 图示

8-24 在一填料塔中用水吸收混合气体中的 SO_2,在一定条件下,吸收率达到 90%。现假定其他条件不变,分别变更以下条件:

(1) 原始水中含有少量 SO_2;

(2) 操作温度上升或下降;

(3) 操作压力上升或下降;

(4) 清水用量增加或减少;

(5) 气体中 SO_2 原始含量增加或减少。

试分析吸收率或吸收后气体中 SO_2 含量各将发生什么变化?如何计算?

8-25 有一填料塔,填料层高度 1.2 m,用水吸收空气中的丙酮,气液定态逆流操作。进入塔内的混合气中含有 0.06(摩尔分数)丙酮,其余为空气。进塔水中不含丙酮。操作时的液气比 $L/V=2.0$ kmol(水)/kmol(空气)。实验测得出口气体中的丙酮为 0.019(摩尔分数）。设此时的平衡关系可按 $y_e = 1.68x$ 计算(此处 y_e 为平衡气相浓度,x 为液相组成,均为摩尔分数),本题按低浓度吸收计算。

(1) 求在上述操作条件下该填料层的气相总传质单元高度;

(2) 假设将气、液逆流改为气、液并流操作,并设此时的传质单元高度、进塔气、液流量和组成与逆流时相同,则出口气体中的丙酮含量将为多少?

8-26 厂内有一填料吸收塔,直径 880 mm,填料层高度 6 m,所用填料为 50 mm 拉西环,每小时处理 2 000 m³ 混合气(气体体积按 25℃与 101.3 kPa 计算)。其中含丙酮 0.05(摩尔分数)。用水作吸收剂。填料塔顶送出的废气中含丙酮 0.002 63(摩尔分数);塔底送出的溶液 1 kg 含丙酮 61.2 g。操作条件下的平衡关系式 $y = 2.0x$。求气相总体积传质系数 K_ya。在上述条件下每小时回收多少丙酮(kg);若把填料层加高 3 m,可多回收多少丙酮?

8-27 有一吸收塔,填料层高度为 3 m,可从含氨 0.06(摩尔分数)的空气与氨的混合气中回收 99% 的氨,气体质量流速为 620 kg/(m²·h)(以惰性气体计)。吸收剂是水,其质量流速为 900 kg/(m²·h)。试估算操作条件有下列变动时:

(1) 气体流率增加 1 倍;

(2) 液体流率增加 1 倍。

所需填料高度分别有何增减?

(假设:在操作范围内,氨水平衡关系 $Y = 0.9X$,且本设备所用的填料,其 $K_Y \propto G_{\text{气}}^{0.7}$,受液体速率影响很小,式中 $G_{\text{气}}$ 是单位时间内通过单位塔截面的气体质量。)

8-28 200 m³/h(28℃及 101.3 kPa)的空气-氨混合气,用水吸收其中的氨,使氨含量由 0.05 降到 0.000 4(均为摩尔分数)。今有一填料塔,塔径 $D_T = 0.3$ m,填料层高度 $H = 3.5$ m,填料是 25 mm×25 mm×3 mm 的瓷环,问这个塔是否适用?如果可用,则水的用量需多少?

在 28℃及 101.3 kPa 时,相平衡关系符合亨利定律:

$$Y = 1.44X$$

$$K_Ga = 0.272 \times 10^{-5}G^{0.35}W^{0.38}$$

式中:G——气体质量流速,kg/(m²·h);

W——液体质量流速,kg/(m²·h)。

8-29 有一填料吸收塔,填料高 10 m,用水洗去尾气中有害组分 A。在正常情况下,测得的组成数据如图 8-26(a) 所示,在操作范围内相平衡关系为 $Y = 1.5X$。问:

(1) 该工况下气相总传质单元高度 H_{OG} 为多少?等板高度 HETP 为多少?

(2) 因法定排放组成 $Y_2' = 0.002$ kmol(A)/kmol(惰性气体),故计划将该塔加高,如液气比不变,问填料层需加高多少米?

(3) 若该加高部分改为如图 8-26(b)所示,液气比不变。排放气组成变为多少?

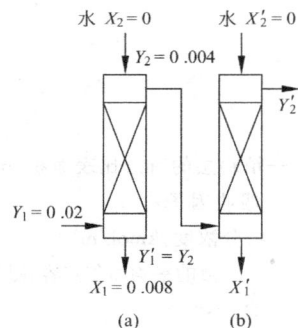

图 8-26 习题 8-29 图示

8-30 为测定填料层的体积吸收系数 K_ya,在填料塔内以清水为溶剂,吸收空气中低浓度的溶质组分 A。试画出示意的流程图,指出需要知道哪些条件和测取哪些参数;写出计算 K_ya 的步骤;在液体流量和入塔气体中组分 A 浓度不变的情况下,加大气体流量,试问尾气中组分 A 的浓度是增高还是降低?

8-31 设计一个用清水吸收烟道气中 CO_2 的填料塔。烟道气中 CO_2 含量为 0.13(摩尔分数),要求 CO_2 吸收率为 90%,气流量为 1 000 m^3(标准状况)/h,塔底流出的水中含 CO_2 为 0.2 g/1 000 g。计算每小时的用水量、塔径与填料层高度。

所用数据如下:

(1) 空塔气速为 0.2 m/s(常压,20℃);

(2) 填料 ϕ50 mm×50 mm 瓷环不规则堆放;

(3) 平衡关系 $Y=1\,420X$;

(4) 传质系数 $K_X=115$ kmol/($m^2 \cdot$ h)(Y,X 均为摩尔比)。

若在上述设计出的塔中,分别只变更以下条件:

(1) 气体流量减少 10%(水量、塔高、塔径不变);

(2) CO_2 进口组成降为 0.10(气体总流量、水量、塔高、塔径均不变)。

试问吸收率各变为多少?

思 考 题

D8-1 在描述气液两相间传质时,教材中着重介绍了双膜理论。此外,还有溶质渗透理论和表面更新理论。试对这两种理论进行了解,并对 3 种理论进行比较。

D8-2 脱除 CO_2 时经常使用胺类吸收剂(如单乙醇胺和二乙醇胺等)进行化学吸收。试了解吸收剂的再生是如何进行的,并了解吸收和解吸时温度和压力的区别及其原因。

D8-3 在介绍化学吸收时,用到了增强因子 β,试分析液相中传质系数是如何得到增加的。

符 号 说 明

英 文 字 母

a——填料层的有效比表面积,m^2/m^3

A——吸收因子

c——组分浓度,$kmol/m^3$

C_{mL}——溶液的平均摩尔热容,kJ/(kmol·K)

d——直径,m

d_e——填料的当量直径,m

D——物质在气相中的分子扩散系数,m^2/s

D'——物质在液相中的分子扩散系数,m^2/s

D_T——塔径,m

E——亨利常数,Pa

E_A——吸收率

F——自由度

G——组分 A 的吸收速率,kmol/h;气相空塔质量流速,kg/($m^2 \cdot$ s)

Ga——伽利略数

H——填料层高度，m；溶解度系数，kmol/(m³ · Pa)

HETP——等板高度，m

H_G——气相传质单元高度，m

H_L——液相传质单元高度，m

H_{OG}——气相总传质单元高度，m

H_{OL}——液相总传质单元高度，m

k_G——气相传质系数，kmol/(m² · s · Pa)

k_L——液相传质系数，m/s

k_x——液相传质系数，kmol/(m² · s)

k_y——气相传质系数，kmol/(m² · s)

k_Y——气相传质系数，kmol/(m² · s)

K_G——以气相分压差表示吸收推动力的总传质系数，kmol/(m² · s · Pa)

K_L——以液相浓度差表示吸收推动力的总传质系数，m/s

K_x——以液相摩尔分数差表示吸收推动力的总传质系数，kmol/(m² · s)

K_X——以液相摩尔比差表示吸收推动力的总传质系数，kmol/(m² · s)

K_y——以气相摩尔分数差表示吸收推动力的总传质系数，kmol/(m² · s)

K_Y——以气相摩尔比差表示吸收推动力的总传质系数，kmol/(m² · s)

l——特性尺寸，m

L——吸收剂用量，kmol/h

m——相平衡常数

M——摩尔质量

N_A——组分 A 的传质通量，kmol/(m² · s)

N_{OG}——气相总传质单元数

N_G——气相传质单元数

N_{OL}——液相总传质单元数

N_L——液相传质单元数

N_T——理论级数

p——压力，kPa

R——摩尔气体常数，8.314 kJ/(kmol · K)

Re——雷诺数

S——解吸因子

Sc——施密特数

Sh——舍伍德数

t——时间，s 或 h

T——热力学温度，K

u——气体的空塔速度，m/s

U——喷淋密度，m³/(m² · s)

V——惰性气体的摩尔流量，kmol/h

V'——混合气体的摩尔流量，kmol/s

V_s——气体的体积流量，m³/s

W——液相空塔质量流速，kg/(m² · s)

x——组分在液相中的摩尔分数

X——组分在液相中的摩尔比

y——组分在气相中的摩尔分数

Y——组分在气相中的摩尔比

z——扩散距离，m

z_G——气膜厚度，m

z_L——液膜厚度，m

希 腊 字 母

α, β, γ——常数

δ——膜厚，m

μ——粘度，Pa · s

ρ——密度，kg/m³

ϕ——溶质的微分溶解热，kJ/kmol

Ω——塔截面积，m²

参 考 文 献

1　McCabe W L，Smith J C，Peter Harriott. Unit operations of chemical engineering. 4th ed. New York：McGraw-Hill Book Company，1987

2　库尔森 J M，李嘉森 J F 著. 化学工程（卷Ⅱ单元操作）. 第 3 版. 丁绪淮等译. 北京：化学工业出版社，1987

3　金克普利斯 J 著. 传递过程与单元操作. 清华大学化学与化学工程系传递组译. 北京：清华大学出版社，1985

9 蒸　馏

很多混合物中各组分的挥发性不同,它们在气、液两相平衡时,各组分在两相中的相对含量不同,易挥发组分在气相中的相对含量比液相中高,难挥发组分在液相中的相对含量比气相中高。利用这种性质,通过加入热量或取出热量的方法,使混合物形成气、液两相系统,易挥发组分在气相中富集,难挥发组分在液相中富集,从而可以实现混合物的分离,这种方法统称蒸馏。

因为混合物中各组分挥发性不同的性质具有很大的普遍性,而气、液两态共存的气、液两相体系的建立一般也总可以实现,所以蒸馏是分离混合物最常用的,也是最早工业化的方法。

液体混合物,例如酒精与水的混合物,其中酒精与水的挥发性不同,酒精易挥发,把酒精与水的混合物在常压下加热到一定温度就能建立气、液两相系统,所以可以用蒸馏的方法使它们分离。

气体混合物,例如空气,其中氮比氧的挥发性大,将空气加压冷却建立气、液两相系统,进行精馏,可以将氮与氧分离。

固体混合物,例如脂肪酸的混合物,可以用加热升温使其熔化,并适当减压使其建立气、液两相系统,也可以用蒸馏的方法分离。

由此可知,蒸馏是一种适用面很广的分离方法。蒸馏的另一个优点是它可以直接得到要获得的产品,不像吸收、萃取以及吸附等分离方法,需要外加介质(溶剂或吸附剂等),并需进一步将所提取的物质与介质分离,所以一般说蒸馏过程的流程比较简单。

蒸馏的主要缺点是为了创造气、液两相系统需加入或取出热量。通常气、液间的相变热较大,因此当蒸馏过程需要生成大量气相或液相时就要消耗大量能量,能耗大小是决定是否选用蒸馏方法的主要原因。降低能耗是改进蒸馏过程的主要方面。此外,为了建立气、液两相系统,有时需要高压、高真空、低温或高温等不平常的条件,这也是实际上有时不宜采用蒸馏的原因。

由于混合物中各组分挥发性的差别有大有小,要求分离的程度有高有低,而且形成气、液两相体系的温度、压力等条件也各不相同,所以蒸馏的方法有多种,分类如下:

1. 简单蒸馏和平衡蒸馏

当混合物中各组分的挥发性相差很大,同时对组分分离程度的要求又不高时,可以用简单蒸馏和平衡蒸馏。它们是最简单的蒸馏方法。

2. 精馏

当混合物中各组分的挥发性相差不大,又要求将组分以非常高的纯度分开时,则必须采用精馏。

因为对于不同混合物,建立气、液两相系统所需的温度和压力不同,精馏操作常常需要在不同的压力下进行。根据操作压力不同,精馏可以分为常压精馏、减压精馏和加压精馏。

(1)常压精馏。常压下,沸点在室温到150℃左右的混合物通常在常压下进行精馏。

(2)减压精馏。在常压下沸点较高,或者在较高温度下易发生分解、聚合等变质现象的混合物(如热敏性物质),常常采用减压操作以降低操作温度。

(3)加压精馏。常压下沸点在室温以下的混合物,一般用加压的方法提高它的沸点,使精馏操作尽可能在靠近室温下操作,以降低能耗。

3. 两组分精馏和多组分精馏

两组分混合物是最简单的混合物,所以两组分混合物的精馏是最简单的精馏过程。

实际混合物常常不只包含两个组分,而是多个组分。如果混合物中主要是两种组分,其他组分的相对含量很少,同时它们的存在既不影响分离过程,也不影响分离所得产品的质量和进一步使用,则可以当作两组分混合物处理。

多组分混合物气、液两相平衡关系比较复杂,因此多组分混合物的精馏过程也十分复杂,但是就精馏过程的基本原理来说,多组分精馏与两组分精馏是相同的。本章主要讨论两组分精馏,只在9.4节对多组分精馏加以简单介绍。

4. 特殊蒸馏

常用的简单蒸馏、平衡蒸馏和普通精馏以外的精馏方法统称特殊蒸馏。

当混合物中各组分的挥发性相差很小,或者形成恒沸液,不能用一般的蒸馏方法分离时,可以另外加入适当的物质,使各组分挥发性的差别增大,使之易于用精馏方法分离。根据加入的物质不同,可以分为恒沸精馏、萃取精馏、加盐精馏等不同的特殊精馏过程。

此外,还有适用于高沸点热敏性物质分离的水蒸气蒸馏和分子蒸馏。

本章对各种特殊蒸馏只作简单介绍。

5. 连续蒸馏与间歇蒸馏

多数蒸馏过程既可以间歇进行,也可以连续进行。一般而言,处理大批量物料通常采用连续操作。与其他单元操作一样,连续蒸馏通常为定态操作过程,间歇蒸馏则为非定态操作过程。

9.1 气液平衡

气液平衡关系是蒸馏过程的热力学基础。因此,了解混合物气液平衡关系是理解与掌握蒸馏过程的最基本的条件。

9.1.1 混合物气、液两相平衡的条件和诸参数的关系

根据相律,平衡体系的自由度为

$$F = C - P + 2 \tag{9-1}$$

式中:F——自由度,即在不引起相变的条件下可以变动的独立变量的数目,这里独立变量为系统温度、压力和两相的组成;

C——独立组分数;

P——相的数目。

1. 两组分体系

两组分混合物气、液两相平衡时,独立组分数 C 与相数 P 均为2,所以自由度为2。这就是说,在保持两组分两相平衡的条件下,有两个可以独立变化的参数,因此只要确定两个独立变量,系统的平衡状态就确定了。例如,系统的温度和压力一定,气、液两相的组成就一定;系统的压力与任意一相的组成一定,则系统的温度就一定。

因此,对于两组分混合物,当气、液两相平衡时,任意一个变量均可表示为两个独立变量的函数。当固定其中的一个独立变量时,则任意一个变量均可表示为第二个独立变量的函数,所以当一个独立变量固定时,可用二维坐标图表示两相平衡关系。一般有等温图和等压图两种。

1) 等温图

在温度一定的条件下,气、液两相平衡时,压力与组分的关系用压力-组成图(p-x 图)表示。图 9-1 是苯-甲苯体系的 p-x 图。图中横坐标表示液相中易挥发组分苯的组成 x(摩尔分数)(本章中讲到的两组分混合物的组成 x,y 时,如无专门说明均指易挥发组分的组成),曲线①,②,③分别表示苯的分压、甲苯的分压和系统总压与液相组成的关系。

2) 等压图

在压力一定的条件下,气、液两相的平衡关系可以用温度-组成图(T-x 图)和气、液组成图(y-x 图)表示。图 9-2 为苯-甲苯体系的 T-x 图,图中纵坐标表示温度,横坐标表示易挥发组分苯的组成。曲线①为饱和液体线(也称泡点线),它表示液相组成与其泡点温度(即加热溶液至产生第一个气泡时的温度)的关

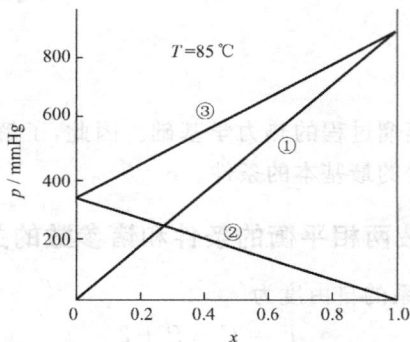

图 9-1 苯-甲苯体系的 p-x 图（1 mmHg=133.322 Pa）

系；曲线②为饱和蒸气线（也称露点线），它表示气相组成与露点温度（即冷却气体至产生第一个液滴时的温度）的关系。它们分别表示气、液相组成与平衡温度的关系。在同一温度下曲线①和②上对应的两点 A 与 B 表示在此温度下呈平衡的气、液相组成。在同一组成下曲线①和②上相应的两点 A 和 D 分别表示液相的泡点 T_b 和气相的露点 T_D。图中的 O 点表示温度为 80℃、苯含量为 0.4（摩尔分数）的过冷液体。将此溶液加热升温至 A 点（泡点），出现气相成为两相体系，继续升温至 P 点，仍是两相体系，气、液相组成分别如 f 点和 e 点所示，气相中苯（易挥发组分）的含量比平衡的液相和原液中都高，两相的量之比根据杠杆法则确定为

$$\frac{液相量}{气相量} = \frac{\overline{Pf}}{\overline{eP}} \tag{9-2}$$

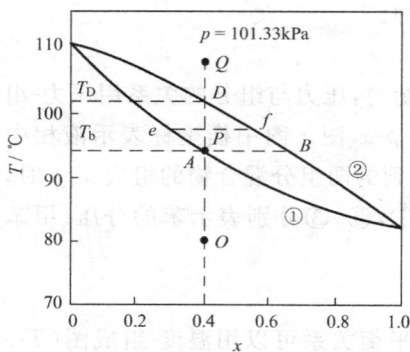

图 9-2 苯-甲苯体系的 T-x 图

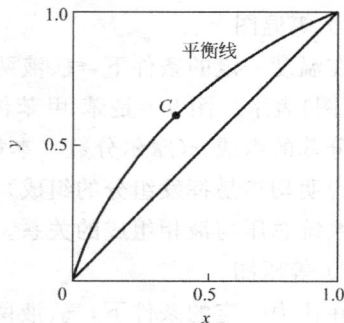

图 9-3 苯-甲苯体系的 y-x 图

继续升温至 D 点(露点),液相完全汽化。再加热,气相成为过热蒸气,全变成气相后,气相组成与原液相组成相同。若将此过热蒸气冷却,则经历与升温时相反的过程。图 9-3 为苯-甲苯的 y-x 图,图中纵坐标与横坐标分别表示苯的气相与液相组成,其中的平衡线表示等压下两相平衡时气、液相组成的关系。可以根据两组分混合物的 T-x 图作出 y-x 图。例如,根据图 9-2,在一定温度下可得到一对呈平衡的气、液相 B 与 A 的组成,相应地在图 9-3 中就可作出一点 C。

通常,精馏过程是在接近等压的条件下进行的,所以等压图是精馏过程中常用的,尤其是 y-x 图,常用它来说明两组分混合物的精馏过程和进行两组分混合物精馏过程的近似计算。

2. 多组分体系

包含两个以上组分的体系称多组分体系。根据相律,n 组分体系气、液两相平衡时自由度为 n。例如三组分物系,自由度为 3,需要确定 3 个独立变量才能确定系统的平衡状态,即必须知道温度、压力和组分在两相中的组成中的一个,共 3 个参数才能确定整个系统的其他参数。组分数愈多,自由度愈多,为确定平衡状态所需确定的参数愈多,所以,对于多组分体系不能用简单的等温图和等压图来表示两相平衡时各参数间的关系。

9.1.2 气、液两相平衡关系的确定

根据热力学原理,气、液两相平衡时,各组分在两相中的化学位相等或逸度相等

$$\mu_i^{\mathrm{L}} = \mu_i^{\mathrm{V}} \qquad\qquad (9\text{-}3)$$

或

$$f_i^{\mathrm{L}} = f_i^{\mathrm{V}} \qquad\qquad (9\text{-}4)$$

式中:μ_i^{L}——组分 i 在液相中的化学势,J/mol;

μ_i^{V}——组分 i 在气相中的化学势,J/mol;

f_i^{L}——组分 i 在液相中的逸度,Pa;

f_i^{V}——组分 i 在气相中的逸度,Pa。

组分在气、液相中的逸度与系统的压力、温度以及组成有关。根据式(9-4)和逸度与组成的关系,即可求出两相平衡时的组成。

混合物气、液两相的性质不同,组分在气、液相中的逸度与压力及组成等的关系不同,平衡关系的计算方法也就不同。

气、液两相体系分为两大类:理想体系与非理想体系。

1. 理想体系

液相为理想溶液、气相为理想气体混合物所组成的体系称为理想体系,严格说没有完全理想的体系。实际上,低压下组分分子结构相似的体系接近理想体系,例如苯-甲苯和 0.2 MPa 以下的轻烃混合物均可视为理想体系。

理想溶液服从拉乌尔(Raoult)定律,理想气体混合物服从道尔顿(Dalton)分压定律。拉乌尔定律指出溶液中组分的蒸气压等于溶液温度下纯组分的饱和蒸气压乘以组分在溶液中的摩尔分数,对于组分 A,其数学表达式为

$$p_A = p_A^0 x_A \tag{9-5}$$

式中:p_A——组分 A 在气相中的平衡分压,即溶液中组分 A 的蒸气压,Pa;

p_A^0——在体系温度下纯组分 A 的饱和蒸气压,Pa;

x_A——组分 A 在液相中的摩尔分数。

对于组分 B 也有类似的关系式:

$$p_B = p_B^0 x_B \tag{9-6}$$

对于理想溶液,组分的逸度就是它的蒸气压。

理想气体混合物服从道尔顿分压定律,所以组分 A 在气相中的分压为

$$p_A = p y_A \tag{9-7}$$

式中:p_A——组分 A 在气相中的分压,Pa;

p——系统的总压,Pa;

y_A——组分 A 在气相中的摩尔分数。

对于理想气体混合物,组分的逸度等于它的分压。当气相中各组分的分压分别等于液相中各组分的蒸气压时,气、液两相处于平衡状态,因此两组分理想体系气、液两相平衡时,系统总压、组分分压与组成的关系为

$$p_A = p y_A = p_A^0 x_A \tag{9-8}$$

$$p_B = p y_B = p_B^0 x_B \tag{9-9}$$

$$p = p_A + p_B = p_A^0 x_A + p_B^0 x_B \tag{9-10}$$

$$x_A + x_B = y_A + y_B = 1 \tag{9-11}$$

纯组分 A,B 的饱和蒸气压是温度的函数:

$$p^0 = p^0(T) \tag{9-12}$$

通常用安托因(Antoine)方程表示:

$$\lg p^0 = A - \frac{B}{T+C} \tag{9-13}$$

式中:p^0——纯液体的饱和蒸气压;

T——温度;

A,B,C——安托因常数。

各种物质的安托因常数可查阅有关的物理化学手册。使用时应注意 $A, B,$ C 的数值应与 p^0、T 的单位相对应。对同一物质 p^0, T 的单位不同, 安托因常数的数值也不同。

根据式(9-8)～式(9-12)可以计算两组分理想体系的气、液平衡关系。

(1) 等温图

根据式(9-8)～式(9-10), 等温下系统总压和组分的分压与液相组成 x 呈直线关系。苯-甲苯体系的 p-x 图如图 9-1 所示, 可见这个体系接近理想体系。

(2) 等压图

根据式(9-8)～式(9-12)可以求得两组分理想体系的 T-x 图和 y-x 图。

将式(9-11)和式(9-12)所示的关系代入式(9-10), 解 x_A 可得

$$x_A = \frac{p - p_B^0}{p_A^0 - p_B^0} = \frac{p - p_B^0(T)}{p_A^0(T) - p_B^0(T)} \tag{9-14}$$

上式表示液相组成与溶液泡点温度的关系。在一定总压下, 已知温度, 即可求得两相平衡时的液相组成。

根据式(9-8)和式(9-12), 已知液相平衡组成即可求出气相的平衡组成:

$$y_A = \frac{p_A}{p} = \frac{p_A^0 x_A}{p} \tag{9-15}$$

例 9-1 求苯(A)与甲苯(B)体系在总压为 760 mmHg(1 mmHg＝133.322 Pa)下的气液平衡关系, 并作出 T-x 图和 y-x 图。苯和甲苯的蒸气压与温度的关系可按安托因方程计算:

$$\lg p_A^0 = 6.897\,04 - \frac{1\,206.350}{T + 220.237}$$

$$\lg p_B^0 = 6.953\,34 - \frac{1\,343.943}{T + 219.377}$$

计算结果见下表:

$T/℃$	80.1	84	88	92	96	100	104	108	110.6
p_A^0/mmHg	760	856	963	1 081	1 210	1 350	1 502	1 668	1 783
p_B^0/mmHg	292	334	381	434	492	556	627	705	760

解: 求 84℃下两相平衡时苯在气、液相中的组成 x 与 y。

根据式(9-14), 得

$$x = \frac{760 - 334}{856 - 334} = 0.816$$

根据式(9-15),得

$$y = \frac{856 \times 0.816}{760} = 0.919$$

用同样的方法计算 88℃ 和 92℃ 等温度下的 x 和 y 值,结果列于下表:

$T/℃$	80.1	84	88	92	96	100	104	108	110.6
x	1	0.816	0.651	0.504	0.373	0.257	0.152	0.057	0
y	1	0.919	0.825	0.717	0.594	0.456	0.300	0.125	0

根据此例计算结果作出的苯-甲苯体系在总压 760 mmHg 下的 T-x 图与 y-x 图如图 9-2 与图 9-3 所示。用此法计算的结果与实验测定结果十分符合,说明苯-甲苯体系接近理想体系。

对于多组分理想体系可以根据同样的原理计算两相平衡时的组成,不同的只是式(9-11)应为两相中全部组分的摩尔分数之和,分别等于 1。

2. 非理想体系

气、液两相中有一相不属理想情况,都为非理想体系,可分 3 种情况:①液相是非理想溶液,气相为理想气体的混合物;②液相为理想溶液,气相为非理想气体混合物;③液相与气相均为非理想混合物。这里只简单说明第一种情况。

实际液体溶液绝大多数是非理想溶液,与拉乌尔定律有一定偏差。

非理想溶液的蒸气压若用拉乌尔定律的形式表示,可引入活度系数:

$$p_A = p_A^0 x_A \gamma_A \tag{9-16}$$

式中:γ_A——组分 A 的活度系数,它表示组分对于理想溶液的偏差大小和性质。可分两种情况:

(1) $\gamma > 1$

这种非理想溶液对拉乌尔定律具有正的偏差,其中组分在气相中的蒸气压比拉乌尔定律预计的大。图 9-4 是这种体系的 p-x 图。对于有的体系,其正偏差是如此之大,以致其总压大于其中易挥发组分纯态时的蒸气压,这种体系的 p-x 图中的总压线有一最高点。与此对应,它们的 T-x 图中有一最低点,称为恒沸点,因为此时两相的平衡温度最低,故称为最低恒沸点。恒沸点所对应的组成为恒沸组成。乙醇-水体系就是具有最低恒沸点物系的例子。图 9-5 为乙醇-水体系的 p-x,T-x 和 y-x 图,图中 M 为恒沸点,相应的组成 x_M 为恒沸组成。在 101.33 kPa 下,乙醇-水体系的恒沸点为 78.15℃(纯乙醇的沸点为 78.3℃),恒沸组成 x_M 为 0.894。在恒沸点下气、液两相的组成相等。

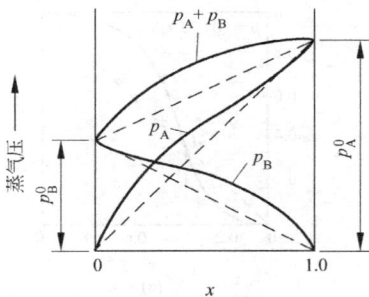

图 9-4　具有正偏差的非理想溶液的 $p\text{-}x$ 图　　　　图 9-5　乙醇-水物系的相图

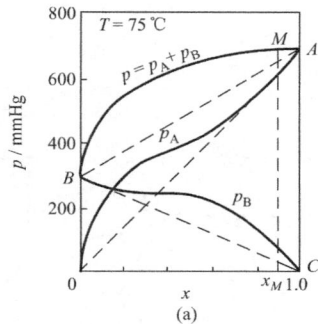

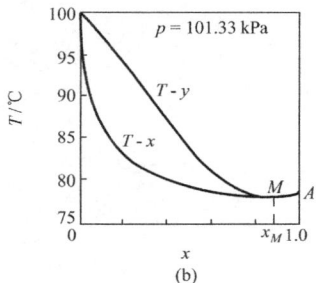

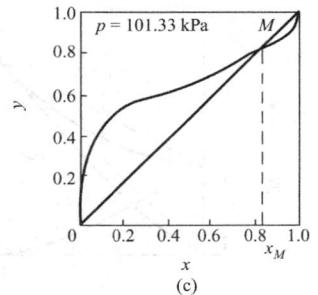

（2）$\gamma < 1$

这种非理想溶液对拉乌尔定律有负的偏差，其中组分在气相中的蒸气压比拉乌尔定律预计的小。图 9-6 是这种体系的 $p\text{-}x$ 图。有的体系负偏差大到其总压可小于其中难挥发组分纯态时的蒸气压，这种体系的 $p\text{-}x$ 图上的总压线有一最低点，相应地它们的 $T\text{-}x$ 图上有一最高点，也是恒沸点。因为此时两相的平衡温度最高，故称为最高恒沸点。硝酸-水体系是具有最高恒沸点的物系的例子。图 9-7 是硝酸-水体系的 $p\text{-}x$，$T\text{-}x$ 和 $y\text{-}x$ 图，图中 M 为恒沸点，相应的组成 x_M 为恒沸组成。在 101.33 kPa 下，硝酸-水体系的最高恒沸点为 121.9℃（硝酸的沸点为 86℃），恒沸液组成 x_M 为 0.383。

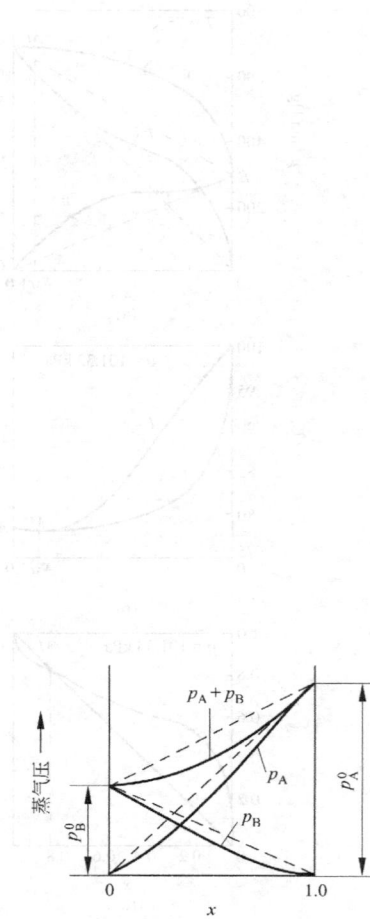

图 9-6　具有负偏差的非理想溶液的 p-x 图　　　图 9-7　硝酸-水物系的相图

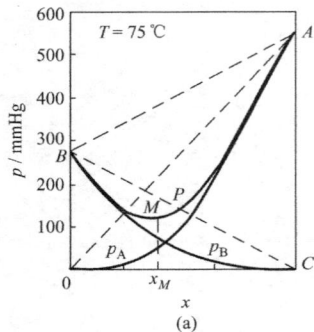

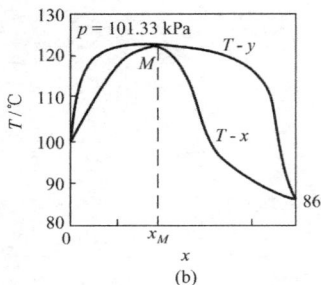

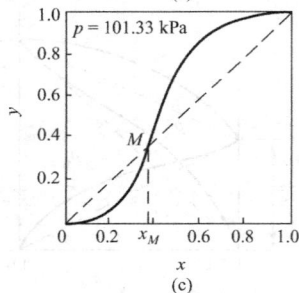

非理想溶液中组分的活度系数可以用专门的方法计算。

必须强调指出,确定混合物气、液两相平衡数据的最基本的方法还是实验测定,各种计算气、液平衡数据的方法都需要由实验数据检验其正确性和准确性。

9.1.3　气液平衡关系的表示方法

前面讲到的计算气液平衡的关系式和 p-x,T-x,y-x 图均是表示气液平衡关系的方法,除此以外还有两种常用的方法。

1. 相对挥发度

组分的挥发度是组分挥发性大小的标志,纯组分的挥发度用其蒸气压表示。

蒸气压愈大,表示挥发性愈大。混合液中组分的挥发度定义为它的平衡分压与其摩尔分数之比:

$$v_i = \frac{p_i}{x_i} \tag{9-17}$$

式中:v_i——组分 i 的挥发度;

$\quad\quad p_i$——溶液中组分 i 的平衡分压;

$\quad\quad x_i$——溶液中组分 i 的摩尔分数。

溶液中两组分挥发度之比称为此两组分的相对挥发度,用 α 表示。对于两组分物系,习惯上将易挥发组分的挥发度作为分子:

$$\alpha = \frac{v_A}{v_B} \tag{9-18}$$

式中:v_A——易挥发组分 A 的挥发度。

将挥发度定义式(9-17)代入式(9-18),同时设气相为理想气体混合物,则

$$\alpha = \frac{p_A}{x_A} \Big/ \frac{p_B}{x_B} = \frac{y_A}{y_B} \Big/ \frac{x_A}{x_B} \tag{9-19}$$

可见相对挥发度是两相平衡时两个组分在气、液两相中组成之比,它的大小表示气、液平衡时两相中两组分相对含量差别的大小,这个差别正是蒸馏过程分离混合物的依据。两组分的 α 大,即它们在两相中相对含量的差别大,容易用蒸馏的方法将此两组分分开;反之,则分离困难。对于恒沸液,平衡时气、液两相的组成相同,$\alpha=1$,所以不能用蒸馏方法分离。

对于两组分物系,两相中的组成有式(9-11)所示的关系,由该式得 $y_B = 1 - y_A$,$x_B = 1 - x_A$,代入式(9-19)可得

$$y_A = \frac{\alpha x_A}{1 + (\alpha - 1)x_A} \tag{9-20}$$

此式称为相平衡方程。已知两组分的相对挥发度,即可用此式求出平衡时气、液相组成的关系。

对于理想溶液,根据式(9-17)和式(9-5)可知,组分的挥发度等于纯组分的饱和蒸气压,所以组分 A 与 B 的相对挥发度即为该二组分纯态时的饱和蒸气压之比:

$$\alpha = p_A^0 / p_B^0 \tag{9-21}$$

物质的蒸气压随温度的变化较大,但 α 随温度的变化较小,因此在一定的操作温度范围内,常可取 α 的平均值作为常数看待,这样很容易根据 α 求出体系的 y-x 线。

例 9-2 应用例 9-1 附表中的苯和甲苯的蒸气压数据,求平均相对挥发度 α_m,并据此求气、液相平衡组成的关系。

解：计算不同温度下苯对甲苯的相对挥发度，结果如下表：

$T/℃$	80.1	84	88	92	96	100	104	108	110.6
p_A^0/mmHg	760	856	963	1 081	1 210	1 350	1 502	1 668	1 783
p_B^0/mmHg	292	334	381	434	492	556	627	705	760
α	2.60	2.56	2.53	2.49	2.46	2.43	2.40	2.37	2.35

可见尽管苯与甲苯的蒸气压随温度变化很大，但 α 随温度变化不大，取

$$\alpha_m = \frac{1}{2}(2.56 + 2.37) = 2.46$$

根据式(9-20)计算气、液两相平衡时的组成 y 与 x，结果列于下表：

$T/℃$	80.1	84	88	92	96	100	104	108	110.6
x	1	0.816	0.651	0.504	0.373	0.257	0.152	0.057	0
y	1	0.916	0.821	0.714	0.594	0.460	0.306	0.129	0
例9-1的 y 值	1	0.919	0.825	0.717	0.594	0.456	0.300	0.125	0

表中同时列出了例9-1计算的结果。可见取 α 的平均值为常数进行苯-甲苯体系气液平衡组成的计算误差不大。

2. 气液平衡常数

两相平衡时组分 A 在气相中的摩尔分数与在液相中的摩尔分数之比称为组分 A 的气液相平衡常数，用 K_A 表示：

$$K_A = y_A/x_A \tag{9-22}$$

对于易挥发组分，K 大于 1，它在气相中的摩尔分数比在液相中大。显然，K 值愈大，组分在气、液两相中的摩尔分数相差愈大，组分易于在气相中富集，分离愈容易。

对于理想溶液，根据式(9-8)得

$$K_A = \frac{p_A^0}{p} \tag{9-23}$$

由上式可知，理想溶液的相平衡常数 K 与系统的温度和压力有关，因为平衡温度与组成有关，所以 K 也与组成有关。对于非理想溶液，组成对 K 的影响不仅因为组成影响平衡温度，还因为组成本身对活度系数有影响。

对于两组分物系，应用平衡常数表示组分的平衡关系并不方便，所以用得不多，但对多组分体系气液平衡关系的计算，应用平衡常数比较方便。

（1）泡点方程

当已知液相组成求平衡温度（泡点）时，因为与其平衡的气相中各组分摩尔

分数之和等于 1，故具有下列关系：

$$\sum Kx = K_A x_A + K_B x_B + \cdots = 1 \tag{9-24}$$

此式称为泡点方程。

（2）露点方程

当已知气相组成求平衡温度（露点）时，因为与其平衡的液相中各组分的摩尔分数之和等于 1，故存在下列关系：

$$\sum \frac{y}{K} = \frac{y_A}{K_A} + \frac{y_B}{K_B} + \cdots = 1 \tag{9-25}$$

此式称为露点方程。

泡点方程与露点方程是多组分气液平衡计算中必须满足的关系式。

9.2 平衡蒸馏与简单蒸馏

9.2.1 平衡蒸馏

1. 平衡蒸馏过程

将一定组成的液体加热至泡点以上使其部分汽化（如图 9-2 中从状态点 O 到 P 的过程），或一定组成的蒸气冷却至露点以下使其部分冷凝（如图 9-2 中从 Q 点到 P 点的过程），形成气、液两相，两相达到平衡。然后将气、液两相分离，此过程的结果是易挥发组分在气相中富集，难挥发组分在液相中富集，这种过程称为平衡蒸馏。

实际生产中平衡蒸馏的实例是闪蒸。图 9-8 是闪蒸装置的流程，料液用泵加压并输送至加热器，在加热器中料液被加热到接近该压力下料液沸点的较高的温度；然后经减压阀减压后进入闪蒸塔（分离器），减压后，液体变为过热状态，所以液体骤蒸，部分汽化，汽化所需汽化热由液体的显热提供，因此闪蒸时体系温度下降，最后两相达到平衡；气相与液相分别从塔顶和塔底引出，即为闪蒸的产品。

平衡蒸馏所能达到的分离效果不高，一般只能作为原料的粗分或初步分离。

2. 闪蒸过程的计算

闪蒸过程的计算中，通常已知料液流量 F，组成 x_F，要求闪蒸后液相的量 L 或气相的量 V，计算所需料液在加热器出口的温度 T_0 和气、液两相的组成 y_D 与 x_W，或者指定气相或液相的组成，计算加热器出口的料液温度和闪蒸后气、液两相的量。

实际上只要找出 F，x_F，T_0，V，x_W 和 y_D 等参数之间的关系即可进行闪蒸过程的各种计算。

闪蒸过程的主要关系式为：①物料衡算；②气液平衡关系；③热量衡算。

以两组分混合液的闪蒸为例进行说明。

(1) 物料衡算

以整个装置为系统(见图 9-8)进行衡算。

总物料衡算：

$$F = V + L \tag{9-26}$$

易挥发组分的物料衡算：

$$Fx_F = Vy_D + Lx_W \tag{9-27}$$

式中，F, V, L 的单位均取 kmol/h。若以 1 kmol 料液为基准，可把式(9-27)的每一项除以 F，并把 $L = F - V$ 代入，可得

$$x_F = fy_D + (1-f)x_W$$

所以

$$y_D = \frac{f-1}{f}x_W + \frac{1}{f}x_F \tag{9-28}$$

式中，$f = V/F$ 表示 1 kmol 料液所得的气相量，称为汽化率，式(9-28)表示汽化率与气、液相组成的关系。

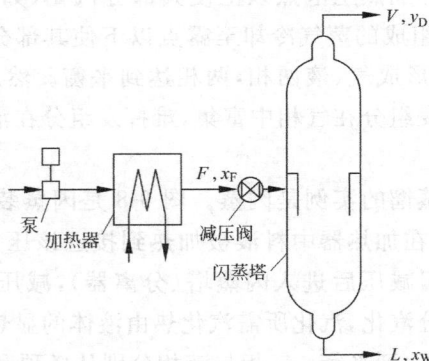

图 9-8　平衡蒸馏装置

(2) 气液平衡关系

式(9-27)和式(9-28)中的 y_D 与 x_W 互呈平衡，两者的关系可以用一定的关系式表示：

$$y = f(x) \tag{9-29}$$

也可以用 y-x 图表示，对于理想体系可以用相平衡方程式(9-20)表示。

(3) 热量衡算

为了达到一定的汽化率，需要将料液加热到一定温度 T_0。f 与 T_0 的关系

需由闪蒸塔(包括减压阀)的热量衡算确定。不计热损失,以单位时间为基准,则热量衡算式为

$$Fh_{f,0} = Lh_L + Vh_V \qquad (9\text{-}30)$$

式中:$h_{f,0}$,h_L,h_V——闪蒸前液体、闪蒸后液体和气体的焓,J/kmol。

设闪蒸后的平衡温度为 T,则料液从温度 T_0 降到 T 所放出的热量正好供给 V kmol 液体汽化为气体所需的汽化热。若同温度的料液与液体产物的焓可视为相等,则以平衡温度 T 为基准,热量衡算关系可简化为下式:

$$FC_m(T_0 - T) = Vr \qquad (9\text{-}31)$$

式中:C_m——料液的平均摩尔热容,kJ/(kmol·K);

r——气体产物的汽化潜热,kJ/kmol。

如按 1 kmol 料液计,则根据式(9-31)可得

$$T_0 - T = \frac{fr}{C_m} \qquad (9\text{-}32)$$

联立物料衡算、热量衡算和平衡关系 3 个关系式,即式(9-27)、式(9-30)和式(9-29)或式(9-28)、式(9-32)和式(9-29)求解,就可以进行平衡蒸馏的各种计算。

例 9-3 含苯 0.4(摩尔分数)的苯-甲苯溶液,加压并加热至温度 T_0,然后减压到 101.33 kPa,得气、液两相,已知汽化率为 0.4。求气、液相的组成 y_D 与 x_W 和温度 T_0。(已知:苯-甲苯混合液的平均摩尔热容为 147 kJ/(kmol·K),气相的汽化热为 31 985 kJ/kmol。)

解:(1)求气、液相组成

苯-甲苯体系在 101.33 kPa 下的平衡关系见例 9-1 计算结果表,用表中的 y,x 值作图(见图 9-9),用图中的平衡线与式(9-28)联立求解,即得气、液相组成。

将式(9-28)在图上作图与平衡线的交点即为所求的 y_D 和 x_W。

对于式(9-28),当 $x_W = x_F$ 时,$y_D = x_F$,所以对于本例的情况,式(9-28)为经过 $(0.4,0.4)$ 点,斜率为 $(0.4-1)/0.4 = -1.5$ 的直线。在 y-x 图上作此直线,得它与平衡线的交点 e,所以 $y_D = 0.528$,$x_W = 0.315$。

(2)求温度 T_0

根据例 9-1 的计算结果表中的数据内插,可得闪蒸后两相平衡时的温度为

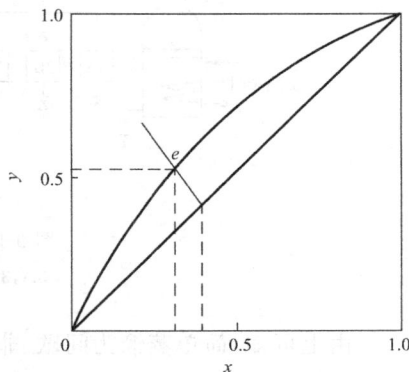

图 9-9 例 9-3 图示

98℃,应用式(9-32):

$$T_0 = \frac{fr}{C_m} + T = \frac{0.4 \times 31\,985}{147} + 98 = 185.03℃$$

9.2.2 简单蒸馏

1. 简单蒸馏过程

简单蒸馏也称微分精馏,是历史上最早应用的蒸馏方法,流程如图 9-10 所示。将易挥发组分组成为 x_0 的料液放入蒸馏釜中,加热至料液的泡点,溶液汽化,汽化得到的气体组成为 y_0,将它引入冷凝器,冷凝成馏出液,放入容器。显然蒸出液中易挥发组分的组成高于料液。与此同时蒸馏釜中的液体(称为釜液)继续受热汽化。因为前面蒸出的气体中易挥发组分的含量高,所以随着釜液不断汽化,其中易挥发组分的含量不断降低,因此釜液的组成与温度沿饱和液体线按箭头所示方向移动。相应地,蒸出的气体组成沿饱和蒸气线按箭头方向移动,即其中的易挥发组分的含量也不断降低。在蒸馏的某一时刻釜液的组成与温度如 M 点所示,此时蒸出的气体的组成如 M' 点所示,显然 $y < y_0$。此过程进行到釜液组成降低到预定值 x_E 为止,或者到馏出液中易挥发组分的含量降低到预定值为止。因为简单蒸馏蒸出的馏出液中易挥发组分的含量先高后低,不断变化,为了分别收集不同浓度的馏出液,可以设置若干个馏出液容器。

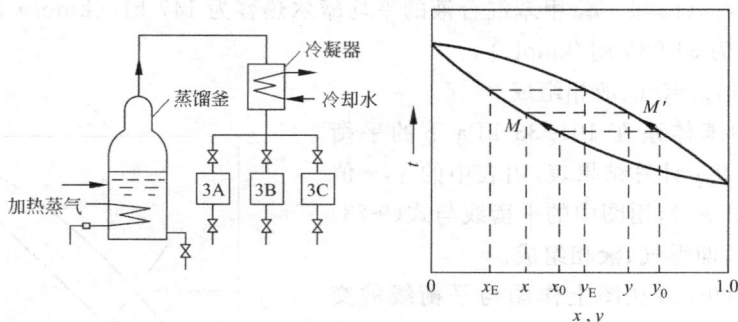

图 9-10　简单蒸馏装置

3A,3B,3C—馏出液容器

由上可知,简单蒸馏为间歇、非定态操作,在操作过程中系统的温度和浓度均随时间而变。

简单蒸馏的分离效果不高,其馏出液的最高组成也只有 y_0,即与料液呈平衡的气相组成。因此只有两组分的相对挥发度很大时,才能得到比较好的分离效果,所以通常只能用作粗分或初步分离。例如从含乙醇不到 10 度("度"表示乙醇在溶液中的体积百分数)的发酵醪液经简单蒸馏只能得到 50 度左右的烧酒。

2. 简单蒸馏的计算

简单蒸馏的计算主要内容有两方面：①根据料液量和组成,确定馏出液与釜残液的量和组成间的关系；②蒸馏釜的生产能力。蒸馏釜的生产能力和所需传热面积根据蒸发液体的热负荷和传热速率计算的有关原理进行,这里只讨论前一方面。

简单蒸馏中馏出液与釜残液的量和组成的计算也是应用物料衡算和气液平衡关系。因为简单蒸馏系间歇的非定态过程,从蒸馏开始到终了,蒸馏釜中的釜液量和组成均随时间而变,因此,为了找出馏出液与釜残液量和组成的关系,必须从分析蒸馏过程中某一时刻的情况入手。

设：W_1——加入蒸馏釜的料液量,kmol；

W_2——蒸馏终了时蒸馏釜中的残液量,kmol；

W——某一时刻蒸馏釜中的釜液量,kmol；

x_1——料液中易挥发组分的组成(摩尔分数)；

x_2——釜残液中易挥发组分的组成(摩尔分数)；

x——某一时刻的釜液中易挥发组分的组成(摩尔分数)。

从该时刻开始,经过微时间段 dt,釜液量从 W 减少到 $W-dW$,组成从 x 降低到 $x-dx$,蒸出的馏出液量为 dW,易挥发组分的组成为 y,y 为与釜液 x 呈平衡的气相组成。

以蒸馏釜为系统,以时间 dt 为基准,作易挥发组分的物料衡算,得

$$Wx = (W-dW)(x-dx) + ydW$$

略去高阶微分,分离变量可得

$$\frac{dW}{W} = \frac{dx}{y-x} \tag{9-33}$$

对上式,从过程开始到终了积分,可得

$$\ln \frac{W_1}{W_2} = \int_{x_2}^{x_1} \frac{dx}{y-x} \tag{9-34}$$

只要知道气、液两相的平衡关系,就可求出上式右侧的积分,得出 W_1,W_2,x_1,x_2 的关系。

如果在 x_1 到 x_2 的操作范围内,相对挥发度 α 接近常数,则可将式(9-20)代入上式积分得

$$\ln \frac{W_1}{W_2} = \frac{1}{\alpha-1} \ln \left[\frac{x_1(1-x_2)}{x_2(1-x_1)} \right] + \ln \left(\frac{1-x_2}{1-x_1} \right) \tag{9-35}$$

已知釜残液量 W_2 和组成 x_2,可以根据整个过程的物料衡算求馏出液量 D 和组成 x_D。

总物料衡算：

$$D + W_2 = W_1 \qquad (9\text{-}36)$$

易挥发组分的衡算：

$$Dx_D + W_2 x_2 = W_1 x_1 \qquad (9\text{-}37)$$

联立上述二式求解，即可得 D 与 x_D。

例 9-4　用简单蒸馏分离例 9-3 的含苯 0.4（摩尔分数）的苯-甲苯溶液。要求馏出液量为料液量的 40%。求馏出液的组成，并与例 9-3 的平衡蒸馏的馏出液（气相产物）的组成进行比较。

解：根据例 9-1 与例 9-2 附表的数据，苯-甲苯溶液在 $x = 0.4 \sim 0.3$ 的范围内，α 平均可取 2.46。

（1）求釜残液组成 x_2

根据式(9-35)，有

$$\ln \frac{1}{0.6} = \frac{1}{1.46} \ln \left[\frac{0.4 \times (1-x_2)}{0.6 x_2} \right] + \ln \left(\frac{1-x_2}{0.6} \right)$$

$$x_2 = 0.289$$

（2）求馏出液组成 x_D

根据式(9-37)，得

$$x_D = \frac{W_1 x_1 - W_2 x_2}{D} = \frac{0.4 - 0.6 \times 0.289}{0.4} = 0.566\ 5$$

与例 9-3 平衡蒸馏的气相产物比较，可知在馏出液量相同的条件下，简单蒸馏所得馏出液的组成较高，说明简单蒸馏的分离效果比平衡蒸馏好。

9.3　精馏

9.3.1　精馏过程原理

1. 精馏原理

平衡蒸馏和简单蒸馏的结果只能使混合液得到部分分离。它们所得到的气相产物（馏出液）中含有较多的难挥发组分，液相产物（釜残液）中含有较多的易挥发组分，所以应用平衡蒸馏和简单蒸馏都不可能使两组分混合物较彻底分离，不可能得到很纯的易挥发组分和很纯的难挥发组分两种产品。

为了把两组分混合液比较完全地分离，必须引入回流液和上升蒸气，应用逆流接触的操作方式。

图 9-11 是两组分混合物连续精馏过程的典型流程。整个装置由精馏塔（以料液入口为界分上、下两段，即精馏段与提馏段）、再沸器（也称蒸馏釜）和冷凝器

组成。现以苯-甲苯混合物的精馏为例说明精馏原理。苯含量为 x_F 的料液（此处假设它是饱和液体）从精馏塔中部加入，向下流动，在塔下部的再沸器中通过加热使液体沸腾，部分汽化产生上升蒸气。上升蒸气进入精馏塔与向下流的液体接触，因为两相不平衡，液体中的苯（易挥发组分，习惯上也称轻组分）向气相传递，气相中的甲苯（难挥发组分，习惯上也称重组分）向液相传递，结果使向下流动的液体中的甲苯含量逐渐提高，到塔底出来时可以得到纯度很高的甲苯。此液体送入再沸器加热，使它部分汽化，所得蒸气作为上升蒸气，而液体作为甲苯产品（难挥发组分产品）。上升蒸气与向下流的液体的具体作用过程可以用图 9-12 说明。假设液体从塔底出来时苯的含量为 x_1，此液体进入再沸器，经加热后部分汽化，得液相组成为 x_W，气相组成为 y_W，气相作为上升蒸气引入精馏塔。在精馏塔底端与组成为 x_1 的液体接触，此两相不平衡，与组成为 x_1 的液相呈平衡的气相组成为 y_1，$y_1 > y_W$，这就是说实际气相中苯的含量比平衡值低，或者说甲苯的含量比平衡值高，所以甲苯将从气相向液相传递。另一方面，与组成为 y_W 的上升蒸气呈平衡的液相组成应为 x_W，$x_W < x_1$，这就是说实际液相中苯的含量比平衡值高，所以苯将从液相向气相传递。由此可知，在塔的底端两相接触时将发生苯向气相传递，甲苯向液相传递的过程，此时过程的推动力可以用

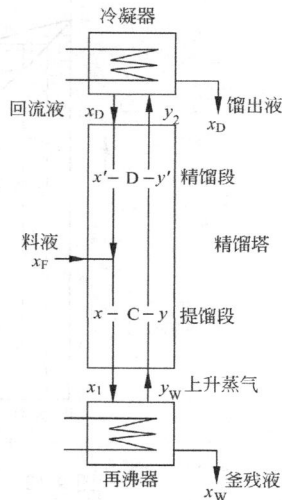

图 9-11 精馏过程的典型流程

$$\Delta y = y_1 - y_W$$

或

$$\Delta x = x_1 - x_W$$

表示。传质的结果，上升蒸气中苯的含量将增高，向下流动的液体中苯的含量将减少（即甲苯的含量将增加）。这样，在上升蒸气向上流动的过程中，在塔的任意截面上与相遇的液相均发生类似的过程。例如在截面 C 上，气相中苯的组成为 y，液体中苯的组成为 x，两相不平衡，与液相呈平衡的气相组成应为 y_e，$y_e > y$；另一方面，与气相呈平衡的液相组成应为 x_e，$x > x_e$，所以苯从液相向气相传递，甲苯从气相向液相传递，过程的推动力为

$$\Delta y = y_e - y \tag{9-38}$$

或

$$\Delta x = x - x_e \tag{9-39}$$

所以就整个提馏段而言,料液在向下流动的过程中与上升蒸气接触,由于液体中的苯不断汽化向气相传递,上升蒸气中的甲苯不断冷凝向液相传递。其结果使向下流动的液体中苯的含量不断降低,即甲苯含量不断上升(液相组成变化如图 9-12 饱和液体线上的箭头所示),最后从塔底可以得到纯度很高的甲苯,而上升蒸气到加料处苯的含量亦将提高到一定程度(上升蒸气组成变化过程如图 9-12 饱和蒸气线上的箭头所示)。

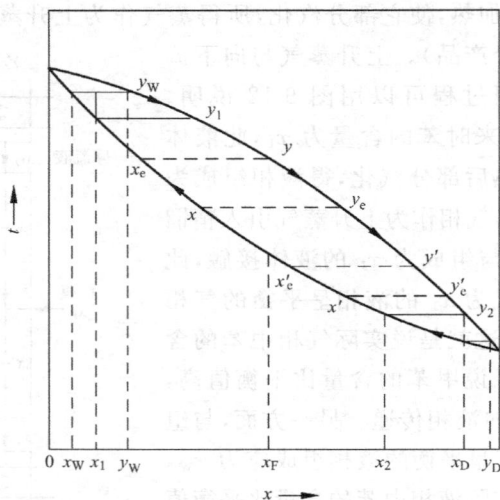

图 9-12　精馏过程气、液两相组成的变化过程

上升蒸气继续向上流动,在塔顶的冷凝器中全部冷凝成液体,部分液体引入精馏塔作为回流液,与上升蒸气接触。因为气、液两相不平衡,液体中的苯向气相传递,气相中的甲苯向液相传递,结果使上升蒸气中的苯含量逐渐提高,到塔顶出去时可以得到纯度很高的苯。将此蒸气送入冷凝器,全部冷凝(有时也采用部分冷凝),部分作为苯产品(易挥发组分产品),部分作为回流液返回精馏塔。回流液与上升蒸气的具体作用过程也可用图 9-12 说明。假设从精馏塔顶出来的气体中苯的含量为 y_2,在冷凝器中全部冷凝,冷凝液的组成 $x_D = y_2$,部分冷凝液作为回流液返回精馏塔,在塔顶与组成为 y_2 的上升蒸气接触,此两相不呈平衡,与组成为 x_D 的液体呈平衡的气相组成应为 y_D,$y_D > y_2$,这就是说实际气相中苯的含量比平衡值低,所以苯将从回流液中向气相传递。另一方面,与组成为 y_2 的气相呈平衡的液相组成应为 x_2,$x_D > x_2$,即实际液相中苯的含量比平衡值高,甲苯的含量比平衡值低,所以甲苯将从上升蒸气向液相中传递,此时过程的推动力可以用

$$\Delta y = y_D - y_2$$

或

$$\Delta x = x_D - x_2$$

表示。传质的结果,回流液中苯的含量将降低,上升蒸气中苯的含量将升高。这样,回流液在向下流动的过程中,在塔的任意截面上,与相接触的上升蒸气均发生同样的过程。例如在截面 D 上,气相中苯的组成为 y',液相中苯的组成为 x',两相不呈平衡,与液相呈平衡的气相组成应为 $y'_e, y'_e > y'$;另一方面,与气相呈平衡的液相组成应为 $x'_e, x' > x'_e$,所以苯从回流液向气相传递,甲苯从气相向液相传递,过程的推动力为

$$\Delta y = y'_e - y'$$

或

$$\Delta x = x' - x'_e$$

所以就整个精馏段而言,回流液向下流动的过程中与上升蒸气接触,由于回流液中的苯不断汽化向气相传递,上升蒸气中的甲苯不断冷凝向液相传递,其结果使上升蒸气中的苯含量逐渐增高,最后从塔顶可以得到纯度很高的苯;回流液中的苯含量逐渐降低,到加料处其组成等于料液的组成 x_F。

由上可知,精馏过程依靠采用组成为易挥发组分产品的液体作为回流液与上升蒸气作用,使上升蒸气中苯的含量不断提高,最后在塔顶得到易挥发组分产品;依靠采用组成接近难挥发组分产品的蒸气作为上升蒸气,与向下流动的液体作用,使液体中甲苯的含量不断提高,最后在塔底得到难挥发组分产品。

采取回流液与上升蒸气是用精馏方法使混合物较彻底分离的基本条件,同时应用回流与上升蒸气可以同时得到两个较纯组分产品。如果只采用回流(无塔底的上升蒸气),即只有精馏段,则只能将料液分离而得到较纯易挥发组分产品和组成接近于料液的混合物;如果只采用上升蒸气(无塔顶回流),即只有提馏段,则只能将料液分离而得到较纯难挥发组分产品和组成接近料液的混合物。

2. 精馏的操作方法

精馏过程中回流液和上升蒸气形成的气、液两相为逆流接触,有两种操作方法:连续逆流和多级逆流。与此相应,采用两种分析过程的方法和两类典型设备及设备的计算方法。

(1) 连续逆流

图 9-11 所示的是连续逆流接触操作的示意图。在任意截面上气、液两相不呈平衡,易挥发组分从液相向气相传递,难挥发组分从气相向液相传递,过程的推动力为距平衡状态的距离。易挥发组分从液相向气相传递的总传质速度可以用下式表示:

$$N = K_x(x - x_e) \tag{9-40}$$

或

$$N = K_y(y_e - y) \tag{9-41}$$

这样上升蒸气自下而上流动,其中易挥发组分的含量逐渐增高,只要塔有足够的高度,或者说在塔中气、液两相有足够的接触面积,上升蒸气中易挥发组分的组成可以达到很高的程度;另一方面回流液中易挥发组分的含量可以降到很低的程度,即两组分可以达到比较彻底的分离。

连续逆流接触的典型设备是填料塔,填料精馏塔的计算原则上与填料吸收塔的计算类似。

(2) 多级逆流

多级逆流所用设备为各种板式精馏塔,图 9-13 所示为多级逆流操作的精馏过程示意图,图中一小段表示一个理论级(精馏中习惯称理论板),其中数字表示自上而下数的板数。组成为 x_F 的料液从精馏塔的中部加入。塔顶第 1 块板出去的组成为 y_1 的蒸气进入冷凝器,全部冷凝成液体,其组成为 $x_D = y_1$。部分液体为塔顶产品,称为馏出液。部分液体作为回流流入第 1 块板,与从第 2 块板上来的组成为 y_2 的蒸气在第 1 块板上接触。两相不呈平衡,易挥发组分从液相向气相传递,难挥发组分从气相向液相传递,因而气相中易挥发组分的组成 y 增高,液相中易挥发组分的组成 x 降低,最后两相达到平衡,气、液相组成分别为 y_1 与 x_1。蒸气向上至冷凝器,液体向下进入第 2 块板,与从第 3 块板上来的组成为 y_3 的蒸气接触,两相间进行物质传递,气相中易挥发组分的组成增高,液相中易挥发组分的组成降低,最后两相达平衡,气、液相组成分别为 y_2 和 x_2,蒸气上升进入第 1 块板,液体向下流到第 3 块板。如此反复作用,上升蒸气每经一块板,易挥发组分的组成提高一步,只要板数足够多,最后从塔顶出去的蒸气组成 y_1 可以达到要求的馏出液组成 x_D。向下流动的液体每经一块板易挥发组分的

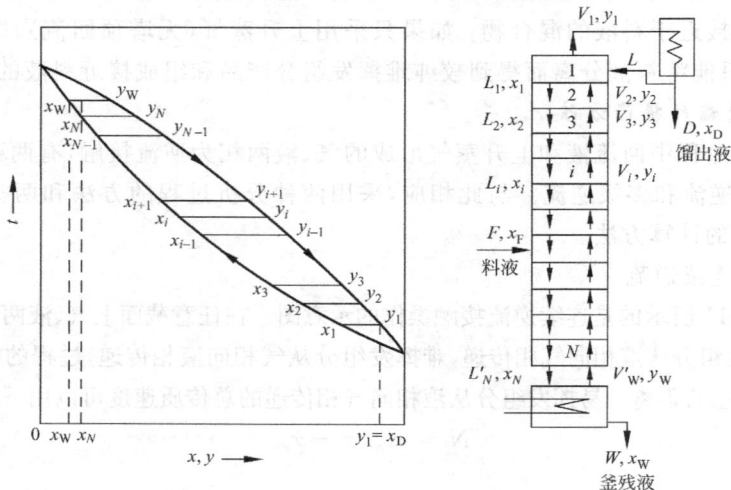

图 9-13　多级逆流操作的精馏过程示意图

组成降低一步,在向下流动的液体的组成等于料液组成 x_F 的板上加入料液。液体继续向下流动,与从再沸器上来的上升蒸气在一块块板上接触,每经一块板,液体中易挥发组分的组成降低一些。显然,只要板数足够多,向下流动液体的组成最终可以达到接近釜残液要求的程度,为 x_N,然后液体进入再沸器,部分汽化,所得蒸气组成为 y_w,进入塔底第 N 块板作为上升蒸气,所得液体组成为 x_w,即是塔底产品(釜残液)。

对于精馏过程,通常采用多级逆流操作的方法来分析过程的操作特性和进行过程与设备的计算,因此下面先讨论多级逆流精馏塔的原理与计算,然后简单说明连续逆流精馏塔的计算。

9.3.2 两组分体系连续精馏的计算

精馏过程的计算也可以分设计型与操作型两类。现按设计型计算,结合多级逆流操作进行讨论。

精馏过程设计型计算的内容是根据欲分离的料液流量 F(kmol/h 或 kmol/s)、组成 x_F 和指定的分离要求,确定以下诸项:

(1) 根据指定的分离要求,计算进、出精馏装置诸物料的流量与组成;

(2) 选择合适的操作条件,包括操作压力、回流比(回流液量与馏出液量的比值)和加料状态等,为讲述方便,先按已选定压力 p 和回流比 R,且加料状态为饱和液体进行讨论;

(3) 确定精馏塔所需的理论板数和加料位置;

(4) 选择精馏塔的类型,确定塔径、塔高及其他塔的结构和操作参数;

(5) 进行冷凝器和再沸器的设计计算。

首先讨论(1),(3)两项,然后讨论回流比与加料状态对精馏过程的影响,通过这些讨论,可以进一步阐明精馏原理。(4)与(5)两项留到 9.3.8 节中讨论。

1. 全塔的物料衡算

根据全塔的物料衡算,可以按指定的分离要求确定进、出精馏装置各物料的流量和组成。

如图 9-13 所示,以整个精馏装置为系统,进行物料衡算。

总物料衡算:

$$F = D + W \tag{9-42}$$

易挥发组分的物料衡算:

$$Fx_F = Dx_D + Wx_w \tag{9-43}$$

式中:F——料液流量,kmol/s;

D——馏出液流量,kmol/s;

W——釜残液流量,kmol/s;

x_F——料液中易挥发组分的组成(摩尔分数);

x_D——馏出液中易挥发组分的组成(摩尔分数);

x_W——釜残液中易挥发组分的组成(摩尔分数)。

根据以上两式,在 F 和 x_F 已知的条件下,只要给定两个参数,即可求出其他参数。例如给定 x_D 和 x_W,即可求出 D,W,馏出液采出率 D/F 和釜残液采出率 W/F 等。

分离要求可以用不同形式表示,例如:

(1) 规定馏出液与釜残液的组成 x_D 和 x_W;

(2) 规定有用组分,譬如易挥发组分在馏出液中的组成 x_D 和它的回收率 η,其定义为馏出液中易挥发组分的量与其在料液中的量之比:

$$\eta = \frac{Dx_D}{Fx_F} \qquad (9\text{-}44)$$

(3) 规定馏出液组成 x_D 和采出率 D/F,等等。

2. 理论板数的计算

1) 逐板计算法

计算理论板数的最基本的方法是逐板计算法,其依据就是前面结合图 9-13 说明的逐板作用过程,所应用的关系式为物料衡算、气液平衡关系和热量衡算。可以从塔顶开始逐板往下计算。

假设冷凝器为全凝器,进入冷凝器的蒸气全部冷凝成饱和液体(即处于泡点状态),部分液体作为回流,其流量为 L(kmol/s),部分液体为馏出液 D,假设其中 L 或 $L/D=R$(回流比)已选定。

以冷凝器为系统作物料衡算,可得

$$y_1 = x_D \qquad (9\text{-}45)$$

$$V_1 = L + D \qquad (9\text{-}46)$$

以下逐板进行计算(见图 9-13)。

(1) 第 1 块板

总物料衡算:

$$L + V_2 = L_1 + V_1 \qquad (9\text{-}47)$$

易挥发组分的衡算:

$$Lx_D + V_2 y_2 = L_1 x_1 + V_1 y_1 \qquad (9\text{-}48)$$

气液平衡关系:

$$y_1 = f(x_1) \qquad (9\text{-}49)$$

以上 3 个方程,共有 4 个未知数 V_2,y_2,L_1,x_1。其中 V_2 与 L_1 可由热量衡算找出它们与 V_1 和 L 的关系。

热量衡算:不计热损失,可得

$$Lh_D + V_2 H_2 = L_1 h_1 + V_1 H_1 \qquad (9\text{-}50)$$

上述诸式中:

V_2——从第 2 块板出来,进入第 1 块板的蒸气流量,kmol/s;

y_2——第 2 块板出来的蒸气组成(摩尔分数);

L_1——第 1 块板流出的液体流量,kmol/s;

x_1——第 1 块板流出的液体的组成(摩尔分数);

h_D——流入第 1 块板的回流液的焓,kJ/kmol;

h_1——从第 1 块板流出的液体的焓,kJ/kmol;

H_1——从第 1 块板流出的蒸气的焓,kJ/kmol;

H_2——从第 2 块板流出,进入第 1 块板的蒸气的焓,kJ/kmol。

因为液体与蒸气的焓是温度与组成的函数,对两组分物系,在压力一定的条件下,组成一定,则温度就一定,因此焓只是组成的函数。设函数为已知,则各物流的焓值均可作为已知量看待,所以根据式(9-47)～式(9-50)4 个关系式可以求出 V_2,y_2,L_1 和 x_1。

(2)第 2 块板

得到与第 1 块板相同的 4 个关系式,可以求出 V_3,y_3,L_2 和 x_2。

如此逐板往下计算,一直到任意块板 i。

(3)第 i 块板

可得

$$L_{i-1} + V_{i+1} = L_i + V_i \qquad (9\text{-}51)$$

$$L_{i-1} x_{i-1} + V_{i+1} y_{i+1} = L_i x_i + V_i y_i \qquad (9\text{-}52)$$

$$y_i = f(x_i) \qquad (9\text{-}53)$$

$$L_{i-1} h_{i-1} + V_{i+1} H_{i+1} = L_i h_i + V_i H_i \qquad (9\text{-}54)$$

式中符号的意义与第 1 块板的诸式类似。根据以上式可以求出进入第 i 块板的蒸气量 V_{i+1} 与组成 y_{i+1},从第 i 块板流出的液体量 L_i 与组成 x_i。

若从第 m 块板流出的液体组成 x_m 等于或接近 x_F,则料液从该处加入。

再逐级往下计算,直到第 N 块板出来的液体经在再沸器中部分汽化而得的釜液组成等于 x_w,则 N 即为精馏塔所需的理论板数,其中精馏段为 m 块,提馏段为 $N-m$ 块。

上述逐板计算过程十分繁杂,实际上常常采用以下的简化假设,使理论板数的计算大为简化,同时对精馏过程的了解也可以更加清晰。

2) 恒摩尔流假设

因为饱和蒸气的焓为泡点液体的焓与汽化潜热 r 之和，所以式（9-54）可写为

$$L_{i-1}h_{i-1} + V_{i+1}(r_{i+1} + h_{i+1}) = L_i h_i + V_i(r_i + h_i) \qquad (9-55)$$

如果忽略组成与温度所引起的饱和液体焓的差别和两组分汽化热的差别，即假设：

$$h_{i+1} = h_i = h_{i-1} = h$$
$$r_{i+1} = r_i = r$$

则式（9-55）可简化为

$$(V_{i+1} - V_i)r = (L_i + V_i - L_{i-1} - V_{i+1})h \qquad (9-56)$$

将式（9-51）的关系代入上式的右侧，可得

$$V_{i+1} = V_i \qquad (9-57)$$

将此式代入式（9-51），得

$$L_i = L_{i-1} \qquad (9-58)$$

上两式表示，在没有另外加料和出料的条件下，进入每一块板的蒸气摩尔流量与离开该板的蒸气摩尔流量相等；进入每一块板的液体摩尔流量与离开该板的液体摩尔流量相等。推而言之，在精馏塔内，在没有另外加料与出料的一段塔中，逐板向下流动的液体摩尔流量与逐板向上流动的上升蒸气的摩尔流量均各为常数：

$$L_1 = L_2 = \cdots = L \qquad (9-59)$$
$$V_1 = V_2 = \cdots = V \qquad (9-60)$$

上述假设称为恒摩尔流假设。

严格地说，恒摩尔流假设只适用于两组分的沸点和汽化热相差较小的情况。实际上因为相邻板间的温度与组成一般差别不大，而恒摩尔流假设既简化了计算过程，又能清楚地说明精馏原理，因此只要两组分的汽化热差别不是很大，均可采用恒摩尔流假设进行计算。

根据恒摩尔假设可使逐板计算过程大为简化：

（1）只需应用易挥发组分衡算与气、液两相平衡两个关系式；

（2）不必使用每一块板的物料衡算式，可以使用一个包括多块板的一段塔的物料衡算式。

下面具体讨论应用恒摩尔流假设进行理论板数的计算，首先讨论精馏段所需的理论板数。

3) 精馏段操作线方程式

图 9-14 所示为精馏段逐板接触的示意图，按逐板计算原则可确定精馏段所

需的理论板数。

以图 9-14 中虚线框为系统,作总物料衡算与易挥发组分的物料衡算,得

$$V = L + D \qquad (9\text{-}61)$$

$$Vy_{i+1} = Lx_i + Dx_D \qquad (9\text{-}62)$$

式中:L——精馏段中向下流动的液体流量,kmol/s;

V——精馏段中上升蒸气流量,kmol/s。

根据恒摩尔流假设,在此系统内没有其他加料与出料,L 和 V 均为常数,且

$$L = RD \qquad (9\text{-}63)$$

将式(9-63)代入式(9-61),得

$$V = (R + 1)D$$

代入式(9-62),并去掉 y 与 x 的下标,得

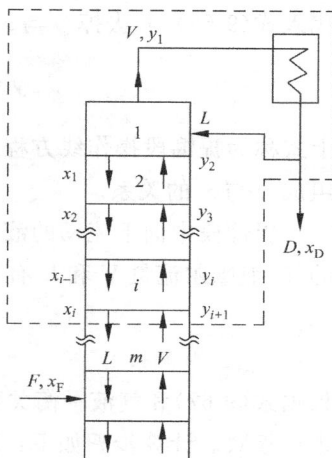

图 9-14　精馏段操作示意图

$$y = \frac{R}{R+1}x + \frac{1}{R+1}x_D \qquad (9\text{-}64)$$

上式称为精馏段的操作线方程,由式(9-62)的含义可知,它表示精馏段中任意两板间相遇的气、液相的组成关系。

根据精馏段操作线方程和气液平衡关系即可用逐板计算法求精馏段所需的理论板数。计算步骤如下:①根据 x_D 确定 y_1,对第 1 块理论板应用气液平衡关系,根据 y_1 计算出 x_1;②用精馏段操作方程式(9-64),根据 x_1 算出 y_2;③对第 2 块板应用气液平衡关系,根据 y_2 计算 x_2,再用操作线方程由 x_2 计算 y_3。如此逐板交替应用气液平衡关系和精馏段操作线方程,计算 x 与 y,直至第 m 级流出的液体组成 x_m 等于或接近 x_F 为止,则 m 即为精馏段所需的理论板数。

4) 提馏段操作线方程式

图 9-15 所示为提馏段逐板接触的示意图,仿照精馏段的做法,以图 9-15 中虚线框为系统作物料衡算,得

$$L' = V' + W \qquad (9\text{-}65)$$

$$L'x_{j-1} = V'y_j + Wx_W \qquad (9\text{-}66)$$

式中:L'——提馏段中向下流动的液体流量,kmol/s;

V'——提馏段中上升蒸气的流量,kmol/s。

由式(9-65)得

$$V' = L' - W$$

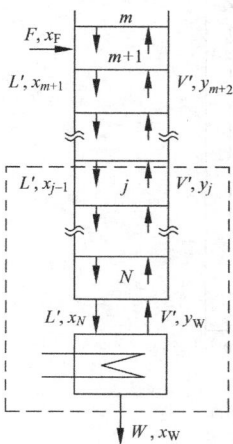

图 9-15　提馏段操作示意图

代入式(9-66),并去掉 y 与 x 的下标,得

$$y = \frac{L'}{L' - W}x - \frac{W}{L' - W}x_W \qquad (9-67)$$

上式称为提馏段操作线方程,它表示在提馏段中任意两理论板间相遇的气、液相组成 y 与 x 的关系。

提馏段中向下流动的液体摩尔流量 L'、上升蒸气的摩尔流量 V',与精馏段的气、液摩尔流量 V 和 L 有一定关系。对于加料为饱和液体的情况:

$$L' = L + F \qquad (9-68)$$
$$V' = V \qquad (9-69)$$

根据式(9-67)和气液平衡关系即可用与上述相同的逐板计算法求提馏段所需的理论板数。计算步骤如下:①从第 $m+1$ 块理论板开始,应用式(9-67),根据 x_m 求 y_{m+1};②对于第 $m+1$ 块板,应用气液平衡关系,根据 y_{m+1} 计算 x_{m+1};③用操作线方程由 x_{m+1} 计算 y_{m+2}。如此逐板交替使用气液平衡关系与提馏段操作线方程,直至 $x_{N+1} = x_W$ 为止,则 N 即为精馏塔所需的理论板数,提馏段的理论板数为 $N-m$。

5)图解法求理论板数

上述应用精馏段与提馏段操作线和气液平衡关系逐板计算法求精馏塔所需理论板数的过程,可以在 y-x 图上用图解进行。这种方法称为 McCabe-Thiele 图解法,步骤如下。

(1)参见图 9-16,在 y-x 图上作出平衡线 $y = f(x)$ 和对角线。

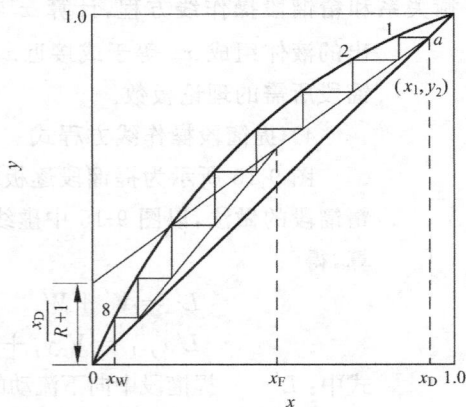

图 9-16　图解法求理论板数

（2）作精馏段操作线。根据方程式(9-64)，当 $x=x_D$ 时，$y=x_D$；当 $x=0$ 时，$y=x_D/(R+1)$。所以此线通过(x_D,x_D)点，在 y 轴上的截距为 $x_D/(R+1)$，此直线的斜率为 $R/(R+1)$，据此可作出精馏段操作线。

（3）作提馏段操作线。根据提馏段操作线方程式，当 $x=x_W$ 时，$y=x_W$，所以此线是经过(x_W,x_W)点、斜率为 $L'/(L'-W)$ 的直线。

（4）从塔顶，即从图中的 a 点$(x=x_D,y=y_1)$开始，在平衡线与操作线之间作直角阶梯。首先从 a 点作水平线与平衡线交于点 1，点 1 表示离开第 1 块理论板的液、气组成(x_1,y_1)，故由点 1 可定出 x_1。由点 1 作垂直线与精馏段操作线相交，交点为(x_1,y_2)，即第 1，2 块理论板间相遇的气、液相组成，故由此点可确定 y_2，由此点再作水平线与平衡线交点 2，可得 x_2。这样，在平衡线与精馏段操作线间交替作水平线和垂直线，即可依次得出 y_3，x_3，y_4，x_4，…，直至 x_m 等于或接近 x_F 为止，则此处为加料板。自此板以下，则在平衡线与提馏段操作线间作直角阶梯，直至 $x_{N+1}=x_W$ 为止。图中平衡线上每一个阶梯顶点表示一块理论板，图 9-16 所示为 8 块理论板。必须指出，平衡线上最后一个点，即第 8 个点，相当于再沸器，故精馏塔本身所需理论板数为 7，其中精馏段 4 块理论板。

例 9-5 用一常压连续精馏塔分离含苯 0.44（摩尔分数，以下同）的苯-甲苯混合液，要求塔顶产品含苯 0.974 以上，塔底产品含苯 0.023 5 以下，加料为饱和液体，采用回流比为 3.5。试求精馏塔所需的理论板数。

解：（1）在 y-x 图中作出苯-甲苯体系的平衡线和对角线，如图 9-17 所示。

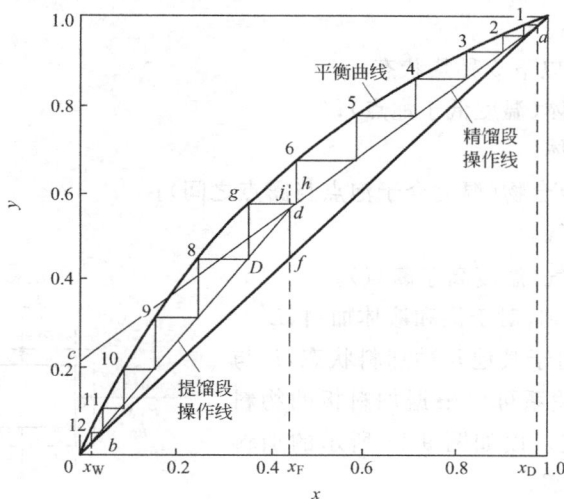

图 9-17　饱和液体进料的理论板数的图解

（2）作精馏段操作线。此线通过对角线上的 a 点（0.974，0.974），在 y 轴上的截距 y_c 为

$$y_c = \frac{x_D}{R+1} = \frac{0.974}{3.5+1} = 0.216$$

据此，在 y 轴上定出 c 点，连接 ac 即得精馏段操作线。

（3）作提馏段操作线。先求两操作线的交点，联立式（9-62）和式（9-67），消去 y，因系饱和液体加料，根据式（9-68）和式（9-69），$L'=L+F$，$V'=V$，故可得 $x=x_F$。这就是说，对于饱和液体加料，两操作线相交于 $x=x_F$。作 $x=x_F=0.44$ 的垂直线与精馏段操作线相交于 d 点。因为提馏段操作线经过对角线上的（0.023 5，0.023 5）点，即 b 点，所以连接 bd 即得提馏段操作线。

（4）作阶梯求板数。从 a 点开始在平衡线与精馏段操作线 ac 间作阶梯，第6个阶梯后跨过 d 点（两操作线交点）。之后，改为在平衡线与提馏段操作线 bd 间作阶梯，直至跨过 b 点为止。

由图 9-17 中的阶梯数目得知，共需 12 块理论板，减去再沸器所相当的一块，共需 11 块，其中精馏段需 6 块，提馏段需 5 块。料液应从塔顶向下数的第 6 块理论板的流出液中加入。

9.3.3 加料状态的影响与加料位置

1. 精馏段与提馏段气、液流量的关系

加料状态不同影响精馏段和提馏段的液体流量 L 与 L' 和上升蒸气流量 V 与 V' 之间的关系。

加料可以有以下 5 种热状态：

（1）过冷液体（温度低于泡点）；

（2）饱和液体；

（3）气、液混合物（温度介于泡点与露点之间）；

（4）饱和蒸气；

（5）过热蒸气（温度高于露点）。

前面已经讲到，对于饱和液体加料，$L'=L+F$，$V=V'$；对于其他几种加料状态，L 与 L' 和 V 与 V' 的关系可以根据加料板的物料与热量衡算确定。以如图 9-18 所示的加料板为系统进行衡算。

总物料衡算：

$$F+L+V' = L'+V \qquad (9-70)$$

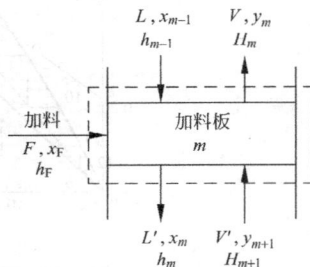

图 9-18　加料板的物料与热量衡算

热量衡算：

$$Fh_F + Lh_{m-1} + V'H_{m+1} = L'h_m + VH_m \tag{9-71}$$

式中，h_F,h_{m-1},h_m 和 H_m,H_{m+1} 分别为各液流和蒸气流的焓。

采用导出恒摩尔流相同的假设，即进、出加料板的饱和液体的焓相等（$h_{m-1}=h_m=h$），饱和蒸气的焓为饱和液体的焓加汽化热，且两组分的汽化热相等，即饱和蒸气的焓也相等（$H_m=H_{m+1}=H$），则联立式(9-70)与式(9-71)可得

$$\frac{L'-L}{F} = \frac{H-h_F}{H-h} \tag{9-72}$$

定义：

$$q = \frac{H-h_F}{H-h} = \frac{1\text{ kmol 料液变为饱和蒸气所需的热}}{\text{料液的摩尔汽化热}} \tag{9-73}$$

q 为加料的热状态参数，根据式(9-72)和式(9-70)，就可得精馏段与提馏段的气、液流量关系为

$$L' = L + qF \tag{9-74}$$

$$V' = V + (q-1)F \tag{9-75}$$

根据 q 的定义式可得：

(1) 过冷液体加料：$q>1$，表示 $L'>L+F,V'>V$；

(2) 饱和液体加料：$q=1$，所以 $L'=L+F,V'=V$；

(3) 气、液混合物加料：$q=0\sim1,L'>L,V'<V$；

(4) 饱和蒸气加料：$q=0$，所以 $L=L',V=V'+F$；

(5) 过热蒸气加料：$q<0$，所以 $L'<L,V>V'+F$。

2. 精馏段操作线与提馏段操作线的交点

应用两操作线方程的初始形式：

$$Vy = Lx + Dx_D$$

$$V'y = L'x - Wx_W$$

两式相减得

$$(V'-V)y = (L'-L)x - (Dx_D + Wx_W)$$

将式(9-74)、式(9-75)和式(9-43)所示的关系代入上式可得

$$(q-1)Fy = qFx - Fx_F$$

所以

$$y = \frac{q}{q-1}x - \frac{x_F}{q-1} \tag{9-76}$$

此方程称为 q 线方程（或进料方程）。此线与两操作线共交于一点，因此只要找出它与精馏段操作线的交点 d，连接(x_W,x_W)点和 d 点，即得提馏段的操作线。

由式(9-76)可知,当 $x = x_F$ 时,$y = x_F$,所以 q 线为通过 (x_F, x_F) 点、斜率为 $q/(q-1)$ 的直线。根据加料状态,算出 q,即可作出 q 线。各种加料状态下的 q 线如图 9-19 所示。

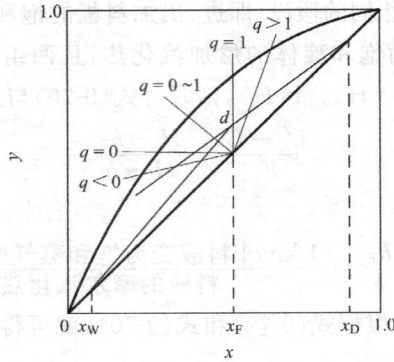

图 9-19 加料状态对操作线交点的影响

例 9-6 对于例 9-5 的分离任务,如果料液流量为 10 kmol/s,计算以下 3 种加料状态的 q 值和精馏段与提馏段的气、液流量。

(1) 饱和液体加料;

(2) 20℃的液体加料;

(3) 180℃的蒸气加料。

(已知:料液的泡点为 94℃、露点为 100.5℃,混合液体的平均摩尔热容为 158.2 kJ/(kmol·K),混合蒸气的平均摩尔热容为 107.9 kJ/(kmol·K),饱和液体汽化成饱和蒸气所需汽化热为 33 118 kJ/kmol。)

解:(1) 饱和液体加料

$$q = 1$$

根据全塔物料衡算式(9-42)和式(9-43):

$$10 = D + W$$

$$10 \times 0.44 = 0.974D + 0.023\,5\,W$$

解得

$$D = 4.382 \text{ kmol/s}$$

$$W = 5.618 \text{ kmol/s}$$

所以

$$L = RD = 3.5 \times 4.382 = 15.337 \text{ kmol/s}$$

$$V = L + D = 15.337 + 4.382 = 19.719 \text{ kmol/s}$$

$$L' = L + F = 15.337 + 10 = 25.34 \text{ kmol/s}$$

$$V' = V = 19.719 \text{ kmol/s}$$

（2）20℃的液体加料

$$q = \frac{158.2 \times (94 - 20) + 33\,118}{33\,118} = 1.353$$

所以

$$L' = L + qF = 15.337 + 1.353 \times 10 = 28.87 \text{ kmol/s}$$
$$V' = V - (1 - q)F = 19.719 + 0.353 \times 10 = 23.25 \text{ kmol/s}$$

（3）180℃蒸气加料

$$q = \frac{-(180 - 100.5) \times 107.9}{33\,118} = -0.259$$

所以

$$L' = 15.337 - 0.259 \times 10 = 12.75 \text{ kmol/s}$$
$$V' = 19.719 - 1.259 \times 10 = 7.13 \text{ kmol/s}$$

3. 加料位置

加料位置应该在塔内气、液组成与料液相同或相近的板上。例如饱和液体加料，料液应在塔中液体组成等于 x_F 处加入；饱和蒸气加料，则应在塔中蒸气组成等于 x_F 处加入。用图解法求理论板数时，加料位置由精馏段与提馏段操作线的交点确定，加料位置应该在两操作线交点所处的阶梯上。图 9-20 中示出料液组成为 x_F 的 3 种不同加料状态的加料位置，饱和液体加料应在第 4 块理论板上，气、液混合物加料应在第 5 块理论板上，而饱和蒸气加料则应在第 6 块理论板上，因为在这些位置上的气、液组成与加料的组成相近。

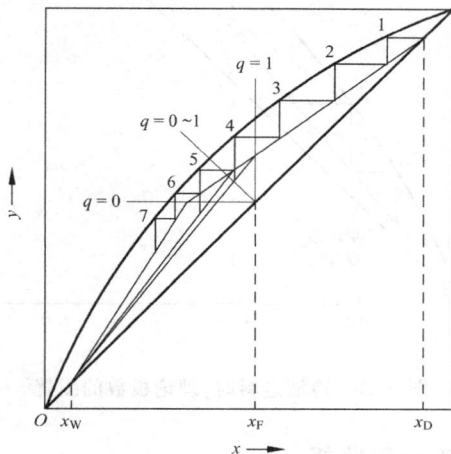

图 9-20　加料位置与加料状态的关系

在设计计算中，若加料位置定得不适当，将使求出的理论板数比真正需要的理论板数多。在操作中，加料位置不合适，将表现为馏出液与釜残液不能同时达到规定的要求。加料位置过低,使釜残液中易挥发组分含量偏高;加料位置过高,使馏出液中难挥发组分含量过高。

例 9-7 对于例 9-5 的分离任务,如果加料为 20℃ 的冷液,求分离所需的理论板数和加料位置。

解:应用图解法。

(1) 在 y-x 图上作出苯-甲苯体系的平衡线和对角线,见图 9-21。

(2) 作精馏段操作线,与例 9-5 相同。

(3) 作 q 线:由例 9-6 知 20℃ 的冷液的 q 值为 1.353。所以 q 线斜率为 $q/(q-1)=3.83$,过 f 点作 q 线,与精馏段操作线交于 d 点。

(4) 作提馏段操作线:连接 $b(0.023\,5,0.023\,5)$ 点与 d 点,即得提馏段操作线。

(5) 自顶点 a 开始在平衡线与精馏段操作线间作阶梯,到第 6 块,已过两操作线交点 d。此后在平衡线与提馏段操作线间作阶梯,至第 12 个阶梯,即第 12 块理论板出去的液体组成已低于 0.023 5。由图可知,共需 12 块理论板,除去再沸器,精馏塔共需 11 块理论板。其中,精馏段应有 6 块理论板。

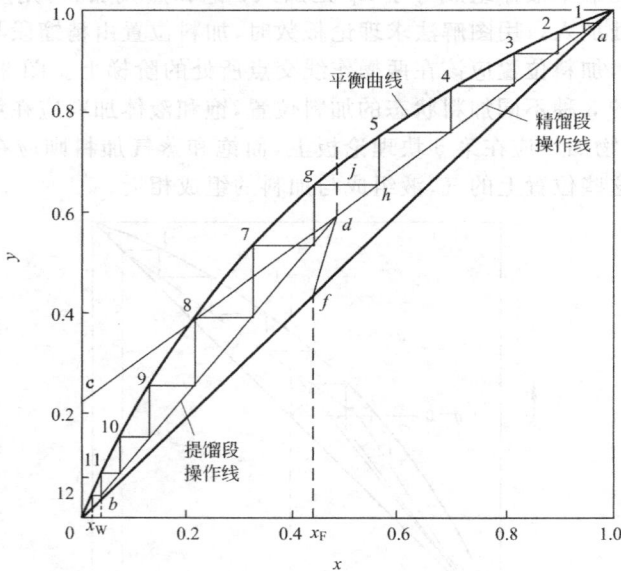

图 9-21　冷液进料时,理论板数的图解

9.3.4　回流比的影响和选择

1. 全回流与最少理论板数

由精馏原理可知,应用回流与上升蒸气是精馏过程的基本条件,所以回流比的大小是影响精馏操作最重要的因素。

对于组成一定的料液和分离要求,增加回流比,精馏段操作线的斜率 $R/(R+1)$ 增大(见图 9-22),精馏段和提馏段操作线均向对角线移动,它们与平衡线之间的距离增大。表示塔内气、液两相离开平衡状态的距离增大,两相间传质的推动力增大,结果分离所需的理论板数减少。显然,R 愈大,所需理论板数愈少。当 R 增到无穷大时,两操作线与对角线重合,分离所需理论板数最少。

R 为无穷大,其实际含义是馏出液量 D 为零,即上升蒸气在冷凝器中冷凝后全部回流,故称全回流,显然这是增大回流比的极限,因此,此时分离所需的理论板数为最少理论板数。

芬斯克(Fenske)方程:

对于理想溶液,当塔顶和塔底的组成范围内相对挥发度 α 变化不大时,分离所需的最少理论板数可以根据逐板计算原理用解析法求得。

图 9-23 为全回流操作的精馏过程示意图。塔顶产品组成为 x_D,塔底产品组成为 x_W。

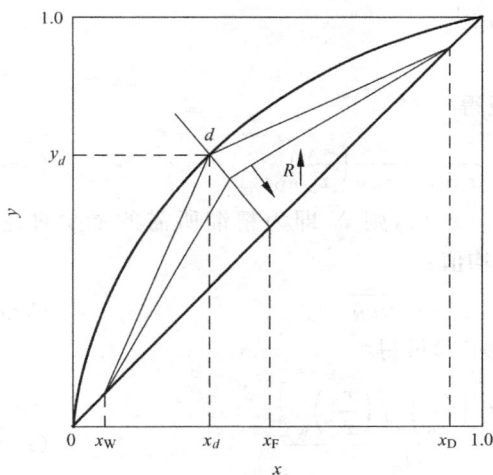

图 9-22　回流比的影响

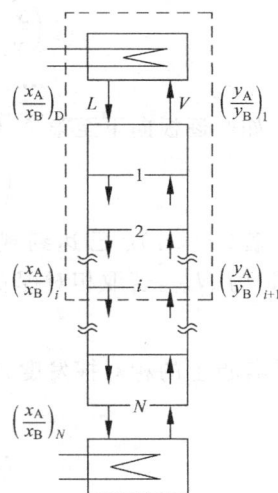

图 9-23　全回流操作

塔顶产品组成 x_D 可表示为易挥发组分 A 与难挥发组分 B 的摩尔分数比 $(x_A/x_B)_D$,其他物流的组成也均以 A 和 B 两组分的摩尔分数比表示。

对冷凝器作物料衡算可知:

$$V = L$$

$$\left(\frac{y_A}{y_B}\right)_1 = \left(\frac{x_A}{x_B}\right)_D$$

以塔顶到任意板 i 为系统作物料衡算可得

$$V = L$$

$$\left(\frac{y_A}{y_B}\right)_{i+1} = \left(\frac{x_A}{x_B}\right)_i \tag{9-77}$$

这就是说,对于全回流,塔内任意截面上相遇气、液两相的流量与组成相同。

第 1 块理论板:因流出的液体与流出的蒸气呈平衡,应用相对挥发度 α_1,得

$$\left(\frac{x_A}{x_B}\right)_1 = \frac{1}{\alpha_1}\left(\frac{y_A}{y_B}\right)_1 = \frac{1}{\alpha_1}\left(\frac{x_A}{x_B}\right)_D$$

根据式(9-77):

$$\left(\frac{y_A}{y_B}\right)_2 = \left(\frac{x_A}{x_B}\right)_1$$

第 2 块理论板:

$$\left(\frac{x_A}{x_B}\right)_2 = \frac{1}{\alpha_2}\left(\frac{y_A}{y_B}\right)_2 = \frac{1}{\alpha_1\alpha_2}\left(\frac{x_A}{x_B}\right)_D$$

$$\left(\frac{y_A}{y_B}\right)_3 = \left(\frac{x_A}{x_B}\right)_2$$

$$\cdots$$

如此逐板向下至第 N 块理论板得

$$\left(\frac{x_A}{x_B}\right)_N = \frac{1}{\alpha_1\alpha_2\alpha_3\cdots\alpha_N}\left(\frac{x_A}{x_B}\right)_D \tag{9-78}$$

若 $(x_A/x_B)_N$ 已达到规定的 $(x_A/x_B)_W$,则 N 即为精馏所需的最少理论板数,记为 N_{min},若取相对挥发度的平均值:

$$\alpha = \sqrt[N]{\alpha_1\alpha_2\cdots\alpha_N} \tag{9-79}$$

代替各板上的相对挥发度,则由式(9-78)可得

$$N_{min} = \frac{\lg\left[\left(\frac{x_A}{x_B}\right)_D \bigg/ \left(\frac{x_A}{x_B}\right)_W\right]}{\lg\alpha} \tag{9-80}$$

此式称为芬斯克方程。

当塔顶塔底的相对挥发度相差不大时,式(9-80)中的 α 可近似取塔顶和塔底相对挥发度的几何平均值:

$$\alpha = \sqrt{\alpha_1\alpha_N} \tag{9-81}$$

在式(9-80)的推导过程中,未对混合物的组分数加以限制,故此式也适用于多组分精馏的计算。

全回流不加料,也不出产品,所以实际的稳定生产中不能采用,但是,在装置开工、调试和实验研究中常常采用全回流操作。

2. 最小回流比

如图 9-22 所示,对于一定的料液和分离要求,减少回流比,精馏段操作线的斜率变小,精馏段操作线远离对角线移动,操作线与平衡线间的距离减小,表示塔内气、液两相离开平衡状态的距离减小,两相间传质的推动力减小,所以分离所需的理论板数增大。当 R 减小到某一数值,两操作线的交点 d 落在平衡线上时,不论画多少阶梯都不能超过交点 d,这意味着分离所需的板数为无穷多。此时的 R 值叫作最小回流比,此时操作线与平衡线的交点 d 称为夹点,其附近称夹紧区。

显然,最小回流比 R_{min} 是对于一定料液,为了达到一定的分离要求所需回流比的最小值。分离要求不同,最小回流比的数值也不同。

实际采用的回流比必须大于最小回流比,否则,不论用多少理论板都不能达到规定的分离要求。

根据平衡线的情况与分离要求,最小回流比的确定有两种情况:

(1) 平衡线上凸,无拐点

在这种情况下,夹点总是出现在两操作线与平衡线的共交点,如图 9-22 所示。此种情况回流比为最小时,精馏段操作线的斜率为

$$\frac{R_{min}}{R_{min}+1} = \frac{x_D - y_d}{x_D - x_d} \tag{9-82}$$

从此式可得

$$R_{min} = \frac{x_D - y_d}{y_d - x_d} \tag{9-83}$$

(2) 平衡线上有下凹部分,有拐点

此时夹点可能在两操作线与平衡线共交前就出现。图 9-24 中示出了两种可能出现的情况:图 9-24(a) 的夹点首先出现在精馏段操作线与平衡线相切的位置,所以应根据此时精馏段操作线的斜率求 R_{min}。图 9-24(b) 的夹点则首先出现在提馏段操作线与平衡线相切的位置。

例 9-8 计算例 9-5 条件下的最小回流比。如果要求馏出液组成为 0.9,则最小回流比应为多少?

解:(1) 例 9-5 条件下的 R_{min}

因系饱和液体加料,q 线为 $x = x_F$,夹点在精馏段操作线、q 线和平衡线的共交点处。根据图 9-17,由平衡线查得 $x = 0.44$ 时,$y = 0.66$。代入式(9-83)得

$$R_{min} = \frac{0.974 - 0.66}{0.66 - 0.44} = 1.43$$

(2) 馏出液的组成为 0.9 时的 R'_{min}

$$R'_{min} = \frac{0.9 - 0.66}{0.66 - 0.44} = 1.09$$

可见分离要求不同,最小回流比不同,分离要求低(x_D 低),R_{min} 小。

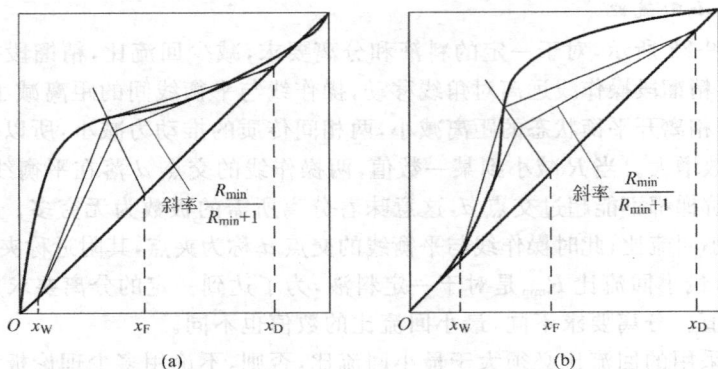

图 9-24　平衡线有拐点的情况下 $R_{\min}$ 的确定

3. 适宜回流比的选择

适宜回流比应根据经济核算来确定,精馏过程的费用包括操作费与设备费两方面。

（1）操作费

精馏过程的操作费用主要为再沸器中的加热蒸气（或其他加热介质）的消耗量和冷凝器中冷却水（或其他冷却介质）的消耗量。在加料量和产量一定的条件下,再沸器蒸出的上升蒸气量 V' 和冷凝器中需冷凝的蒸气量 V 均取决于回流比 R:

$$V = L + D = (R+1)D$$
$$V' = V + (q-1)F = (R+1)D + (q-1)F$$

随着 R 的增加,V 与 V' 均增大,因此加热蒸气与冷却水的消耗量均增加,操作费用增加。操作费与 R 的关系大致如图 9-25 中的曲线 2 所示。

（2）设备费

精馏装置的设备包括精馏塔、再沸器和冷凝器。回流比对设备费用的影响如图 9-25 中的曲线 1 所示。

当回流比等于最小回流比时,需无穷多块理论板,精馏塔需无穷高,故设备费用为无穷大。增加回流比,最初使所需理论板数急剧减少,所需塔高很快降低,故设备费用很快降低。随着 R 进一步增大,所需理论板

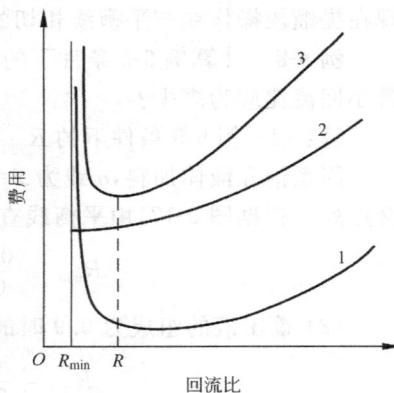

图 9-25　适宜回流比的确定

数减小的趋势减慢,而同时由于 R 的增加,上升蒸气量 V 与 V' 增大,精馏塔直径需加大,再沸器和冷凝器的热负荷增大,所需传热面增加,由于这几部分费用增加,所以随 R 增加,设备费用减小的趋势减慢。最后,随 R 增加,再沸器与冷凝器增大和精馏塔塔径增加,使设备费增加的因素超过理论板数减少使精馏塔高减小而造价降低的因素,设备费乃随 R 的增加而增加(见图 9-25 中的曲线 1)。

总费用为设备费与操作费之和,它与 R 的关系如图 9-25 中的曲线 3 所示。曲线 3 上最低点相应的回流比为最佳回流比。

最佳回流比的数值与很多因素有关,根据生产数据统计,一般最佳回流比的范围为

$$R_{\text{opt}} = (1.1 \sim 2)R_{\text{min}}$$

9.3.5 简捷法求理论板数

1. 吉利兰(Gilliland)关联图

前面讲到回流比的两个极限:R_{min} 与全回流,与此对应,回流比为 R_{min} 时所需的理论板数为无穷多,全回流时所需的理论板数 N_{min} 为最少。实际回流比 R 在 R_{min} 与 ∞ 之间,理论板数 N 在 N_{min} 与 ∞ 之间。对 R,N,R_{min} 与 N_{min} 之间的关系进行广泛的研究,总结规律,得出表示上述 4 个参数的相互关联图(见图 9-26),此图称为吉利兰图。图中 N 与 N_{min} 均为不包括再沸器的理论板数。

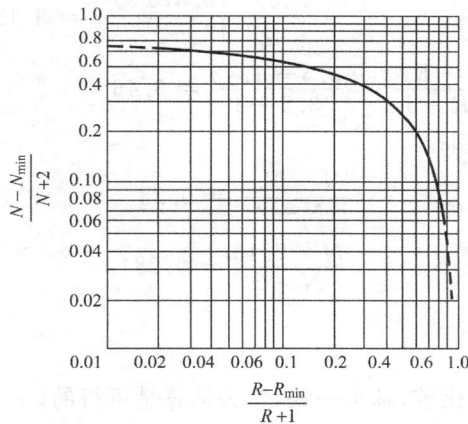

图 9-26 吉利兰图

吉利兰图是用 8 个物系在下面的精馏条件下由逐板计算得出的结果绘制而成,这些条件是:组分数目 2~11,5 种进料状态,R_{min} 为 0.53~7.0,组分间相对挥发度为 1.26~4.05,理论板数为 2~44。

应用吉利兰图可以简便地算出精馏所需的理论板数,这种方法称为简捷法,它的另一个优点是也可用于多组分精馏的计算。

这种方法的误差较大,一般只能对所需理论板数作大致的估计,但因为简便,所以在初步设计或进行粗略估算时常常使用。

2. 简捷法求理论板数的步骤

(1) 根据物系性质及分离要求,求出 R_{min},选择合适的 R。

(2) 求出全回流下所需理论板数 N_{min}。对于接近理想体系的混合物,可以应用芬斯克方程计算。

(3) 使用吉利兰图,根据 $(R-R_{min})/(R+1)$,由曲线查出 $(N-N_{min})/(N+2)$,即可求出所需理论板数。

(4) 确定加料位置。可把加料组成看成釜液组成求出理论板数,即为精馏段所需理论板数,从而可以确定加料位置。

例 9-9 用简捷法计算例 9-5 所示精馏过程所需的理论板数和加料位置。

解:(1) 全塔所需理论板数

例 9-8 中已求出 $R_{min} = 1.43$。

苯-甲苯体系接近理想溶液,在操作的浓度范围内,相对挥发度 α 变化不大,可取为 2.47。

应用芬斯克方程求所需理论板数:

$$N_{min} = \frac{\lg\left[\left(\dfrac{0.974}{0.026}\right)\Big/\left(\dfrac{0.023\,5}{0.976\,5}\right)\right]}{\lg 2.47} = 8.13$$

$$\frac{R - R_{min}}{R + 1} = \frac{3.5 - 1.43}{3.5 + 1} = 0.46$$

根据此值,查吉利兰图得

$$\frac{N - N_{min}}{N + 2} = 0.28$$

$$\frac{N - 7.13}{N + 2} = 0.28$$

所以

$$N = 10.68$$

与例 9-5 的结果比较,基本一致,作为估算是可行的。

(2) 加料板位置

应用芬斯克方程,按 $x_W = x_F = 0.44$ 求 N_{min}。在 x 为 $0.44 \sim 0.974$ 的范围内时,$\alpha = 2.53$。

$$N_{min} = \frac{\lg\left[\left(\dfrac{0.974}{0.026}\right)\Big/\left(\dfrac{0.44}{0.56}\right)\right]}{\lg 2.53} = 4.16$$

前面已查得

$$\frac{N-N_{\min}}{N+2}=0.28$$

$$\frac{N-3.16}{N+2}=0.28$$

故

$$N=5.17$$

故精馏段需 6 块理论板,与例 9-5 的结果基本一致。

9.3.6 连续逆流精馏塔的计算

连续逆流精馏塔与多级逆流精馏塔计算的差别只在于多级逆流精馏塔是计算分离所需的理论板数,而连续逆流精馏塔则是计算分离所需的传质区(填料层)高度。

在已知加料组成 x_F、分离要求(x_D,x_W)、平衡关系(平衡线)、加料状态和回流比的条件下,假设塔内上升蒸气与向下流动液体均为恒摩尔流,作精馏段与提馏段的物料衡算(见图 9-27),可分别得到与多级逆流精馏塔相同的精馏段操作线方程

$$y=\frac{R}{R+1}x+\frac{1}{R+1}x_D \tag{9-64}$$

和提馏段操作线方程

$$y=\frac{L'}{L'-W}x-\frac{W}{L'-W}x_W \tag{9-67}$$

但是,操作线方程的意义却不尽相同,连续逆流操作线方程中的 x 与 y 表示塔内任意截面上相遇、并相互接触进行传质的气、液两相的组成关系,因此,图 9-27 中

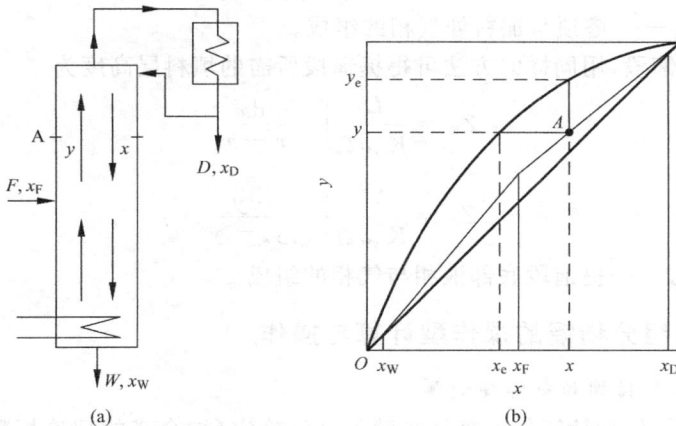

图 9-27 连续逆流精馏塔

操作线与平衡线之间的垂直或水平距离直接表示传质推动力的大小。以精馏段的任一截面 A 为例,相互接触的气、液相组成分别为 y 与 x,在 x-y 图上为操作线上的 A 点。因为和组成为 x 的液相呈平衡的气相组成为 y_e,与组成为 y 的气相呈平衡的液相组成为 x_e,所以此截面上传质推动力分别可以用

$$\Delta y = y_e - y \tag{9-38}$$

或

$$\Delta x = x - x_e \tag{9-39}$$

表示,相应地该截面上的传质通量为

$$N = K_x(x - x_e) \tag{9-40}$$

或

$$N = K_y(y_e - y) \tag{9-41}$$

对于精馏段,取一微元塔段 dz,由此段内的物料衡算与传质速率方程可得

$$dz = \frac{L}{K_x a \Omega} \frac{dx}{x - x_e} \tag{9-84}$$

$$dz = \frac{V}{K_y a \Omega} \frac{dy}{y_e - y} \tag{9-85}$$

如总传质系数 K_x,K_y 可取为常数,则从加料处到塔顶处积分,可得精馏段所需的填料层高度为

$$Z_R = \frac{L}{K_x a \Omega} \int_{x_F}^{x_D} \frac{dx}{x - x_e} \tag{9-86}$$

或

$$Z_R = \frac{V}{K_y a \Omega} \int_{y_F}^{y_D} \frac{dy}{y_e - y} \tag{9-87}$$

式中:y_D,y_F——塔顶与加料处气相的组成。

对于提馏段,用同样的方法可得提馏段所需的填料层高度为

$$Z_S = \frac{L'}{K_x' a \Omega} \int_{x_b}^{x_F} \frac{dx}{x - x_e} \tag{9-88}$$

或

$$Z_S = \frac{V'}{K_y' a \Omega} \int_{y_w}^{y_F} \frac{dy}{y_e - y} \tag{9-89}$$

式中:x_b,y_w——提馏段底部液相与气相的组成。

9.3.7 两组分精馏的操作型计算与操作

1. 两组分精馏的操作型计算

精馏的操作型计算的内容是在设备已经确定(指全塔的理论板数与加料位置已定,有时加料位置也可变动)的条件下指定操作条件,预计精馏操作的结果

（产品组成 x_D，x_W 和处理量 F），或者要求一定的操作结果，确定必须的操作条件（如回流比、加料位置）。

操作型计算在实际生产中可以用来预计：①产品质量；②操作条件变化时产品质量和采出量的变化；③为了保证产品质量应该采取什么措施等。在设计新装置时也可以应用操作型的计算方法来确定精馏所需的理论板数，这种算法对于非理想体系与多组分精馏计算常常是很有效的。

在根据恒摩尔流假设计算理论板数的图解法中已经知道：

（1）根据料液、馏出液和釜残液组成 x_F，x_D 和 x_W 可以确定 y-x 图对角线上 3 个点；

（2）根据两相气、液平衡关系 $y = f(x)$ 作出平衡线；

（3）根据选定的回流比和 x_D 可以求得精馏段操作线；

（4）根据加料状态（即 q 值），可确定两操作线的交点，从而可确定提馏段操作线；

（5）根据对角线上的 (x_D, x_D) 和 (x_W, x_W) 两个点、两条操作线与平衡线，作阶梯可得精馏段与提馏段所需的理论板数。

由此可知，x_F，x_D，x_W，平衡关系，R，加料状态 q 和精馏段与提馏段所需理论板数 N_R 和 N_S 之间存在如图解法所示的关系。这就是说，对于一定的体系（平衡关系一定）和加料状态，x_F，x_D，x_W，R，N_R 和 N_S 之间存在一定的关系。对于设计型计算，已知 x_F，分离要求 x_D 和 x_W，选定 R 即可求出 N_R 与 N_S（或所需理论板数与加料位置），这意味着已知其中 4 个参数即可求出其余两个参数。

对于操作型问题也可以根据图解法所示关系进行计算。下面介绍两种情况。

1）已知 N_R，N_S，x_F，R，求可能达到的分离效果，即求 x_D 与 x_W

可用图解试差法，解题步骤如下：

（1）根据 x_F 与加料状态作出 q 线。

（2）根据 R，算出精馏段操作线斜率。

（3）求馏出液组成 x_D。设 x_D 的初值，作精馏段操作线，作阶梯定出精馏段所需理论板数 N_R'。如果 N_R' 与给定的 N_R 相等，则所设 x_D 即为所求；如果 N_R' 与 N_R 不相等，则重设 x_D，重做上述图解计算直至 N_R' 与 N_R 相等为止，此时所设 x_D 值即为所求。

（4）求釜残液组成 x_W。设 x_W 初值，根据 x_W 和 q 线与精馏段操作线交点作出提馏段操作线，作阶梯求出提馏段所需的理论板数 N_S'。如果 N_S' 与给定值 N_S 相等，则所设 x_W 即为所求；否则，重设 x_W，重做上述图解计算，直到 N_S' 与 N_S 相等为止，此时所设 x_W 即为所求。

2) 已知 x_F,总理论板数 N_T,分离要求 x_D,x_W,求 R 与加料位置

也应用图解试差法,解题步骤如下:

(1) 根据 x_F 与加料状态作出 q 线。

(2) 根据 x_D,试作一假设的精馏段操作线,并与 q 线相交得交点 d,作出提馏段操作线。

(3) 根据 x_D,x_W 和假设的操作线作阶梯求出所需理论板数 N_T',如果 N_T' 与已知 N_T 相等,则所设精馏段操作线即为所求。否则重新试作精馏段操作线,重新做上述计算,直至所求出的 N_T' 与 N_T 相等为止,此时所设精馏段操作线即为所求。

(4) 根据第(3)步确定的精馏段操作线的斜率求 R。两操作线交点所处的阶梯即为加料位置。

例 9-10 有一精馏塔共有 10 块理论板,加上再沸器共 11 块理论板,用此塔来分离苯-甲苯混合液。料液组成 x_F 为 0.5(摩尔分数,以下同),饱和液体加料。要求馏出液中苯的组成 x_D 不低于 0.95,釜残液中苯的组成 x_W 不高于 0.05。精馏塔在常压下操作。试求回流比必须大于多少? 加料位置应在第几块理论板上。

解:用图解试差法,步骤如下:

(1) 在 y-x 图上作出苯-甲苯体系的平衡线(见图 9-28)。

(2) 作 q 线。因系饱和液体加料,q 线为 $x=0.5$ 的垂直线。

(3) 通过(0.95,0.95)点作一假设的精馏段操作线①,并得与 q 线的交点 d',连点 d' 与(0.05,0.05)点,得提馏段操作线。从(0.95,0.95)点开始,在平衡线与操作线间作阶梯到(0.05,0.05)点,共得 8 个理论板,比实际塔中的理论板数少,说明所设精馏段的操作线斜率偏大。

(4) 重新假设一精馏段操作线②,其斜率小于第一次试作的操作线,再作提馏段操作线,画阶梯,得理论板数为 11,与实际塔中的理论板数相同,故操作线②即为所求的精馏段操作线。

(5) 从图 9-28 得操作线斜率。因为

$$R/(R+1) = 0.681$$

所以

$$R=2.14$$

料液加在从上向下数的第 6 块理论板上。

因为图解法的实质是逐板依次使用每块板的易挥发组分的物料衡算式和气液平衡关系式。所以对于 N 块理论板,就有 N 个物料衡算式和 N 个气液平衡关系式。因此,对于上述两种情况,可以联立求解这 $2N$ 个关系式得出 x_D 和 x_W,或 R 与加料位置。

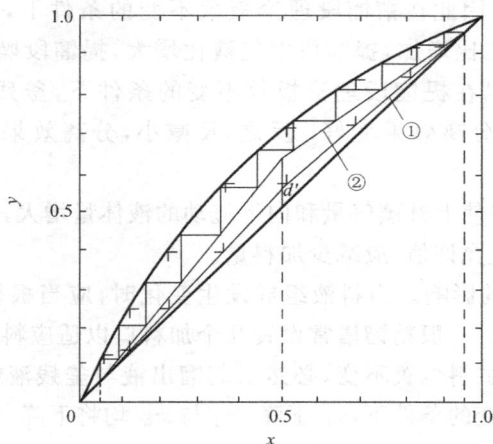

图 9-28   例 9-10 图示

如果考虑塔内气、液流量的变化,则可以联立求解由每块理论板的总物料衡算式(9-51)、易挥发组分的衡算式(9-52)、气液平衡关系式(9-53)和热量衡算式(9-54)组成的 $4N$ 个方程式。显然,由于方程组的非线性,求解将是十分复杂的。

2. 精馏塔的操作

精馏塔操作的基本要求是保证在最经济的条件下处理更多的料液,达到预定的分离要求(规定的 x_D 与 x_W)或组分的回收率。现就操作中的几个主要问题分述如下:

(1) 保持操作稳定,使塔内各处气液组成和温度稳定;料液在塔内气液组成与其相同的位置加入,避免不同组成的物流的混合,这是保持最佳操作状态的基本条件。

(2) 保持精馏装置进出物料平衡是保证精馏塔稳定操作的必要条件。在上面关于操作型计算的讨论中没有涉及料液量 F、馏出液量 D 和釜残液量 W,这是因为根据全塔物料衡算式(9-42)和式(9-43),对于给定的料液量 F,只要确定了 x_D 和 x_W,馏出液量 D 和釜残液量 W 自然也就确定了。而表示精馏分离效果的 x_D 与 x_W 只取决于 x_F,R 以及气液平衡关系和理论板数。因此,D,W 或采出率 D/F 与 W/F 只能根据 x_D 与 x_W 确定,不能任意增减。否则进出塔的两个组分的量不平衡,将引起塔内组分量的增减,导致塔内浓度变化,操作波动,使操作偏离最佳的稳定状态。

(3) 回流比的影响。回流比是影响精馏过程分离效果的主要因素,所以它是生产中用来调节产品质量的主要手段。回流比增加,精馏段操作线斜率增大,传质的推动力增大,因此在精馏段理论板数不变的条件下,馏出液组成 x_D 增高。另一方面,回流比增加,提馏段中气液比增大,提馏段操作线斜率减小,传质推动力增大,所以在提馏段理论板数不变的条件下,釜残液组成 x_W 降低。这就是说,R 增大,分离效果变好;反之,R 减小,分离效果变差,x_D 降低,x_W 增高。

回流比增加,将使上升蒸气量和向下流动的液体量增大,应注意精馏塔的气液负荷情况,如超过允许值,应减少加料量。

(4) 加料组成的影响。当料液组成发生变化时,应当根据组成的变化情况适当变更加料位置。一般精馏塔常设置几个加料口以适应料液组成的变化。如果料液组成变化而加料位置不变,必然引起馏出液与釜残液组成的变化。在回流比与理论板数不变的条件下,x_F 下降,x_D 与 x_W 均将下降,此时为了提高馏出液组成 x_D,可以增大回流比。

(5) 产品质量控制与灵敏板。在一定压力下,混合物的泡点和露点都直接取决于混合物的组成,所以理论上可以用温度来表示混合物的组成。对于馏出液,与一定的 x_D 相对应,有一定的露点 T_D,只要塔顶温度低于 T_D 就能保证馏出液组成高于 x_D。对于塔底釜残液,只要釜液泡点高于合格釜残液 x_W 的泡点,就能保证釜残液组成不高于 x_W。

精馏塔内的温度分布如图 9-29 所示,在接近精馏塔顶和塔底相当一段高度内,气液组成变化不大。

一旦塔顶(或塔底)温度发生可觉察的温度变化时,塔顶(或塔底)产品的组成已不合格了,再设法调节已为时过晚。分析精馏塔内沿塔高的温度分布情况可以看到,在离两端一定距离处(见图 9-29 中的 A,B 处)的塔板上,温度开始有较大的变化,如果操作条件发生变化,塔内浓度分布发生变化。譬如塔上部诸板上难挥发组分的含量增高,上部诸板上的温度上升(如图 9-29 中

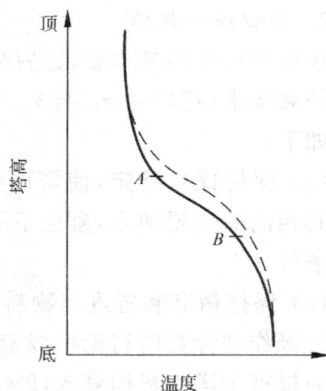

图 9-29　精馏塔内沿塔高的温度分布

的虚线所示),则这些板上(如图 9-29 中的 A,B 处)的温度将发生较大的变化,易于用温度计测量发现,因此可以在塔顶温度没有发生改变前就采取措施,防止 x_D 降低。这些塔板称为灵敏板,生产上常用测量和控制灵敏板的温度来调节控制馏出液和釜残液的质量。

9.3.8 两组分精馏过程的几种特殊情况

前面讨论的精馏过程是一般常用的典型流程,在实际生产中还会碰到一些与前述典型流程不同的情况。这些情况下精馏过程的计算,原则上与前面讲的相同,但需根据各自的特点作适当改变。

1. 分凝器

有时精馏塔顶流出的蒸气不在一个全凝器中全部直接冷凝,而是先经一个分凝器部分冷凝,其冷凝液作为回流(见图 9-30)。从分凝器出来的蒸气进入全凝器,其冷凝液作为塔顶产品。

理想的情况,分凝器出来的蒸气与冷凝液呈平衡,因此分凝器相当于一块理论板。与前面讨论的使用全凝器的典型流程不同,从精馏塔顶出去的蒸气组成 y_1 与回流液组成 x_0 不相等。

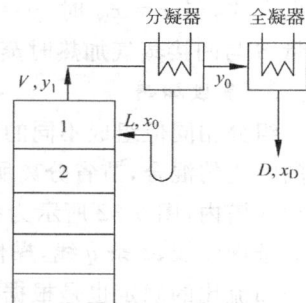

图 9-30 塔顶设分凝器的流程

2. 塔釜直接通入蒸气

当欲分离的混合物为水与易挥发组分(如乙醇)的混合物时,可将加热蒸气直接通入再沸器作为上升蒸气。使用直接蒸气可以省去再沸器的传热面。但是由于精馏塔中加入水蒸气,使从塔釜排出的水量增加,在 x_W 一定的条件下随釜液损失的易挥发组分量增加,使其回收率降低。如果要保持回收率不变,必须要求 x_W 降低,使提馏段所需理论板数稍有增加。

如图 9-31 所示,塔釜直接通入蒸气时精馏段操作线与间接蒸气加热时完全相同,对于提馏段,以图中虚线框为系统作物料衡算,得

$$L' + S = V' + W, \quad L'x = V'y + Wx_W$$

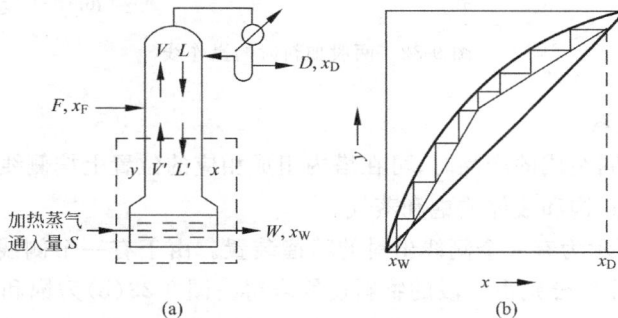

(a)   (b)

图 9-31 直接通入蒸气

若采用恒摩尔流假设,则

$$V' = S$$
$$L' = W$$

所以提馏段操作线为

$$y = \frac{W}{S}x - \frac{W}{S}x_W \qquad (9-90)$$

根据上式,当 $x = x_W$ 时,$y = 0$,故提馏段操作线通过 $(x_W, 0)$ 点。直接蒸气的通入量 S 与间接蒸气加热时蒸气耗用量的计算类似。

3. 多股加料

组分相同但组成不同的料液要在同一个塔内进行分离时,为了避免不同组成的物流的混合,节省分离所需的能量,应该使不同组成的料液分别在适当的位置加入塔内,图 9-32 所示为有两股进料的精馏塔。此时精馏塔分 3 段,相应的有 3 条操作线、2 条 q 线,操作线的意义和导出与前相同,也是由物料衡算得出,最小回流比的确定也是根据操作线与平衡线的夹点求得。夹点可能在 I 和 II 两条操作线的交点上,也可能出现在 II 和 III 段操作线的交点上。对于平衡线有拐点的情况,夹点也可能出现在某一段操作线与平衡线的切点上。

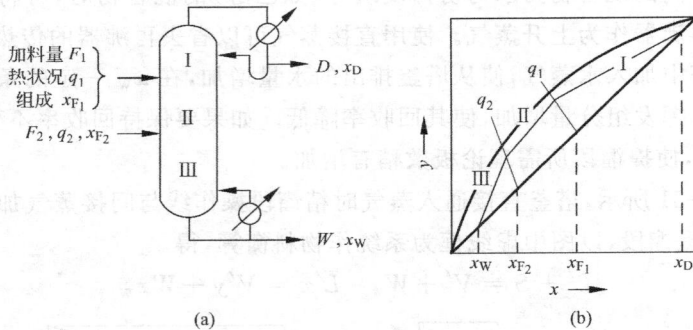

图 9-32　两股加料时的操作线

4. 侧线出料

当需要不同组成的产品时,可在塔内组成相应的位置上按侧线抽出产品,抽出的产品可以是饱和液体或饱和蒸气。

图 9-33 所示为有一个侧线出料的精馏装置。由于有一个侧线,精馏塔分 3 段。3 段的操作线分别由 3 段的物料衡算求得。图 9-33(b)为饱和液体出料,出料组成为 x'_D;图 9-33(c)为饱和蒸气出料,出料组成为 y'_D。

有侧线出料时,R_{min} 的确定与所需理论板数的计算,原则上与前相同。

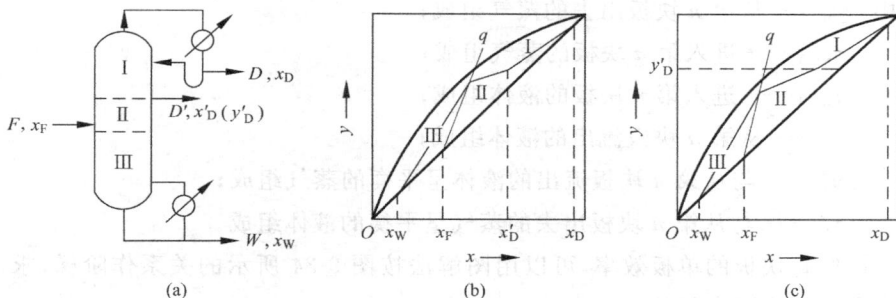

图 9-33 侧线出料时的操作线

5. 蒸出塔

当精馏的目的仅仅是为了回收稀溶液中易挥发组分时,如果对馏出液的浓度要求不高,且挥发组分的相对挥发度较大,不用精馏段已可达到馏出液要求的浓度时,可以不用回流,只有提馏段,这种塔称为蒸出塔。从稀氨水中回收氨就是蒸出塔的一个例子。

9.3.9 精馏塔、冷凝器和再沸器的工艺设计

1. 精馏塔

精馏塔工艺设计的内容很多,这里只讨论两个主要参数——塔高和塔径的确定,其他内容在第 10 章中讨论。

精馏塔有两类:板式塔和填料塔。

1) 板式塔

(1) 塔高

板式塔的塔高取决于实际塔板数和板间距。前面讲了精馏所需理论板数的计算,实际上气、液两相在塔板上接触,相间进行物质传递,分开时两相不能达到平衡,因此实际塔板的分离效果不能达到理论板的分离效果。实际塔板分离效果接近理论板的程度用"板效率"表示。板效率有 3 种表示方式:点效率、单板效率与全塔板效率。这里先介绍后面两种,点效率在第 10 章介绍。

单板效率:又称默弗里(Murphree)板效率。如图 9-34 所示,第 n 块实际塔板的单板效率可以分别用气相单板效率 E_{MV} 或液相单板效率 E_{ML} 表示,其定义如下:

$$E_{MV} = \frac{y_n - y_{n+1}}{y_n^* - y_{n+1}} \tag{9-91}$$

$$E_{ML} = \frac{x_{n-1} - x_n}{x_{n-1} - x_n^*} \tag{9-92}$$

式中：y_n——从第 n 块板出去的蒸气组成；

y_{n+1}——进入第 n 块板的蒸气组成；

x_{n-1}——进入第 n 块板的液体组成；

x_n——从第 n 块板流出的液体组成；

y_n^*——与从第 n 块板流出的液体呈平衡的蒸气组成；

x_n^*——与从第 n 块板出去的蒸气呈平衡的液体组成。

已知每块板的单板效率,可以用图解法按图 9-34 所示的关系作阶梯,求出分离所需的实际塔板数。

单板效率需由实验测定。

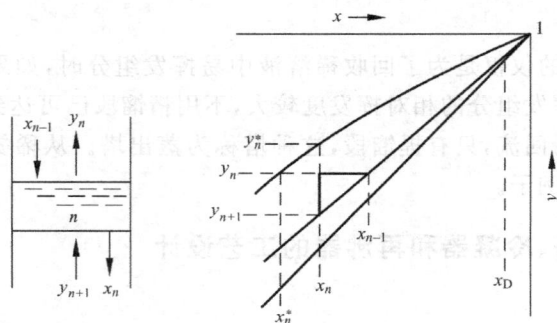

图 9-34　单板效率的示意图

全塔板效率：又称总板效率,它是全塔各层塔板的平均效率(注意不是全塔各板单板效率的平均值),由实验测定。实验测定的方法如下：用一个有 N_P 块塔板的精馏塔分离组成为 x_F 的料液。在一定的操作压力、加料状态和回流比下,得馏出液 x_D 与釜残液 x_W,根据实际操作的这些数据计算出为达此分离要求所需的理论板数 N_T。这表明此塔相当于有 N_T 块理论板,因此,此塔的全塔板效率 E_T 为

$$E_T = \frac{N_T}{N_P} \qquad (9-93)$$

根据上式,只要已知全塔板效率,求出分离所需的理论板数 N_T 后,即可算出精馏塔所需的实际板数：

$$N_P = \frac{N_T}{E} \qquad (9-94)$$

已知实际板数和板间距 h_T,即可根据下式确定塔高 H：

$$H = (N_P - 1)h_T + h_u + h_b \qquad (9-95)$$

式中：h_u——最上面一块塔板距塔顶的高度，m；

　　　h_b——最下面一块塔板距塔底的高度，m。

板效率的高低与很多因素有关，它主要取决于气、液两相间的传质速率。

（2）塔径

板式塔的塔径由下式确定：

$$D = \sqrt{\frac{4V_s}{\pi u}}$$ （9-96）

式中：D——塔的内径，m；

　　　u——塔内允许的蒸气空塔速度，m/s；

　　　V_s——塔内上升蒸气的体积流量，m³/s。

精馏塔中精馏段和提馏段的 V_s 可分别根据 V 和 V' 以及温度和压力确定。

塔内允许的蒸气空塔速度与塔板类型、结构尺寸、体系物性以及操作条件等因素有关，具体计算方法见第 10 章。

2）填料塔

（1）塔高

填料塔的高度 H 由下式确定：

$$H = Z + h_u + h_b$$ （9-97）

式中：Z——填料层高度，m；

　　　h_u——填料层距塔顶的高度，m；

　　　h_b——填料层支撑板距塔底的高度，m。

填料层高度的计算有两种方法：一种是 9.3.6 节中所述的应用传质速率方程计算，即按连续逆流操作来计算；另一种方法是按多级逆流操作处理的算法，先求出分离所需的理论板数 N_T，然后用下式计算填料层高度：

$$Z = N_T H_e$$ （9-98）

式中：H_e——填料的当量高度或等板高度，它的物理意义是气、液两相经过高度为 H_e 的填料层，其传质效果相当于一块理论板，即从 H_e 高的填料层流出的气相与液相组成为一对平衡值。

（2）塔径

塔径的计算也应用式(9-96)，当然式中的 u 应该是填料塔的允许空塔速度，其具体计算见第 10 章。

2. 冷凝器

冷凝器的工艺计算内容包括热负荷、冷却介质用量和传热面计算。

1）冷凝器的热负荷

对图 9-35 所示精馏装置中的全凝器作热量衡算，以单位时间为基准，并忽略热损失，可得为使上升蒸气全部在冷凝器中冷凝成液体所需除去的热量，即全凝器的热负荷：

$$Q_C = VH_D - (L+D)h_D$$

因为

$$V = L + D = (R+1)D$$

所以

$$Q_C = (R+1)D(H_D - h_D) \quad (9\text{-}99)$$

式中：Q_C——全凝器的热负荷，kJ/h；

H_D——塔顶上升蒸气的焓，kJ/kmol；

h_D——馏出液的焓，kJ/kmol。

图 9-35 精馏装置的热量衡算

2）冷却介质用量

冷却介质用量可按下式计算：

$$W_c = \frac{Q_c}{c_c(T_2 - T_1)} \quad (9\text{-}100)$$

式中：W_c——冷却介质用量，kg/h；

c_c——冷却介质的平均比热容，kJ/(kg·K)；

T_1, T_2——冷却介质在冷凝器进、出口处的温度，K。

3）冷凝器传热面的计算

精馏塔的冷凝器的特点是混合蒸气冷凝。与纯蒸气冷凝不同，混合蒸气冷凝时，随着冷凝过程的进行，冷凝温度不断降低，即从蒸气的露点开始冷凝到全部冷凝时的泡点。对于两组分物系的精馏，当馏出液的组成较高，即易挥发组分产品的纯度较高时，其露点与泡点接近，可按纯蒸气冷凝进行计算；当馏出液的露点与泡点相差较大时，需按混合蒸气冷凝计算，可参见有关文献资料。

3. 再沸器

再沸器的工艺计算内容包括热负荷、加热介质用量和传热面计算。

1）再沸器的热负荷

对图 9-35 中的再沸器作热量衡算，可以求出为产生要求的上升蒸气量再沸器中必须加入的热量，即再沸器的热负荷：

$$Q_B = V'H_W + Wh_W - L'h_n + Q_L \quad (9\text{-}101)$$

式中：Q_B——再沸器的热负荷，kJ/h；

Q_L——再沸器的热损失，kJ/h；

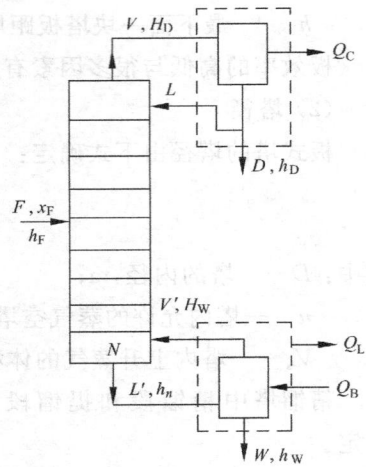

H_W——再沸器上升蒸气的焓，kJ/kmol；

h_W——釜残液的焓，kJ/kmol；

h_n——提馏段底流出液体的焓，kJ/kmol。

因为 $V' = L' - W$，若近似取 $h_n = h_W$，则得

$$Q_B = V'(H_W - h_W) + Q_L \qquad (9\text{-}102)$$

2）加热介质用量

加热介质用量可用下式计算：

$$W_h = \frac{Q_B}{H_{B_1} - H_{B_2}} \qquad (9\text{-}103)$$

式中：W_h——加热介质用量，kg/h；

H_{B_1}，H_{B_2}——分别为加热介质进、出再沸器的焓，kJ/kg。

若用饱和蒸气加热，且冷凝液在饱和温度下排出，则加热蒸气用量可按下式计算：

$$W_h = \frac{Q_B}{r} \qquad (9\text{-}104)$$

式中：r——饱和蒸气的冷凝热，kJ/kg。

应该指出，再沸器的热负荷也可以通过全塔的热量衡算求出，此时可以直接看出进料状态与回流比对再沸器热负荷的影响。

例 9-11　对于例 9-5 的精馏装置，若进料量为 15 000 kg/h，加热蒸气的压力为 245.2 kPa（绝对压力），冷凝液在饱和温度下排出，冷却水进、出口温度分别为 25℃和 35℃，再沸器的热损失为 1.6×10^6 kJ/h，求冷凝器的冷却水量和再沸器的加热蒸气用量。

解：（1）冷凝器的热负荷与冷却水用量

由全塔物料衡算求馏出液量 D：

料液的平均相对分子质量 $= 78 \times 0.44 + 92 \times 0.56 = 85.8$

$F = D + W = 15\,000/85.8 = 175$ kmol/h

$175 \times 0.44 = 0.975D + 0.023\,5W$

解以上两式得

$$D = 76.7 \text{ kmol/h}$$

$$W = 98.3 \text{ kmol/h}$$

根据式（9-99）求冷凝器的热负荷，因为馏出液接近纯苯，设冷凝液在冷凝温度下排出，则 $H_D - h_D$ 即为苯的冷凝热，等于 393.9 kJ/kg，所以

$$Q_C = (3.5 + 1) \times 76.7 \times 78 \times 393.9 = 1.06 \times 10^7 \text{ kJ/h}$$

故冷却水用量：

$$W_C = 1.06 \times 10^7 / (4.187 \times (35 - 25)) = 2.53 \times 10^5 \text{ kg/h}$$

（2）再沸器的热负荷与加热蒸气用量

根据式(9-102)求再沸器热负荷：

$$V' = V = (R+1)D = 4.5 \times 76.7 = 345 \text{ kmol/h}$$

因为釜残液几乎为纯甲苯，故 $H_w - h_w$ 可取纯甲苯的汽化热，等于 363 kJ/kg，所以

$$Q_B = 345 \times 363 \times 92 + 1.6 \times 10^6 = 1.312 \times 10^7 \text{ kJ/h}$$

245.2 kPa(表压)的饱和蒸气的冷凝热为 2 187 kJ/kg，所以加热蒸气用量

$$W_h = 1.312 \times 10^7 / 2\,187 = 6\,000 \text{ kg/h}$$

9.3.10　间歇精馏

间歇精馏又称分批精馏，其操作流程如图 9-36 所示。全部料液一次加入蒸馏釜，精馏时由塔顶蒸出的蒸气经冷凝器冷凝后，一部分作为塔顶产品，另一部分作为回流送回塔内。由于蒸出的馏出液中含有较多的易挥发组分，在整个精馏过程中蒸馏釜内存留的釜液中易挥发组分的组成 x_w 不断下降，塔顶馏出液的组成可以保持不变，也可以随过程的进行而逐渐降低。精馏过程一般进行到釜中残液组成或馏出液组成降低到规定值时为止，放出釜残液，重新加料进行另一次操作。

由上可知，间歇精馏的特点是：

（1）间歇精馏为非定态操作。在精馏过程中，蒸馏釜中的残液和塔内各处的组成、温度等均随时间而变，这使得精馏过程的计算变得较为复杂。

（2）间歇精馏塔只有精馏段。

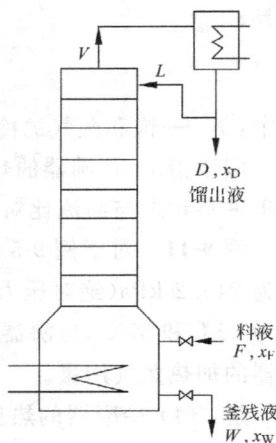

图 9-36　间歇精馏流程

（3）塔内的存液量对精馏过程及产品的产量和质量均有影响。例如精馏终了，塔釜残液中易挥发组分的组成虽已降低到很低的程度，但由于整个塔中存留的液体流入釜中，将使釜液中易挥发组分的组成提高。为了减少塔中的存液量，间歇精馏往往采用填料塔。

间歇精馏的优点是装置简单，操作容易，机动灵活，可以适应料液品种与组成经常变化的情况。所以它适用于小批量、多品种的生产场合，另外，它也适用于多组分混合物初步分离成不同馏程的馏分。

间歇精馏有两种典型的操作方式：

（1）保持回流比恒定。采用这种操作方式时，在精馏过程中，塔顶馏出液组

成 x_D 与釜液组成 x_W 均随时间而下降。

（2）保持馏出液组成恒定。采用这种操作方式时，因为在精馏过程中，x_W 随时间而下降，所以为了保持馏出液组成 x_D 恒定，必须不断增大回流比，精馏终了时，回流比增大到最大。

实际上可根据情况采用不同的操作方法，例如操作初期变更回流比保持馏出液组成恒定，得到合格的馏出液。当回流比增大到一定程度时，不再保持 x_D 固定，而将所得 x_D 较低的产品作为次级产品，或将它加入下一批料液再次精馏。

操作方式不同，间歇精馏的计算方法不同。

因为塔中存留的液体组成随时间而变，这将使计算过程变得十分复杂。为了简化计算，下面的计算中均假设塔中的存液量可忽略。

1. 回流比恒定时的间歇精馏的计算

回流比恒定条件下间歇精馏计算的主要内容是已知料液量 F 和其组成 x_F，要求最终釜液组成 $x_{W,e}$ 和馏出液平均组成 $\bar{x}_D$，确定适宜的回流比和所需理论板数。

1）回流比与理论板数的确定

在两组分连续精馏中已介绍了已知 x_F，x_D 和 x_W 确定 R 与 N_T 的方法，对于间歇精馏，求 R 和 N_T 的方法原则上与连续精馏相同，但不同的是间歇精馏过程中 x_W 与 x_D 均在变化。

如图 9-37 所示，在回流比和理论板数一定的条件下，任意时刻馏出液组成 x_D 与釜液组成 x_W 之间存在一定关系。显然，R 与 N_T 不同，x_D 与 x_W 之间的关系也不同。因此当精馏到釜残液组成等于 $x_{W,e}$ 时，馏出液的平均组成 $\bar{x}_D$ 将随 R 与 N_T 而异。也就是说，对于一定的 $x_{W,e}$ 与 $\bar{x}_D$，有一组确定的 R 与 N_T。

下面讨论 $x_{W,e}$，$\bar{x}_D$ 和 R，N_T 的关系。假设 R 与 N_T 已经确定，则根据图 9-37 所示的关系，可以求出釜液组成从 x_F 到 $x_{W,e}$ 的过程中，任何时刻 x_W 与 x_D 的关系 $x_D = f(x_W)$。

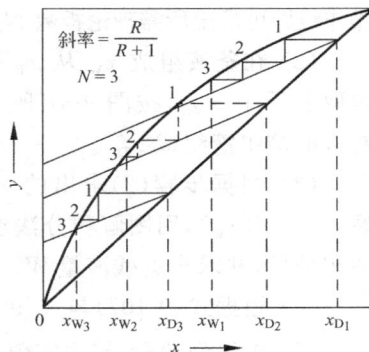

图 9-37　恒回流比间歇精馏时 x_D 和 x_W 的关系

仿照简单蒸馏计算中确定馏出液与釜残液的量和组成的方法。分析精馏过程中某一瞬间的情况，此时釜液量为 W，组成为 x_W，馏出液组成为 x_D。经过微分时间 dt 得到的馏出液量（即釜液的减少量）为 dW，釜液量变为 $W - dW$，组成

变为 $x_{\mathrm{w}}-\mathrm{d}x_{\mathrm{w}}$。以 $\mathrm{d}t$ 为基准作易挥发组分的物料衡算得

$$Wx_{\mathrm{w}} = (W-\mathrm{d}W)(x_{\mathrm{w}}-\mathrm{d}x_{\mathrm{w}}) + x_{\mathrm{D}}\mathrm{d}W$$

略去高阶微分,可得

$$\frac{\mathrm{d}W}{W} = \frac{\mathrm{d}x_{\mathrm{w}}}{x_{\mathrm{D}}-x_{\mathrm{w}}} \qquad (9\text{-}105)$$

从过程开始($W=F$,$x_{\mathrm{w}}=x_{\mathrm{F}}$)到终了($W=W$,$x_{\mathrm{w}}=x_{\mathrm{w,e}}$)积分得

$$\ln\frac{F}{W} = \int_{x_{\mathrm{w,e}}}^{x_{\mathrm{F}}} \frac{\mathrm{d}x_{\mathrm{w}}}{x_{\mathrm{D}}-x_{\mathrm{w}}} \qquad (9\text{-}106)$$

上式表示在一定的 R 与 N_{T} 的条件下,最终釜液组成 $x_{\mathrm{w,e}}$ 与釜残液量 W 的关系。已知 $x_{\mathrm{w,e}}$ 与 W,即可根据物料衡算求出馏出液量 D 与平均组成 $\overline{x}_{\mathrm{D}}$。以一批操作为基准进行物料衡算得

$$F = D+W \qquad (9\text{-}107)$$

$$Fx_{\mathrm{F}} = D\overline{x}_{\mathrm{D}} + Wx_{\mathrm{w,e}} \qquad (9\text{-}108)$$

从上面两式可知,已知 W 和 $x_{\mathrm{w,e}}$ 就可算出 D 与 $\overline{x}_{\mathrm{D}}$。

上述关系实质上表示一个复杂的联立方程组,所以为了求出达到规定 $\overline{x}_{\mathrm{D}}$ 所需的 R 与 N_{T},需用试差法,步骤如下:

(1) 假设精馏开始时的馏出液组成 $x_{\mathrm{D},i}$,根据此 $x_{\mathrm{D},i}$ 与开始时的釜液组成 x_{F},求出所需的最小回流比。据此确定适宜的回流比 R,根据 R 作操作线即可求出所需理论板数 N_{T}(见图9-38)。

(2) 在釜液组成 x_{w} 从 x_{F} 到 $x_{\mathrm{w,e}}$ 的范围内取若干个 $x_{\mathrm{w},i}$,按图9-37所示的关系求出对应的馏出液组成 $x_{\mathrm{D},i}$。

(3) 根据步骤(2)求出的 $x_{\mathrm{D},i}$ 与 $x_{\mathrm{w},i}$ 的关系:$x_{\mathrm{D}}=f(x_{\mathrm{w}})$,用图解积分法求出式(9-106)的积分项,并求出釜残液量 W。

(4) 根据式(9-107)与式(9-108)求出 $\overline{x}_{\mathrm{D}}$。

(5) 将得到的 $\overline{x}_{\mathrm{D}}$ 与规定值比较,如相等,

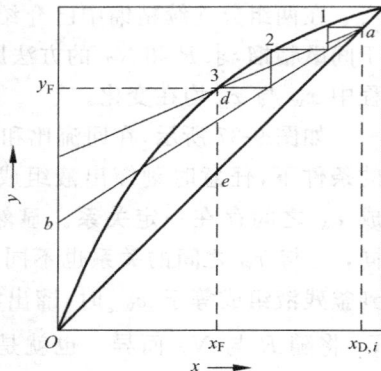

图9-38 恒回流比间歇精馏时理论板层数的确定

则步骤(1)确定的 R 与 N_{T} 即为所求;否则,另设 $x_{\mathrm{D},i}$ 重做步骤(1)～步骤(4)的计算,直至算出的 $\overline{x}_{\mathrm{D}}$ 与规定值相等为止。

从以上计算过程可以看出 $F,x_{\mathrm{F}},W,x_{\mathrm{w,e}},D,\overline{x}_{\mathrm{D}},R$ 以及 N_{T} 之间的相互关系,掌握这些参数之间的关系,就可以进行其他类型的计算,例如已知 F,x_{F},$x_{\mathrm{w,e}},R,N_{\mathrm{T}}$,求 $\overline{x}_{\mathrm{D}},W$ 和 D。

2）汽化量的确定

间歇精馏的汽化量决定了所需加热蒸气用量、精馏塔的直径与蒸馏釜的传热面积。

在回流比恒定的条件下，一批操作中塔釜的总汽化量 V 为

$$V = (R+1)D \tag{9-109}$$

根据总汽化量和一批操作的时间，可以求出单位时间的蒸气用量和精馏塔的塔径与蒸馏釜的传热面积。

2. 馏出液组成恒定时的间歇精馏的计算

馏出液组成恒定时的计算内容基本上与回流比恒定时类似，可表述为已知 F, x_F, x_D 和 $x_{W,e}$，确定 D, W, R 和 N_T。

1）求 D 和 W

可由式（9-107）和式（9-108）求得。

2）求 R 和 N_T

对于馏出液组成保持不变的情况，在精馏过程中，釜液组成不断降低，分离愈来愈困难，到过程终了时，分离最困难。因此回流比和理论板数的确定，应以此时的条件为准。

确定回流比与理论板数的方法与一般两组分连续精馏时的方法相同，即根据 x_D 与 $x_{W,e}$ 求出最小回流比 R_{min}，然后确定适宜回流比，作出操作线，即可求出理论板数（见图 9-39）。此时求出的 R 是操作终了时的回流比，在操作开始至终了的过程中，所用的回流比应低于此值。

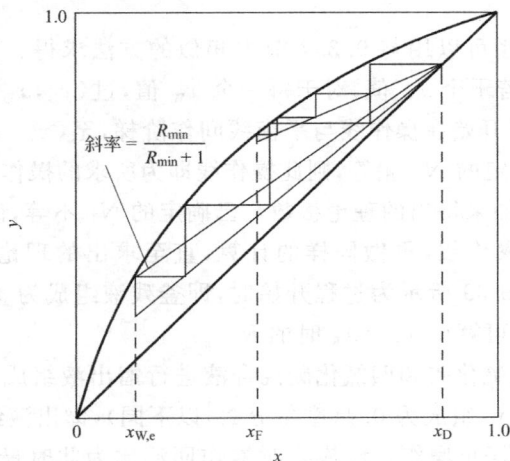

图 9-39　馏出液组成恒定时，N_T, R 与 x_W 关系的确定

3）汽化量的确定

如上所述，为了保持 x_D 恒定，随着 x_W 的降低，所需回流比逐渐增加，因此蒸馏釜中汽化量与过程中所得的馏出液量不成正比，不能用式（9-109）计算一批操作的总汽化量，需通过下列推导求出。

对于过程中的某一时刻，釜液量为 W，组成为 x_W，回流比为 R。经时间 dt 得馏出液量 dD，回流液量 dL，釜液的汽化量为 dV。以塔顶冷凝器为系统做物料衡算得

$$dV = dL + dD = (R+1)dD \qquad (9\text{-}110)$$

以过程开始至此时刻的一段时间为基准做物料衡算，消去 W 可得

$$D = F\frac{x_F - x_W}{x_D - x_W}$$

$$dD = F\frac{x_F - x_D}{(x_D - x_W)^2}dx_W \qquad (9\text{-}111)$$

将上式代入式（9-110）得

$$dV = F(R+1)\frac{x_F - x_D}{(x_D - x_W)^2}dx_W \qquad (9\text{-}112)$$

从过程开始（$V=0$，$x_W = x_F$）到终了（$V=V$，$x_W = x_{W,e}$）积分，得过程的总汽化量 V：

$$V = F(x_F - x_D)\int_{x_{W,e}}^{x_F}\frac{R+1}{(x_D - x_W)^2}dx_W \qquad (9\text{-}113)$$

式中，R 与 x_W 有关，只要得出它们之间的关系即可用图解积分法求出上式右侧的积分值。

R 与 x_W 的关系可以用与 9.3.7 节中相似的方法求得。其具体做法如下：从 x_F 到 $x_{W,e}$ 间取若干个 x_W 值，对于每一个 x_W 值，过 (x_D, x_D) 点作一假设的操作线，从 (x_D, x_D) 点开始在操作线与平衡线间作阶梯，至 (x_W, x_W) 点为止。若所得理论板数与已确定的 N_T 相等，则此操作线即为所求的操作线，根据此操作线斜率即可算出 R；如果得出的理论板数与已确定的 N_T 不等，说明假设的操作线非所求，重新假设操作线，再做同样的计算，直至求出的理论板数与已确定的 N_T 相等为止。图 9-39 所示为过程开始时，即釜残液组成为 x_F 时的操作线，根据此操作线的斜率可算出 $x_W = x_F$ 时的 R。

例 9-12 将二硫化碳和四氯化碳混合液进行馏出液组成恒定的间歇精馏。原料液量为 50 kmol，组成为 0.4（摩尔分数，以下同），馏出液组成为 0.95，釜液组成达到 0.079 时停止操作。设最终时操作回流比为此时最小回流比的 1.76 倍。试求：

（1）理论板数；

（2）总汽化量。

操作条件下，CS_2-CCl_4 体系的平衡数据列于下表（CS_2 为易挥发组分）：

x	y	x	y
0	0	0.390 8	0.634 0
0.029 6	0.082 3	0.531 8	0.747 0
0.061 5	0.155 5	0.663 0	0.829 0
0.110 6	0.266 0	0.757 4	0.879 0
0.143 5	0.332 5	0.860 4	0.932 0
0.258 0	0.495 0	1.0	1.0

解：（1）理论板数

在 y-x 图上绘平衡曲线和对角线（见图 9-40（a））。在该图上读得当 $x_W = 0.079$ 时，气相的平衡组成 $y_W = 0.2$，则

$$R_{min} = \frac{x_D - y_W}{y_W - x_W} = \frac{0.95 - 0.2}{0.2 - 0.079} = 6.2$$

所以

$$R = 6.2 \times 1.76 = 10.9$$

操作线在 y 轴上的截距为

$$\frac{x_D}{R+1} = \frac{0.95}{10.9 + 1} = 0.08$$

可得 b 点（0，0.08），连接 b 点与 a 点（0.95，0.95）得操作线方程，作阶梯得知共需 7 块理论板（包括蒸馏釜）。

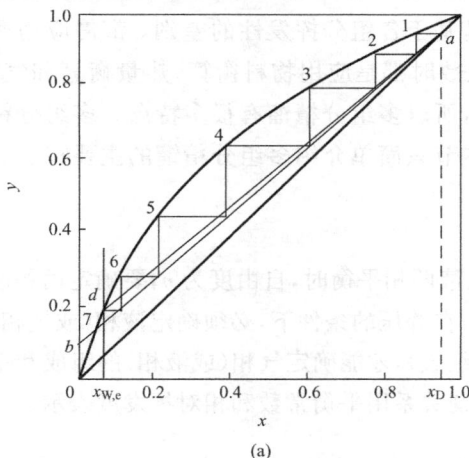

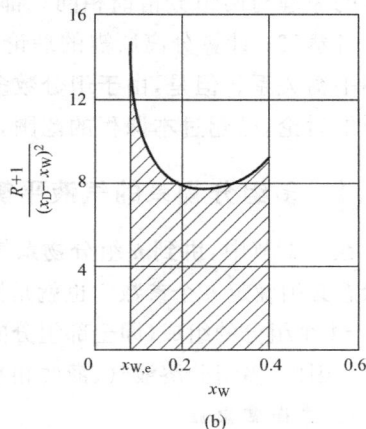

图 9-40　例 9-12 图示

（2）总汽化量

应用式(9-113)求 V，首先要找出 R 与 x_W 的关系。用图解试差法，对不同的 x_W 值在 y-x 图上试作操作线，使得从 a 点开始作 7 个阶梯，最后一级对应的液相组成正好为 x_W，所得结果（附图未画出求算过程）列于下表：

x_W	R	$(R+1)/(x_D-x_W)^2$
0.4	1.75	9.09
0.312	2.26	8.01
0.258	2.80	7.94
0.185	3.75	8.12
0.126	5.79	10
0.079	10.9	15.7

在直角坐标上标绘 x_W 和 $(R+1)/(x_D-x_W)^2$ 的关系曲线，如图 9-40(b)所示，由图得 x_W 从 0.079 到 0.4 曲线所包围的面积为 2.9，即

$$\int_{0.079}^{0.4} \frac{R+1}{(x_D-x_W)^2} \mathrm{d}x_W = 2.9$$

所以

$$V = 50 \times (0.95-0.4) \times 2.9 = 80 \text{ kmol}$$

9.4 多组分精馏

生产中遇到的混合物绝大多数是多组分混合物，用精馏方法分离多组分混合物的原理与两组分精馏相同。都是基于各组分挥发性的差别；都需应用回流与上升蒸气；计算分离所需的理论板数时都是应用物料衡算，热量衡算和气、液两相平衡关系。但是，由于组分数多，所以多组分精馏有很多特点。多组分精馏的详细讨论，已超过本课程的范围，本节只简单介绍多组分精馏的主要特点。

9.4.1 多组分物系的气液平衡

在 9.1 节中，讲到 n 组分物系气、液两相平衡时，自由度为 n，要确定两相的平衡状态必须确定 n 个参数。也就是说，在等压的条件下，必须确定液相（或气相）中的 $n-1$ 个组分的组成（即全部组分的组成），才能确定气相（或液相）的组成和平衡温度。因此，多组分溶液气、液两相平衡关系用平衡常数和相对挥发度表示。

1. 平衡常数法

对于多组分理想体系，根据组分的平衡常数，已知液相组成，可以根据泡点

方程式(9-24)求气相组成与平衡温度,计算时需用试差法。计算过程如下:先假设泡点温度,根据所设泡点温度与总压,求出各组分的平衡常数 K_i,然后代入泡点方程,检验 $\sum y_i$(或 $\sum K_i x_i$)是否等于 1。如等于 1,则所设泡点即为所求,否则重新试设泡点温度,重新检验 $\sum y_i$(或 $\sum K_i x_i$)的数值,直至 $\sum y_i = 1$ 为止,则所设温度即为所求泡点,并据此定出气相的平衡组成。

如已知气相组成,要求平衡温度(露点)及液相平衡组成,则可以应用露点方程式(9-25),也需用试差法。试算方法与求泡点类似,即假设一露点温度,使露点方程的 $\sum y_i/K_i$(或 $\sum x_i$)等于 1,则假设的露点温度即为所求,同时定出液相的平衡组成。

例 9-13 苯(A)、甲苯(B)和乙苯(C)的三组分溶液,组成分别为 $x_A = 0.4$,$x_B = 0.4$,$x_C = 0.2$(均为摩尔分数)。求在 101.33 kPa 下此溶液的泡点和平衡气相组成。苯、甲苯和乙苯的蒸气压如下表所示:

$T/℃$	80.1	84	88	92	96	100	104	108	110.6
p_A^0/kPa	101.33	104.13	128.40	144.13	161.33	180.0	200.26	222.39	237.73
p_B^0/kPa	38.93	44.53	50.80	57.87	65.60	74.13	83.60	94.0	101.33
p_C^0/kPa	16.80	19.47	22.53	26.0	29.87	34.27	39.07	44.53	48.27

解:此体系可视为理想体系,应用泡点方程式(9-24),用试差法计算。

设泡点为 96℃,苯、甲苯和乙苯在此温度下的平衡常数分别为

$$K_A = \frac{161.33}{101.33} = 1.592$$

$$K_B = \frac{65.60}{101.33} = 0.647$$

$$K_C = \frac{29.87}{101.33} = 0.295$$

$\sum Kx = 1.592 \times 0.4 + 0.647 \times 0.4 + 0.295 \times 0.2 = 0.956 < 1$,说明所设泡点偏低。

设泡点为 97.5℃,按附表中的数据内插,得此温度下苯、甲苯、乙苯的蒸气压分别为 168.53,68.8,31.47 kPa,则

$$K_A = \frac{168.53}{101.33} = 1.663$$

$$K_B = \frac{68.8}{101.33} = 0.679$$

$$K_C = \frac{31.47}{101.33} = 0.31$$

$\sum Kx = 1.663 \times 0.4 + 0.679 \times 0.4 + 0.31 \times 0.2 \approx 1$，所以泡点为97.5℃，平衡气相组成为

$$y_A = 0.665$$
$$y_B = 0.272$$
$$y_C = 0.067$$

2. 相对挥发度

多组分体系中组分的相对挥发度也是两组分挥发度之比。对于理想体系，两组分的相对挥发度就是此两组分纯态的蒸气压之比：

$$\alpha_{ij} = p_i^0 / p_j^0 \tag{9-114}$$

式中：α_{ij}——任意组分 i 对于基准组分 j 的相对挥发度，通常取较难挥发的组分为基准组分。

因为对于理想体系，相对挥发度随温度的变化小，在一个相当大的温度范围内可以近似地视为常数，因此用 α 求气、液两相的平衡组成比较方便。

已知液相组成 $x_1, x_2, \cdots, x_i, \cdots$，应用组分的相对挥发度求气相平衡组成 $y_1, y_2, \cdots, y_i, \cdots$ 的关系式推导如下：

根据平衡常数定义式(9-22)

$$y_i = K_i x_i \tag{9-22a}$$

两相平衡时，式(9-24)成立，即

$$\sum K_i x_i = 1 \tag{9-24a}$$

式(9-22a)除以式(9-24)得

$$y_i = \frac{K_i x_i}{\sum K_i x_i} \tag{9-115}$$

因为对于理想体系

$$\alpha_{ij} = \frac{p_i^0}{p_j^0} = \frac{p_i^0 / p}{p_j^0 / p} = \frac{K_i}{K_j} \tag{9-116}$$

所以

$$K_i = \alpha_{ij} K_j \tag{9-116a}$$

将此式代入式(9-115)，即可得到根据液相组成与组分相对挥发度求气相平衡组成的关系式：

$$y_i = \frac{\alpha_{ij} x_i}{\sum \alpha_{ij} x_i} \tag{9-117}$$

已知液相组成，根据相对挥发度求泡点时，可应用式(9-117)，对于基准组分 j，式(9-117)为

$$y_j = \frac{\alpha_{jj} x_j}{\sum \alpha_{ij} x_i} = \frac{x_j}{\sum \alpha_{ij} x_i} \tag{9-118}$$

对于理想体系,根据式(9-8)可知:

$$x_j = p y_j / p_j^0$$

代入式(9-118)得

$$p_j^0 = p / \sum \alpha_{ij} x_i \qquad (9\text{-}119)$$

式中,p_j^0 为所求泡点温度下纯组分 j 的饱和蒸气压,因为式(9-119)中 p 与液相组成 x_i 已知,所以式(9-119)可以用来计算泡点,需用试差法。计算方法如下:试设一泡点温度,算出各组分的 α_{ij},即可求出基准组分 j 的蒸气压 p_j^0,由它求出泡点 T_b,如 T_b 与试设值相同,则即为所求,否则重设 T_b,再计算,直至所设值与计算值相等为止。一般 α 随温度变化不大,只要试算一二次即可算出结果。

已知气相组成,应用相对挥发度法求液相平衡组成的方法可按推导式(9-117)类似的方法进行推导,得出计算平衡液相组成的关系式

$$x_i = \frac{y_i / \alpha_{ij}}{\sum y_i / \alpha_{ij}} \qquad (9\text{-}120)$$

同样,已知气相组成求露点,亦可按推导式(9-119)类似的方法,推导求算露点的关系式

$$p_j^0 = p \sum (y_i / \alpha_{ij}) \qquad (9\text{-}121)$$

例 9-14 对于例 9-13 的溶液,用相对挥发度法求气相平衡组成与泡点。

解:根据溶液组成估计泡点在 100℃ 左右,取乙苯为基准组分,由例 9-13 附表可得 α 如下表:

$T/℃$	96	100	104
α_{AC}	5.40	5.25	5.13
α_{BC}	2.20	2.16	2.14

取 100℃ 的值计算,应用式(9-117),得

$$y_A = \frac{5.25 \times 0.4}{5.25 \times 0.4 + 2.16 \times 0.4 + 1 \times 0.2} = \frac{2.1}{3.164} = 0.664$$

$$y_B = \frac{2.16 \times 0.4}{3.164} = 0.273$$

$$y_C = \frac{0.2}{3.164} = 0.063$$

根据式(9-119)求泡点:

$$p_C^0 = \frac{101.33}{3.164} = 32.0 \text{ kPa}$$

根据例 9-13 附表中乙苯的蒸气压数据内插可得泡点为 97.9℃,与原假设不符。

取 97.9℃时的 α 值重做计算：$\alpha_{AC}=5.32$，$\alpha_{BC}=2.18$，则

$$y_A = \frac{5.32 \times 0.4}{5.32 \times 0.4 + 2.18 \times 0.4 + 1 \times 0.2} = \frac{2.128}{3.2} = 0.665$$

$$y_B = \frac{2.18 \times 0.4}{3.2} = 0.273$$

$$y_C = \frac{0.2}{3.2} = 0.063$$

所以

$$p_C^0 = \frac{101.33}{3.2} = 31.67 \text{ kPa}$$

求出泡点为 97.6℃，与计算 α 值的 97.9℃接近，故上述结果即为所求。与例 9-13 的结果比较，两者基本一致。

9.4.2 多组分精馏的工艺流程

根据两组分间歇精馏的原理可以推论，对于多组分混合液，如果采用间歇精馏，可以只用一个精馏塔，按沸点由低到高（挥发性由高到低）的顺序，依次蒸出各个较纯的组分。

根据两组分连续精馏的原理可知，应用一个连续精馏塔不可能将多组分混合物完全分离成各个组分，只能将混合物分离成两个组分不互掺（严格地说基本上不互掺）的物料，就是说每一个塔的作用只能将混合物从两个沸点相邻的组分处分开而得 2 个物料。所以要把 n 组分混合物分离成 n 个较纯组分，必须用 $n-1$ 个精馏塔。例如三组分混合物的分离需要用两个精馏塔，四组分混合物的分离需要用 3 个精馏塔。显然，两个以上精馏塔连续操作就有一个如何安排流程最好的问题。

图 9-41 是三组分混合物精馏的两种典型流程。其中流程（a）是按组分挥发性递减的顺序逐塔依次从塔顶蒸出，最难挥发的（最重的）组分从最后一个塔的塔釜分出。在这种流程中，从塔顶冷凝情况看，组分 A 和 B 都只被汽化一次、冷凝一次。流程（b）则是按挥发性递增的顺序，逐塔依次从塔釜分出，最易挥发的（最轻的）组分从最后一个塔的塔顶蒸出。在这种流程中，从塔顶冷凝情况看，组分 A 被汽化两次、冷凝两次，组分 B 被汽化与冷凝各一次。对于 4 组分以上的混合物的精馏，除了上述两种顺序的流程外还有同时有上述两种顺序的混合流程。比较（a）与（b）两种流程可知，流程（a）中汽化和冷凝的量比流程（b）小，所以加热与冷却介质用量少，精馏塔径、冷凝器和再沸器的传热面积均小，因此操作费用和设备费用均较低，所以从节省操作费用与投资考虑一般宜取流程（a）。但是，实际上在确定流程时常常还需考虑其他一些因素。例如物质的热稳定性问题，对于混合物中的热敏性物质应该注意在精馏过程中使它受热时间尽量短，如

果它是最难挥发的组分,应在第一个塔中就把它从塔釜分出,以免它在几个精馏塔中多次受热,减少分解与变质的可能。如果混合物中有一对难分离的相邻组分,它们的分离需要很多理论板,宜把它们放到最后一个塔中分离。因为这时处理的物料少,所需塔径小。考虑这些因素,就有各种混合流程。

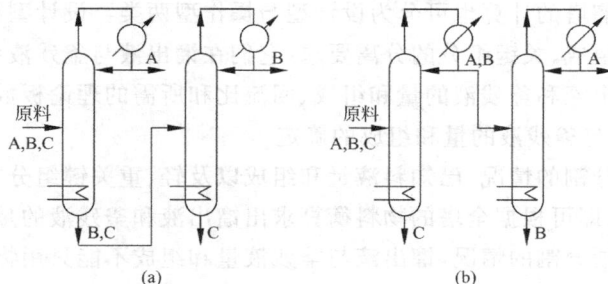

图 9-41　三组分溶液精馏流程方案比较

当只要求把多组分混合物分离成几种具有一定沸程的混合物时,例如将原油分离成汽油、煤油、柴油等具有一定沸程的产品,应用一个具有侧线采出的精馏塔就能达到目的,如炼油厂的常压蒸馏塔。

9.4.3　多组分精馏的计算

1. 关键组分

在多组分精馏中,对于塔顶和塔底两个产品(馏出液与釜残液),一般只能规定馏出液中某个难挥发组分(重组分)的含量不能高于某一限制值,釜残液中某个易挥发组分(轻组分)的含量不能高于某一限定值。只要规定这一对重组分和轻组分在馏出液和釜残液中的组成,那么,在一定的条件下其他组分在馏出液与釜残液中的组成也就随之而定,不能再任意规定。因此,在一个多组分精馏塔的计算中,通常只着眼于分析这两个组分的分离。这两个组分称为关键组分,其中较易挥发的组分称为轻关键组分,较难挥发的组分称为重关键组分,通常这两个组分在混合物诸组分按挥发性高低的次序排列中位置相邻。

应用关键组分的概念将多组分混合物在一个精馏塔中分离成塔顶和塔底两种产品时,根据各组分挥发性的不同,可以区分为两种情况:

(1) 清晰分割

比重关键组分还重的(更难挥发的)组分全部进入塔底产品,比轻关键组分还轻的(更易挥发的)组分全部进入塔顶产品,这种情况称为清晰分割。

(2) 非清晰分割

在塔顶产品中含有比重关键组分还重的组分,在塔底产品中含有比轻关键组分还轻的组分,这种情况称为非清晰分割。

实际上,严格说不存在清晰分割,但是有的情况下为了简化问题可以把接近清晰分割的情况作为清晰分割处理。

2. 多组分精馏塔的计算

多组分精馏塔的计算也可分为设计型与操作型两类。设计型计算可归结为已知料液量和组成、关键组分的分离要求(它们在馏出液与釜残液中的组成或回收率),确定馏出液和釜残液的量和组成、回流比和所需的理论板数。

1)馏出液与釜残液的量和组成的确定

对于清晰分割的情况,已知料液量和组成以及轻、重关键组分在馏出液和釜残液中的组成,即可根据全塔的物料衡算求出馏出液和釜残液的量与组成。

对于非清晰分割的情况,馏出液与釜残液量和组成不能只用物料衡算求出,而需根据逐板计算或其他计算方法的反复校核才能确定。

2)回流比的确定

多组分精馏回流比的确定也是先确定最小回流比,然后考虑各种经济因素确定适宜回流比。但是多组分精馏时最小回流比的确定不能像两组分精馏那样可用图解法简单明了地确定,而需要用复杂的解析法才能确定。一般采用简化的估算公式,常用的是恩德伍德(Underwood)方程,它包括两个方程:

$$\sum_{i=1}^{n} \frac{\alpha_{ij} x_{F,i}}{\alpha_{ij} - \theta} = 1 - q \tag{9-122}$$

$$R_{\min} = \sum_{i=1}^{n} \frac{\alpha_{ij} x_{D,i}}{\alpha_{ij} - \theta} - 1 \tag{9-123}$$

式中:α_{ij}——组分 i 对基准组分 j(常取重关键组分 h)的相对挥发度,可取塔顶和塔釜温度下 α 的几何平均值;

$x_{F,i}$——料液中组分 i 的摩尔分数;

$x_{D,i}$——馏出液中组分 i 的摩尔分数;

θ——恩德伍德方程的根。

若进料中有 k 个组分,式(9-122)的 θ 有 k 个根,所要求的 θ 根应在轻、重关键组分的相对挥发度 α_{ij} 和 a_{hj} 之间,如两关键组分间没有中间组分,则 θ 只取一个值;若两关键组分间还有 k 个中间组分,则 θ 可取 $k+1$ 个值。在用上述两个方程式求解最小回流比 $R_{\min}$ 时,需用试差法,先从式(9-122)求出 θ,然后代入式(9-123)算出 $R_{\min}$。当两关键组分间有中间组分时,可求出多个 $R_{\min}$,最后取 $R_{\min}$ 的平均值。

应用恩德伍德方程的条件是:①塔内气、液相为恒摩尔流;②各组分的相对挥发度为常数。

3）理论板数的计算

多组分精馏塔所需理论板数计算的基本依据也是逐板计算原理，所用的基本关系式也是物料衡算、热量衡算和气液平衡关系。精确的计算十分复杂，目前可以通过多种商用软件进行计算，此外还有作粗略估算的简捷法。本节只介绍简捷法和逐板计算法。

（1）简捷法

计算多组分精馏塔所需理论板数的简捷法基本上与两组分精馏相同，它是把多组分精馏简化为分离轻、重关键组分的两组分精馏，应用芬斯克方程与吉利兰图来进行计算。计算步骤如下：

第一步，根据料液组成与分离要求确定轻、重关键组分；

第二步，估算塔顶、塔底产品组成和各组分的相对挥发度，一般按清晰分割处理；

第三步，根据塔顶、塔底产品中轻、重关键组分的组成及其平均相对挥发度，用芬斯克方程计算最少理论板数；

第四步，用恩德伍德方程计算最小回流比，并确定操作回流比；

第五步，利用吉利兰图求所需理论板数；

第六步，用求全塔所需理论板数的方法求精馏段所需理论板数，从而确定加料板位置。

简捷法忽略了许多因素，误差较大，是很粗略的估算。由于多组分精馏精确计算的复杂性，计算工作量往往十分庞大，所以实际上常常使用简捷法作粗略估算，或者用它求出计算机计算多组分精馏时的初值。

（2）逐板计算法

逐板计算方法有多种，这里介绍最简单的一种，称为刘易斯-麦提逊（Lewis-Mathson）法，简称 L-M 法。这种方法与应用恒摩尔流假设的两组分精馏逐板计算法的原理完全相同，计算过程也是交替使用平衡关系与操作线方程，逐板进行计算，计算步骤如下：

第一步，根据进料组成及分离要求，估算塔顶、塔底产品组成，再由物料衡算求出馏出液量 D 和釜残液量 W（注意不能用清晰分割法定产品组成）。

第二步，用恩德伍德法计算最小回流比，确定适宜的操作回流比，确定精馏段与提馏段的气、液流量 L 与 L' 和 V 与 V'，求出精馏段与提馏段操作线方程。

第三步，对精馏段作逐板计算。如采用全凝器，则根据馏出液组成确定塔顶第 1 块理论板流出的蒸气中每个组分的组成 $y_{1,i}$，根据气液平衡关系：

$$y_{1,i} = K_{1,i} x_{1,i}$$

求出第 1 块板流出的液体中每个组分的组成 $x_{1,i}$。然后由精馏段操作线方程：

$$y_{i+1} = \frac{R}{R+1}x_i + \frac{1}{R+1}x_{D,i}$$

根据 $x_{1,i}$ 确定第 2 块板流出的蒸气中每个组分的组成 $y_{2,i}$。再根据气液平衡关系求 $x_{2,i}$。如此逐板计算,直至第 $n-1$ 块板与第 n 块板流出的液体中轻、重关键组分的组成比达到下述关系为止:

$$\left(\frac{x_1}{x_h}\right)_{n-1} \geqslant \left(\frac{x_1}{x_h}\right)_F \geqslant \left(\frac{x_i}{x_h}\right)_n \tag{9-124}$$

式中,$\left(\dfrac{x_1}{x_h}\right)_F$ 为进料液(设为饱和液进料)中轻、重关键组分的组成比,则 n 为本次计算得出的精馏段所需理论板数。

第四步,对提馏段作逐板计算。根据釜残液的组成 $x_{w,i}$,应用平衡关系求上升蒸气中各组分的组成 $y_{w,i}$,然后根据提馏段操作线方程:

$$y_{i+1} = \frac{L'}{L'-W}x_i - \frac{W}{L'-W}x_{w,i}$$

计算从提馏段第 1 块理论板(自下往上数)流下的液体中各组分的组成 $x_{1,i}$,再利用平衡关系求第 1 块板流出的蒸气中各组分的组成 $y_{1,i}$。如此逐板往上算,直至第 m 块和第 $m+1$ 块板流出的液体中轻、重组分的组成比符合下列关系为止:

$$\left(\frac{x_1}{x_h}\right)_m \leqslant \left(\frac{x_1}{x_h}\right)_F \leqslant \left(\frac{x_1}{x_h}\right)_{m+1} \tag{9-125}$$

则 m 为本次计算得出的提馏段所需理论板数。

至此尚需检验上述计算得出塔中部各组分的组成 $x_{n,i}$ 与 $x_{m,i}$ 是否较好地吻合;如不吻合,则需调整塔底、塔顶产品中各非关键组分的组成或回流比,重新进行上面的计算,直到算出的 $x_{n,i}$ 与 $x_{m,i}$ 较好地吻合为止,则该次计算的 n 与 m 即为所求的精馏段与提馏段所需的理论板数。

可见计算工作量很大,如果考虑各层塔板上气、液温度和组分汽化热不同等因素而引起的气、液流量的变化,尚需引入热量衡算关系,则计算过程将更为复杂,所以需要专门的计算方法用计算机进行计算。

例 9-15 有一苯(A)、甲苯(B)和乙苯(C)的溶液,流量为 100 kmol/h,组成为 $x_{FA}=0.44,x_{FB}=0.36,x_{FC}=0.2$,要求把其中的苯与甲苯和乙苯分开(即苯、甲苯分别为轻、重关键组分),塔顶馏出液中 $x_{DB}\leqslant0.026$,塔底釜残液中 $x_{WA}\leqslant0.023\,5$,取回流比为 3.5,泡点进料。求:

(1)馏出液与釜残液的流量及组成;

(2)用简捷法求所需理论板数和加料位置。

解:(1)馏出液与釜残液的流量及组成

因苯与甲苯的分离要求很高,同时这 3 个物质的挥发性的差别较大,故可以按清晰分割考虑，即 $x_{DC}=0$，所以 $x_{DA}=0.974, x_{DB}=0.026$。然后做全塔的物料衡算。

总物料衡算：

$$100 = D + W \qquad\qquad (a)$$

苯的衡算：

$$0.44 \times 100 = 0.974D + 0.023\,5W \qquad\qquad (b)$$

式(a)与式(b)联立求解，得

$$W = 56.2 \text{ kmol/h}$$
$$D = 43.8 \text{ kmol/h}$$

乙苯的衡算：

$$0.2 \times 100 = x_{wc} \times 56.2$$

所以

$$x_{wc} = 0.356$$

甲苯的衡算：

$$0.36 \times 100 = 0.026 \times 43.8 + x_{wB} \times 56.2$$

所以

$$x_{wB} = 0.62$$

检验：

$$x_{wA} + x_{wB} + x_{wc} = 0.023\,5 + 0.62 + 0.356 = 0.999\,5 \approx 1$$

(2) 简捷法求理论板数

① 计算塔顶、塔底温度下的相对挥发度

塔顶几乎为纯苯，故温度接近 $80.1\,℃$，由例 9-13 附表的蒸气压数据，得

$$\alpha_{AB} = \frac{101.33}{38.93} = 2.6$$

$$\alpha_{CB} = \frac{16.8}{38.93} = 0.43$$

根据例 9-13 附表数据外延得到的蒸气压数据估计釜液泡点约为 $117.5\,℃$（塔底温度），相应地，则有

$$\alpha_{AB} = 2.3$$

$$\alpha_{CB} = 0.47$$

故

$$\overline{\alpha_{AB}} = \sqrt{2.6 \times 2.3} = 2.45$$

$$\overline{\alpha_{CB}} = \sqrt{0.43 \times 0.47} = 0.45$$

② 根据苯与甲苯的分离要求，应用芬斯克方程式(9-80)求 N_{min}

$$N_{min} = \frac{\lg\left[\left(\dfrac{0.974}{0.026}\right) \times \left(\dfrac{0.62}{0.023\,5}\right)\right]}{\lg 2.45} = 7.7$$

③ 用恩德伍德法求 R_{min}

将已知数据代入式(9-122)得

$$\frac{2.45 \times 0.44}{2.45 - \theta} + \frac{1 \times 0.36}{1 - \theta} + \frac{0.45 \times 0.2}{0.45 - \theta} = 1 - 1 = 0$$

用试差法解得 $\theta = 1.391$(在 $\alpha_{AB} = 2.45$ 与 $\alpha_{BB} = 1$ 之间的值),代入式(9-123)得

$$R_{min} = \frac{2.45 \times 0.974}{2.45 - 1.391} + \frac{0.026}{1 - 1.391} - 1 = 1.19$$

④ 应用吉利兰图求总理论板数

$$\frac{R - R_{min}}{R + 1} = \frac{3.5 - 1.19}{3.5 + 1} = 0.513$$

查图 9-26 得

$$\frac{N - N_{min}}{N + 2} = 0.24$$

所以

$$N = 10.76（取 11）$$

⑤ 求精馏段理论板数和加料位置

加料处温度下的 $\alpha_{AB} = 2.45$

$$\overline{\alpha_{AB}} = \sqrt{2.45 \times 2.6} = 2.52$$

$$N'_{min} = \frac{\lg\left[\left(\dfrac{0.974}{0.026}\right) \times \left(\dfrac{0.36}{0.44}\right)\right]}{\lg 2.52} = 3.7$$

$$\frac{N' - N'_{min}}{N' + 2} = 0.24$$

解出 $N' = 5.5$,故料液从第 6 块理论板上加入。

9.5 特殊蒸馏

当混合液的性质不宜用一般的蒸馏和精馏方法时可以采用特殊蒸馏。特殊蒸馏可以分为两类:一类是针对恒沸液或组分的挥发性相差很小的混合物,采用加入第三组分使原两组分的相对挥发度增大的方法把它们分离,例如恒沸精馏和萃取精馏等;另一类是针对高沸点物质,特别是热敏性物质的分离与提纯,主要是使蒸馏过程在较低的温度下进行,如水蒸气蒸馏和分子蒸馏。

9.5.1 恒沸精馏

在混合物中加入第三组分,该组分与原混合物中的一个或两个组分形成沸点比原来的组分和原来恒沸液的沸点更低的新的最低共沸物,使组分间的相对

挥发度增大,混合物易于精馏分离,这种精馏方法称为恒沸精馏,加入的第三组分称为恒沸剂或挟带剂。

工业酒精用苯作为恒沸剂,进行恒沸精馏制取无水酒精是恒沸精馏工业应用的一个例子(见图 9-42)。

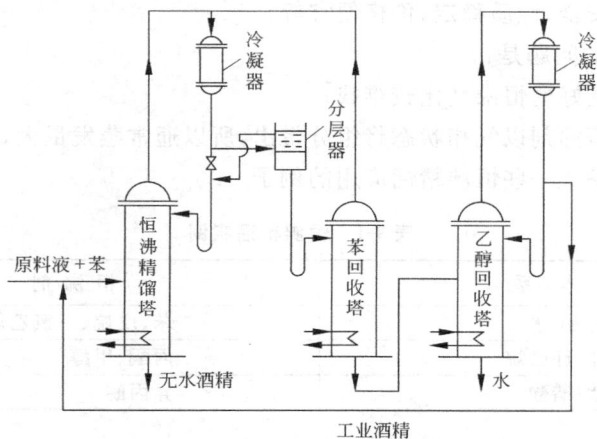

图 9-42　恒沸精馏流程示意图

酒精与水形成共沸液(恒沸点 78.15℃,乙醇组成 0.894 摩尔分数),用普通精馏只能得到乙醇含量接近恒沸液的工业酒精,不能制取无水酒精。工业酒精中加入苯后,可形成苯、乙醇与水的三元最低恒沸物,在 101.33 kPa 下,其恒沸点 64.6℃,比乙醇与乙醇水恒沸液的沸点都低。恒沸液的组成含苯 0.554、乙醇 0.230、水 0.226(均为摩尔分数),其中水与乙醇的摩尔比为 0.98,比工业酒精中水与乙醇的摩尔比 0.12 大得多。因此加入苯后相当于形成新的恒沸液与乙醇组成的两组元体系,从而易于用精馏方法分离。制取无水酒精的工艺流程如图 9-42 所示。工业酒精从恒沸精馏塔的中部加入,塔底得无水酒精产品,塔顶蒸出苯-乙醇-水三元恒沸物,在冷凝器中冷凝后进入分层器,上层为富苯层,下层为富水层(其中只含少量苯)。富水层进入苯回收塔,苯以三元恒沸物的形态从苯回收塔顶蒸出,也进入冷凝器冷凝。从苯回收塔底部流出的稀酒精进入乙醇回收塔,此塔中蒸出的工业酒精返回恒沸精馏塔。在蒸馏过程中会损失部分苯,需及时补充。

酒精-水恒沸精馏在技术经济上的合理性在于:①用恒沸剂挟带出去的主要是混合物中处于少量的水,故恒沸剂用量和汽化量相对较少;②蒸出的恒沸物能冷凝分层,使恒沸剂易于分离,返回再用。

恒沸精馏的关键是选择合适的恒沸剂,对恒沸剂的主要要求是:

（1）形成的恒沸液应主要挟带料液中含量少的组分,单位恒沸剂的挟带量要大,这样挟带剂用量与汽化量少,热量消耗少;

（2）形成的恒沸液能冷凝分层,易于将恒沸剂分离,重新使用;

（3）形成的恒沸液沸点低,与被分离的组分的沸点差大,易于分离;

（4）使用安全,性质稳定,价格便宜等。

恒沸精馏的问题是:

（1）性能良好的恒沸剂比较难找;

（2）依靠恒沸剂以气相状态将组分带出,所以通常蒸发量大,能耗较大。

表 9-1 列举了一些恒沸精馏应用的例子。

表 9-1　恒沸精馏实例

体　系	恒　沸　剂
乙醇-水	苯、戊烷、三氯乙烯
苯-环己烷	丙酮、甲醇
水-醋酸	异丙醚

9.5.2　萃取精馏

在相对挥发度接近 1 或形成恒沸液的料液中加入挥发性很小的(沸点高的)第三组分,利用它与料液中不同组分相互作用的差异,使料液中组分的相对挥发度增大,易于用精馏方法分离,使用这种方法的精馏过程称为萃取精馏,加入的第三组分称为萃取剂或溶剂。

例如,苯与环己烷沸点很接近(分别为 80.10℃ 和 80.73℃),环己烷对苯的相对挥发度为 0.98,难于用精馏方法分离,如在苯-环己烷溶液中加入沸点较高的糠醛(沸点 161.7℃),由于糠醛分子与苯分子间的作用力较强,使环己烷与苯的相对挥发度增大(见表 9-2)。

表 9-2　苯-环己烷溶液中糠醛含量与 α 的关系

溶液中糠醛的摩尔分数	0	0.2	0.4	0.5	0.6	0.7
环己烷对苯的相对挥发度	0.98	1.38	1.86	2.07	2.36	2.7

根据这个性质,对于苯-环己烷溶液的分离可用糠醛作萃取剂进行萃取精馏,图 9-43 是该工艺流程图。料液从萃取精馏塔的中部进入,萃取剂糠醛从精馏塔顶部加入,使它在塔中每层塔板上均与苯接触,塔顶蒸出的为环己烷。为了防止糠醛蒸气从顶上带出,在精馏塔顶部设萃取剂回收段,用回流液回收。糠醛

和苯一起从塔釜排出,送入溶剂分离塔,因为糠醛与苯的沸点相差很大,所以很容易与苯分离,分离出的糠醛返回萃取精馏塔重新使用。

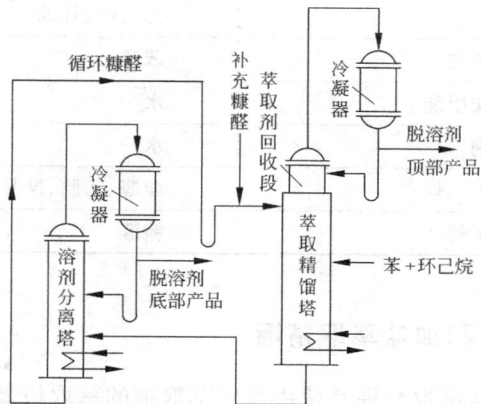

图 9-43　苯-环己烷的萃取精馏流程图

在萃取精馏中,使塔内液相保持一定的萃取剂浓度是十分重要的。使液相中萃取液浓度冲稀的因素均不利于精馏。例如对于精馏来说,增加回流比,对分离有利,但对萃取精馏,回流比有一最佳值。回流比过大,萃取剂浓度降得过低,相对挥发度降低,对分离不利。

萃取剂的选择是一个关键问题,良好的萃取剂应符合以下条件:

(1) 选择性好,加入少量萃取剂就能使原组分间的相对挥发度有较大的提高;

(2) 沸点高,与被分离组分的沸点差适当地大,使萃取剂易于回收,可循环使用;

(3) 与料液的互溶度大,不产生分层现象;

(4) 使用安全,性质稳定,价格便宜等。

与恒沸精馏比较,萃取精馏具有以下特点:

(1) 可以作为萃取剂的物质较多,所以选择萃取剂的余地大;

(2) 萃取剂以液态从塔顶进入,从塔底流出,不像恒沸剂以气态挟带组分从塔顶流出,故萃取精馏的能耗较少;

(3) 萃取剂的加入量可以在较大范围内变动,操作控制比较容易;

(4) 萃取剂需要连续不断地从塔顶送入,以保证塔内液相中一定的萃取剂浓度,故萃取精馏不适于间歇精馏。

表 9-3 中列举了一些萃取精馏的例子。

表 9-3 萃取精馏实例

体 系	萃取剂
乙醇-水	乙二醇、甘油
甲醇-异辛烷	苯酚
甲醇-醋酸甲酯	水
甲醇-丙酮	水
正丁烷-丁二烯	糠醛、乙腈、N-甲基吡咯烷酮
异丁烷-丁烯-1	糠醛

9.5.3 加盐精馏和加盐萃取精馏

加盐精馏和加盐萃取精馏是使用特殊萃取剂的萃取精馏。

加盐精馏是以固体盐类作为萃取剂的萃取精馏,用于难分离的有机水溶液,如乙醇-水、丙醇-水、水-醋酸等体系。因为盐类(如 $CaCl_2$,KAc 等)与水有很强的相互作用力,加入盐类可使有机物与水的相对挥发度增大。

图 9-44 是乙醇-水溶液加盐精馏的流程图。醋酸钾从精馏塔顶加入。由于醋酸钾与水的作用力较强,使乙醇与水的相对挥发度增大,塔顶得到无水乙醇,醋酸钾的水溶液从塔底排出,经蒸发结晶,回收醋酸钾,重新使用。加盐精馏的优点是加入少量盐即可使得组分的相对挥发度有很大提高,其缺点是固体盐的输送、加料和溶解比较困难,容易发生堵塞现象,使它的使用受到限制。

在一般液体萃取剂中溶入少量盐,形成加盐的溶剂(混合溶剂)可以显著增大萃取剂提高组分相对挥发度的效果,同时又没有使用固体盐的困难。

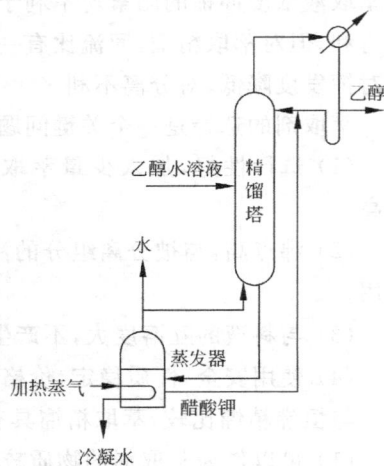

图 9-44 加盐精馏流程

应用加盐溶剂的萃取精馏称为加盐萃取精馏。例如,摩尔分数为 0.88 的乙醇-水溶液,相对挥发度 α 为 1.01,加一定比例的乙二醇后 α 变为 1.85,如所加乙二醇中溶入醋酸钾,则 α 可增大到 2.40。因此应用醋酸钾的乙二醇溶液作萃取剂的加盐萃取精馏(其工艺流程与一般萃取精馏相同)可以显著减少萃取剂用量,减少精馏所需的理论板数。

9.5.4　水蒸气蒸馏

需要从与水不互溶的沸点较高的混合物中提取其中易挥发的物质(尤其是热敏性物质)时,为了降低沸点,可以采用水蒸气蒸馏。

水蒸气蒸馏能降低体系沸点的原理是:当不互溶的水相和有机相的蒸气压之和等于总压时,气、液两相平衡,液体处于沸腾状态。因此在 101.33 kPa 将水蒸气直接通入与水不互溶的液体进行蒸馏,体系的沸点在 100℃ 以下,蒸馏过程可在 100℃ 以下进行。

水蒸气蒸馏可以有以下两种操作方式:

(1) 直接通入水蒸气(饱和的或过热的)

这实质上就是单级接触操作的蒸出或解吸过程,为了蒸出产物所需的蒸气量可按下式计算:

$$N_w = \frac{p_w}{p_a}N_a \tag{9-126}$$

式中:N_w——所需水蒸气量,kmol;

$\qquad$ N_a——需蒸出的产物量,kmol;

$\qquad$ p_w——水蒸气分压,kPa;

$\qquad$ p_a——产物的分压,kPa。

理论上,一次接触达到平衡时,产物的分压应为体系温度下产物的蒸气压 p_a^0,实际上由于水蒸气与液体的接触时间有限,不可能达到平衡,因此

$$p_a = \varphi p_a^0 \tag{9-127}$$

式中:φ——饱和系数,其数值根据水蒸气与液体的接触情况和液体的性质而定,一般为 0.6~0.8。

实际蒸气用量还应考虑加热溶液、产物汽化、热损失等方面的需要。

(2) 间接加热

使水与有机溶液一起沸腾汽化,这时情况如同一个蒸馏釜,蒸出的气相可以认为与液相平衡,蒸出的水量与产物量的摩尔比等于水与产物的蒸气压之比。

就减低蒸馏温度这一点而言,水蒸气蒸馏与真空蒸馏类似,蒸馏温度都取决于蒸馏过程中产物的蒸气压,不同的只是真空蒸馏中产物的蒸气压就是系统的总压,所以一些需用水蒸气蒸馏分离的混合物也可以用真空蒸馏分离。

习 题

9-1 苯-甲苯混合液含苯 0.4(摩尔分数),在 101.33 kPa 下,加热到 100℃。试求此时气、液相的量比和两相的组成。

9-2 乙苯-苯乙烯混合物可视为理想体系,纯乙苯(A)和纯苯乙烯(B)的蒸气压分别可用下式计算:

$$\lg p_A^0 = 6.957\,19 - \frac{1\,424.225}{213.206 + T}$$

$$\lg p_B^0 = 6.957\,11 - \frac{1\,445.58}{209.43 + T}$$

式中,p^0 的单位为 mmHg(1 mmHg=133.332 Pa),T 的单位为℃。

现用一减压精馏塔分离乙苯-苯乙烯混合物。试求:

(1) 塔中压力为 60 mmHg 处,组成为 0.60(乙苯的摩尔分数)的蒸气的温度和与此蒸气呈平衡的液相组成;

(2) 塔中压力为 100 mmHg 的塔板上,组成为 0.144(乙苯的摩尔分数)的液体的温度和与此液体呈平衡的气相组成。

9-3 苯-甲苯精馏塔塔顶处蒸气含苯 0.50(摩尔分数),温度为 82℃。求此处的压力。
(假设:蒸气处于饱和状态。)

9-4 $CHCl_3$ 与 CCl_4 的混合气,组成各为 0.50(摩尔分数),将它冷却至 25℃,如果:

(1) 全部变成饱和液体;

(2) 气、液相量各占一半(以摩尔计)。

求上述两种情况下的总压,组分的分压和平衡的气、液相组成。

(已知:25℃时 $CHCl_3$ 和 CCl_4 的饱和蒸气压分别为 26.53 kPa 和 15.27 kPa。)

9-5 甲醇(A)与水(B)的蒸气压数据和 101.33 kPa 下该体系的气液平衡数据列表如下。试分析此混合液是否可视为理想溶液。

T/℃	64.5	70	75	80	90	100
p_A^0/kPa	101.3	123.3	149.6	180.4	252.6	349.8
p_B^0/kPa	24.5	31.2	38.5	47.3	70.1	101.3

x	0	0.02	0.06	0.1	0.2	0.3	0.4
y	0	0.134	0.304	0.418	0.578	0.665	0.729
x	0.5	0.6	0.7	0.8	0.9	0.95	1
y	0.779	0.825	0.87	0.915	0.958	0.979	1

9-6　在常压下使下述两股甲醇-水混合物充分接触：2 kmol 含甲醇 0.56（摩尔分数）的饱和液体和 1 kmol 含甲醇 0.68（摩尔分数）的饱和蒸气。问最后结果如何？

（假设：甲醇与水的摩尔汽化热可视为相等，显热的影响可以忽略，接触器与外界绝热。气液平衡数据见习题 9-5。）

9-7　某精馏塔釜液中组分 A，B，C 的摩尔分数分别为 0.05，0.65 和 0.3，已知釜压为 105 kPa。试求：

（1）再沸器中液体的泡点；

（2）与釜液成平衡的蒸气组成。

此体系可视为理想体系，各组分的饱和蒸气压列于下表：

温度/K		386	388	390	391	393
蒸气压/kPa	A	159	253	279	285	295
	B	107	113	119	123	132
	C	48.7	51.3	54.0	56.0	60.0

9-8　某两组分混合液 100 kmol，其中易挥发组分的摩尔分数为 0.4，在 101.33 kPa 下进行简单蒸馏，最终所得液相产物中易挥发组分的摩尔分数为 0.30。试求：

（1）所得气相产物的量和平均组成；

（2）如改为平衡蒸馏，液相产物组成亦为 0.30 时，所得气相产物的量和组成。

（已知：此体系为理想体系，相对挥发度为 3.0。）

9-9　设计一分离苯-甲苯溶液的连续精馏塔，料液含苯 0.5，要求馏出液中含苯 0.97 以上，釜残液中含苯低于 0.04（均为摩尔分数）。泡点加料，回流比取最小回流比的 1.5 倍。苯与甲苯的相对挥发度平均可取 2.5。试用逐板计算法求所需理论板数和加料位置。

9-10　在一常压连续精馏塔中分离乙醇水溶液，料液组成 $x_F = 0.3$，泡点加料。要求馏出液组成 $x_D = 0.84$，釜残液组成 $x_W = 0.02$。取回流比为最小回流比的 1.5 倍。用图解法求所需理论板数和加料位置。

常压下乙醇-水体系的平衡数据如下表所示：

x	0	0.01	0.02	0.04	0.06	0.08	0.10
y	0	0.11	0.175	0.273	0.340	0.392	0.430
x	0.14	0.18	0.20	0.25	0.30	0.35	0.40
y	0.482	0.513	0.525	0.551	0.575	0.595	0.614
x	0.45	0.50	0.55	0.60	0.65	0.70	0.75
y	0.635	0.657	0.678	0.698	0.725	0.755	0.785
x	0.80	0.85	0.894	0.90	0.95	1.0	
y	0.820	0.855	0.894	0.898	0.942	1.0	

9-11 某厂欲用常压连续精馏分离苯和甲苯混合液。料液含苯 0.44,要求馏出液含苯 0.974 以上,釜残液含苯不大于 0.023 5(以上均为摩尔分数)。泡点加料,塔顶采用全凝器,取回流比为最小回流比的 1.5 倍。已知在操作条件下塔顶处的相对挥发度为 2.6,塔釜处的相对挥发度为 2.36,进料处的相对挥发度为 2.46。试用捷算法确定所需的理论板数及加料位置。

9-12 含苯 0.45(摩尔分数)的苯-甲苯混合液,在 101.33 kPa 下的泡点为 94℃,此混合液精馏时加料温度为 55℃,求 q 值及 q 线方程。

(已知:此混合液的平均摩尔热容为 167.5 kJ/(kmol·K),平均汽化热为 30 397.6 kJ/kmol。)

9-13 两种乙醇水溶液在一个塔中进行精馏。一种乙醇的组成为 0.6(摩尔分数,下同);流量为 1 000 kmol/h,另一种组成为 0.2,流量为 2 000 kmol/h。两种液体均以泡点状态加入,分别加到合适的板上。要求馏出液中乙醇组成不低于 0.8,釜残液中乙醇组成不高于 0.02,取回流比为 2。求:

(1) 馏出液和釜残液的流量;

(2) 所需理论板数及两股加料位置;

(3) 从塔釜向上数第二块板上升的蒸气组成,假设第一、二块板的单板效率为 50%。

9-14 用常压连续精馏塔分离乙醇水溶液,料液含乙醇 0.15(摩尔分数,下同),泡点加料,要求塔顶馏出液组成 x_D 不低于 0.80,釜残液组成 x_W 不高于 0.02,另外要求得到组成为 0.60 的侧线产品,以饱和液体采出,其量为塔顶馏出液的一半,取回流比为 2。试求所需的理论板数、加料和侧线采出口的位置。

9-15 一精馏塔有 20 块理论板,用来分离苯与四氯化碳的混合液。常压操作,料液含 CCl_4 为 0.60(摩尔分数,下同)。要求塔底釜残液中含 CCl_4 不高于 0.20。试问塔顶产品中 CCl_4 含量最高可达多少?

苯和四氯化碳的蒸气压数据如下:

温度/℃	80.02	79.3	78.8	78.5	78	77.6	77.1	76.6
苯蒸气压/kPa	101.33	98.80	97.80	97.33	97.06	96.80	96.66	—
CCl_4 蒸气压/kPa	—	117.73	113.46	110.80	107.60	105.33	103.20	101.33

9-16 含苯 0.30(质量分数,下同)的苯-甲苯混合液以泡点状态加入精馏塔,要求馏出液中含苯 0.96,釜残液中含苯 0.04,回流比取最小回流比的 2 倍,全塔平均压力为 101.33 kPa,相对挥发度为 2.5。

(1) 计算进料量为 3 t/h 时的馏出液量和釜残液量,以及所需理论板数与加料位置;

(2) 若其他条件同上,而加料为气、液混合物,其中蒸气量占 1/2(质量),求原料中气、液相组成,所需的理论板数与加料位置;

(3) 在第(1)项所求出的理论板数下,如回流比减小 50%,塔顶和塔底产品组成如何变化?如加料口向上移两块理论板,塔顶和塔底产品组成又会有何变化?

9-17 用常压连续精馏塔分离含甲醇 0.50 的甲醇水溶液。要求馏出液含甲醇 0.95 以上,釜残液含甲醇不大于 0.01(均为质量分数)。进料量为 2 500 kg/h,料液预热至 58℃送入塔内($q=1.04$)。塔顶采用全凝器,回流液为饱和溶液,回流比取为最小回流比的 1.5 倍。所用板式塔的全塔板效率为 50%。求精馏塔所需的实际塔板数和精馏段与提馏段的气、液相负荷。

9-18　某一常压连续精馏塔,共有 15 块塔板,用于精馏甲醇水溶液。进料中含甲醇 0.63,馏出液含甲醇 0.96,釜残液含甲醇 0.02(均为摩尔分数)。泡点进料,回流比为最小回流比的 1.5 倍。

(1) 试求该塔的全塔板效率;

(2) 若进料甲醇含量下降为 0.55,仍为泡点加料,回流比保持不变,试问馏出液与釜残液的组成将发生什么变化?

(3) 若用改变回流比的办法使馏出液仍保持 0.96,则再沸器应相应地采取什么措施?

9-19　一常压操作的苯-甲苯精馏塔,在全回流操作下测得相邻 3 块塔板上流下的液体组成依次为 0.41,0.28 和 0.18(均为摩尔分数)。求下面两层塔板的单板效率 E_{mV} 与 E_{mL}。

9-20　有一精馏塔,直径 1 m,有 20 块塔板,板效率为 60%。原设计用于精馏含苯 0.50 的苯-甲苯溶液,泡点加料,料液流量为 50 kmol/h,所得馏出液组成 $x_D=0.96$,釜残液组成 $x_w=0.04$(均为摩尔分数)。现想用该塔分离另一种溶液,料液组成也是 0.50,也是泡点加料。试问:

(1) 用这个精馏塔能否得到 $x_D=0.96$,$x_w=0.04$ 的产品;

(2) 如果精馏新物料时,塔中上升蒸气量与精馏苯-甲苯溶液时相同,则新物料的处理量(加料量)为多少?

(已知:苯-甲苯的平均相对挥发度为 2.4,新物料的相对挥发度为 2.0。)

9-21　现有一精馏塔,内有 24 块塔板,用于精馏苯-甲苯溶液。全塔板效率为 50%,已知料液量为 100 kmol/h,组成为 0.50,泡点加料,要求馏出液组成 x_D 为 0.98 以上,如上升蒸气量最大为 120 kmol/h,问塔顶馏出液量为多少? 加料口应在何处?

9-22　用一常压连续精馏塔分离含苯 0.4 的苯-甲苯溶液。料液流量为 15 000 kg/h,进料温度为 25℃,回流比为 3.5,得馏出液与釜残液组成分别为 0.97 和 0.02(均为质量分数)。已知再沸器加热蒸气压力为 137 kPa(表压),塔顶回流液为饱和液体,塔的热损失可以不计。试求:

(1) 再沸器的热负荷及加热蒸气消耗量;

(2) 冷却水进、出冷凝器的温度分别为 27℃ 与 37℃ 时,冷凝器的热负荷及冷却水用量。

9-23　某两组分混合液含易挥发组分 0.35(摩尔分数,下同),用精馏塔分离。要求馏出液组成为 0.95,釜残液组成为 0.05。在精馏段的某合适板上侧线出料,要求其组成为 0.85,摩尔流量为塔顶馏出液的 1/2。已知在操作条件下该两组分的平均相对挥发度为 2.5。试求在以下两种情况下该精馏过程的最小回流比:

(1) 以饱和液体形式侧线出料;

(2) 以饱和蒸气形式侧线出料。

9-24 如图 9-45 所示的乙醇-水溶液的蒸出塔,设进料量 $F=100$ kmol/h,组成 $x_F=0.036$,泡点加料,要求釜残液中乙醇含量不大于 0.005(均为摩尔分数)。

(1) 试求馏出液可能达到的最高浓度,计算此时的馏出液量 D;

(2) 证明该塔操作线的斜率应为 F/D(设为恒摩尔流)。

9-25 用常压连续精馏塔分离含苯 0.25(摩尔分数,下同)的苯-甲苯混合液。要求馏出液含苯 0.98,釜残液含苯 0.02。泡点加料,采用回流比为 5,塔顶全凝器,泡点回流。求所需理论板数与每块塔板上的温度。操作该塔时,若将回流比改为 8,求此时各理论板上的温度,并确定灵敏板。

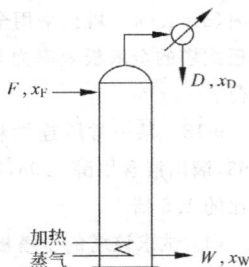

图 9-45 习题 9-24 图示

(假设:加料位置不变,塔内压力均为 101.33 kPa。)

9-26 用一具有 10 块理论塔板的精馏塔分离含苯 0.175(摩尔分数,下同)的苯-甲苯混合液。泡点加料,进料量为 100 kmol/h,要求塔顶产品含苯不低于 0.85,釜残液含苯不低于 0.10。试问操作回流比最小需要多少?

9-27 在连续精馏塔中分离苯-甲苯混合液。料液中含苯 0.5(摩尔分数,下同),泡点加料,要求馏出液含苯 0.95,苯的回收率 96%。塔顶采用一个分凝器和一个全凝器,分凝器所得饱和状态的冷凝液作为回流液,剩余蒸气全部在全凝器冷凝得合格产品。现测得塔顶回流液中含苯 0.88,离开塔顶第一块理论板的液体含苯 0.79。试计算:

(1) 操作回流比为最小回流比的倍数;

(2) 为了得到 50 kmol/h 的馏出液,需要的料液量;

(3) 精馏段和提馏段内的上升蒸气量(kmol/h)。

9-28 一精馏塔有 24 块塔板,用于分离含苯 0.5(摩尔分数,下同)的苯-甲苯溶液。全塔板效率为 50%,泡点进料。共有 3 个进料口,分别在第 10,12,14 块塔板上,可根据需要选用其中之一。要求馏出液组成 $x_D \geqslant 0.98$,精馏塔允许最大的上升蒸气量为 25 kmol/h,求馏出液的最大产量。

9-29 某精馏塔共有 3 块理论板,原料中易挥发组分的摩尔分数为 0.002。预热蒸发为饱和蒸气后连续送入精馏塔的塔釜。操作时的回流比为 4.0。物系气、液两相平衡的关系为

$$y = 6.4x$$

求塔顶、塔底产物中易挥发组分的含量。

9-30 用一有 6 块理论板的精馏塔,间歇精馏分离二硫化碳与四氯化碳混合液。料液含 CS_2 为 0.6(摩尔分数),每批加料 50 kmol。采用恒回流比操作,回流比为 3.5。当釜液组成达到 0.08 时停止操作。试求:

(1) 精馏过程中每一时刻馏出液组成 x_D 与釜液组成 x_W 的关系;

(2) 操作终了时釜中的存液量;

（3）汽化的蒸气总量；

（4）馏出液的平均组成。

（提示：常压下 CS_2 与 CCl_4 体系的气液平衡数据见例 9-12。）

9-31　用间歇精馏分离含易挥发组分为 0.2 的料液，料液量为 100 kmol。要求馏出液组成为 0.95，釜残液组成为 0.05（均为摩尔分数）。采用保持馏出液组成恒定的操作方法。试求：

（1）馏出液量和釜残液量；

（2）最终操作回流比为最小回流比的 1.5 倍时所需理论板数；

（3）总蒸发量。

（已知：体系的相对挥发度为 2.5。）

9-32　某连续精馏塔的料液、馏出液和釜残液的组成以及各组分对重关键组分的相对挥发度 α_{ih} 见下表：

组　　分	料液中的摩尔分数 x_{Fi}	馏出液中的摩尔分数 x_{Di}	釜残液中的摩尔分数 x_{Wi}	α_{ih}
A	0.25	0.5	0	5
B（轻关键组分）	0.25	0.48	0.02	2.5
C（重关键组分）	0.25	0.02	0.48	1
D	0.25	0	0.5	0.2

采用泡点加料，试求：

（1）最小回流比；

（2）若取回流比为最小回流比的 1.5 倍，用简捷法求所需理论板数。

9-33　含苯酚 0.35、邻甲酚 0.20、间甲酚 0.15 和对甲酚 0.30（均为摩尔分数，下同）的溶液，用连续精馏法进行分离。要求馏出液中苯酚含量大于 0.98，邻甲酚含量低于 0.02，釜残液中苯酚含量低于 0.01。泡点进料。操作回流比取最小回流比的 1.5 倍。精馏过程在减压下进行，塔中平均温度为 120℃。试求最小回流比 R_{min} 和分离所需的理论板数。

该体系可视为理想体系，各组分的蒸气压与温度的关系如下表所示：

温度/℃	60	80	100	120	140	160	180
苯酚蒸气压/kPa	0.56	1.89	5.33	12.66	27.73	53.3	96.8
邻甲酚蒸气压/kPa	0.48	1.53	4.21	9.88	21.06	41.1	75.6
间甲酚蒸气压/kPa	0.24	0.85	2.55	6.48	14.26	29.2	54.8
对甲酚蒸气压/kPa	0.23	0.83	2.44	6.32	14.00	28.3	54.3

思 考 题

D9-1　压力对气液平衡有何影响? 如何确定精馏塔的操作压力?

D9-2　加料量对精馏所需理论板数有无影响? 加料量、馏出液量和釜残液量之间的关系根据什么确定?

D9-3　如果加料位置比设计的加料位置高(或低)会产生什么结果?

D9-4　当塔顶回流液的温度低于其泡点时,与泡点回流比较,有什么不同(如 R、操作线方程、分离效果等)。

D9-5　精馏塔顶引出蒸气有两种流程:①全凝器,回流液与馏出液的组成相同;②先在分凝器中部分冷凝,液相作为回流,气相再到全凝器作为产品。试比较:

(1) 此两种流程的精馏段操作线方程;

(2) 在 x_D,R 相同的条件下,两种流程精馏塔顶第一块塔板向下流动的液相组成。

D9-6　在精馏塔的操作中,如加料组成 x_F 降低,问可采取哪些措施使馏出液组成 x_D 保持不变? 与此同时,釜残液组成 x_W 将如何变化?

D9-7　对平衡线有拐点的体系,是否必须通过曲线的切点来确定 R_{min} 值? 为什么?

D9-8　含有 A,B,C,D 4 种组分的混合液,用精馏方法将它们全部分开。A,B,C,D 4 组分的沸点依次升高;组分 D 有腐蚀性;组分 B 与 C 的含量较少,两者的沸点差小,最难分离。试问应采用怎样的精馏流程,并简述理由。

D9-9　如何使用热原技术降低精馏过程的能耗?

D9-10　在例 9-3 的闪蒸操作中,需将料液加热到 184℃。试估计此时料液的压力为多少,若想降低该压力又获得相同的闪蒸效果,可以采取什么措施?

D9-11　在讲述吉利兰图一节中,出现了理论板数为小数的描述,请分析理论板数可否为小数? 若使用小数,则该如何理解?

符 号 说 明

英 文 字 母

C——独立组分数

C_m——平均摩尔热容,kJ/(kmol·K)

c_c——冷却介质的平均比热容,kJ/(kg·K)

D——馏出液量,kmol;馏出液流量,kmol/s);塔内径,m

E——全塔板效率

E_{mL}——液相单板效率

E_{mV}——气相单板效率

F——自由度;料液量,kmol;料液流量,kmol/s

f——汽化率

f_i^V——组分 i 在气相中的逸度,Pa

f_i^L——组分 i 在液相中的逸度,Pa

h_D——馏出液的焓,kJ/kmol

h_F——料液的焓,kJ/kmol

h_i——任意板 i 流出液体的焓,kJ/kmol

h_L——液相的焓,kJ/kmol

h_W——釜残液的焓,kJ/kmol

h_V——气相的焓,kJ/kmol

h_T——塔板间距,m

h_u——最上面一块塔板距塔顶的高度,m

h_b——最下面一块塔板距塔底的高度,m

H——气相的焓,kJ/kmol;塔高,m

H_B——加热介质的焓,kJ/kg

H_D——塔顶上升蒸气的焓,kJ/kmol

H_W——再沸器上升蒸气的焓,kJ/kmol

H_e——填料的当量高度,m

K——组分的相平衡常数

K_x——液相总传质系数,kmol/(m²·s)

K_y——气相总传质系数,kmol/(m²·s)

L——液体量,kmol;精馏段液体流量,kmol/h

L'——提馏段液体流量,kmol/h

N——传质通量,kmol/(m²·s)

N_{min}——最少理论板数

N_P——实际板数

N_R——精馏段理论板数

N_S——提馏段理论板数

N_T——理论板数

N_a——需蒸出的产物量,kmol

N_w——所需水蒸气量,kmol

p——压力,Pa

$p_A,p_B,\cdots$——组分 A,B,… 的分压,Pa

p_a——产物的分压,kPa

p_w——水蒸气的分压,kPa

P——相的数目

p^0——纯组分的饱和蒸气压,Pa

$p_A^0,p_B^0\cdots$——纯组分 A,B,… 的饱和蒸气压,Pa

q——加料的热状态参数

Q_B——再沸器的热负荷,kJ/h

Q_C——全凝器的热负荷,kJ/h

Q_L——再沸器的热损失,kJ/h

r——汽化潜热,kJ/kmol

R——回流比

R_{min}——最小回流比

R_{opt}——最适宜回流比

S——塔釜直接蒸气通入量,kmol/h

T——温度,K 或 ℃

T_b——泡点温度,K 或 ℃

T_D——露点温度,K 或 ℃

u——气体的空塔气速,m/s

v——组分的挥发度

V——气相量,kmol;精馏段上升蒸气流量,kmol/h

V'——提馏段上升蒸气流量,kmol/h

V_s——塔内上升蒸气的体积流量,m³/s

W——釜液量,kmol;釜残液流量,kmol/s

W_c——冷却介质用量,kg/s

W_h——加热介质用量,kg/s

x——组分在液相中的摩尔分数

x_D——馏出液的组成,摩尔分数

x_F——料液组成,摩尔分数

x_w——釜液组成,液相产品组成,摩尔分数

y——组分在气相中的摩尔分数

y_D——气相产品的组成,摩尔分数

Z——填料层高度,m

希 腊 字 母

α——相对挥发度

γ——组分的活度系数

η——回收率

θ——恩德伍德方程的根

μ_i^L——组分 i 在液相中的化学势,J/mol

μ_i^V——组分 i 在气相中的化学势,J/mol

φ——饱和系数

参 考 文 献

1　库尔森 J M,李嘉森 J F 著. 化学工程(卷 II 单元操作). 第 3 版. 丁绪淮等译. 北京：
化学工业出版社,1987

2　Perry R H,Green D W. Perry's Chemical Engineers' Handbook. 7th ed. New York：
McGraw-Hill Book Company,1997

3　McCabe W L,Smith J C,Peter Harriott. Unit Operations of Chemical Engineering.
4th ed. New York：McGraw-Hill Book Company,1985

10   气液传质设备

蒸馏和吸收虽然基于不同的分离原理,但是它们均为气、液两相接触的传质过程,因而采用的设备结构基本相同。此外,气体湿法除尘、气体直接接触冷却或加热等也应用这类设备。气液传质设备的形式很多,其中用得最多的为塔式设备。它可以分为逐级接触式和连续微分接触式两大类。前者的代表是板式塔,后者为填料塔。

在前两章中曾讨论了根据原料情况和产品要求计算传质所需的理论级数或传质单元数,它们是确定塔高的主要依据。本章将要讲述塔的基本结构与性能、塔内流体的流动和传质特点以及塔的设计计算(包括塔径、塔高等的设计计算)。

10.1   板式塔

10.1.1   概述

板式塔是使用量大、应用范围广的重要气液传质设备。最早的板式塔有泡罩塔和筛板塔。到 20 世纪 50 年代出现了一些生产能力大和分离效果更好的板式塔,其中,浮阀塔由于具有塔板效率高、操作稳定等优点而得到广泛的应用。20 世纪 60 年代初,结构简单的筛板塔在克服了它自身的某些缺点之后,应用又日益增多起来。浮阀塔、筛板塔是工业上使用最多的气液传质设备。

塔板是板式塔的核心部件,它决定了一个塔的基本性能。由一块块塔板,按一定的间距安置在一个圆柱形的壳体内就构成板式塔,如图 10-1 所示。操作时,气体自下而上通过塔板上的开孔部分与自上一块塔板流入的液体在塔板上接触传质。

为了有效地实现气、液两相之间的物质传递,要求塔板具有以下两个作用:

(1)塔板上保持良好的气、液接触条件,造成较大的接触表面,而且气、液接触表面应不断更新,以增加传质速率。

(2)保证气、液多次逆流接触,防止气、液短路夹带与返混。使塔内各处能提供最大的传质推动力。

因此,一块好的塔板,既要能使气、液接触良好,又要在气、液充分接触后能够很好地分离,使气体向上、液体向下,实现两相逆流。在塔板上,气、液两相的接触情况视塔板的结构而异。根据塔板上气、液两相的相对流动状态,板式塔分为穿流式与溢流式(即错流式)两类(见图 10-2)。目前板式塔大多采用溢流式,在这种塔板上气、液错流流动,液体从上一块塔板的溢流管流入该塔板,横向流过塔板,再从板上的溢流装置流到下一块板(见图 10-2(a)),气体由下向上穿过塔板上液层。穿流式塔板(见图 10-2(b)),不设液体溢流装置,在这种塔板上气体经板上开孔(筛孔或栅孔),自下而上穿过液层,液体自上而下,穿过上开孔流到下一块塔板。在这种塔板上,表观上气、液两相逆流流动。这种塔板由于操作不稳定,很少使用。

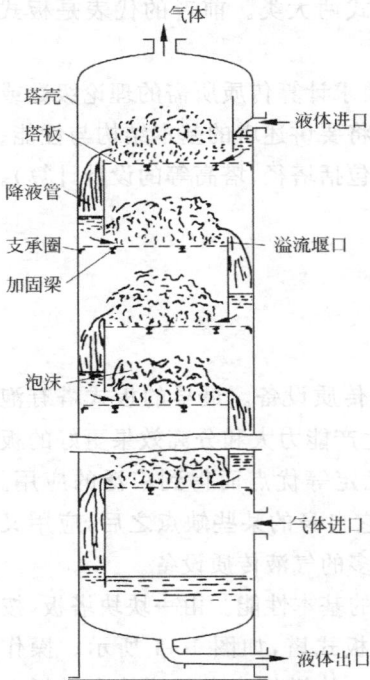

图 10-1　板式塔的典型结构

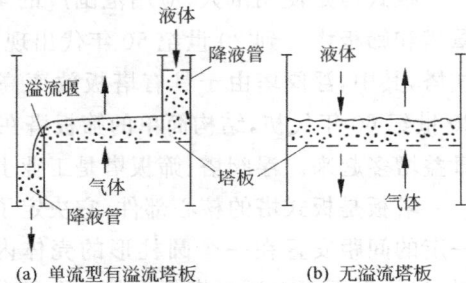

图 10-2　有溢流和无溢流塔板

10.1.2　塔板上的流体力学现象分析

塔板上依靠自下而上的气体和自上而下的液体在流动中接触而达到传质目的,因此在某种意义上来说,塔板的性能主要取决于板上的流体力学状况。所以,首先应研究板上气、液两相的接触情况,分析各种接触状态对传质的影响,计算塔板的压力降,研究塔板的液泛现象,以确定塔的正常操作范围。

1. 塔板上气、液的接触情况

塔板上气、液接触的好坏,主要取决于流体的流动速度,气、液两相的物性,板的结构等。以筛板塔为例,根据空气和水接触的实验,当液体流量一定、气体速度从小到大变化时,可以观察到以下 4 种接触状态:

1) 鼓泡接触状态

当气速较低时,气体在液层中以鼓泡的形式自由浮升,此时塔板上存在着大量的清液,气泡的数量不多,形成的气、液混合物基本上以液体为主,气泡占的比例较小,气、液接触的表面积不大,如图 10-3(a)所示。

2) 蜂窝状接触状态

当气速增加,气泡的形成速度开始大于气泡浮升的速度,上升的气泡在液层中积累,气泡之间互相接触,形成气、液泡沫混合物。因为气速较低,气泡的动能还不足以使气泡表面膜破裂,因此是一种类似于蜂窝状泡结构(见图 10-3(b)),气泡直径较大,很少扰动。在这种接触状态下,板上清液层基本消失而形成以气体为主的气、液混合物。由于气泡不易破裂,表面得不到更新,所以这种状态对于传质与传热并不有利。

3) 泡沫接触状态

当气速继续增加,气泡数量急剧增加,气泡不断发生碰撞和分裂。此时板上液体大部分均以液膜的形式存在于气泡之间,形成一些直径较小、扰动十分剧烈的动态泡沫,在板上只能看到较薄的一层液体(见图 10-3(c))。与第二种状态对比,泡沫接触状态的表面积大,表面不断更新,传质与传热效果比前两种状态好,是一种较好的塔板工作状态。

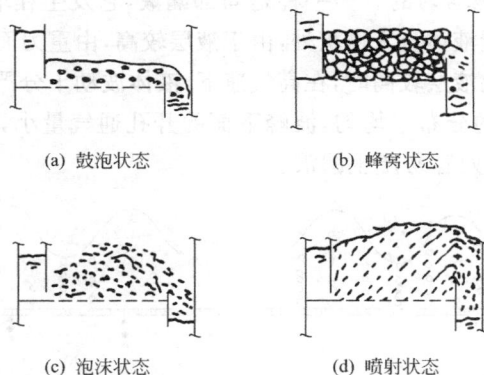

(a) 鼓泡状态　　　　　　(b) 蜂窝状态

(c) 泡沫状态　　　　　　(d) 喷射状态

图 10-3　塔板上的气液接触状态

4）喷射接触状态

当气速继续增加，由于气体动能很大，把板上的液体向上喷成大小不等的液滴，直径较大的液滴受重力作用又落回到塔板上，直径较小的液滴被气体带走形成液沫夹带（见图 10-3（d））。在这种状态下，液体成为分散相，气体变为连续相，两相传质面积是液滴的外表面。由于液滴回到塔板后又被吹散，这种液滴多次形成和聚集，使得传质面积大大增加，而且表面不断得到更新，这对传质与传热极为有利，也是一种较好的工作状态。

泡沫接触状态与喷射接触状态均是优良的工作态。喷射接触状态比泡沫接触状态的孔速大，因而塔的生产能力也大；但喷射状态是塔板操作的极限，液沫夹带较多，如果控制不好，就会影响并破坏传质过程。所以，多数塔均控制在泡沫接触状态下工作。

2. 塔板上的不正常操作

当塔板在很低的气速下操作时，会出现漏液现象；而在很高的气速下，又会产生严重液沫夹带。在大的液体负荷下，溢流速度很大，会产生气泡被液体夹带。在气速和液体负荷均过大时还会产生液泛。不论是漏液，还是严重的液沫和气泡夹带，都是使塔板效率降低的重要因素。发生液泛现象则严重破坏塔的操作。因此，应该尽量避免这些不正常操作的出现。

1）漏液现象与影响漏液现象的因素

在正常操作的塔板上，液体横向流过塔板，然后经过降液管流下。当气体通过塔板的速度较小时，上升气体通过开孔处的阻力和克服液体表面张力所形成的压力降，不足以抵消塔板上液层的重力，液体会从塔板上的开孔处往下漏，这种现象叫作漏液。漏液有两个特点：一是漏液随气速的增加很快减少，二是整个塔的截面上漏液是均匀的。另一种是局部漏液，它发生在塔板的局部位置，如在塔板的降液管附近液体流入塔板处，由于液层较高，由重力而造成漏液。还有一种漏液现象是当板上液层较高时，在高气速下，液体波动十分严重（见图 10-4），此时气流在各筛孔中的分布不均匀，波峰下面的开孔通气量小，而波谷下面的开孔通气量大，因此波峰处容易产生漏液。

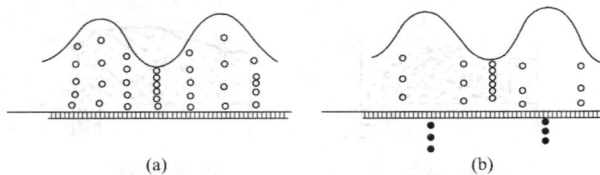

(a)   (b)

图 10-4　塔板上的液层波动

影响漏液量大小的因素很多,除了设计不正确和安装不好会引起局部漏液外,一般漏液与气体通过板上开孔的速度、气体的密度、液体的密度、表面张力以及板上液层厚度有关。此外,板上的孔径和开孔率的大小也会影响漏液。

漏液现象对于塔板是一个重要问题,严重的漏液会使塔板上建立不起液层,从而导致板效率严重下降,在设计和操作时应该特别注意防止。

2) 液沫夹带和气泡夹带

当气速增大,塔板处在泡沫状态或者喷射状态时,由于气泡的破裂或气体动能大于液体表面能而把液体吹散成液滴,并抛到一定的高度,某些液滴被气体带到上一层塔板的现象称为液沫夹带。产生液沫夹带有两种情况:一种是上升的气流将较小的悬浮液滴带走;另一种是由于气流通过塔板开孔的速度大,液滴被喷溅抛至上一层塔板而夹带。前者主要与空塔气速有关;后者主要与板间距和板开孔处的孔速有关,这种液沫夹带往往占整个夹带量的大部分。另外一种不正常的流体流动称为气泡夹带。在一定结构的塔板上,液体流量过大,使溢流管内的液体的溢流速度过大,溢流管中液体所夹带的气体泡沫来不及从管中脱出而被夹带到下一层塔板,这种现象也会影响塔板效率,严重时还会产生液泛。

3) 液泛现象

当塔板上液体流量很大,上升气体的速度很高时,液体被气体夹带到上一层塔板上的量猛增,使塔板间充满了气、液混合物,最终使整个塔内都充满液体,这种现象称为夹带液泛。还有一种情况是因降液管设计太小,流动阻力过大,或因其他原因使降液管局部地区堵塞而变窄,液体不能正常地通过降液管向下流动,使得液体在塔板上积累而充满整个板间,这种液泛常称为溢流液泛。以上所述两种液泛现象常常相互影响,当由于某种原因先出现夹带液泛,此时降液管内还未被液体充满,但被夹带到上一层的液体仍要流回到下一层塔板上来,于是增加了降液管的负荷。与此同时,液体夹带使板上的液层增高,气体通过塔板的阻力降增大,最终降液管内液层愈来愈高,最终出现液泛。

液泛现象使整个塔内液体不能正常向下流动,液体大量返混,严重地影响塔的操作,甚至于会发生严重的设备事故,因此,液泛是操作中应该特别注意防止的。

以上3种不正常操作的情况或是由于塔板结构设计和加工安装不合适,或是由于气体、液体负荷控制不当等因素所引起。因此首先应该正确地设计塔板结构,同时要精心操作,防止不正常现象的出现。为此,除了定性了解外,还必须从塔板上的流体力学分析与计算着手,进行深入讨论。

10.1.3 气体通过塔板的流体力学计算

板上气、液两相的流动情况直接影响塔板的操作性能。正常操作时液体从上降液管流入塔板上(见图 10-5)。降液管与板上第一列开孔间有一小段未开孔的区域 AB 称为安定区。从 B 到 C,板上开孔,这个区间称为有效的鼓泡区,鼓泡区内板上充满着泡沫层。CD 区间不开孔,亦称安定区。此区内不再鼓泡,至 D 处时液体已接近清液,仅仅夹带少量气泡越过溢流堰顶,流入降液管,在降液管中,液体所夹带的气泡不断逸出。

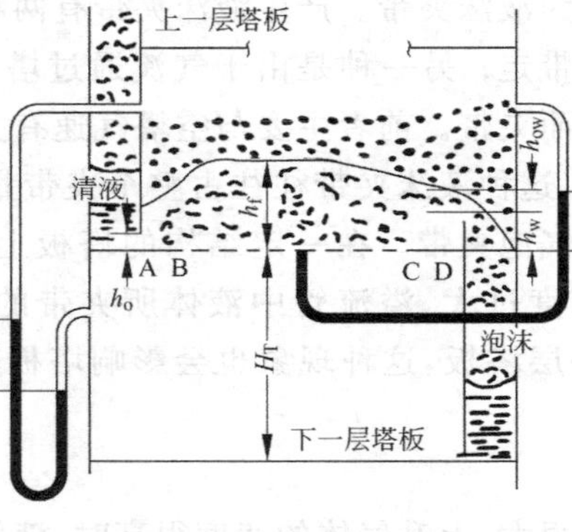

图 10-5 筛板上气、液流动示意图

塔的流体力学计算就是根据工艺要求设计塔板,或者通过计算,了解正常的气、液负荷下塔板能否工作。下面分几个问题来讨论。

1. 塔的气相负荷

在塔板上气体向上穿过液层,气、液两相相互接触进行传质,然后气体离开液层,向上流动,通常气体在离开液层时夹带部分液滴。当气速低时,这些被夹带的液滴可在液层上的空间与气体分离,液滴下落返回液层,气体则向上进入上一块塔板。提高气速,一部分液滴被气体带到上一块塔板,随着气速进一步提高,被夹带的液滴愈来愈多,最终将因过量夹带而引起液泛,破坏正常操作。目前均以这一过量液沫夹带液泛作为确定气速上限的根据。过量液沫夹带引起的液泛现象,有许多人进行过研究,他们都是以颗粒在气流中沉降运动为基础来分析液沫夹带的规律。在颗粒沉降一章中已知,在向上流动的气流中的一个液滴同时受到两方面力的作用:一是气流对液滴的曳力,另一是液滴的重力与浮力。当液滴受到的重力减浮力大于曳力时,液滴下落;如果曳力大于重力减浮力,则液滴会被气流悬浮或带走。根据液滴所受力的平衡可以导出计算沉降速度的关系式:

$$u_t = \left(\frac{4d_p(\rho_L - \rho_V)g}{3\xi\rho_V} \right)^{\frac{1}{2}} = \beta \sqrt{\frac{\rho_L - \rho_V}{\rho_V}} \qquad (10\text{-}1)$$

式中：u_t——沉降速度，m/s；

d_p——液滴直径，m；

ρ_V——气体密度，kg/m³；

ρ_L——液体密度，kg/m³；

ξ——阻力系数。

$$\beta = \sqrt{\frac{4d_p g}{3\xi}}$$

在塔板间悬浮液滴的受力情况与以上分析的粒子受力情况相同。由于板上液滴是大小不同的液滴群，气流从板上喷出的喷溅作用又给予液滴以大小不同的向上的初速度，而气体流动状况又十分复杂，所以塔板上液滴的沉降速度不能按上述简单关系计算。但是按沉降机理分析，可以认为计算液泛速度 u_f 的公式也应具有与式(10-1)相似的形式，即

$$u_f = c \sqrt{\frac{\rho_L - \rho_V}{\rho_V}} \qquad (10\text{-}2)$$

式中：c——气相负荷因子，m/s。

c 值与塔板上操作条件，气、液负荷和物性以及板结构有关，目前只能用实验来确定。

Smith 等人总结了工业上 8 个筛板塔、3 个浮阀塔和 5 个泡罩塔上的泛点数据，发现这些塔在满负荷或接近泛点时，具有相同的泛点参数，可用同一泛点关联式来表达。图 10-6 中曲线上所示的参数 $H_T - h_L$ 为沉降高度，h_L 为板上清液层高度，其值为堰高 h_w 与堰上液头高 h_{ow} 之和：

$$h_L = h_w + h_{ow}$$

在估算塔径时，h_L 的经验值可在 50～100 mm 选取。H_T 为板间距，根据经验，小塔 H_T 为 0.2～0.4 m，大塔 H_T 为 0.4～0.6 m。

实验还指出，同一塔中具有同样液沫夹带量时的气速[*]与液体的表面张力有关，它们之间的关系为

$$\frac{u_1}{u_2} = \frac{c_1}{c_2} = \left(\frac{\sigma_1}{\sigma_2} \right)^{0.2} \qquad (10\text{-}3)$$

---

[*] 该气速指以全塔截面积计算的空塔气速，本章内涉及气速，如无说明均指空塔气速。

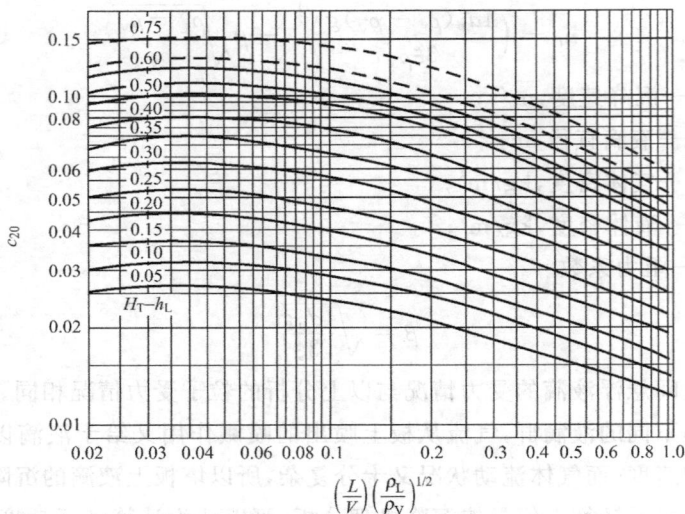

图 10-6　初选塔径用的算图

图 10-6 是按液体的表面张力为 0.02 N/m，即 20 dyn/cm 得到的关系曲线，所以图中纵坐标用符号 c_{20} 表示。当表面张力为其他值时，c 值应按下式进行校正：

$$\frac{c_{20}}{c} = \left(\frac{0.02}{\sigma}\right)^{0.2} \tag{10-4}$$

计算泛点气速方法如下：先根据图 10-6 求出 c_{20}，然后由式(10-4)求出负荷因子 c，再按式(10-2)求泛点气速 u_f。

塔的适宜操作气速应比泛点气速低。操作气速与泛点气速之比称为液泛分率。有许多因素影响适宜气速的选取。根据经验，适宜气速 u_{op} 为

$$u_{op} = (0.6 \sim 0.8)u_f \tag{10-5}$$

选定气速后，即可估算塔径 D：

$$D = \sqrt{\frac{V_s}{0.785 u_{op}}} \tag{10-6}$$

式中：V_s——气相体积流量，m^3/s。

2. 气体通过塔板时的压降

气体通过塔板的压降是气体通过塔板流体力学的重要操作参数。压降的变化可以反映塔板操作状态的改变，压降大小对于液泛的出现有直接影响。

1) 压降的变化与操作状态的关系

以筛板塔为例，气体通过塔板的压力降随气速变化的关系如图 10-7 所示。

当塔板上没有液体($L=0$)，即气体通过干板时，压降与气速的平方成正比，如图 10-7 中斜率为 2 的直线。对于一定的液体负荷下操作的塔板（$L>0$），压降的变化可分为几个阶段：①A 点以前的虚线，塔板处于漏液状态，板上没有液层，压降很少。在 A 点开始建立液层，A 点称液封点。②AB 阶段，塔板处于鼓泡操作状态，压降随气速变化不大。在这个阶段气体通过部分筛孔鼓泡，仍有部分筛孔漏液。随着气速增加，气体通过筛孔的数目不断增加，但气体通过筛孔的速度变化并不大，所以塔板压降也基本保持不变。气体达到 B 点以后，液体基本停止泄漏，全部筛孔开始通气，B 点称为漏点。③BC 阶段，塔板处于泡沫操作状态，压降随气速增加逐渐上升。由鼓泡接触变为泡沫接触，塔板上液体存留量下降，压降上升的斜率不大。④CD 阶段，塔板处于喷射状态，压降几乎随气速的平方增加。D 点（泛点）以后发生液泛，压降垂直上升，塔的操作被破坏。

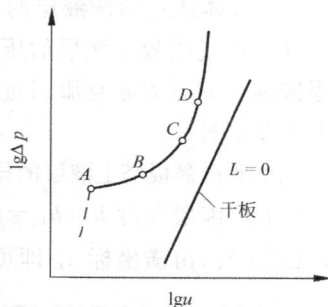

图 10-7　气体通过塔板的压力降

2）气体通过塔板的压降的计算

气体通过塔板的压降是由两方面原因所引起的：一为气体通过板上各部件的局部阻力，二为气体通过泡沫液层时的阻力。气体流过塔板时的压降习惯上常折合成塔内液体的液柱高度表示，一般都用半经验公式计算，其值随板型不同而异，下面以筛板为例说明。

气体通过一层筛板的总压降 h_p 为干板压降 h_d 与液层压降 h_l 之和：

$$h_p = h_d + h_l \tag{10-7}$$

式中：h_p——与气体通过一块塔板的压降相当的液柱高度，m；

　　　h_d——与气体通过一块干板的压降相当的液柱高度，m；

　　　h_l——与气体通过液层的压降相当的液柱高度，m。

（1）气体通过干板的压降 h_d

气体通过干筛板时与通过孔板的情况类似，故采用下式计算：

$$h_d = \frac{1}{2g} \frac{\rho_V}{\rho_L} \left(\frac{u_0}{c_0} \right)^2 \tag{10-8}$$

式中：ρ_V, ρ_L——气体、液体的密度，kg/m³；

　　　u_0——气体通过筛孔的气速，m/s；

　　　c_0——孔流系数，其值可根据 d_0/δ（孔径与板厚之比）从图 10-8 查出。

（2）气体通过泡沫液层的压降 h_1

气体通过筛板上液层的压降由以下 3 个原因引起：克服泡沫液层静压力，克服液体表面张力和克服通过泡沫液层的阻力。其中克服板上泡沫液层的静压力占主要部分。

气体通过筛板塔上液层的压降与通过筛孔的气相动能因数 F_0（$F_0 = u_0 (\rho_V)^{0.5}$）以及板上清液层高度 h_L（$h_L = h_w + h_{ow}$）有关。通过实验得出图 10-9 所示的结果。已知 F_0，由横坐标 h_L 即可求出液层阻力 h_1（见图 10-9）。

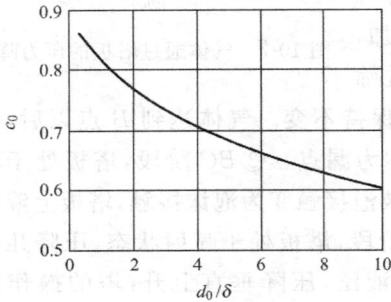

图 10-8　干筛孔的孔流系数

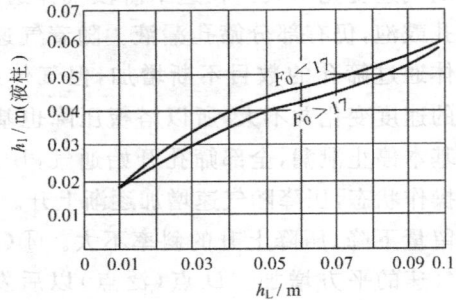

图 10-9　液层有效阻力图

（1 m 液柱＝$\rho_L g$Pa）

为了便于计算，将液层有效阻力图中的曲线进行了回归，得到以下方程：

当 $F_0 < 17$ 时

$$h_1 = 0.005\,352 + 1.477\,6h_L - 18.6h_L^2 + 93.54h_L^3 \tag{10-9}$$

当 $F_0 > 17$ 时

$$h_1 = 0.006\,675 + 1.241\,9h_L - 15.64h_L^2 + 83.45h_L^3 \tag{10-10}$$

3. 堰及堰上液头高的计算

对于平堰，则堰上液头高 h_{ow}（见图 10-5）可用弗朗西斯（Francis）公式计算：

$$h_{ow} = \frac{2.84}{1\,000}E\left(\frac{L_h}{l_w}\right)^{\frac{2}{3}} \tag{10-11}$$

式中：h_{ow}——堰上液头高，m；

　　　l_w——堰长，m；

　　　L_h——液体体积流量，m³/h；

　　　E——液流收缩系数，可用图 10-10 求得，一般情况下 E 可取为 1。

当平堰上液头高 $h_{ow} < 6$ mm 时，堰上溢流会不稳定，需改为齿形堰，用齿形堰时 h_{ow} 的计算公式可参看有关手册。

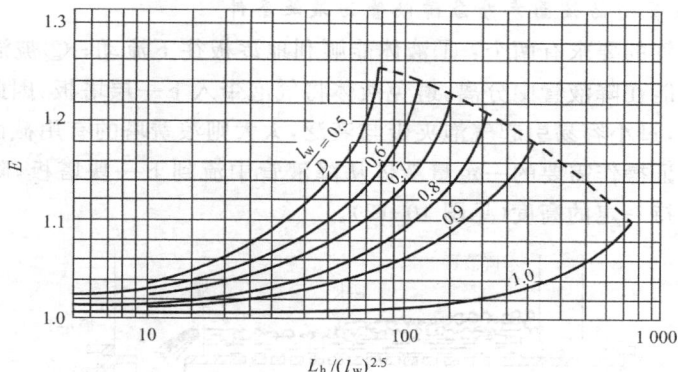

图 10-10 溢流堰的液流收缩系数

4. 液面落差

当液体横向流过塔板时,为了克服板上的摩擦阻力和克服绕过板上的部件(如浮阀、泡罩)等障碍物的形体阻力,需要一定的液位差(见图 10-11)。在液体入口处板面上液层高,在液体出口处液层低,因此造成液层阻力的差异,导致气体分布不均。在液体入口处气体流量小,在液体出口处气体流量大,将使塔板效率降低。为使气体分布均匀,一般要求将板上的液面落差控制在小于板压降的一半。

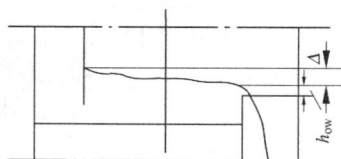

图 10-11 液面落差图

塔板上液面落差的大小与塔板的结构型式、塔径、液流量等多种因素有关。

筛板塔上没有突起的气液接触元件,液流的阻力小,其液面落差小,通常可以忽略不计。只有在液体流道很长的大塔和液体流量很大时,才需考虑液面落差的影响,筛板上的液面落差 Δ 可用下述经验式计算:

$$\Delta = \frac{0.215(250b + 1\ 000h_f)^2 \mu_L (3\ 600L_s)Z}{(1\ 000bh_f)^3 \rho_L} \qquad (10\text{-}12)$$

式中:Δ——液面落差,m;

b——平均液流宽度,m,对单溢流取塔径与堰长的平均值 $b = \dfrac{D + l_w}{2}$;

h_f——塔板上泡沫层高度,m,取 $h_f = 2.5h_L$;

L_s——液体体积流量,m^3/s;

Z——液体流道长度,m;

μ_L——液体的粘度,$mPa \cdot s$。

其他塔板的液面落差计算方法与筛板塔不同。

5. 降液管内的液面高度及降液管的液泛条件

对降液管的要求有两个：①液体能顺利地逐板往下流动；②被液体带进降液管的气泡能在降液管中分离，避免液体将气泡带入下一层塔板，因此降液管需有一定大小，过小容易引起气泡夹带与液泛，太大则浪费塔的有用截面。

为了保证操作需要的一定量液体从降液管中流到下一块塔板，降液管内清液层必须保持一定的高度（见图 10-12）。

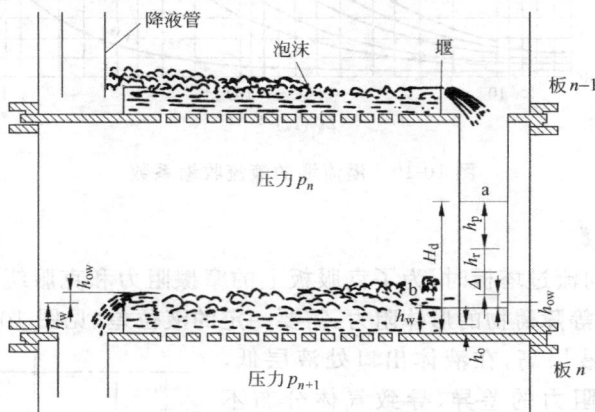

图 10-12　筛板塔操作图

根据伯努利方程，取截面 a 为上游截面，截面 b 为下游截面，忽略速度头，则可求出溢流管内清液层高 H_d：

$$H_d = h_w + h_{ow} + \Delta + h_r + h_p \tag{10-13}$$

式中各项均以清液柱高表示。h_w，h_{ow} 与 Δ 的意义同前；h_p 表示与气体通过一块塔板的压降相当的液柱高度（m）；h_r 表示与液体通过降液管的压降相当的液柱高度（m），主要是通过降液管底隙 h_o 和流经进口堰的局部阻力两项之和：

$$h_r = h_{r1} + h_{r2} \tag{10-14}$$

$$h_{r1} = 0.153\left(\frac{L_s}{l_w h_o}\right)^2 \tag{10-15a}$$

$$h_{r2} = 0.1\left(\frac{L_s}{A_0}\right)^2 \tag{10-15b}$$

式中：h_{r1}——与流体流经降液管底隙的压降相当的液柱高度，m；

$\quad\quad h_{r2}$——与流体流经进口堰的压降相当的液柱高度，m；

$\quad\quad h_o$——降液管底部与塔板间的缝隙高度，m；

$\quad\quad A_0$——液体流经进口堰时的最窄面积，m²。

h_o 的值由设计者根据工艺情况确定，一般取比出口堰高 h_w 低 10～20 mm。

有时塔板上不设进口堰。实际上,在降液管内不是清液,而是泡沫液,因此为了防止液泛,降液管的总高 H_T+h_w 应大于管内泡沫层高度,即

$$H_T+h_w \geqslant \frac{H_d}{\varphi} \qquad (10\text{-}16)$$

式中:φ——泡沫液的相对密度,一般取 0.5;对于易起泡的物系,$\varphi=0.3\sim0.4$;难起泡的物系,$\varphi=0.6\sim0.7$。

6. 设计中的几项校核

(1) 液沫夹带校核

前已述及,气速增加,液沫夹带增加,过量液沫夹带将造成液体返混使板效率下降。故生产中必须将气速控制在一定值以下,以期将液沫夹带限制在一定的范围内。根据实验结果,正常操作时的液体夹带量 e_V 应不大于 0.1 kg(液体)/kg(气体)。

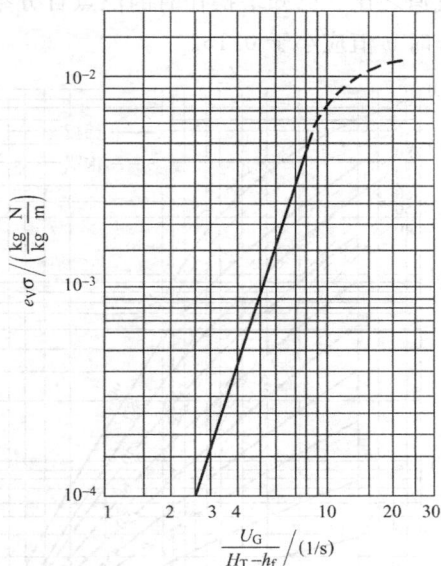

图 10-13 亨特的液沫夹带试验结果

亨特在直径为 150 mm 的筛板塔中进行了液沫夹带试验。他采用不同的气体和液体,在液体不流动的情况下得到如图 10-13 的结果。图中直线部分可用下式表示:

$$e_V = \frac{5.7\times10^{-6}}{\sigma}\left(\frac{u_G}{H_T-h_f}\right)^{3.2} \qquad (10\text{-}17)$$

式中:σ——液体的表面张力,N/m;

u_G——按有效截面计算的气速，$u_G = \dfrac{V_s}{A_T - A_f}$，m/s，其中 A_T——塔板截面，m^2，A_f——降液管截面，m^2；

h_f——泡沫层高度，m，可按清液层高度的 2.5 倍计算。

雾沫夹带还可利用液沫夹带分率 ψ 来表示，ψ 是指每层塔板液沫夹带的量占进入该层塔板的液体流量中的分率，其与 e_V 的关系如下：

$$\psi = \frac{e_V}{L/G + e_V} \tag{10-18}$$

式中：L/G——液体、气体通过塔的质量流量（kg/h）或摩尔流量（kmol/h）之比。

费尔（Fair）等人对前人在泡罩塔和筛板塔测得的液沫夹带数据进行了关联，绘制了图 10-14。图中曲线上标注的数字为泛点百分率，表示在同一液气比下，实际气速与泛点气速之比。已知塔操作时的泛点百分率，即可由图估计出液沫夹带分率，正常操作时 ψ 值应小于 0.15。

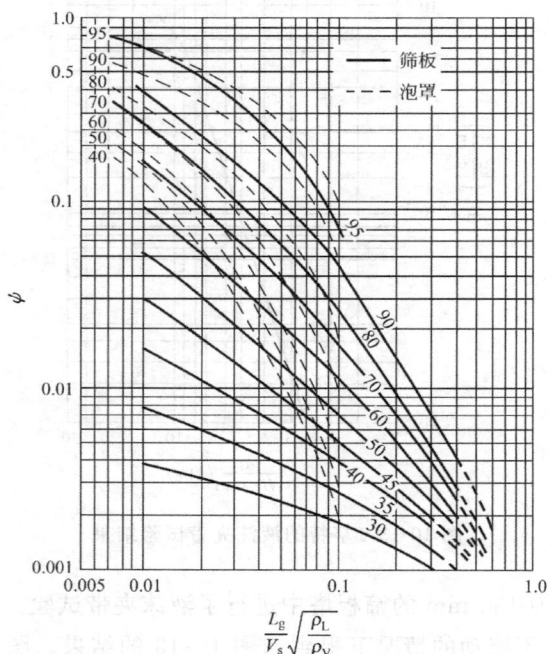

图 10-14　费尔的液沫夹带关联图

用亨特法计算 e_V 推理较明确，并具有较明确的物理意义，用国内一些筛板塔操作数据校核，结果亦比较符合实际，所以常用它来校核雾沫夹带。

（2）气泡夹带与停留时间校核

气泡夹带量随液体的流动速度的增大而增大，在设计计算时以液体在降液管内的停留时间 t 的长短来估计气泡的分离情况。根据经验，t 需大于 $3\sim5\mathrm{s}$ 才能使气泡得到较好的分离，t 的计算公式为

$$t = \frac{A_\mathrm{f} H_\mathrm{T}}{L_\mathrm{s}} \geqslant 3 \sim 5 \tag{10-19}$$

式中：A_f——降液管的截面积，m^2；

$\quad\quad H_\mathrm{T}$——塔板间距，m；

$\quad\quad L_\mathrm{s}$——液体的体积流量，m^3/s。

（3）漏液点气速的校核

有人通过实验观察，把基本不漏时的气速称为漏液点。也有人根据塔板阻力降变化曲线判断。例如对于筛板，将图 10-7 上的 B 点称为漏液点。塔板上漏液量过大会影响板效率。但是少量漏液在塔板操作中是难免的，而且对于板效率影响不大。根据经验，当相对漏液量（漏液量/液流量）小于 10% 时对板效率影响不大，因此把它作为设计校核的依据。漏液量主要与通过塔板开孔中的气体动能有关。孔的动能因子可由下式定义：

$$F_0 = u_0 \sqrt{\rho_\mathrm{V}} \tag{10-20}$$

式中：F_0——气体通过孔的动能因子，$\mathrm{kg}^{\frac{1}{2}}/(\mathrm{s} \cdot \mathrm{m}^{\frac{1}{2}})$；

$\quad\quad u_0$——气体的孔速，$\mathrm{m/s}$；

$\quad\quad \rho_\mathrm{V}$——气体密度，$\mathrm{kg/m}^3$。

根据实验观察，几种常用塔板相对漏液为 10% 时的动能因子不同，实验得到的数值如下：

$\quad\quad\quad\quad$ 筛板 $\quad F_0 = 8 \sim 10$

$\quad\quad\quad\quad$ 浮阀 $\quad F_0 = 5$

$\quad\quad\quad\quad$ 斜孔 $\quad F_0 = 8 \sim 10$

液体流量增大，F_0 略有增加。

用动能因子计算漏点气速的方法简单，在设计和操作中有足够的准确性。此外，戴维斯和戈登（Davies and Gordon）等人对筛板塔的漏点作了研究，提出了泄漏点的计算公式，可供计算漏点时参考。

漏点是塔板操作气速的下限，塔板设计时，筛孔气速 u_0 应比漏点气速 $u_{0,漏}$ 高，两者的比值 K 称为筛板塔的操作稳定系数：

$$K = \frac{u_0}{u_{0,漏}} \tag{10-21}$$

K 值宜取 $1.5\sim2$，以使塔板具有良好的操作弹性。

7. 塔板的负荷性能图

当塔板类型与结构尺寸和物系确定后,气体流量和液体流量就是影响塔板正常操作的主要参数。只有当气、液流量处于适当的范围之内,塔板上才能实现良好的气、液流动与接触状态,才能得到好的分离效果。板式塔的适宜的气、液流量范围常常用负荷性能图来表示。负荷性能图是以气体的体积流量为纵坐标、以液体的体积流量为横坐标标绘而成。每一个塔的结构尺寸设计确定之后,就确定了它的操作范围。图 10-15 是筛板塔负荷性能示意图,其中各线意义如下:

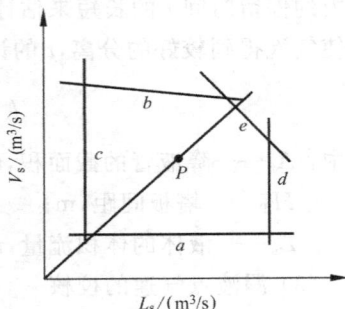

图 10-15　塔板负荷性能图

a:漏液线(气体流量下限线)。漏液线是塔板在漏液点时的气体流量与液体流量的关系曲线。它可以通过筛板塔漏液点的气体通过孔的动能因子 $F_0 = 8 \sim 10$ 求出。它接近于一水平线。亦可以用手册上介绍的其他的计算漏点的公式计算,得出一根斜率略大于零的直线。如果气体的流量处于漏点线以下就会发生严重漏液,这是塔的操作气速下限。

b:液沫夹带限制线(气体流量上限线)。气体流量过大,液沫夹带大,板效率严重下降。通常设计时是以 $e_V = 0.1$ kg(液体)/kg(干气体)为限。液沫夹带限制线可根据式(10-17)计算求出。

c:液相流量下限线。液体流量过低,板上液流不易维持均匀稳定,板上气、液接触不良,易产生干吹、偏流等现象,根据经验,液体流量应使溢流堰上的液头高 $h_{ow} > 6$ mm。液相流量下限线是根据计算堰头高的公式(10-11)按 $h_{ow} = 6$ 而确定的。

d:液相流量上限线。液相流量过大,在降液管中停留时间不足,会使泡沫液在降液管中来不及澄清而引起气泡夹带,因此,应限制液相流量。根据经验,液相在降液管内至少要停留 $3 \sim 5$ s。液相上限线可由式(10-19)计算。

e:液泛线。当气体与液体流量均过大时,降液管被泡沫液所充满,导致降液管液泛。液泛线可按降液管液泛的关联式(10-13)和式(10-16)求出。

图 10-15 中所表示的 5 条极限线所包围的区域,称为塔板的正常操作区,如果实际的气、液负荷超出了这个范围,就会产生漏液、液沫夹带、干吹、气泡夹带或液泛等不正常操作状态,使板效率下降。代表塔的预定气、液负荷的设计点 *P* 如能落在该区域内的适中位置,则可望获得稳定良好的操作效果。如果操作点紧靠某一条极限线,则当负荷稍有波动时便会使效率急剧下降,甚至完全破坏塔的操作。

物系一定时,负荷性能图中各条线的相对位置随塔板结构尺寸而改变。例如加大板间距,则液泛线和夹带线上移,扩大了负荷性能图的范围。改变其他塔板结构参数均可相应改变塔的负荷性能,在设计时应根据实际生产情况仔细考虑。塔板负荷性能图的可靠性决定于各条线所表示的塔板水力学规律研究的深入程度。目前仅有筛板塔、浮阀塔和泡罩塔等较为成熟的塔板可以计算出塔的负荷性能图。其他塔板尚无法计算出其负荷性能图,它们的负荷性能图只能借助实验方法测定。

10.1.4　塔板结构及对塔板的要求

1. 对塔板的要求

由于生产过程的条件和要求各不相同,因而出现了种类繁多的塔板,特别是石油化工的发展,大大促进了塔板结构的改进与塔板的流体力学与传质性能的研究,从而促使许多新型塔板投入工业应用。

对塔板的一般要求如下:

(1) 生产能力大,即单位塔截面上气体和液体的通量大。

(2) 板效率高。塔板效率高板数就少,对于板数一定的塔,板效率高可以提高产品质量或者减少回流比(或液气比),减少能耗,降低操作费用。

(3) 压降小。气体通过单板的压降小,能耗低。对于精馏则可以降低釜压和釜温,这对于处理高沸点和易发生自聚分解的物系尤其重要。

(4) 操作范围宽。当塔内操作的气、液负荷波动时不至于影响塔的正常操作。

(5) 结构简单,制造维修方便,造价低廉。

实际上各种塔板很难全面地满足以上要求,它们大多各具特色,而且各种生产过程对塔的要求也是有所侧重的,例如减压蒸馏对塔板阻力降和板效率要求较高,其他方面相对来说可降低要求。因此,应根据生产对象的具体情况选择合适的塔板类型。

2. 塔板的主要结构

前面提到根据塔板上液体的流动方式,可以分为有溢流塔板(又称错流塔板)和无溢流塔板(穿流式塔板)两类。一般说有溢流塔板操作稳定性好,塔板效率高,工业上绝大多数采用有溢流的塔板。下面讨论有溢流塔板的主要结构部件的设计。

有溢流塔板上,液体横向流过塔板与气体错流流动。这种塔板上必须设置降液管、溢流堰和受液盘,如图 10-16 所示。

(1) 降液管

降液管是塔板间液体流动的通道,也是使溢流液中夹带气体得以分离的场所。降液管有圆形和弓形之分。圆形降液管只适用于小直径塔。对于直径较大的塔，常用弓形降液管。弓形的高度 W_d 与弓形面积 A_f 可按图 10-17 求得。

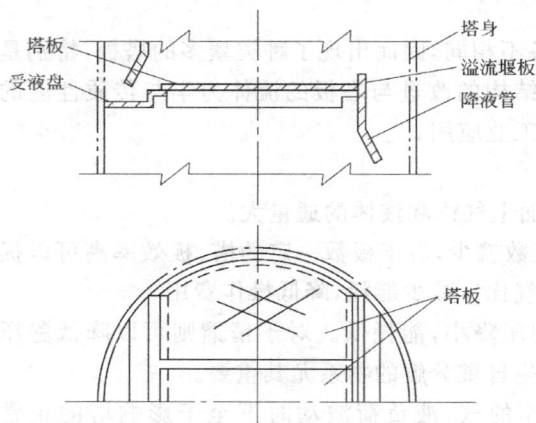

图 10-16　单流型分块式塔板

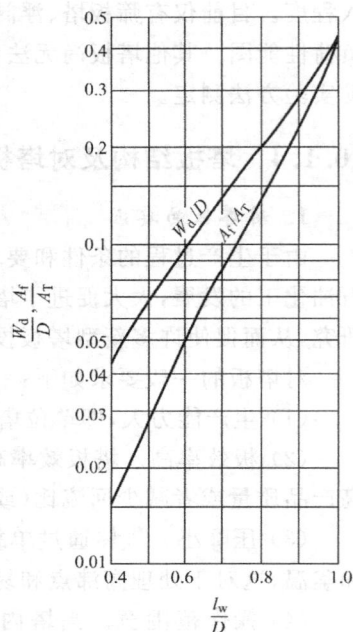

图 10-17　弓形的高度与面积

l_w—堰长，m；D—塔径，m；

W_d—弓形高度，m；A_f—弓形面积，m^2；

A_T—全塔截面，m^2

（2）塔板上液体流动的路径

液体在塔板上的流动路径是由降液管的布置方式所决定的。常用的降液管布置方式有以下几种形式：U 形流、单溢流、双溢流和多溢流。

① U 形流：亦称回转流，如图 10-18（a）所示。其中降液和受液装置安排在同一侧。此种溢流装置液体流动路程长，可以提高板效率，但液面落差较大，只适合于液气比很小的场合。

② 单溢流：又称直径流，如图 10-18（b）所示。单溢流的降液管结构简单，加工制造方便，在塔板直径小于 2.2 m 的塔中被广泛采用。

③ 双溢流：又称半径流，这类塔板中，降液管分别设在塔截面的中部与两侧，如图 10-18（c）所示。来自上一塔板的液体分别从两侧的降液管进入塔板，横过半块塔板而进入中间的降液管，到下一层则液体由中央向两侧流动。这种降

液管结构较复杂。它的优点是液体流动的路程短,从而可降低液面落差,它适合于大型塔及液气比大的场合。

④ 多溢流:这种塔板上有多根长条形降液管,降液管下端悬在泡沫层上方的气相空间,降液管底部是封闭的,只开若干供液体流出的小孔或槽形孔,相邻两层塔板的降液管错开 90°(见图 10-19)。多溢流塔板的主要特点是堰长和液流路径短,因此可以大大降低堰上的液流强度,减小液面落差,因而可使气、液分布均匀。此外这种塔板的压降小,允许板间距较小。对于液气比较高的大塔,用这种塔板较为合适。

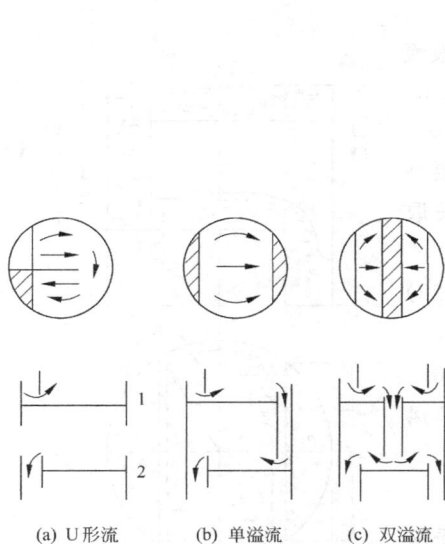

(a) U形流　　(b) 单溢流　　(c) 双溢流

图 10-18　塔板溢流类型

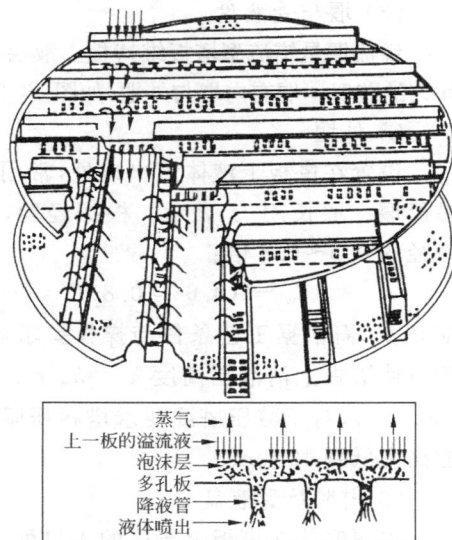

蒸气
上一板的溢流液
泡沫层
多孔板
降液管
液体喷出

图 10-19　多降液管塔板

此外,还有阶梯型单溢流和双溢流降液管,这种结构复杂的降液管只在特殊的塔中采用。

从以上分析可以看出,液体在塔板上流径愈长,液体与气体的接触时间愈长,可提高板效率,有利于传质。但是流径愈长则液面落差愈大,将使气体分布不均,导致板效率下降。因此,选择什么样的降液装置要根据液体流量、塔径大小等条件综合考虑。一般,塔径大,液体流量大,宜采用双溢流或多溢流。表 10-1 列出了溢流类型、塔径、液体负荷之间的经验数据,可供设计选用溢流装置时参考。

表 10-1　液体负荷与溢流类型的关系

塔径 D/ mm	液体流量 L_h/(m³/h)		
	U 形流	单溢流	双溢流
1 000	<7	<45	
1 400	<9	<70	
2 000	<11	<90	90～160
3 000	<11	<110	110～200
4 000	<11	<110	110～230
5 000	<11	<110	110～250

（3）堰与受液盘

溢流堰是错流型塔板维持板上液层，使液流均匀的装置。堰有内堰与外堰，如图 10-20 所示。

① 外堰

设置在塔板上液体流出口处，常用的堰是弓形堰。堰长用 l_w 表示。根据经验，堰长取塔径的 0.6～0.8 倍：

$$l_w = (0.6 \sim 0.8)D \qquad (10\text{-}22)$$

堰高 h_w 需根据工艺条件与操作要求确定，一般应使塔板上清液层高度 $h_L = h_w + h_{ow}$（50～100 mm），对于减压塔或要求塔板压降小的塔堰高可低到 10 mm。

② 内堰及受液盘

内堰安装在塔板上流体的入口处，即受液盘的出口，常用于液流量小的场合，以使塔板上液体分布较均匀。除特殊要求外，一般很少设置内堰。

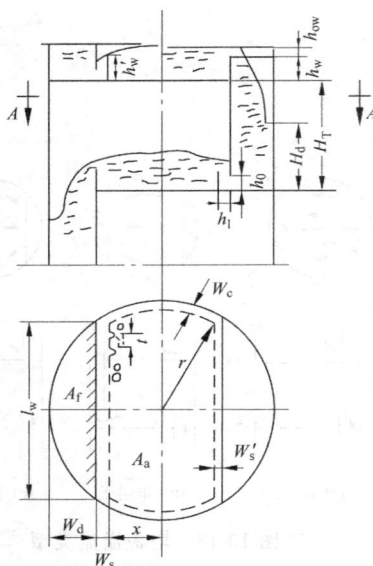

图 10-20　板面结构

塔板上接受上一层流下的液体的地方称为受液盘，目前生产装置中用的受液盘有两种：平受液盘和凹形受液盘。对于 ϕ800 mm 以上的大塔，常采用凹形受液盘，见图 10-21。这种结构便于液体的侧线采出，在低液流量时仍能保证良好的液封，且有使液体流动分布均匀的缓冲作用。凹形受液盘的深度一般为 50 mm。但当有悬浮固体和易聚合的物料时，凹形受液盘易堵塞而造成液泛事故，宜用平受液盘。

3. 板面布置

塔板板面根据所起的作用一般可分为 4 个区域，下面以单溢流筛板塔为例说明（见图 10-20）。

（1）传质鼓泡区：为板面上开筛孔的区域，是气、液接触的有效区域。

（2）溢流区：即降液管与受液盘所占的区域。

（3）安定区：在板上的传质鼓泡开孔区与内、外堰之间，各需有一个无开孔的地带，称为安定区。前者是为了流入板面的液体均匀，后者是为了避免大量的含泡沫的液相进入降液管。安定区的经验值为：

内堰侧安定区 $\quad\quad\quad\quad\quad W_s' = 50 \sim 100$ mm

外堰侧安定区 $\quad\quad\quad\quad\quad W_s = 70 \sim 100$ mm

小塔因塔板面积小，安定区要相应减小。

（4）边缘区：板面靠近塔壁部分，需要留出一圈边缘区 W_c (m)以便和塔壁联接。此区也不开孔，其宽度可根据机械加工与安装的需要而定，一般为 40～60 mm。

鼓泡区的面积 A_a 按下式计算：

$$A_a = 2\left[x \sqrt{r^2 - x^2} + r^2 \sin^{-1} \frac{x}{r} \right] \quad\quad\quad (10\text{-}23)$$

$$x = \frac{D}{2} - (W_d + W_s) \quad\quad\quad (10\text{-}24)$$

$$r = \frac{D}{2} - W_c \quad\quad\quad (10\text{-}25)$$

式中：W_d——弓形降液管宽度，m（见图 10-17）。

筛孔直径 d_0 通常为 3～8 mm，也有采用10～20 mm 的大孔，孔心距 t 一般为 $(2.5 \sim 4)d_0$。筛板塔的筛孔直径与孔心距的大小会影响板的效率。筛孔按正三角形排列，如图 10-22 所示，开孔区所开筛孔面积 A_0 与开孔区整个面积 A_a 之比称为开孔率，可由下式求出：

$$\frac{A_0}{A_a} = \frac{\frac{1}{2} \times \frac{\pi}{4} d_0^2}{\frac{1}{2} t^2 \sin 60°} = 0.907 \left(\frac{d_0}{t} \right)^2 \quad\quad\quad (10\text{-}26)$$

以塔截面积计的开孔率（总开孔面积与塔截面之比）为 5%～10%。

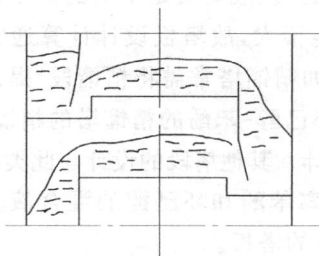

图 10-21　凹形受液盘

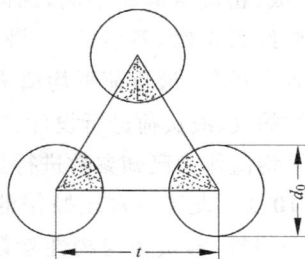

图 10-22　筛板的开孔率

4. 塔板间距

板间距是板式塔的重要参数,板间距 H_T 的大小对于塔高、塔的生产能力、操作弹性、塔板效率都有影响,因而选择合理的板间距对于生产操作、检修安装均有影响。严格说来,对板间距数值应进行经济核算,反复调整比较后,才能确定。表 10-2 的经验数据可供初步设计时参考。

表 10-2 板式塔板间距参考数值

塔径 D/m	0.3～0.5	0.5～0.8	0.8～1.6	1.6～2.0	2.0～2.4	＞2.4
板距 $H_T/$ mm	200～300	300～350	350～450	450～600	600～800	≥800

板间距应按规定选取整数,如 200,250,300,350,450,500,600,800 等,有时工艺上有特殊要求,也可选择其他尺寸的板间距。

10.1.5 筛板塔的设计

各种型式塔板(如筛板塔、斜孔塔)的设计原则都基本相同。在通过计算确定气液传质分离过程(如精馏、吸收)所需的塔板数后,塔板设计的任务是确定完成生产任务所需的塔径、板间距,液流型式及塔板结构与板面布置。下面以筛板塔为例加以说明。

板式塔的设计步骤大致可分为以下几步:

(1) 按照不发生严重液沫夹带并防止液泛的要求初估塔径;

(2) 根据初估塔径,进行板面设计计算;

(3) 对设计的塔板进行各项校核,并绘制该板的负荷性能图。

在第(3)步以后,如果校核结果认为设计不理想,则需对某些参数进行修改,重新按设计步骤进行计算,一直到满意为止。

由于设计计算时,塔底和塔顶各层塔板上的操作工况(温度、压力),气、液相流量,组成,密度等有所不同,因而各层塔板上的气、液负荷是不同的。当有多股加料或侧线采出时,各段的气、液负荷变化可能很大,故塔板设计计算通常需分段按照各段的气、液负荷平均值进行设计。例如精馏塔常需将精馏段、提馏段分别取平均的气、液负荷进行设计。下面以分离环己醇-苯酚的精馏塔的精馏段气、液负荷平均值作为已知参数进行该段塔板的设计。其他塔段的设计与此类同。

例 10-1 设计一常压操作的精馏塔以分离苯酚和环己醇的混合液。现按精馏段平均气、液负荷与物性参数,设计筛板塔的塔板。

解:已知条件:

气相流量 $V_s=0.772$ m³/s, 液相流量 $L_s=0.001\,73$ m³/s

气相密度 $\rho_V = 2.81$ kg/m³, 液相密度 $\rho_L = 940$ kg/m³

液相表面张力 $\sigma = 0.032$ N/m, 液体粘度 $\mu = 0.34 \times 10^{-3}$ Pa·s

1) 初估塔径

取塔板间距 $H_T = 0.3$ m,根据经验,板上清液层高度 h_L 为 $50 \sim 100$ mm,因系常压操作,可取 $h_L = 70$ mm,则

$$H_T - h_L = 0.3 - 0.07 = 0.23 \text{ m}$$

应用图 10-6 确定泛点气速。图上横坐标的数值:

$$\frac{L_s}{V_s}\left(\frac{\rho_L}{\rho_V}\right)^{0.5} = \frac{0.00173}{0.772}\left(\frac{940}{2.81}\right)^{0.5} = 0.041$$

根据 $H_T - h_L$ 和横坐标之值,在图上读得 $c_{20} = 0.047$,按式(10-4)计算气相负荷因子 c:

$$c = c_{20}\left(\frac{\sigma}{0.02}\right)^{0.2} = 0.047\left(\frac{0.032}{0.02}\right)^{0.2} = 0.051$$

由式(10-2)求泛点气速 u_f:

$$u_f = c\sqrt{\frac{\rho_L - \rho_V}{\rho_V}} = 0.051\sqrt{\frac{940 - 2.81}{2.81}} = 0.93 \text{ m/s}$$

由式(10-5)求 u_{op}:

$$u_{op} = 0.8u_f = 0.8 \times 0.93 = 0.744 \text{ m/s}$$

计算塔径:

$$D' = \sqrt{\frac{V_s}{\frac{\pi}{4}u_{op}}} = \sqrt{\frac{0.772}{0.785 \times 0.744}} = 1.15 \text{ m}$$

确定实际塔径,对计算塔径进行圆整,取 $D = 1.2$ m。

2) 塔板结构设计

(1) 流型选择

参照表 10-1,确定用单流程弓形降液管。

(2) 堰的计算

由式(10-22),堰长 $l_w = 0.66D = 0.794$ m。根据经验,板上清液层高 h_L 为 $50 \sim 100$ mm,选堰高 $h_w = 60$ mm。堰上清液层高 h_{ow} 可按式(10-11)计算,式中液流收缩系数 E 的数值由图 10-10 查出。计算图 10-10 的横坐标:

$$\frac{L}{l_w^{2.5}} = \frac{3600 \times 0.00173}{(0.794)^{2.5}} = 11.1$$

查图 10-10,得 $E = 1.035$,故

$$h_{ow} = 0.00284 \times 1.035 \times \left(\frac{3600 \times 0.00173}{0.794}\right)^{\frac{2}{3}} = 0.0116 \text{ m}$$

板上清液层高度：

$$h_{\text{L}} = h_{\text{w}} + h_{\text{ow}} = 0.060 + 0.011\,6 = 0.071\,6\,\text{m}$$

取降液管底部与塔板间的缝隙高度 h_o：

$$h_\text{o} = h_{\text{w}} - 0.015 = 0.045\,\text{m}$$

（3）液面梯度 Δ

由式(10-12)计算 Δ，首先求平均溢流宽度：

$$b = \frac{l_{\text{w}} + D}{2} = \frac{0.794 + 1.2}{2} = 0.997\,\text{m}$$

再根据 $l_{\text{w}}/D = 0.66$，由图 10-17 得

$$W_\text{d} = 0.15\,\text{m}$$

$$Z = D - 2W_\text{d} = 1.2 - 2 \times 0.15 = 0.90\,\text{m}$$

$$h_\text{f} = 2.5 h_{\text{L}} = 2.5 \times 0.071\,6 = 0.179\,\text{m}$$

$$\Delta = \frac{0.215 \times (250b + 1\,000 h_\text{f})^2 \mu_\text{L} (3\,600 L_\text{s}) Z}{(1\,000 b h_\text{f})^3 \rho_\text{L}}$$

$$= \frac{0.215 \times (250 \times 0.997 + 1\,000 \times 0.179)^2 \times 0.34 \times (3\,600 \times 0.001\,73) \times 0.90}{(1\,000 \times 0.997 \times 0.175)^3 \times 940}$$

$$= 0.000\,015\,1\,\text{m}$$

计算结果 Δ 很小，可略去不计。

（4）塔板布置

取筛孔直径 $d_0 = 4\,\text{mm}$，$t/d_0 = 3.0$，则 $t = 3 \times 4\,\text{mm} = 12\,\text{mm}$，在塔板开孔区的开孔率为：

$$\varphi = 0.907 \times \left(\frac{d_0}{t}\right)^2 = 0.907 \times \frac{1}{9} = 0.100\,8$$

取塔板上安定区宽度 $W_\text{s} = 0.08\,\text{m}$，边缘区宽度 $W_\text{c} = 0.05\,\text{m}$。

用式(10-23)计算开孔区面积 A_a，其中

$$x = \frac{D}{2} - (W_\text{d} + W_\text{s}) = 0.37$$

$$r = \frac{D}{2} - W_\text{c} = 0.55$$

$$\frac{x}{r} = \frac{0.37}{0.55} = 0.673$$

$$A_\text{a} = 2\left[x\sqrt{r^2 - x^2} + r^2 \sin^{-1}\frac{x}{r}\right]$$

$$= 2 \times \left[0.37 \times \sqrt{0.55^2 - 0.37^2} + 0.55^2 \times \arcsin 0.673\right]$$

$$= 0.748\,\text{m}^2$$

$$\frac{\text{开孔区面积}}{\text{塔板面积}} = \frac{A_a}{A_T} = \frac{0.748}{1.13} = 0.662$$

筛孔总面积 $A_0 = $ 开孔区面积 $\times$ 开孔率 $= 0.748 \times 0.1008 = 0.075 \text{ m}^2$

筛孔数 $N = \dfrac{A_0}{a_0} = \dfrac{0.075}{0.785 \times 0.004^2} = 5971$

式中：a_0——每个筛孔的面积，m^2。

3）对设计塔板进行各项校核，并绘制负荷性能图

（1）气流通过塔板的压降

气流通过塔板的压降由干板压降与液层压降两部分组成。

干板压降 h_d：取板厚为 3 mm，$d_0/\delta = 1.33$，由图 10-8 查得 $c_0 = 0.84$，故

$$h_d = \frac{1}{2g} \frac{\rho_V}{\rho_L} \left(\frac{u_0}{c_0}\right)^2 = \frac{1}{2 \times 9.81} \left(\frac{2.81}{940}\right) \left(\frac{0.772}{0.075 \times 0.84}\right)^2 = 0.0228 \text{ m（液柱）}$$

气流通过液层的压降 h_1：

$$F_0 = u_0 \sqrt{\rho_V} = \frac{0.772}{0.075} \sqrt{2.81} = 17.25 \text{ kg}^{\frac{1}{2}}/(\text{m}^{\frac{1}{2}} \cdot \text{s})$$

$$h_L = 0.0716 \text{ m（液柱）}$$

查图 10-9 得 $h_1 = 0.043$ m（液柱），所以气流通过塔板的总压降：

$$h_p = h_d + h_1 = 0.0228 + 0.043 = 0.0658 \text{ m（液柱）}$$

（2）漏液点气速和操作稳定系数计算

当 $F_0 = 8 \text{ kg}^{\frac{1}{2}}/(\text{s} \cdot \text{m}^{\frac{1}{2}})$ 时

$$u_{0,漏} = \frac{F_0}{\sqrt{\rho_V}} = \frac{8}{\sqrt{2.81}} = 4.77 \text{ m/s}$$

实际孔速：

$$u_0 = \frac{V_s}{A_0} = \frac{0.772}{0.075} = 10.3 \text{ m/s}$$

塔的操作稳定性：

$$K = \frac{u_0}{u_{0,漏}} = \frac{10.3}{4.77} = 2.16$$

（3）负荷性能图

① 漏液线

以 $F_0 = 8 \text{ kg}^{\frac{1}{2}}/(\text{s} \cdot \text{m}^{\frac{1}{2}})$ 作为气体最小负荷的标准，则

$$(V_s)_{\min} = \frac{\pi}{4} d_0^2 n \frac{8}{\sqrt{\rho_V}} = \frac{\pi}{4} \times 0.004^2 \times 5971 \times \frac{8}{\sqrt{2.81}} = 0.358 \text{ m}^3/\text{s}$$

因此，在图 10-23 上标绘漏液线为 V_s 等于 0.358 m^3/s 的水平线①。

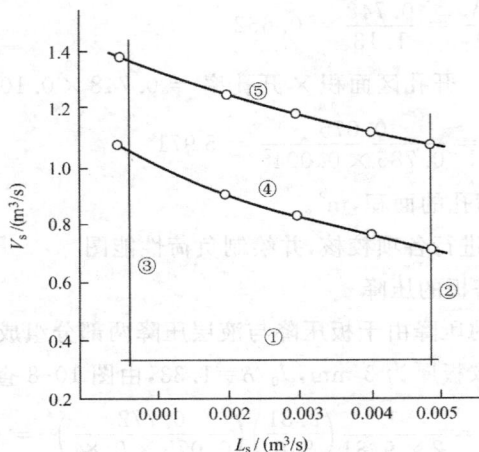

图 10-23　例 10-1 负荷性能图

② **液体流量上限线**

以 5 s 作为液体在降液管中停留时间的下限,由式(10-19)得

$$(L_s)_{max} = \frac{A_f H_T}{t} = \frac{0.081\ 7 \times 0.3}{5} = 0.004\ 902\ m^3/s$$

因此,在图 10-23 上标绘液体流量上限线为 L_s 等于 0.004 902 m^3/s 的垂直线②。

③ **液相流量下限线**

以 $h_{ow} = 0.006\ m$ 作为规定最小液体负荷的标准,由式(10-11)得

$$\frac{2.84}{1\ 000} E \left[\frac{3\ 600(L_s)_{min}}{l_w} \right]^{\frac{2}{3}} = 0.006$$

取 $E = 1$,则

$$(L_s)_{min} = \left(\frac{0.006 \times 1\ 000}{2.84} \right)^{\frac{3}{2}} \times \left(\frac{0.794}{3\ 600} \right) = 0.000\ 677\ m^3/s$$

因此,在图 10-23 上标绘液体流量下限线为 L_s 等于 0.000 677 m^3/s 的垂直线③。

④ **雾沫夹带上限线**

以 $e_V = 0.1\ kg(液体)/kg(气体)$ 为限,求 $V_s\text{-}L_s$ 关系。

由式(10-17):

$$e_V = \frac{5.7 \times 10^{-6}}{\sigma} \left(\frac{u_G}{H_T - h_f} \right)^{3.2}$$

其中

$$u_G = \frac{V_s}{A_T - A_f} = \frac{V_s}{1.13 - 0.081\ 7} = \frac{V_s}{1.048\ 3}$$

$$h_f = 2.5 h_L = 2.5(h_w + h_{ow})$$

· 210 ·

又

$$h_w = 0.06 \text{ m}$$

$$h_{ow} = 0.002\,84\left(\frac{3\,600L_s}{0.794}\right)^{\frac{2}{3}} = 0.778L_s^{\frac{2}{3}}$$

所以

$$h_f = 0.15 + 1.945L_s^{\frac{2}{3}}$$

$$H_T - h_f = 0.15 - 1.945L_s^{\frac{2}{3}}$$

由

$$e_V = \frac{5.7 \times 10^{-6}}{0.032}\left[\frac{V_s}{1.048\,3 \times (0.15 - 1.945L_s^{\frac{2}{3}})}\right]^{3.2}$$

$$= 0.1 \text{ kg(液体)/kg(气体)}$$

得

$$V_s = 1.136\,9 - 14.74L_s^{\frac{2}{3}}$$

列表如下：

$L_s/(\text{m}^3/\text{s})$	0.000 5	0.002	0.003	0.004	0.005
$V_s/(\text{m}^3/\text{s})$	1.044	0.903	0.830	0.766	0.706

由上表中数据可作出雾沫夹带上限线④。

⑤ 液泛线

为了防止发生液泛现象，应满足式(10-16)：

$$H_T + h_w \geqslant \frac{H_d}{\varphi}$$

φ 取为 0.5，其中：

$$H_T = 0.30 \text{ m}$$

$$h_w = 0.06 \text{ m}$$

$$h_{ow} = 0.002\,84 \times \left(\frac{3\,600L_s}{0.794}\right)^{\frac{2}{3}} = 0.778L_s^{\frac{2}{3}}$$

$$h_{r1} = 0.153\left(\frac{L_s}{l_w h_o}\right)^2 = 119.85L_s^2$$

$$\Delta \approx 0$$

由式(10-8)：

$$h_d = \frac{1}{2g}\frac{\rho_V}{\rho_L}\left(\frac{u_0}{c_0}\right)^2$$

其中，$c_0 = 0.84$，则有

$$h_d = \frac{1}{2 \times 9.81} \times \frac{2.81}{940} \times \left(\frac{V_s}{0.785nd_0^2 \times 0.84}\right)^2 = 0.038\,38V_s^2$$

$$H_d = h_w + h_{ow} + \Delta + h_r + h_p$$

$$h_p = h_d + h_l$$

由 $F_0 = 17\ \text{kg}^{0.5}/(\text{s} \cdot \text{m}^{0.5})$ 得

$$F_0 = \frac{V_s}{0.785 n d_0^2}\sqrt{\rho_V} = 17$$

$$V_s = \frac{17 \times 0.785 n d_0^2}{\sqrt{\rho_V}} = \frac{17 \times 0.785 \times 5\,971 \times 0.004^2}{\sqrt{2.81}} = 0.761\ \text{m}^3/\text{s}$$

当 $F_0 < 17\ \text{kg}^{0.5}/(\text{s} \cdot \text{m}^{0.5})$ 时,即 $V_s < 0.761\ \text{m}^3/\text{s}$ 时,应用式(10-9)得

$$h_l = 0.005\,352 + 1.477\,6h_L - 18.60h_L^2 + 93.54h_L^3$$

将上述各式代入式(10-16)得

$$0.30 + 0.06 \geqslant \frac{1}{0.5}(0.06 + 0.778L_s^{2/3} + 119.8L_s^2 + 0.038\,38V_s^2$$
$$+ 0.005\,352 + 1.477\,6h_L - 18.60h_L^2 + 93.54h_L^3)$$

将 $h_L = 0.06 + 0.778L_s^{2/3}$ 代入上式并整理得

$$V_s^2 = 1.895 - 25.24L_s^{2/3} + 27.80L_s^{4/3} - 4\,269L_s^2$$

此式表示液泛时, V_s 与 L_s 的关系。不同的 L_s 得不同的允许 V_s 值,计算结果列表如下:

$L_s/(\text{m}^3/\text{s})$	0.000 5	0.002	0.003	0.004	0.005
$V_s/(\text{m}^3/\text{s})$	1.318	1.218	1.158	1.099	1.036

算出的 V_s 均大于 $0.761\ \text{m}^3/\text{s}$,说明不能用式(10-9)计算,故舍弃这些数据。

$F_0 > 17\ \text{kg}^{0.5}/(\text{s} \cdot \text{m}^{0.5})$ 时,即 $V_s > 0.761\ \text{m}^3/\text{s}$ 时,应用式(10-10)得

$$h_l = 0.006\,675 + 1.241\,9h_L - 15.64h_L^2 + 83.45h_L^3$$

同样将上述各式代入式(10-16),并整理可得

$$V_s^2 \leqslant 2.009 - 25.67L_s^{2/3} + 9.762L_s^{4/3} - 4\,145L_s^2$$

算得一组 L_s 与 V_s 的数据列表如下:

$L_s/(\text{m}^3/\text{s})$	0.000 5	0.002	0.003	0.004	0.005
$V_s/(\text{m}^3/\text{s})$	1.359	1.260	1.202	1.141	1.079

数据 V_s 均大于 $0.761\ \text{m}^3/\text{s}$,符合 $F_0 > 17\ \text{kg}^{0.5}/(\text{s} \cdot \text{m}^{0.5})$,故用这组数据作液泛线⑤。

图 10-23 中,线⑤在线④之上,故此塔气速上限由雾沫夹带确定。

10.1.6 板式塔的传质与塔板效率

塔的设计除计算塔径外,还需确定塔高。塔高的计算公式为

$$Z = \frac{N_T}{E_T} H_T \qquad (10-27)$$

式中:Z——塔高,m;

N_T——理论塔板数;

E_T——总板效率。

为了计算塔高,必须求取板效率。板效率与塔板结构、塔板上流体的流动状况、体系的物性等许多因素有关。根据传质理论可知,板上气、液两相之间传质速率直接影响塔板效率,因此要研究塔板效率首先要研究板上的传质情况。

从物质的传递速率方程可知,为了提高传质速率,必须增大气、液两相的接触表面积,保持塔板上良好的气、液接触,增加扰动以提高传质系数;克服严重漏液和夹带,增加平均浓度差。因此,正确的塔板结构设计以及保持良好的气液流动状态是提高板效率的关键。

根据不同的研究角度,并为了使用方便,提出了几种板效率的表示方法,即全塔效率、单板效率和点效率。

1. 板式塔效率的几种表示方法

1) 全塔效率 E_T

它是化工设计和生产操作中经常用来衡量塔板效率的指标。E_T 是指混合物传质分离过程所需的理论板数 N_T 与实际塔板数 N_P 之比:

$$E_T = N_T / N_P \qquad (10-28)$$

全塔效率是一个总括的概念。因为塔操作时,各层塔板的流动状态不同,物性也有所不同,因而各层塔板效率均有差异。

2) 默弗里板效率(Murphree plate efficiency)

默弗里板效率是常用的一种表示效率的方法,在塔板研究和进行各种塔板传质效果比较时运用极广。在精馏一章中已提出用气相组成表示的默弗里板效率 E_{MV}:

$$E_{MV} = \frac{y_n - y_{n+1}}{y_n^* - y_{n+1}} \qquad (10-29)$$

式中:y_n,y_{n+1}——第 n 块板和第 $n+1$ 块板上升的平均气相组成,摩尔分数;

y_n^*——与第 n 块板流下的液相组成 x_n 呈平衡的气相组成,摩尔分数;

n——精馏塔中从上向下塔板排列的序号。

同样,默弗里板效率也可以用液相组成表示:

$$E_{ML} = \frac{x_{n-1} - x_n}{x_{n-1} - x_n^*} \tag{10-30}$$

式中：x_{n-1}，x_n——第 $n-1$、第 n 块板流下的液相组成，摩尔分数；

　　　　x_n^*——与第 n 块板上升的气相组成 y_n 呈平衡的液相组成，摩尔分数。

上述默弗里板效率定义式(10-29)和式(10-30)中所涉及的气相组成是指塔板上各处的气体混合均匀后的平均组成(图 10-24)。实际上，由于塔板上气、液是错流接触，液体沿流动方向有浓度梯度，与此相对应板上各处上升的气体组成也是不同的，所以默弗里板效率是按一层塔板整体来看的效率，是气体流经塔板液体流道上依次传质的总结果。因此它的极限并不是 100%，尤其是在流道长的大塔中，默弗里板效率可能超过 100%。这一点将在后面说明。

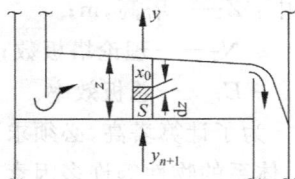

图 10-24　板效率与点效率分析图示

3) 点效率

要了解塔板上各个地方的传质情况，必须考虑塔板上各点的局部效率。现分析塔板上某一处一垂直小单元液层，见图 10-24。来自下一塔板，平均组成为 y_{n+1} 的气体进入这一单元液层，液层在气流的搅动之下，假设其浓度是均匀的，用 x_0 表示。气体经过此液层，接触传质后，离开时组成为 y，与液体 x_0 呈平衡的气相组成为 y_0^*，则此处点效率的定义为

$$E_{OG} = \frac{y - y_{n+1}}{y_0^* - y_{n+1}} \tag{10-31}$$

点效率主要表示某一点的气、液接触状况和传质过程。显然，点效率必然小于 100%。点效率的提出深化了板效率的研究，通过分析可以得出点效率与传质系数的关系、点效率与板效率的关系，从而可以用计算和实验结合的方法取得板效率的较准确的数值，供设计者使用。

2. 点效率与传质系数的关系

如图 10-24 所示，在截面为 S 的垂直小单元液层中取一高度为 dz 的液体微元，根据传质速率方程式可以得到

$$V_M dy = K_{OG} a p (y_0^* - y) dz$$

整理得

$$\frac{K_{OG} a p}{V_M} dz = \frac{dy}{y_0^* - y} \tag{10-32}$$

式中：V_M——气体的摩尔流速，$kmol/(m^2 \cdot s)$；

　　　　K_{OG}——以分压为推动力的总传质系数，$kmol/(m^2 \cdot Pa \cdot s)$；

z——泡沫层高度,m;

p——气相总压,Pa;

a——接触比表面积,m^2/m^3。

根据假设,在这个垂直小单元液层中液相浓度 x_0 是均一的,所以 y_0^* 为常数。对式(10-32),在 $0\sim z,y_{n+1}\sim y$ 进行积分可得

$$\frac{K_{OG}ap}{V_M}z = \int_{y_{n+1}}^{y} \frac{\mathrm{d}y}{y_0^* - y} = N_{OG} = -\ln\frac{y_0^* - y}{y_0^* - y_{n+1}}$$

$$= -\ln\left(1 - \frac{y - y_{n+1}}{y_0^* - y_{n+1}}\right) = -\ln(1 - E_{OG})$$

$$1 - E_{OG} = \exp\left(\frac{-K_{OG}apz}{V_M}\right) \tag{10-33}$$

$$E_{OG} = 1 - \exp\left(\frac{-K_{OG}apz}{V_M}\right) = 1 - \exp(-N_{OG}) \tag{10-34}$$

式中:N_{OG}——塔板上某点气体通过液相传质时的气相总传质单元数。

若将 $V_M = \rho_{VM}u_a$,$p/\rho_{VM} = RT$,泡沫高度 $z = tu_a$ 代入上式指数项可得

$$E_{OG} = 1 - \exp\left(\frac{-K_{OG}aRT\rho_{VM}tu_a}{\rho_{VM}u_a}\right) = 1 - \exp(-K_{OG}aRTt) \tag{10-35}$$

式中:ρ_{VM}——气体密度,$kmol/m^3$;

R——摩尔气体常数,$8.314\ kJ/(kmol \cdot K)$;

T——温度,K;

u_a——表观气速,即按鼓泡截面计算的气速,m/s;

t——气体在鼓泡层的表观停留时间,s。

由式(10-35)可知,点效率 E_{OG} 随传质系数 K_{OG}、接触比表面积 a 以及接触时间 t 的增大而增大。如果能得到比较准确的传质系数等数据,就可以用式(10-35)求出塔板的点效率。

3. 点效率与板效率的关系

为了得到点效率与板效率的关系,必须知道液体沿其流动方向的混合情况。塔板上液体的混合是很复杂的,沿液体流动方向大致可以概括为 3 种不同的情况:完全混合、完全不混合以及部分混合。在塔板整个液体流通截面上,由于液体流速分布不均,引起了液体的混合,此外气体的混合情况也会影响板效率的大小。下面对上述 3 种情况进行分析。

(1) 液体完全混合

完全混合指塔板上的液体混合均匀,在板上任何位置和板的进、出口处的液体组成都相同,在一些小塔中,液体流程很短,可以把塔上的液体看作完全混合,因此式(10-29)和式(10-31)中的

$$y = y_n$$
$$y_0^* = y_n^*$$

所以

$$E_{MV} = E_{OG}$$

即点效率和板效率完全相同。点效率可以用小塔的板效率表示。

（2）液体完全不混合

指塔板上的液体从进口到出口的流动过程中没有任何返混的情况，即为理想的活塞流动。这时，塔板上的液体的组成沿流动方向逐渐从进口处的 x_{n-1} 变到出口处 x_n。假设板上液层任意位置的垂直方向上无浓度变化，液层上气体完全混合，即进入塔板的气体组成均一，各处的点效率 E_{OG} 相等，则可推导得点效率与板效率的关系：

$$E_{MV} = \frac{1}{S}\big[\exp(SE_{OG})^{-1}\big] \tag{10-36}$$

式中：$S = \dfrac{mV}{L}$——解吸因子；

　　m——平衡线斜率；

　　V,L——气体、液体的摩尔流量，kmol/h。

由式（10-36），对于不同的 S 值可以计算出 E_{MV} 和 E_{OG} 的关系，见表 10-3。

板效率大于点效率，而且可以大于 1，这一点是很容易理解的，因为就精馏的过程而言，在塔板上液体入口处组成 x_{n-1} 高于出口组成 x_n（见图 10-24）。因此在点效率相同的条件下，从塔板入口处液层流出的气相组成 y' 高于塔板出口处液层流出的气相组成 y''，也可能高于与 x_n 呈平衡的气相组成 y_n^*。所以塔板上向上的气相的平均组成 y_n 必然高于 y''，也可能高于 y_n^*，故板效率必然大于点效率，也可能大于 1。由表 10-3 还可看出，点效率愈高，板效率与点效率的差别愈大；对于相同的点效率，解吸因子愈大，板效率愈高。必须指出，液体完全不混合是一种理想情况，实际塔板上总有不同程度的混合，表 10-3 所列数值是这种理想流动情况下的板效率。通常，实际塔板的板效率大多低于 1。

表 10-3　板效率与点效率的关系

E_{OG}	E_{MV}		
	$S=0$	$S=1.0$	$S=2.0$
0.2	0.2	0.22	0.25
0.4	0.4	0.49	0.61
0.6	0.6	0.82	1.16
0.8	0.8	1.23	1.98
1.0	1.0	1.72	3.19

（3）液体部分混合

严格说来，液体完全混合及完全不混合这两种情况是不存在的。只有少数系统接近这两种情况。实际上，各种塔板上液体都属部分混合，对于这种情况下点效率与板效率的关系，研究者提出了各种理论和模型，具有代表性的有混合池模型、湍流扩散模型。这些模型从一些基本假设出发，推导出点效率与板效率的关系。

为了了解塔板上液体混合对于板效率的影响，绘出图 10-25。图中两条线分别表示完全混合和完全不混合两种情况下 E_{MV}/E_{OG} 与 SE_{OG} 的关系曲线。这两条线表示两种极限情况，部分混合的情况介于两线之间。

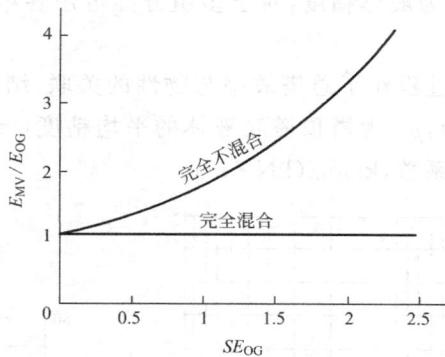

图 10-25　液体完全混合和完全不混合两种情况下 E_{MV}/E_{OG}
与 SE_{OG} 的关系（停留时间均匀）

4. 影响板效率的因素与关联

1）影响板效率的因素

根据以上分析，可以了解到塔板效率是一个重要又复杂的问题，板效率的计算一直是塔板设计中的难题。多年来，国内外对塔板效率的研究都很重视，但至今无突破性进展，尚无完整可靠的计算方法。影响塔板效率的因素很多，归纳起来，主要有以下 3 个方面：

（1）塔的操作条件，包括气流速度、液体流量、温度、压力等；

（2）塔板结构，包括板型、塔径、板间距、堰高、开孔率等；

（3）系统物性，包括体系的相对挥发度、粘度、扩散系数、表面张力等。

这些因素是彼此联系又相互影响的，实际上板效率是塔板结构、操作条件、物性等多因素综合影响的结果，所以是十分复杂的。目前只有一些特定条件下使用效果较好的经验关联式和经验数据可供设计者参考。

2）塔板效率的关联式

经验证明，对于泡罩、筛板等常用的错流型塔板，只要结构设计合理，气、液两相在正常范围之内，则各种塔板的效率大致相同，影响大的是体系的物性。因此，各种估算板效率的经验关联式常表示成板效率与重要物性的关系式，常用的是奥康纳尔（O'connel）的关联图。

奥康纳尔图是应用较早、较普遍的关联系统物性与总板效率的关系图，它综合了几十个泡罩、筛板型工业精馏塔和小型精馏塔的实验数据，用体系的相对挥发度与液相粘度的乘积 $\alpha\mu_L$ 作为横坐标，塔的总板效率 E_T 作纵坐标，总结出其相互关系，结果如图 10-26 所示。图中 α 亦可以用多组分精馏中关键组分之间的相对挥发度值。μ_L 为液体粘度，对于多组分亦可用各组分液体粘度的平均值，单位为 mPa·s。

奥康纳尔对吸收过程作了总塔效率与物性的关联，结果如图 10-27 所示。横坐标为 H_p/μ_L，其中，μ_L 为塔顶塔底液体的平均粘度，mPa·s；p 为系统总压，kPa；H 为溶解度系数，kmol/(kN·m)。

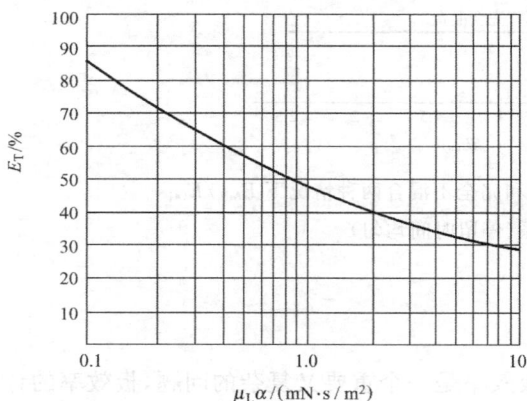

图 10-26　奥康纳尔的精馏塔效率关联图　　　　图 10-27　吸收塔的效率关联图

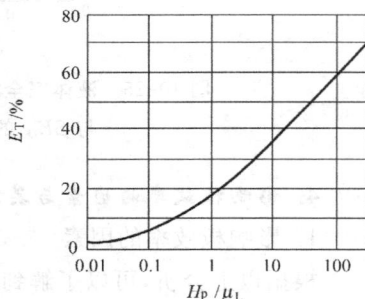

以上两图亦可用于估算其他错流型塔板的效率，如浮阀塔、斜孔塔等。

美国化工学会曾组织一些大学与研究部门对板效率的计算进行研究，并提出预测板效率的 AIChE 法，可供参考使用。

10.1.7　各种塔板简介与比较

工业上需分离的物料及其操作条件多种多样，为了适应各种不同的操作要求，迄今已开发和使用的塔板类型繁多，其中常用的塔板归纳起来可以分为筛孔型、泡罩型、浮阀型和喷射型几类。每类中因其具体结构的差异又可分为若干种。筛孔型塔板在前几章中详细介绍过,现将其他几类有代表性的塔板简介如下。

1. 几种塔板简介

1) 泡罩塔

泡罩塔是气液传质设备中应用最早的塔型,而且也是 100 多年来板式塔中用得最广的一种,其典型结构如图 10-28 所示。泡罩塔板上的主要元件为泡罩,分圆形和条形两种,其中圆形泡罩使用较广。泡罩尺寸一般为 $\phi80$,100,150(mm)共 3 种。泡罩直径可根据塔径大小选择,泡罩的底部开有齿缝,泡罩安装在升气管上,从下一块塔板上升的气体经升气管从齿缝中吹出。升气管的顶部应高于泡罩齿缝的上沿,以防止液体从中漏下。由于有了升气管,泡罩塔即使在很低的气速下操作,也不致产生严重的漏液现象,因此这种塔板操作稳定,弹性大,板效率也比较高,在过去很长一段时期内广泛采用,国内已有部颁标准[7]和完整的设计方法。这种塔板的最大缺点是结构复杂,板压降大,生产强度低,造价高,因此近二三十年来已逐渐被筛板、浮阀塔板等所取代,新建工厂已很少采用。

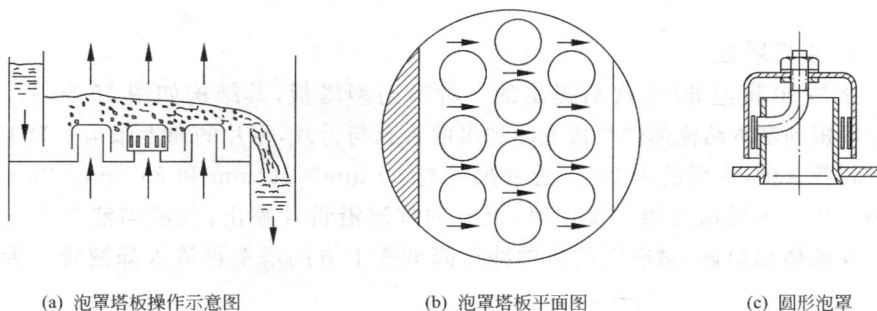

(a) 泡罩塔板操作示意图　　　　(b) 泡罩塔板平面图　　　　(c) 圆形泡罩

图 10-28　泡罩塔板

2) 浮阀塔板

浮阀塔板是在第二次世界大战后开始研究,自 20 世纪 50 年代起使用的一种新型塔板。20 世纪 60 年代初国内也进行了许多实验研究工作,并取得了成果。浮阀塔是在泡罩塔和筛板塔基础上开发的一种新型塔板。它取消了泡罩塔上的升气管与泡罩,改在板上开孔,孔的上方安置可以上下浮动的阀片。浮阀的形式有多种,有圆形的和长方形的,图 10-29 中示出了几种常用浮阀的结构示意。其中,F-1 型浮阀是目前用得最普遍的一种,这种浮阀的结构尺寸已定型,阀孔直径 39 mm,阀片有 3 条腿,插入阀孔后将各底脚角转 90°,形成限制阀片上升高度和防止被气体吹走的凸肩。阀片可随上升气量的变化而自动调节开度。气量小时，阀门关小；气量大时，阀片上升，开度增大。这样可使塔板上开孔部分的气速不至于随气体负荷变化而大幅度地变化，同时气体从阀片下水平吹出，加强了气、液接触。浮阀塔的优点是结构比较简单，操作弹性大，板效率高。浮阀一般按正三角形，亦可按等腰三角形排列。浮阀塔板的开孔率为 5%～15%。

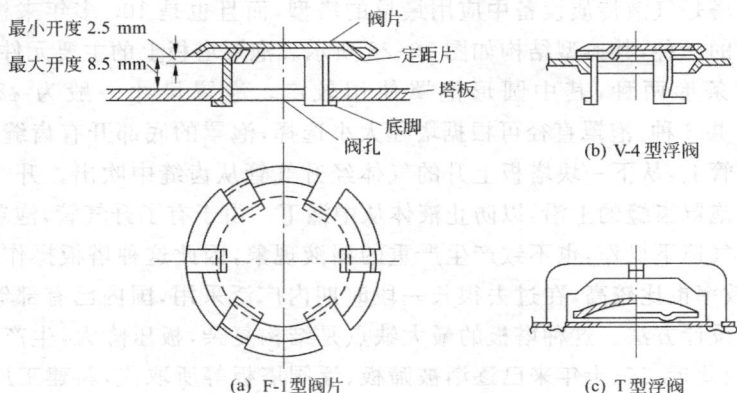

图 10-29　几种浮阀型式

3）舌形塔板

这是 20 世纪 60 年代初提出的一种喷射型塔板，其结构如图 10-30 所示。舌形塔板的基本结构部件是板上冲制出的舌孔与舌片，舌片的向上张角 α 为 18°，20°，25° 等 3 种，常用的为 20°。舌片尺寸有 50 mm×50 mm 和 25 mm×25 mm 两种。板上不设溢流堰。操作时，上升的气流沿舌片喷出，气流与液流方向一致。在液体出口侧，被喷射的流体冲至降液管上方的塔壁再流入降液管。舌形

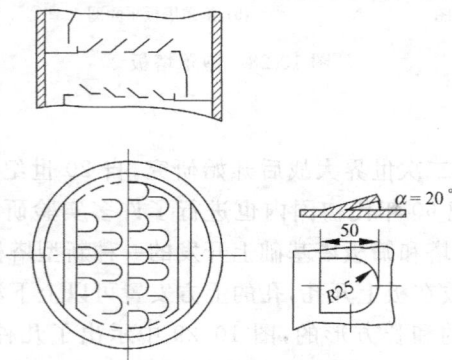

图 10-30　径流型舌形塔板

塔板上气、液并流。塔板上的液面梯度较小、液层较低，塔板压力降小，处理能力大。舌形塔板的缺点是操作弹性小、板效率较低，因而使用上受到限制。

4）斜孔塔板

斜孔塔板是 20 世纪 70 年代初我国自行开发的一种新型塔板。它是在分析了以上几种塔板的气、液流动和液沫夹带产生机理之后提出的。

筛孔塔上升气体通过筛孔垂直向上，把液滴喷得很高，气体在筛孔处的速度远大于空塔速度，所以在较低的板间距下会产生大量的液沫夹带。在浮阀塔中，气流从阀片下喷出后，阀与阀之间的气流互相冲击，而汇成较大的向上局部速度，也造成大量的液沫夹带。舌形塔板因气、液并流，气流向一个方向喷射，气、液将分散的液滴不断加速，使气、液接触不充分，分散的液滴也不易重新聚集，传质效果差。

综合以上几种塔板的不足，提出了新塔板的结构思想为：

（1）气体以水平方向喷出，防止垂直上喷，以减少雾沫夹带，有利于提高单位塔截面的允许气速；

（2）由相邻气孔喷出的气体不应相互对冲，同时要避免气、液并流造成的液滴不断加速；

（3）保证气、液良好接触，塔板上维持适当的液层，使气体与液体有较长的接触时间，液体能不断分散聚合，表面不断更新，以促进传质。

斜孔塔板就是根据上述构思设计的，其结构如图 10-31 所示。一排排的斜孔与液流方向垂直，气体从斜孔水平喷出，相邻两孔的孔口方向相反，交错排列，造成气、液的高度湍流。就每一排来看，气体都向一个方向喷出，由于相邻两排孔的气体是反方向喷出的，相互间起了牵制作用。这样既具有气流水平喷出的优点，又消除了气流对冲转为向上冲的情况。板上保证均匀的低液面，使气体和液体不断分散和聚集，其表面不断更新，从而达到好的传质效果。

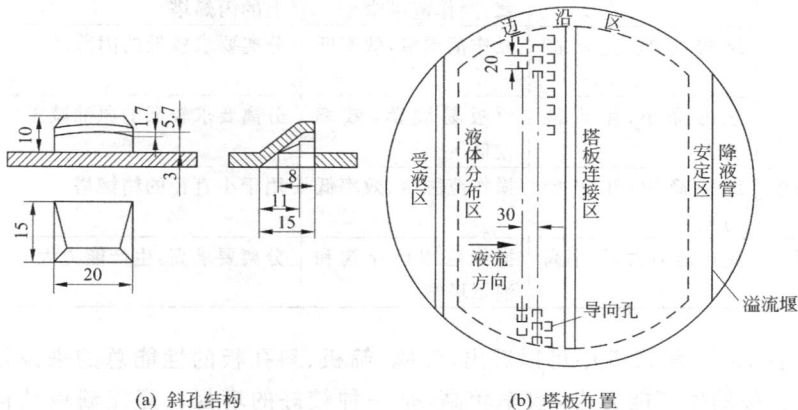

(a) 斜孔结构 　　　　　　　(b) 塔板布置

图 10-31　斜孔塔板（图中数据均以 mm 为单位）

斜孔塔板的生产强度比浮阀塔板大30％,效率与之相当,加工制作方便,是目前比较优秀的塔板之一。

2. 塔板的比较

对各种塔板进行比较,作出正确评价,对于了解每种塔板的技术特点,针对塔操作的工艺特点选择合理的板型,或者开发新型塔板具有重要的指导意义。对各种塔板性能进行比较是一个相当复杂的问题,因为塔板的操作性能不仅与塔型有关,而且还与设计出的具体结构尺寸和所处理体系的物性有关。

表10-4和表10-5列出了几种主要塔板性能比较。

表 10-4　塔板性能的比较

塔板类型	相对生产能力	相对板效率	操作范围	压降	结构	成　本
泡罩板	1.0	1.0	10～100	高	复杂	1.0
筛板	1.2～1.4	1.1	35～100	低	简单	0.4～0.5
浮阀板	1.2～1.3	1.1～1.2	10～100	中	一般	0.7～0.8
穿流栅板	1.2～1.5	0.8	50～100	低	最简单	0.5
斜孔板	1.5～1.8	1.1	30～100	低	简单	0.5

表 10-5　各种塔板的优点及适用范围

塔板类型	优　点	缺　点	适　用　范　围
泡罩板	较成熟,操作范围宽	结构复杂,阻力大,生产能力低	某些要求弹性好的特殊塔
浮阀板	效率高,操作范围宽	采用不锈钢,浮阀易脱落	分离要求高,负荷变化大,如原油常压分馏塔
筛板	效率较高,成本低	安装要求水平,易堵塞,操作范围窄	分离要求高,塔板数较多,如化工上的丙烯塔
舌形板	结构简单,生产能力大	操作范围窄,效率低	分离要求较低的闪蒸塔
浮喷板	压力降小,生产能力大	浮板易脱落,效率较低	分离要求较低的原油减压塔
穿流筛板	结构简单,生产能力大	操作范围窄,效率低	用于小直径的精馏塔
斜孔板	生产能力大,效率高	操作范围比浮阀和泡罩塔窄	分离要求高,生产能力大

从表10-4、表10-5中可以看出,浮阀、筛板、斜孔板的性能总的来说较为优越。斜孔板的生产能力大,效率较高,是一种较好的塔板。穿流栅板结构最简单,成本也低,但效率不高,常用在分离要求不苛刻的场合。

10.2 填料塔

10.2.1 填料塔与填料

1. 填料塔

填料塔是气、液连续接触式塔型。它的结构(见图 10-32)比板式塔简单。填料塔的塔身是一直立式圆筒,底部装有支承板,填料乱堆或规则地放置在支承板上。液体从塔顶经分布器淋到填料上,从上向下沿填料表面流下,气体从塔底送入,自下向上连续流过填料的空隙,在填料层中气、液两相互相接触进行传质,两相组成沿塔高连续变化。如使用乱堆填料,液体在填料层中向下流动时,有向塔壁流动的倾向,因此当填料层较高时常常分成数段,段与段之间加上液体再分布器,使流到塔壁的液体再次流到填料层内。

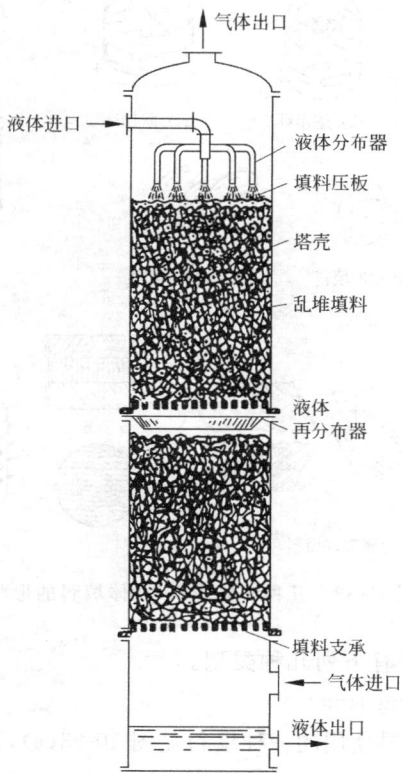

图 10-32 填料塔的典型结构

在填料塔中,气、液的通过能力,两相接触面的大小,传质速率的快慢等与填料的材料、几何形状有关。因此,为了改善填料塔的操作性能,人们一直致力于发展性能优良的填料。近年来,由于新型填料的开发以及塔内分布器等附件的改进,填料塔的应用范围迅速扩大,不仅在中小塔中得到广泛运用,甚至出现了塔径 10 m 以上的填料精馏塔。在有些场合,填料塔已成为不可代替的塔型。

2. 填料的类型

根据堆放方式不同,填料可分两大类:乱堆填料与整砌填料。乱堆填料由小块状填料如拉西环、鲍尔环、鞍形填料、阶梯环等(见图 10-33)无规则堆放而成;整砌填料则由规整的填料砌成,或制成规则填料块放置在塔内。填料也可按它的基材区分为实体填料和网状填料两类。实体填料由陶瓷、金属或塑料制成,网状填料则用金属丝做成。

(a) 拉西环　(b) 鲍尔环　(c) 阶梯环

鞍形网

(d) 弧鞍形填料　(e) 矩鞍形填料

θ网环

(f) 金属鞍环填料　(g) 波纹填料　(h) 压延孔环

图 10-33　几种实体填料、网体填料的形状

工业上的常用填料有下列几种类型。

1) 拉西环(Rasching ring)

拉西环是工业上最早使用的一种填料见图 10-33(a),通常用陶瓷或金属片作成,其高度与直径相等,常用的尺寸为 25～75 mm(亦有小至 6 mm,大至 150 mm 的)。陶瓷环壁厚为 2.5～9.5 mm,金属环为 0.8～1.6 mm,在强度许可的情况

下,环的壁应尽量减薄。拉西环虽然传质性能并不理想,但由于这种填料结构简单、制造容易、价格较低,目前仍被一些工厂采用。

2) 鲍尔环(Pall ring)

鲍尔环是 19 世纪 40 年代由德国 BASF 公司开发的,它是在拉西环的壁上开一层或两层窗口而成,如图 10-33(b)。这种结构使填料层内气、液分布性能大大改善,尤其是环的内表面能得到充分利用。与同样材料和尺寸的拉西环相比,鲍尔环的气、液通量可增加 50%,而压降仅为它的一半,分离效果也得到提高。它可用陶瓷、金属、塑料等制成。鲍尔环是一种性能优良的填料,其中金属与塑料制鲍尔环在工业上广泛应用。

3) 鞍形填料

鞍形填料可分为弧鞍形(berl saddle)和矩鞍形(intolox saddle)两类,见图 10-33(d)和(e)。鞍形填料是一种表面全部呈展开状,没有内表面的填料。填料面积的利用率极好,气流通过填料层压降亦小。弧鞍形填料主要缺点是容易套叠;而矩鞍形填料两面不对称,不会产生迭合,强度也较弧鞍形填料高。鞍形填料的加工比鲍尔环容易,是一种优良填料。

4) 阶梯环(cascade mini ring)

阶梯环的形状见图 10-33(c)。这是 20 世纪 70 年代初期由美国传质公司开发的一种新型填料,它也属于开孔型填料,但与鲍尔环不同,阶梯环的环高与直径之比为 1∶2,且其一端做成喇叭口,喇叭口高度约为环高的 1/5。这种填料由于环高小,且有喇叭口,有利于填料层内气体、液体的分布,比表面积和空隙率都比较大,填料之间多呈点接触,可使液体不断得到更新。与鲍尔环比较,传质效率通常可提高 10%~20%,压降约可降低 30%。

5) 金属鞍环填料

一般说来,陶瓷环形填料的通量较大而液体再分布性能较差。陶瓷鞍形填料的液体再分布性能较好但通量偏小。金属鞍环,见图 10-33(f),综合了陶瓷鞍形与环形填料的优点,它的空隙率大,液体分布性能好,全部表面都被充分利用,为目前乱堆料中性能最好的填料。

6) 压延孔环与 θ 环

见图 10-33(h),压延孔环是一种精密高效填料,适合于塔径为 250 mm 以下的小塔。它是由轧有小孔的厚 0.1 mm 左右的薄不锈钢带(小孔密度为 1 cm² 160 个)制成,高与直径之比为 1∶1,尺寸规格有 φ3~10 mm 等数种。此系列填料的当量高度为 40~80 mm,广泛使用在科学研究和小型精密分离用的填料塔中。

由金属丝网制成的 θ 网环与鞍形网填料也是与压延环性能相近的高效填料。

7）板波纹与网波纹填料

见图 10-33（g），波纹填料是由许多层波纹薄片组成，各片的高度相同但长短不等，搭配组合成圆盘状，填料波纹与水平方向成 45°倾角，相邻两片反向重叠使其波纹互相垂直。圆盘填料的直径略小于塔内径。圆盘填料逐块水平放入塔内，从支承板一直叠放到塔顶。相邻两个圆盘的波纹薄片方向互成 90°角。波纹填料因波纹薄片的材料与形状不同而分成板波纹填料与网波纹填料两类。

板波纹填料用薄钢板、陶瓷、塑料、玻璃钢等材料制作，使用者可以根据不同的操作温度及物料腐蚀性选用合适的材料。目前在板波纹填料中性能较好的有 Mellapak 填料。它是在金属板波纹片上按照合理布局开有小孔和槽纹，以改善填料表面的润湿性能。此种填料空隙率大，阻力降小，通量大，放大效果好。当塔直径大于 1.5 m 时，可以将填料制成分块，从人孔中送入，在塔内拼装成盘，盘高通常为 150～250 mm。目前使用的塔径已大于 6 m。波纹网填料是由金属网波纹片排列组成的波纹填料。因丝网细密，故波纹网填料的空隙率很高，比表面积很大，表面利用率很高，为一种高效规则填料，其等板高度可低至 0.1 m，但因造价高，目前只在精密精馏，真空装置中选用。

3. 填料的特性数据与对填料的要求

填料的特性参数主要为尺寸、比表面积与空隙率。以上几种填料的特性数据见表 10-6。

对填料的基本要求如下：

（1）比表面积大。比表面积 a 是指单位体积的填料层所具有的填料表面积，单位为 m^2/m^3，在填料塔中液体沿填料表面流动而与气体接触，被液体润湿的填料表面就是气、液两相的接触面，因此比表面积大对传质有利。

（2）空隙率大。空隙率 ε 是指单位体积填料层所具有的空隙体积，单位为 m^3/m^3。在填料塔中，气、液两相均在填料空隙中流动，ε 大则阻力降小，通量大。

（3）堆积密度小。堆积密度 ρ_p 是指单位体积填料的质量，其单位为 kg/m^3。在机械强度允许的条件下，填料壁要尽量薄，以减小堆积密度 ρ_p，这样既增大了空隙率 ε，又降低了成本。

（4）机械强度好，稳定性好。填料要有足够的机械强度与良好的化学稳定性，以防止破碎或腐蚀。

（5）价格便宜。

表 10-6　几种常用填料的特性数据

填料名称	(直径/mm)×(高/mm)×(厚/mm)	材质及堆积方式	比表面积 a/m^{-1}	空隙率 ε	1 m³填料个数	堆积密度 $\rho_\text{p}/(\text{kg/m}^3)$	干填料因子 $(a/\varepsilon^3)/\text{m}^{-1}$	填料因子 φ/m^{-1}
拉西环	10×10×1.5	瓷质,乱堆	400	0.70	720×10^3	700	1 280	1 500
	10×10×0.5	钢质,乱堆	500	0.88	800×10^3	960	740	1 000
	25×25×2.5	瓷质,乱堆	190	0.78	49×10^3	505	400	450
	25×25×0.8	钢质,乱堆	220	0.92	55×10^3	640	290	260
	50×50×4.5	瓷质,乱堆	93	0.81	6×10^3	457	177	205
	50×50×4.5	瓷质,整砌	124	0.72	8.83×10^3	673	339	
	50×50×1	钢质,乱堆	110	0.95	7×10^3	430	130	175
	80×80×9.5	瓷质,乱堆	76	0.68	1.91×10^3	714	243	280
	76×76×1.6	钢质,乱堆	68	0.95	1.87×10^3	400	80	105
鲍尔环	25×25(直径×高)	瓷质,乱堆	220	0.76	48×10^3	565		300
	25×25×0.6	钢质,乱堆	209	0.94	61.1×10^3	480	160	160
	25(直径)	塑料,乱堆	209	0.90	51.1×10^3	72.6	170	170
	50×50×4.5	瓷质,乱堆	110	0.81	6×10^3	457	130	130
	50×50×0.9	钢质,乱堆	103	0.95	6.2×10^3	355	66	66
阶梯环	25×12.5×1.4	塑料,乱堆	223	0.90	81.5×10^3	97.8	172	172
	38.5×19×1.0	塑料,乱堆	132.5	0.91	27.2×10^3	57.5	115	115
弧鞍形	25	瓷质	252	0.69	78.1×10^3	725	360	360
	25	钢质	280	0.83	88.5×10^3	1 400		
	50	钢质	106	0.72	8.87×10^3	645	148	148
矩鞍形	25×3.3 (名义尺寸×厚)	瓷质	258	0.775	84.6×10^3	548	320	320
	50×7 (名义尺寸×厚)	瓷质	120	0.79	9.4×10^3	532	130	130
θ网环*	8×8	镀锌铁丝网	1 030	0.936	2.12×10^6	490		
散形网*	10		1 100	0.91	4.56×10^6	340		
压延孔环*	6×6		1 300	0.96	10.2×10^6	355		

* 40 目:丝径 0.23～0.25 mm;60 目:丝径 0.152 mm。

10.2.2 填料塔的流体力学特性

1. 气、液两相逆流通过填料层流动

当气体自下而上、液体自上而下逆向通过填料层时,在不同的液体流量下测定气体通过填料时的压降与空塔速度关系,可得图 10-34 所示的曲线。当液体喷淋量 $L=0$(即气体通过干填料层时),气体通过填料层的压降与空塔速度的关系为一直线,其斜率为 1.8~2,压降与空塔速度的 1.8~2.0 次方成比例,与气体按湍流方式流过管道时 Δp 与 u 的关系类似。当有一定量的液体喷淋时,液体沿填料表面向下流动,在填料表面形成一层薄膜,占据了填料层内的部分空隙,减小了气体的流通面积,因此在同样的空塔气速条件下,压降将比无液体喷淋($L=0$)时大。液体的喷淋量增大,填料表面的液膜增厚,填料层内的持液量增加,气体的流通截面积减小,气体通过填料层的压降增加,如图 10-34 中 L_1,L_2($L_2>L_1$)曲线所示。

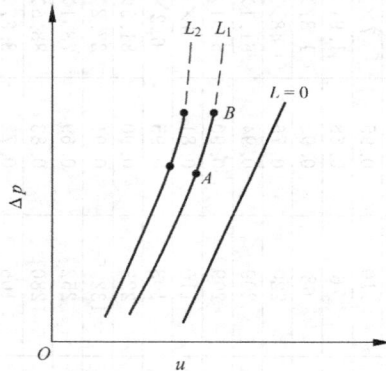

图 10-34　填料层内压降与气速关系

(双对数坐标)

在一定的喷淋液量下,例如 $L=L_1$ 时,压降随空塔气速的变化曲线大致可分为 3 段:当气速低于 A 点时,气体流动对沿填料表面向下流动的液膜的曳力很小,液体流动不受逆向气流的牵制。因此,气速增大,填料表面的液膜厚度基本保持不变,填料层的持液量基本不变,所以压降与空塔速度的关系与气流通过干填料层时的线几乎平行。当气速超过 A 点对应的气速后,气体对填料表面流动之液膜的曳力较大,已对液膜流动产生阻滞作用,使液膜增厚。填料表面持液量增多,气体在空隙中实际速度提高,因而压降随气速增加以较快速度增长(曲线斜率大于 2),曲线上的这一转折点 A,称为载点。

从以上说明可知载点是填料表面液膜开始增厚或填料层持液量开始增大时

的气速。自载点以上,随着气速增大,填料层内持液量增长,气体实际速度增长很快。这一区域从载点开始到达泛点为止,是填料层的正常操作范围。达到图中 B 点时,填料层内几乎充满液体,液体转变为连续相,气体转变为分散相而呈气泡的形式通过液层。空塔速度增加很少,便会引起塔的阻力降猛增,并且压降有强烈的波动。表现为曲线垂直上升,这时称塔内已发生液泛,点 B 称为泛点。泛点以后,气速稍有增加,即能引起液体不能自上而下全部通过填料层,而从塔顶溢出,所以泛点是填料塔操作的上限。

液体的喷淋量增大,例如 $L=L_2$ 时,填料表面的液膜厚,持液量大,在同样空塔气速下的实际气速较大,压降较高,相应的载点与泛点气速较低,如图 10-34 中 L_2 线所示。此外,如果填料支承板设计不良,其截面比填料层的自由截面积还小,液泛现象可以从支承板上开始。通过填料塔的流体力学实验,可以由目测或压降-气速关系曲线求得液泛点。用目测的液泛点准确度差。利用压降-空塔速度曲线上的转折点确定泛点比较可靠,所得泛点称为图示泛点。该泛点所对应的空塔速度称为泛点速度。在进行填料塔设计时,首先要找出泛点速度,然后取泛点速度的 0.6~0.8 倍作为适宜的操作速度,以保证填料塔正常操作。

2. 泛点的关联式

泛点是确定填料塔直径的基本依据,影响泛点气速的因素很多,其中包括气体和液体的质量流速 G_V 和 G_L、气体和液体的密度 ρ_V 和 ρ_L、液体粘度 μ_L、填料的尺寸、比表面、空隙率等因素,对此前人已做过大量工作,得到了一些计算泛点与压降的关联式。埃克特等人总结分析了这些工作,改进了关联式,得出了图 10-35 所示的确定气体通过填料层压降与泛点气速的关联图。

图中各物理量的意义与单位如下:

G_V,G_L——气体与液体的质量流速,$kg/(m^2 \cdot s)$;

ρ_V,ρ_L——气体与液体的密度,kg/m^3;

μ_L——液体的粘度,$cP(1cP=10^{-3} Pa \cdot s)$;

φ——填料因子,m^{-1};

ψ——水的密度与操作液体的密度之比;

g——重力加速度,$9.81 m/s^2$。

图 10-35 称为埃克特(Eckert)泛点关联图。埃克特关联图的特点是用在液体条件实际测定的填料因子 φ 代替干填料因子 a/ε^3,由于这一改进使关联结果的准确性有较大提高。图中包括不同压降下的气、液负荷关系线。用它不仅可以计算塔的液泛空塔速度,还可以计算单位填料层高的压降。埃克特图适用于乱堆的小块状填料,如拉西环、弧鞍形填料、矩鞍形填料、鲍尔环等。图中还包括整砌拉西环与弦栅填料的泛点线,可用于这两种填料的泛点计算。

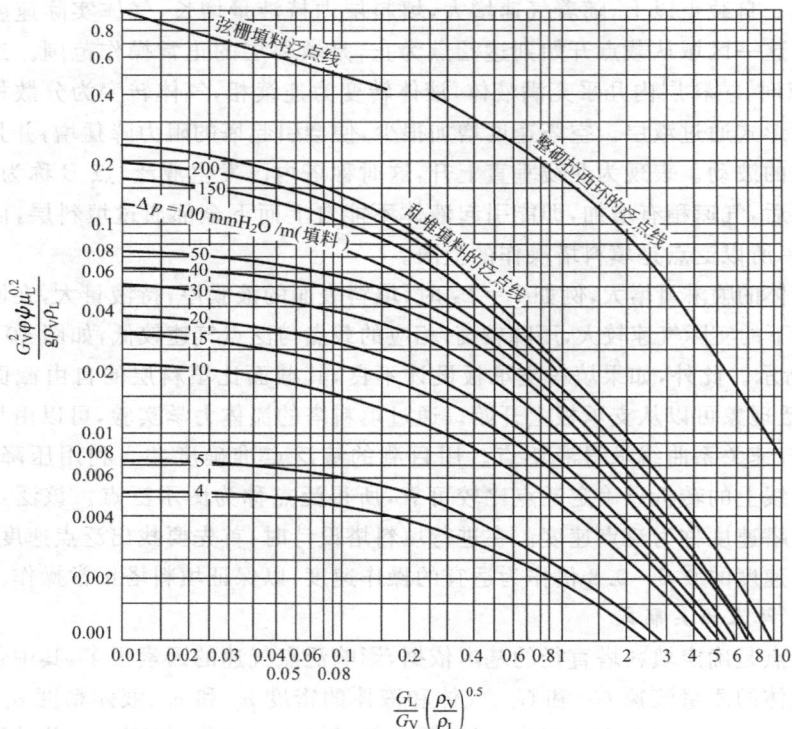

图 10-35　填料塔泛点和压降的通用关联图

($1\text{ mmH}_2\text{O} = 9.806\text{ Pa}$)

例 10-2　设计一分离乙醇-水溶液的填料精馏塔。已知精馏段的上升蒸气流量为 $1\,000\text{ m}^3/\text{h}$，回流量为 $1\text{ m}^3/\text{h}$。平均气体密度 $\rho_V = 1\text{ kg/m}^3$，液体密度 $\rho_L = 850\text{ kg/m}^3$，液体粘度 $\mu = 0.4\text{ Pa}\cdot\text{s}$，填料为 $25\text{ mm} \times 25\text{ mm}$ 的陶瓷鲍尔环（乱堆）。试求：

（1）精馏段塔径为多少？

（2）每米填料层的压降为多少 Pa？

解：（1）首先求气、液流动参数

$$\frac{G_L}{G_V}\left(\frac{\rho_V}{\rho_L}\right)^{0.5} = \frac{L}{V}\left(\frac{\rho_L}{\rho_V}\right)^{0.5} = \frac{1}{1\,000}\left(\frac{850}{1}\right)^{0.5} = 0.029$$

查图 10-35 得

$$\frac{G_V^2 \varphi \mu_L^{0.2} \psi}{g\rho_V \rho_L} = 0.2$$

查表 10-6 得填料因子 $\varphi = 300$。

$$\frac{G_{\mathrm{V}}^2 \varphi \mu_{\mathrm{L}}^{0.2} \psi}{g \rho_{\mathrm{V}} \rho_{\mathrm{L}}} = \frac{u_{\mathrm{f}}^2 \rho_{\mathrm{V}}^2 \varphi \mu_{\mathrm{L}}^{0.2} \psi}{g \rho_{\mathrm{V}} \rho_{\mathrm{L}}} = \frac{u_{\mathrm{f}}^2 \rho_{\mathrm{V}} \varphi \mu_{\mathrm{L}}^{0.2} \psi}{g \rho_{\mathrm{L}}} = 0.2$$

所以

$$u_{\mathrm{f}} = \left(\frac{0.2 g \rho_{\mathrm{L}}}{\rho_{\mathrm{V}} \psi \varphi \mu_{\mathrm{L}}^{0.2}} \right)^{0.5} = \left(\frac{0.2 \times 9.81 \times 850}{1 \times 1.18 \times 300 \times 0.4^{0.2}} \right)^{0.5} = 2.38 \ \mathrm{m/s}$$

$$u_{\mathrm{适}} = 0.6 \times 2.38 = 1.43 \ \mathrm{m/s}$$

$$D = \sqrt{\frac{1\ 000}{3\ 600 \times 0.785 \times 1.43}} = 0.498 \ \mathrm{m}$$

取

$$D = 0.5 \ \mathrm{m}$$

（2）求压降 Δp

$$\text{实际气速} \ u = \frac{V}{\frac{\pi}{4} d^2} = \frac{1\ 000}{3\ 600 \times 0.785 \times 0.5^2} = 1.42 \ \mathrm{m/s}$$

$$\frac{u^2 \rho_{\mathrm{V}} \psi \varphi \mu_{\mathrm{L}}^{0.2}}{g \rho_{\mathrm{L}}} = \frac{1.42^2 \times 1 \times 1\ 000 \times 300 \times 0.4^{0.2}}{9.81 \times 850 \times 850} = 0.072$$

由纵坐标值 0.072 和横坐标值 0.029，查图 10-35 得 $\Delta p = 51 \ \mathrm{mm(H_2O)/m}$（填料）$= 500 \ \mathrm{Pa/m}$（填料）。

10.2.3 填料塔的传质与塔高的计算

在第 8,9 两章中已讲到填料吸收塔与精馏塔所需填料层的高度，取决于分离所需的传质单元数（或理论板数）与传质单元高度（或等板高度），填料塔的传质单元高度（传质系数）和等板高度则取决于填料层内的传质情况。填料塔内的传质是一个十分复杂的问题，影响因素很多，包括填料特性，气、液两相接触情况以及两相的物性等。

填料塔中两相接触情况的好坏，对传质效果的影响很大，为了获得良好的气、液接触，必须注意以下几方面：

（1）填料层横截面上气、液均匀分布

气、液均匀分布是填料塔设计与操作中十分重要的问题，气、液分布不均，将使两相传质的平均推动力减小，传质效率降低。为了使气、液均布，首先要求液体喷淋器将液体均匀分散在整个塔截面上；其次，要求填料充填均匀；再次，要求填料本身具有使液体均匀向下流动的性质。对于均匀装填的乱堆填料，总地看，当液体从一个填料流到下一个填料时，液体能沿填料四周均匀往下流动，因此一般在填料层中液体能均匀分布，但对于紧靠塔壁的填料，沿其向下流动的液体流到塔壁时就很难再返回填料层中，而是直接沿塔壁往下流动，因此液体沿填料层向下流动时有向壁流的倾向。为了克服这种现象，要求填料的尺寸应小于塔径的 1/8。当填料层比较高时填料必须分段，段间设液体再分布器，以便将沿壁流下的液体重新导向中部。每段的高度视塔径与填料类型而异。一般说,每段高度不宜超过 6 m,也可以参考下列数据:对拉西环,每段填料层高为塔径 3 倍;对鲍尔环及鞍形填料可取 5～10 倍。必须强调指出,气、液分布与塔径有很大关系,显然塔径愈大,要使气、液均匀分布就愈难,因此塔径对传质效果有很大的影响。

（2）填料表面的润湿与有效表面

在填料塔中,气、液两相传质面积主要是沿填料表面流下的液膜表面（传质面积还包括填料层中可能存在的液滴表面）,因此填料表面的润湿情况对传质具有特殊重要的意义。填料表面被液体润湿（即被覆盖）的情况与填料形状、材质、填充情况以及液体的喷淋量有关。一般说,当液体喷淋量小于一定量时,填料表面不能被液体全部润湿,因而使填料表面未能充分利用,传质面减少,体积传质系数下降。因此,对于一定的填料,要求液体喷淋量必须大于一个最小限量。这个限量可以用最小喷淋密度或最小润湿速率表示。润湿速率是指在塔的截面上,单位长度的填料周边上液体的体积流量,其数值可用下式表示

$$润湿速率(m^3/(m \cdot s)) = \frac{喷淋密度(m^3/(m^2 \cdot s))}{填料比表面(m^2/m^3)}$$

对于直径不超过 75 mm 的拉西环和其他填料,最小润湿速率可取为 0.08 $m^3/(m \cdot h)$;对于直径大于 75 mm 的环形填料和板高大于 50 mm 的栅板填料,则应取为 0.12 $m^3/(m \cdot h)$。填料的材料不同,润湿性质不同,最小润湿速率不同,有人曾提出按材料材质来确定最小润湿速率。

必须指出,最小润湿速率并非是使填料全部润湿的润湿速率。事实上,即使液体喷淋量大于最小润湿速率,填料表面也难以全面润湿,故单位体积填料层中的润湿表面总是小于干填料的比表面。另一方面,由于填料中存在液体停止不动的死角等原因,填料的润湿面也并非两相传质的有效表面。

在其他条件一定的情况下,有效表面随液体喷淋密度的增加而增大。

（3）轴向返混的影响

在填料塔内气、液两相逆流并不呈理想的活塞流状态,而有不同程度的返混,从而影响传质效率。由于返混,使塔内每一相沿塔高的浓度梯度减小,减小了平均推动力。

除了上述几项影响填料塔传质的因素以外,影响传质速率的因素还有物性、填料类型及塔的其他结构部件等。可见填料塔的传质是一个十分复杂的问题,所以虽然人们对它进行了大量研究,提出了不少经验关联式,但至今还没有一些能准确估算填料塔传质系数、传质单元高度或当量高度的适用范围较广的关联式。目前在计算填料高度时,主要依靠直接的实验数据,取自生产设备的经验数据或选用分离体系、填料种类与操作条件非常接近时的经验公式。

默奇(Murch)研究了装有环形、鞍形与其他填料的直径 50～750 mm 的精馏塔，提出下述计算等板高度 HETP 的计算式：

$$HETP = C_1 G^{C_2} D^{C_3} Z^{1/3} \frac{\alpha \mu_L}{\rho_L} \tag{10-37}$$

式中：G——气相的空塔质量流速，kg/(m² · h)；

$\quad\quad D$——塔径，m；

$\quad\quad Z$——填料层高度，m；

$\quad\quad \alpha$——相对挥发度；

$\quad\quad \mu_L$——液相粘度，mPa · s；

$\quad\quad \rho_L$——液相密度，kg/m³；

C_1, C_2, C_3——常数，取决于填料类型及尺寸，其部分数据见表 10-7。

表 10-7　方程式(10-37)中应用的常数

填 料 类 型	尺寸/ mm	$C_1/10^{-5}$	C_2	C_3
环	6			1.24
	9	0.77	−0.37	1.24
	12.5	7.43	−0.24	1.24
	25	1.26	−0.10	1.24
	50	1.80	0	1.24
	12.5	0.75	−0.45	1.11
	25	0.80	−0.14	1.11
挤压法制成的金属拉西环	6	0.28	0.25	0.30
	9	0.29	0.50	0.30
	19	0.45	0.30	0.30
	25	0.92	0.12	0.30

弗兰克(Frank)总结一些工业塔的操作数据，提出表 10-8 所列的等板高度的经验值，可供参数。

表 10-8　等板高度的经验值

填料类型与应用	HETP/m
直径 25 mm 填料	0.46
直径 38 mm 填料	0.66
直径 50 mm 填料	0.9
吸收任务	1.5～1.8
小直径塔(<0.6 m)	塔径
真空塔	上述值+0.1

从上述等板高度的经验式与经验数据可以看出一些参数,如塔径、填料尺寸等对填料塔的传质效率的影响。

10.2.4 填料塔的主要附件

填料塔的附件主要包括填料支承装置、液体喷淋装置、液相再分布装置、气体进口装置、出口除沫装置等。这些附件的结构尺寸是否合理,对填料塔的操作有较大影响,设计不好将直接影响整个填料塔的操作和传质分离效果。

1. 支承板

填料支承板是用以支承填料的部件。它应满足以下两个基本条件:①支承板的自由截面不小于填料的空隙率;②其机械强度足以支承填料和填料层所持液体的重量。常用的支承板为竖扁钢组成的栅板,其结构如图 10-36 所示。扁钢之间的距离(栅缝宽)通常取填料外径的 0.6～0.8 倍。也有将栅缝宽设计得大于所选填料直径,而在下部放一小层大尺寸的填料,起支承小填料作用。栅板结构不能满足以上两个要求时,可采用升气管式支承板(图 10-37)和条形升气管式支承板。这种结构可以得到很大的自由截面。

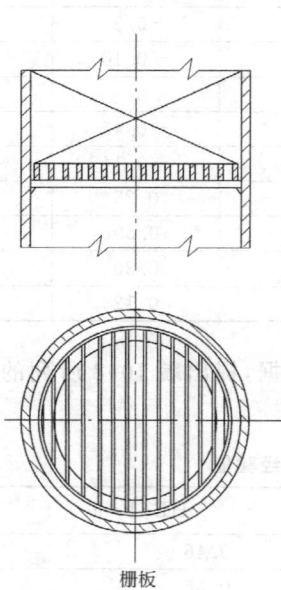

栅板

图 10-36　栅板

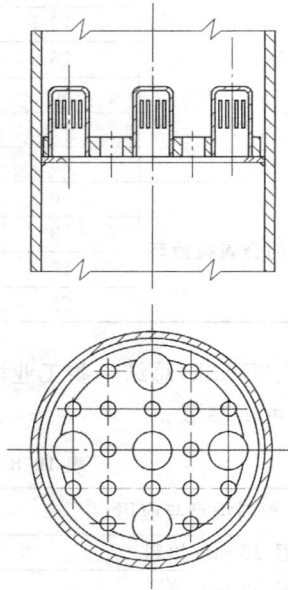

图 10-37　升气管式支承板

2. 液体喷淋器

液体喷淋器置于填料塔的顶部,为填料塔中加入液体的重要部件。如前所述,在填料塔中使液相均匀喷淋在填料层整个截面上是十分重要的,它直接影响

塔内填料表面的利用率。根据塔的大小和填料的类型不同,可以选用适当的喷淋装置。常见的有以下几种:

(1) 管式喷淋器

管式喷淋器主要有缺口式和弯管式两种,如图 10-38 所示。这种喷淋器结构简单,但喷淋面积小,也不太均匀,只适合于塔径小于 300 mm 的填料塔。

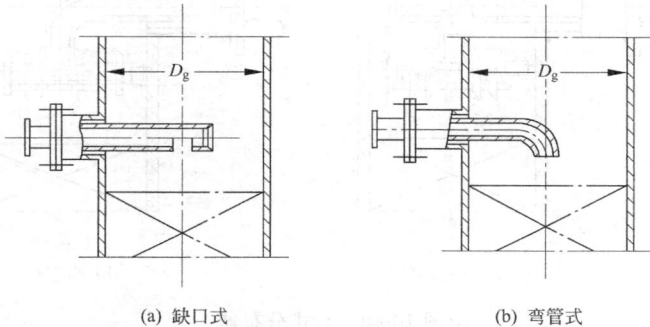

(a) 缺口式　　　　　　　　(b) 弯管式

图 10-38　管式分布器

(2) 莲蓬头式喷洒器

莲蓬头式喷洒器(见图 10-39)喷洒液体较管式喷淋器均匀,结构也较简单,故应用较普遍。莲蓬头直径 d 约为塔径的 $1/5\sim1/3$。小孔直径 $d_0=3\sim10$ mm,按同心圆排列。它适用于直径在 600 mm 以下的塔。主要缺点是小孔易于堵塞,因而不适用于处理污浊液体。此外,因为液体从小孔喷出的速度和射程与喷头内液体的压力有关,为使液体喷淋均匀,要求操作时压头稳定。

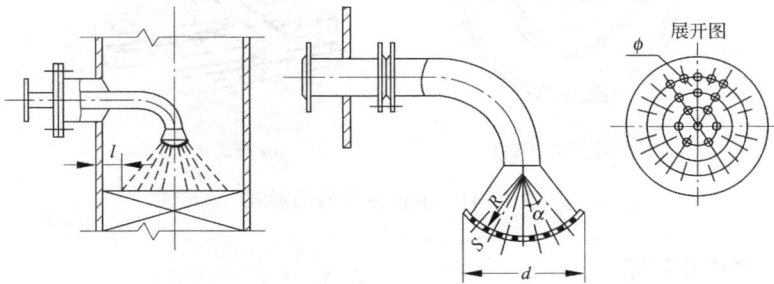

图 10-39　莲蓬头式分布器

(3) 盘式分布器

盘式分布器是一种分布效果较好的结构(见图 10-40)。液体加到分布盘上,经盘上 $\phi3\sim10$ mm 的筛孔或 $\phi\geqslant15$ mm 的溢流管,使液体均匀分布,淋洒在整个塔截面上。分布盘的直径为塔径的 0.6～0.8 倍。这种分布盘喷淋效果好，能适用于大塔，但造价较高。

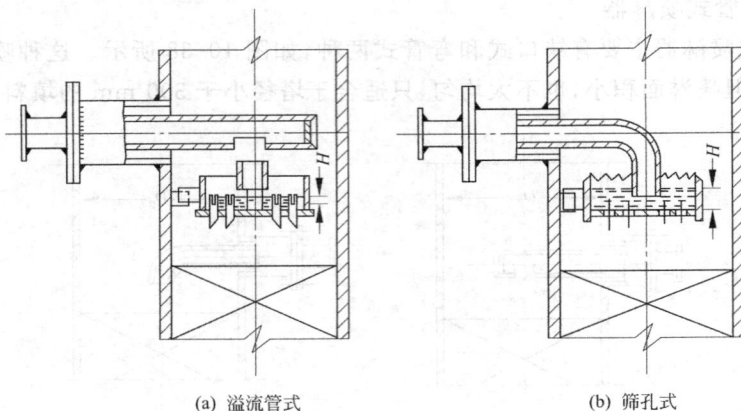

(a) 溢流管式   (b) 筛孔式

图 10-40　盘式分布器

（4）多孔管式分布器

这种分布器由开有按一定间距排列的小孔的管子组成，见图 10-41(a)。适用于大直径的填料塔。它的优点是安装时对整体的水平度要求不很高，对气体的阻力小。缺点是小孔易堵，只能用于清洁的液体。

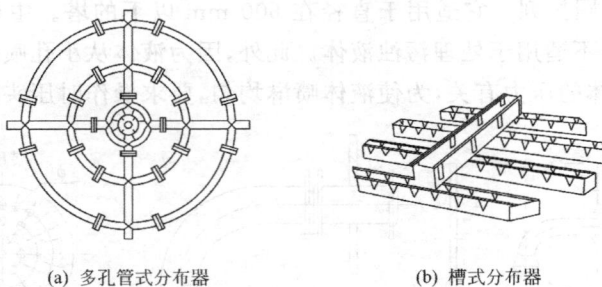

(a) 多孔管式分布器   (b) 槽式分布器

图 10-41　液体分布器的形式

（5）槽式分布器

其结构如图 10-41(b)所示，多用于大直径的填料塔。这种分布器不易堵塞，对气体的阻力小，但安装的水平度要求高，特别是在液量较小时，否则将不能使液体均匀分布。

3. 液体再分布器

液体沿乱堆的填料层向下流动时，往往有聚集在壁面处的趋势，使气液传质效率大大下降。因此每隔一定距离必须设置液体再分布装置。

对于拉西环填料,再分布器的距离约为塔径的 2.5～3 倍,对鲍尔环等较好的填料约为塔径的 5～10 倍。但通常不应超过 6 m。再分布器型式通常有以下两种。

(1) 截锥式

截锥式再分布器中最简单的一种如图 10-42 所示。图中示出了两种安装方式,其中图 10-42(a)的再分布器离上面的填料有一定距离。截锥下要隔一段距离再装填料。这种分布器适用于塔径在 0.6～0.8 m 以下的小塔。截锥体与塔壁的夹角 α 一般为 35°～45°,锥下口直径约为塔径的 0.7～0.8 倍。

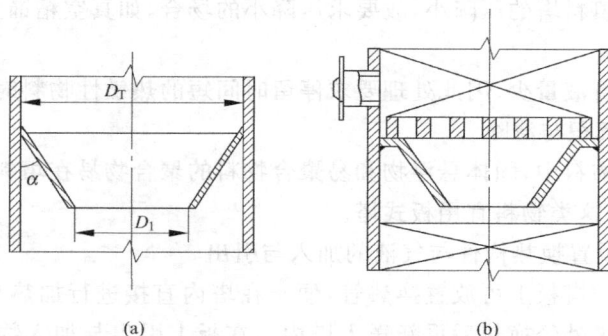

(a)   (b)

图 10-42   截锥式再分布器

(2) 升气管式

对直径大于 0.6 m 的填料塔,当填料的液体分布性能差时,再分布器最好用图 10-37 所示的升气管式分布板,以改善气、液分布情况,保证传质效果。

此外,在塔内操作速度较大,液沫带出严重的情况下,可在塔顶部安装除雾器。除雾器的形式很多,在化学工程手册的气液传质设备一篇中有详细介绍。

10.2.5   板式塔与填料塔的比较

板式塔和填料塔各有其特点和优缺点,各有其适用的场合,实际生产情况与对设备的要求又多种多样,所以根据实际情况选用塔设备时往往需要对各种因素进行综合考虑比较,才能做出正确的选择。下面就选择塔型时需要考虑的一些方面,说明这两类塔的特点,便于选择塔型时参考。

(1) 塔径大小

塔径大小涉及塔的放大性能、制造安装、造价等。板式塔塔径增大,板效率变化不大,一般说还可以提高,而填料塔则随塔径增大,传质效果下降,等板高度(或传质单元高度)增大。板式塔塔径小,制造安装不便,而小填料塔的制造安装比较方便，所以价格也较低，而对于大塔，则情况刚好相反。所以，一般大直径宜用板式塔。近年来由于新型填料的发展和分布器设计的改进，填料塔已开始在大型塔中广泛使用。

（2）塔高

当分离需用的理论板数较多时需要很高的塔，如用填料则需分好多层，层间需设气、液的再分布器，结构比较复杂，而板式塔增加板数相对而言简单得多。

另一方面采用高效填料，等板高度小。实际选型需从这两方面综合考虑。

（3）压降

气体通过填料塔的压降小，故要求压降小的场合，如真空精馏宜用填料塔。

（4）持液量

填料塔中持液量少，因此处理要求停留时间短的热敏性物料时宜用填料塔。

（5）物料沉积与清除

在填料塔物料中，固体悬浮物和易聚合物料的聚合物易在填料中沉积，且难以清洗，故对于这类物料宜用板式塔。

（6）塔内设置换热构件与气液的加入与引出

在板式塔中塔板上可放置换热管，便于在塔内直接进行加热与冷却。也可以将液体引出塔外经换热后重新送入塔内。在板上引出与加入物料都很方便，而这些对填料塔来说都比较困难，因此当过程中需加热、冷却或需要多侧线出料与多路加料的场合宜用板式塔。

（7）制作材料

填料可用塑料、陶瓷、玻璃等耐腐蚀材料制成，而用耐腐蚀材料制板式塔则往往造价很高，所以对于腐蚀性物系用填料塔更合适。

（8）操作弹性

填料塔的操作范围较小，特别是对液体负荷变化更为敏感。当液体负荷小时，填料表面不能润湿填料，传质效果差；而液体负荷大时，泛点气速低。板式塔对液体负荷的适应范围大。

（9）对起泡物料

填料对泡沫有限制和破碎作用，板式塔则在气体穿过液体时产生大量泡沫，极难分离。

习　题

10-1　上升气量为 $3\,600\ \mathrm{m^3/h}$、直径为 $1\ \mathrm{m}$ 的精馏塔，塔板上小孔的气速为 $10\ \mathrm{m/s}$，气相密度为 $2\ \mathrm{kg/m^3}$。求塔板的开孔率与空塔动能因子。

10-2 有一筛板塔,其主要尺寸如下:塔径 1 200 mm,板间距 300 mm,孔径 4 mm,板厚 3 mm,堰长 794 mm,堰高 60 mm,降液管截面积与塔截面积之比为 0.072,筛孔总面积与塔截面积之比为 0.048,降液管下沿与塔板面间的距离为 47 mm。现拟用此塔精馏某种溶液,其操作条件如下:气体体积流量 0.772 m³/s,液体体积流量 0.001 73 m³/s,气体密度 2.8 kg/m³,液体密度 940 kg/m³,液体粘度 0.34 cP(3.4×10⁻⁴ Pa·s),液体表面张力 0.034 N/m。试问此塔是否合用,并核算液泛分率、液沫夹带量、单板压降、降液管内液面高和液体停留时间。

10-3 某塔的提馏段负荷性能如图 10-43 所示,C 为设计点。试问:

(1) 所设计塔板的气、液负荷上下限是多少? 弹性多大?

(2) 若要使气、液负荷上限再提高,有何措施? 比较各种措施,用负荷性能图进行分析。

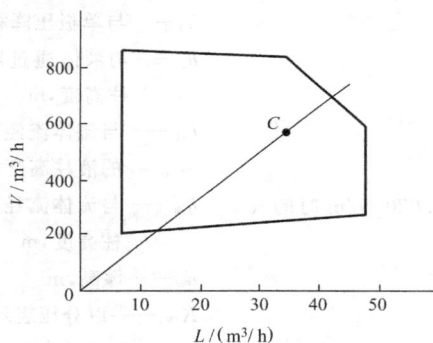

图 10-43 习题 10-3 图示

10-4 常压精馏塔用来分离乙醇-水,原料含乙醇 9%,处理量为 20 t/d,要求塔顶得 93.8%乙醇,塔釜残液含乙醇 0.5%(均为质量分数)。操作回流比为 3.5,泡点进料,设计一板式塔,确定:

(1) 塔型;

(2) 塔径;

(3) 塔板板面结构尺寸;

(4) 负荷性能图。

(提示:按塔底的条件计算,已知塔釜压力为 110 kPa。)

10-5 设计一苯-甲苯筛板精馏塔,常压操作。塔顶常压,塔底 110 kPa,塔顶产品含苯 0.98,塔底产品含甲苯 0.98。试用奥康纳尔关联图估计精馏塔的总板效率。

10-6 习题 10-2 的精馏任务若采用内充 50mm×50mm×0.9mm 的钢质鲍尔环,其塔径需多大? 并计算每米填料的压降。

10-7 某填料精馏塔,内充填 50 mm×50 mm×4.5 mm 的瓷质拉西环,当加料量为 2 000 kg/h 时出现液泛。为了提高处理量,拟改用 50 mm×50 mm×0.9 mm 的钢质鲍尔环,问处理量最高可达多少?

(假设:回流比和馏出液、釜液的组成均与原来的情况相同。)

符 号 说 明

英 文 字 母

A——流体流通截面积；传质面积，m^2

A_a——有效鼓泡区截面积，m^2

A_f——降液管截面积；m^2

A_0——筛板总筛孔面积；液体流经进口堰时的最窄面积；m^2

A_T——塔板截面，m^2

a——比表面积，m^2/m^3

b——平均液流宽度，m

c——气相负荷因子，m/s

c_0——孔流系数

c_{20}——液体表面张力为 0.020 N/m 时的气体负荷因子

D——塔径，m

d——管径，m

d_0——筛孔直径，m

d_p——液滴直径，m

E——液流收缩系数

E_{ML}——液相默弗里板效率

E_{MV}——气相默弗里板效率

E_{OG}——以气相组成表示的点效率

E_T——全塔效率

e_V——液沫夹带量，kg(液体)/kg(气体)

F——气体动能因子，$kg^{0.5}/(s \cdot m^{0.5})$

F_0——气体通过孔的动能因子，$kg^{0.5}/(s \cdot m^{0.5})$

G——质量流速，$kg/(m^2 \cdot s)$

H——溶解度系数，$kmol/(kN \cdot m)$

H_d——降液管内清液高度，m

H_T——塔板间距，m

h_d——与干板压降相当的液柱高度，m

h_f——泡沫层高度，m

h_L——清液层高度，m

h_1——与气体通过液层的压降相当的液柱高度，m

h_n——齿形堰齿的深度，m

h_o——降液管底部与塔板间缝隙高度，m

h_{ow}——堰上液头高，m

h_p——与单板压降相当的液柱高度，m

h_r——与液体通过降液管的压降相当的液柱高度，m

h_{r1}——与流体流经降液管底隙的压降相当的液柱高度，m

h_{r2}——与流体流经进口堰的压降相当的液柱高度，m

h_w——堰高，m

K_{OG}——以分压表示推动力的总气相传质系数，$kmol/(m^2 \cdot Pa \cdot s)$

L——液体的摩尔流量，kmol/h

L_h——液体体积流量，m^3/h

L_s——液体体积流量，m^3/s

l_w——堰长，m

N_{OG}——气相总传质单元数

N_{OL}——液相总传质单元数

N_P——实际塔板数

N_T——理论塔板数

n——筛孔数

p——压力，Pa

R——摩尔气体常数，8.314 $kJ/(kmol \cdot K)$

S——解吸因子

T——温度，K

t——孔间距，m；停留时间，s

u——空塔气速，m/s

u_f——泛点气速，m/s

u_G——有效鼓泡区截面上的气速，m/s

u_0——气体通过筛孔的气速,m/s

u_{op}——操作气速,m/s

u_t——沉降速度,m/s

V——气体的摩尔流量,kmol/h

V_h——气体体积流量,m³/h

V_M——气体的摩尔流速,kmol/(m²·s)

V_s——气相体积流量,m³/s

W_c——塔板边缘区宽度,m

W_d——弓形降液管宽度,m

W_s——安定区宽度,m

x——液相摩尔分数

y——气相摩尔分数

z——塔高;液体流道长度;泡沫层高;m

希 腊 字 母

Δ——液面落差,m

δ——塔板厚度,m

ε——空隙率,m³/m³

ξ——阻力系数

μ——粘度,Pa·s

ρ——密度,kg/m³

ρ_{VM}——气体密度,kmol/m³

σ——表面张力;界面张力;N/m

φ——泡沫相对密度;填料因子,m⁻¹;塔板开孔率

ψ——雾沫夹带分率;水与操作液体密度之比

参 考 文 献

1 化学工程手册编辑委员会.化学工程手册.北京:化学工业出版社,1979

2 兰州石油机械研究所.现代塔器技术.北京:烃加工出版社,1990

3 Smith R B,Dresser T,Ohlswager S. Hydrocarbon Processing and Petroleum Refiner. 1963,40(5):183

4 Davies J A,Gordon K A. Petro/Chem Engr,1961,33(11):82~85

5 Gautreaux M F,O'connel H E. Chem Eng Prog,1955,51:232

6 Amer Inst Chem Engrs. Bubble tray design manual. 1958

7 第一机械工业部.燃化部标准 JB 1212—73 圆泡帽.1973

8 Eckert J S. Chem Eng Prog,1959,57(9):54

9 Philip A Schweitger. Handbook of Separation Techniques for Chemical Engineers. 1979

10 Murch D P. Ind Eng Chem,1953,45:2616

11 液液萃取

1. 液液萃取简介

液液萃取，又称溶剂萃取，它是分离液体混合物的重要单元操作之一。在欲分离的液体混合物中加入一种与其不互溶或部分互溶的液体溶剂，形成两相系统，利用混合液中各组分在两相中分配差异的性质，易溶组分较多地进入溶剂相从而实现混合液分离的操作称为液液萃取。

在萃取过程中，所用的溶剂称为萃取剂。混合液中欲分离的组分称为溶质。混合液中的溶剂称为稀释剂（或称原溶剂），萃取剂应对溶质具有较大的溶解能力，与稀释剂应不互溶或小部分互溶。

图 11-1 是一种简单萃取过程示意图。将萃取剂加到混合液中，搅拌使其互相混合，因溶质在两相间不呈平衡，溶质从混合液向萃取剂中传质，使溶质与混合液中的其他组分分离，所以萃取是液、液相间的传质过程。

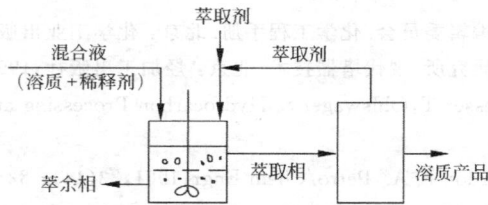

图 11-1　萃取过程示意图

通常，萃取过程在常温下进行，萃取的结果是萃取剂提取了溶质成为萃取相，分离出溶质的混合液成为萃余相。萃取相是混合物，需要用精馏或反萃取等方法进行分离，得到含溶质的产品和萃取剂，萃取剂供循环使用。萃余相通常含有少量萃取剂，也需应用适当的分离方法回收其中的萃取剂，然后排放。

用萃取法分离液体混合物时，混合液中的溶质既可以是挥发性物质（这种混合液称为挥发性混合液），也可以是非挥发性物质，如无机盐类。

当用于分离挥发性混合液时，与精馏比较，整个萃取过程的流程比较复杂，譬如萃取相中萃取剂的回收往往还要应用精馏操作。但是萃取过程本身具有常温操作，无相变以及选择适当溶剂可以获得较高分离系数等优点，在很多情况下，仍显示出技术经济上的优势。一般说来，在以下几种情况下采用萃取过程较为有利：

（1）溶液中各组分的沸点非常接近，或者说组分之间的相对挥发度接近于1。

（2）混合液中的组成能形成恒沸物，用一般精馏不能得到所需的纯度。

（3）溶液中要回收的组分是热敏性物质，受热易于分解、聚合或发生其他化学变化。

（4）需分离的组分浓度很低且沸点比稀释剂高，用精馏方法需蒸出大量稀释剂，耗能很多。

当分离溶液中的非挥发性物质时，与吸附、离子交换等方法比较，萃取过程处理的是两流体，操作比较方便，常常是优先考虑的方法。

2. 液液萃取在工业上的应用

1）在石油化工中的应用

液液萃取已广泛应用于分离和提纯各种有机物质。轻油裂解和铂重整产生的芳烃和非芳烃混合物的分离是重要的一例。该混合物中各组分的沸点非常接近，用一般的精馏方法分离很不经济。工业上采用 Udex，Shell，Formex 等萃取流程，分别用环丁砜、四甘醇、N-甲基吡咯烷酮为溶剂，从裂解汽油的重整油中萃取芳烃。对于难分离的乙苯、二甲苯体系，组分之间的相对挥发度接近于1，用精馏方法不仅回流比大，塔板还多达 300 多块，操作和设备费用极大。采用萃取操作，以 HF-BF$_3$ 作萃取剂，从 C$_8$ 馏分中分离二甲苯及其同分异构体的实验工作，已见报道。

此外用酯类溶剂萃取乙酸，用丙烷萃取润滑油中的石蜡等也得到了广泛的应用。

2）在生物化工和精细化工中的应用

在生化药物制备过程中，会生成很复杂的有机液体混合物。这些物质大多为热敏性物质。若选择适当的溶剂进行萃取，可以避免受热损坏，提高有效物质的收率。例如青霉素的生产，用玉米发酵得到含青霉素的发酵液，以醋酸丁酯为溶剂，经过多次萃取可得到青霉素的浓溶液。此外，像链霉素、复方新诺明等药物的生产采用萃取操作也得到较好的效果。香料工业中用正丙醇从亚硫酸纸浆废水中提取香兰素，食品工业中用磷酸三丁酯（TBP）从发酵液中萃取柠檬酸也得到了广泛应用。可以说，萃取操作已在制药工业、精细化工中占有重要的地位。

3）在湿法冶金中的应用

20 世纪 40 年代以来，由于原子能工业的发展，大量的研究工作集中于铀、钍、钚等金属提炼，结果使萃取法几乎完全代替了传统的化学沉淀法。近 20 年来，由于有色金属使用量剧增，而开采的矿石中的品位又逐年降低，促使萃取法在这一领域迅速发展起来。例如用溶剂 LIX63-65 等螯合萃取剂从铜的浸取液中提取铜是 20 世纪 70 年代以来湿法冶金的重要成就之一。目前一般认为只要价格与铜相当或超过铜的有色金属如钴、镍、锆、铼等，都应该优先考虑用溶剂萃取法进行提取。有色金属冶炼已逐渐成为溶剂萃取应用的重要领域。

4）环保领域

废水中少量醋酸或微量苯酚等在进入生化处理池之前先用萃取处理，不仅可以回收有价物质，还可以降低生化处理费用。

3. 液液萃取的基本流程

根据混合液中欲分离的两组分（稀释剂和溶质或两种欲分离的溶质）在萃取剂中溶解度差别的大小和要求分离程度（产品纯度）的高低，萃取过程可以分为单组分萃取（简单萃取）与双组分萃取分离（回流萃取）两种类型。

1）单组分萃取

混合液中只有一种欲分离的溶质被溶剂萃取，或者其他组分虽被溶剂同时萃取，但不影响欲分离的溶质的质量要求的萃取过程均属于单组分萃取。单组分萃取的基本原理、操作流程与设计计算的基本关系式与吸收类似，其基本流程有下列几种：

（1）单级萃取或并流接触萃取：图 11-1 是单级萃取的示意图。单级萃取和并流接触萃取的最大分离效果是一个理论级，所以只适用于溶质在萃取剂中的溶解度很大或溶质萃取率要求不高的场合。

（2）多级错流萃取：这种流程在相同的溶剂用量下，比单级过程能获得比较高的萃取率，并且操作比较简单。

（3）多级逆流萃取：多级逆流萃取可以在萃取剂用量较小的条件下获得较高的萃取率。

（4）连续逆流萃取：连续逆流萃取可以获得与多级逆流萃取同样的处理效果，两者都是工业上常用的流程。

2）双组分萃取分离——回流萃取

当混合液中欲分离的两组分在萃取剂中的溶解度差别不大时，必须应用回流萃取才能使两组分较彻底分离，回流萃取的原理和流程与精馏过程类似。

上述各种萃取流程的基本原理与特点在第 7 章中已作过简单介绍，将在 11.3 节详细讨论。

11.1 液液相平衡

组分在液、液相之间的平衡关系是萃取过程的热力学基础，它决定过程的方向、推动力和过程的极限，因此了解混合物的液液平衡关系是理解与掌握萃取过程的最基本的条件。

液液相平衡有两种情况：①萃取剂与稀释剂(原溶剂)不互溶；②萃取剂与稀释剂部分互溶。

当萃取剂与稀释剂完全不互溶时,溶质在两液相间的平衡关系可以用与吸收中的气液平衡类似的方法表示。

图 11-2 为稀释剂 B 与萃取剂 S 不互溶时,溶质 A 在两液相中的平衡关系。图中纵坐标表示溶质在萃取剂中的质量比 Y,横

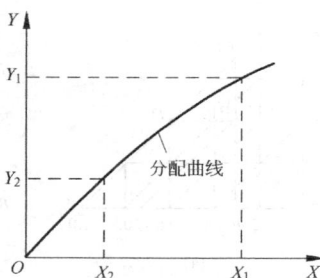

图 11-2　溶质在两相间的平衡关系

坐标表示溶质在稀释剂中的质量比 X。图中的平衡曲线称为分配曲线。

溶质 A 在两相间的平衡关系也可以用相平衡常数 K 表示：

$$K = \frac{y}{x} \tag{11-1}$$

式中：y——溶质在萃取剂中的摩尔分数；

x——溶质在稀释剂(原溶剂)中的摩尔分数。

对于液液萃取,相平衡常数 K 通常称为分配系数。K 随温度与溶质的组成而异,当溶质浓度较低时,K 接近常数,相应的分配曲线接近直线。

当萃取剂与稀释剂部分互溶时,萃取时的两相均为三组分溶液。对于三组分溶液,必须已知两个组分的组成才能唯一地确定该混合液的组成,因此不能用直角坐标上的点表示三组分溶液的组成,需要用三角形图表示。

11.1.1　三角形相图

通常用等边三角形和直角三角形坐标图来表示三组分混合物的组成。直角三角形可以用等腰直角三角形和不等边直角三角形(图 11-3),其中等腰直角三角形两边的比例尺相同,可以在一般的坐标纸上绘制,使用起来较为方便。但当绘制的相图中,各方向的图线密集程度不一样时,可以用不等边直角三角形将一边刻度放大,以便于作图和读数。

1. 组成表示法

以下讲述中,用质量分数表示混合液中组分的浓度在三角形坐标图中均以 A 表示溶质,以 B 表示稀释剂,以 S 表示萃取剂。三角形中每一个点表示一个组成一定的混合物。三角形 3 个顶点分别表示各个纯组分,如 A 点表示纯组分 A,其中其他两组分的含量为零。B 点表示纯稀释剂 B。S 点表示纯萃取剂 S。在三角形相图的边上任一点代表一个二元混合物的组成,例如 AB 边上的 E

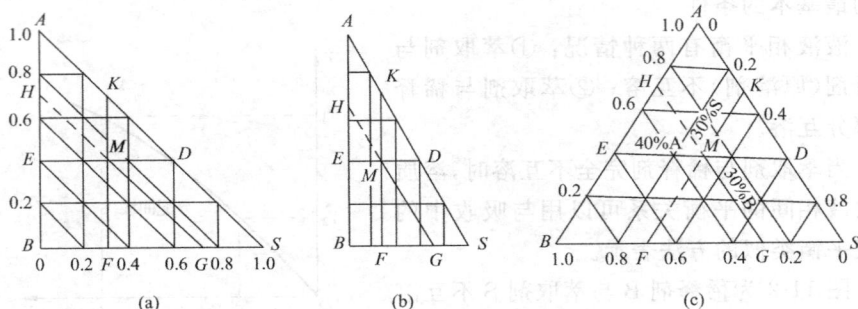

图 11-3　三元混合物的组成在三角形相图中的表示方法

点,表示该混合液只含有 A,B 两个组分,不含萃取剂 S,BS 边上的点则表示只含有 B 和 S 两个组分。混合液中两组分的含量用其状态点离三角形顶点的相对距离表示,可以直接由图上读出。例如图 11-3 中 E 点所表示的混合液含 A 与 B 的组成为

$$x_A = \overline{EB} = 0.4$$

$$x_B = \overline{EA} = 0.6$$

$$x_A + x_B = \overline{EB} + \overline{EA} = 0.4 + 0.6 = 1$$

从图 11-3 中看出 E 点靠近 B,所以 B 的含量多。

　　三角形内的任一点表示一定组成的三元混合物,例如图 11-3 中 M 点所代表的混合物中各组分的组成分别为 x_A,x_B,x_S(质量分数)。x_A,x_B 和 x_S 可由下述方法确定,过 M 点作 3 个边的平行线 FK,GH 与 ED。因为在位于与 AB 边平行的 FK 上的混合液中萃取剂 S 的组成均相等,从图中看出 S 的组成为 0.3。同理,位于 GH 线上的混合物中组分 B 的组成均为 0.3,ED 线上的混合物中组分 A 的组成均为 0.4。因直线 ED,FK 与 GH 均通过 M 点,故 M 点所表示的三元混合物的组成为

$$x_A = 0.4$$

$$x_B = 0.3$$

$$x_S = 0.3$$

$$x_A + x_B + x_S = 0.4 + 0.3 + 0.3 = 1.0$$

　　当使用直角三角形坐标图表示上述混合液时,从图 11-3(a),(b)可以看出,M 点的横坐标即表示萃取剂 S 的质量分数 $x_S = 0.3$,M 点的纵坐标表示溶质 A 的质量分数 $x_A = 0.4$,而 $x_B = 1 - x_A - x_S = 1 - (0.4 + 0.3) = 0.3$。可见用直角三角形图较为方便。

2. 杠杆法则

在萃取操作计算时,常常利用杠杆法则。杠杆法则说明当两个混合物 C 和 D 形成一个新的混合物 M 时,或者当一个混合物 M 分离为 C 和 D 两个混合物时,其质量与组成间的关系。杠杆法则可以表述为:①当混合液 C 与 D 加合成混合液 M 时,代表混合液 C,D 和 M 的点在一条直线上,如图 11-4 所示。在三角形坐标图中,混合液 C 和 D 的位置可以根据其组成在图中确定,加合成的混合物 M 在 C 点和 D 点的连线上,称 M 点为 C 点和 D 点的和点,而 C 点是 M 点与 D 点的差点,D 点是 M 点与 C 点的差点。②混合液 M 点的位置取决于混合液 D 与 C 的量,混合液 D 和 C 的量与 M 点与 D 点和 C 点间线段 MD 和 MC 的长度成反比:

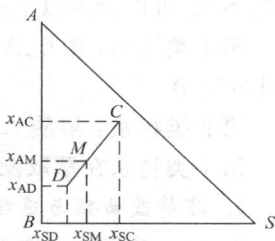

$$\frac{D}{C} = \frac{\overline{CM}}{\overline{MD}} \tag{11-2}$$

图 11-4　杠杆法则

式中:D,C——混合液 D 和混合液 C 的质量;

$\overline{CM},\overline{MD}$——图 11-4 中线段 CM 和 MD 的长度。

杠杆法则是物料衡算的图解方法,可通过物料衡算关系导出。设图(11-4)中混合物 C 的组成为 x_{AC},x_{BC},x_{SC};混合物 D 的组成为 x_{AD},x_{BD},x_{SD};混合物 M 的组成为 x_{AM},x_{BM},x_{SM}。C,D,M 分别表示各混合物的质量。

总物料衡算:

$$C + D = M \tag{11-3}$$

A 组分的衡算:

$$Cx_{AC} + Dx_{AD} = Mx_{AM} \tag{11-4}$$

将式(11-3)代入上式,整理后得

$$C(x_{AC} - x_{AM}) = D(x_{AM} - x_{AD}) \tag{11-5}$$

S 组分的衡算:

$$Cx_{SC} + Dx_{SD} = Mx_{SM} \tag{11-6}$$

将式(11-3)代入上式得

$$C(x_{SC} - x_{SM}) = D(x_{SM} - x_{SD}) \tag{11-7}$$

将式(11-5)除以式(11-7)

$$\frac{x_{AC} - x_{AM}}{x_{SC} - x_{SM}} = \frac{x_{AM} - x_{AD}}{x_{SM} - x_{SD}} \tag{11-8}$$

由图 11-4 知,式(11-8)为直线方程(两点式),点 C,M,D 在同一条直线上。

$$\frac{D}{C} = \frac{x_{AC} - x_{AM}}{x_{AM} - x_{AD}} = \frac{\overline{CM}}{\overline{MD}}$$

上式即杠杆法则表示式。

11.1.2 液液平衡关系在三角形相图上的表示法

对于稀释剂(原溶剂)与萃取剂部分互溶的三元混合物,按其组分间的互溶度的不同,可以分为以下两类:

第Ⅰ类物系:溶质 A 可溶于稀释剂 B 和萃取剂 S 中,但稀释剂 B 与萃取剂 S 部分互溶。

第Ⅱ类物系:溶质 A 与稀释剂 B 互溶,B 与溶剂 S 和 A 与 S 部分互溶。

第Ⅰ类物系在萃取操作中较为普遍,故下面主要讨论第Ⅰ类物系。

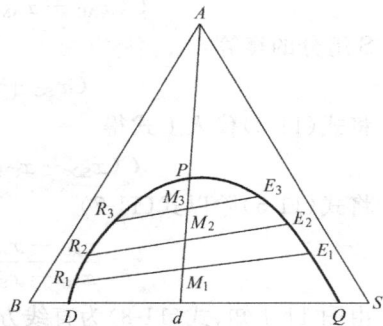

1. 溶解度曲线与连接线

图 11-5 是第Ⅰ类物系的典型平衡相图,此图是在一定温度下测得的,图中曲线 $DNPLE$ 将三角形相图分为两个区:曲线上部为均相区,曲线下部为两相区,曲线 $DNPLE$ 称为溶解度曲线(或双结点溶解度曲线)。总组成为 M 的混合液位于溶解度曲线下方的两相区,故该混合液以两个呈平衡的液相存在,两液相的组成可用溶解度曲线上的 N 点与 L 点来表示。N 相与 L 相称为共轭相,连接 N 和 L 两点所得的直线称为连接线。溶解度曲线通过实验测定,例如可以采用下列方法测定:在恒温下,将一定量的稀释剂 B 和萃取剂 S 加到实验瓶中,此混合物组成如图 11-6 上 d 点所示,将其充分混合,两相达平衡后静置分层,两层的组成可由图中点 D 和点 Q 表示。然后在瓶中滴加少许溶质 A,此时瓶中总物料的状态点为 M_1,经充分混合,两相达平衡后静置分层,分析两层的组成,得到 E_1 和 R_1 两液相的组成,E_1 和 R_1 为一对呈平衡的共轭相,然后再加入少量溶质 A,进行同样的操作可以得到 E_2 与 R_2,E_3 与 R_3 等若干对共轭相。将代表诸平衡液层的状态点 D,R_1,R_2,R_3,P,E_3,E_2,E_1,Q 连接起来的曲线即为此体系在该温度下的溶解度曲线。

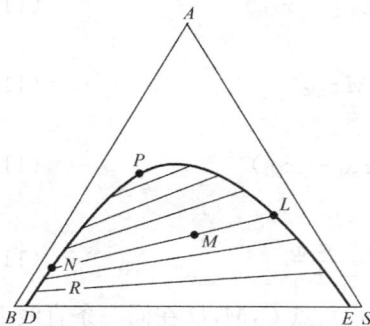

图 11-5　第Ⅰ类三元物系的相平衡图　　　　图 11-6　溶解度曲线与连接线

通常连接线都不互相平行,各条连接线的斜率随混合液的组成而异。一般情况下各连接线是按同一方向缓慢地改变其斜率。有少数体系,当混合液组成改变时,连接线斜率改变较大,能由正到负。在某一组成处连接线为水平线,其斜率为零,例如吡啶-氯苯-水体系就是这种情况(见图 11-7)。

2. 辅助曲线与临界混溶点

在恒温下测定体系的溶解度时,通常实验测出的共轭相的对数(即图 11-6 的连接线数)总是有限的,为了得到其他组成的液液平衡数据,可以应用内插法进行。通常这种内插法利用若干对已知平衡数据绘制出一条辅助曲线进行。

辅助曲线的作法如图 11-8 所示。已知连接线 E_1R_1,E_2R_2,E_3R_3。从 E_1 点作 AB 轴的平行线,从 R_1 点作 BS 轴的平行线,得一交点 F。同样从 E_2,E_3 分别作纵轴的平行线,从 R_2,R_3 分别作横轴的平行线,分别得到交点 G,H,连接各交点,所得的曲线 FGH 即为该溶解度曲线的辅助曲线。利用辅助曲线,可求任一平衡液相的共轭相,如求液相 R 的共轭相,如图 11-8 所示,自 R 作 BS 轴的平行线交辅助曲线于 J,自 J 作 AB 轴的平行线,交溶解度曲线于 E,则 E 即为 R 的共轭相。

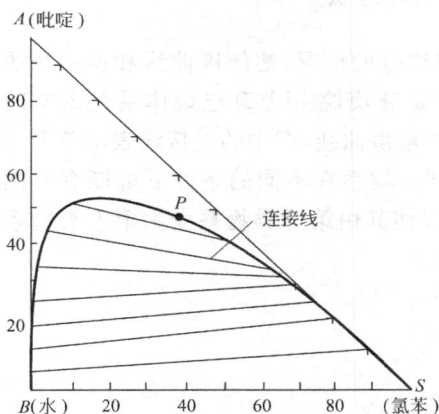

图 11-7 吡啶-氯苯-水体系的连接线

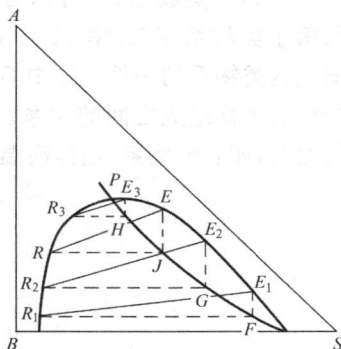

图 11-8 连接线的图解内插辅助曲线

显然,将辅助曲线延伸与溶解度曲线相交,交点 P 称为临界混溶点。P 点将溶解度曲线分成两部分,靠萃取剂 S 一侧为萃取相部分,靠稀释剂 B 一侧为萃余相部分。临界混溶点一般并不在溶解度曲线的最高点,其准确位置的确定较为困难,用辅助曲线外延求临界混溶点时,只有当已知的共轭相接近临界混溶点时才较准确。

对于等边三角形相图,可以用类似的方法求辅助曲线,如图 11-9(a)所示。图 11-9(b)表示辅助曲线的另一种作法,这种方法与前述原则相同,只是画平行线时所依据的轴线不同而已。

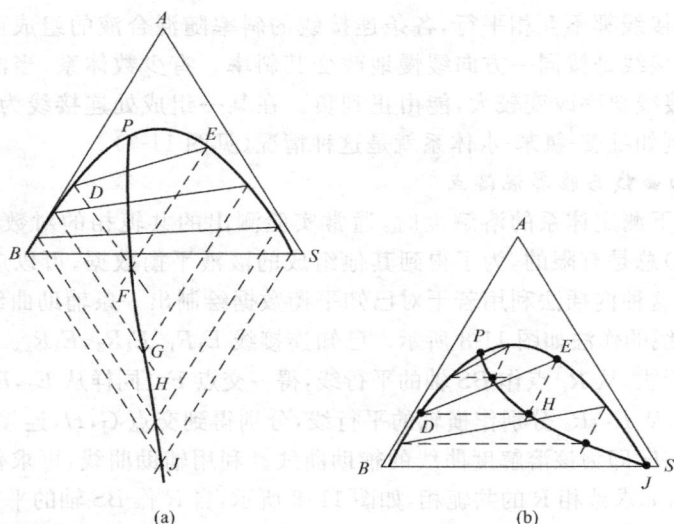

(a)   (b)

图 11-9　辅助曲线求法

对于第Ⅱ类物系,即有两对部分互溶组分的情况,溶解度曲线和连接线的作法与第Ⅰ类物系相似,图 11-10 所示的苯胺-正庚烷-甲基环己烷体系在 25℃时的相图是这类物系的一例。图中 GHDC 为溶解度曲线,图中的连接线表示萃取相与萃余相的平衡组成之间的关系。实际上同一物系在不同的条件下可能有不同类型的相图,如有的物系,当提高温度时,可以使其由第Ⅱ类物系变为第Ⅰ类物系。

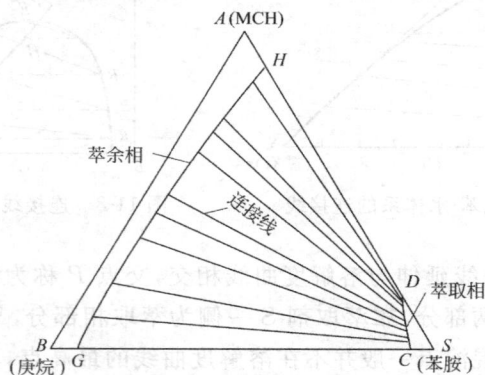

图 11-10　苯胺-正庚烷-甲基环己烷在 25℃的溶解度曲线与连接线

11.1.3　液液相平衡在直角坐标上的表示法——分配曲线

在前面已经讲到,对于萃取剂与稀释剂不互溶的体系可以用分配系数或直角坐标图上的分配曲线表示溶质 A 在两相间的平衡关系,对于萃取剂与稀释剂部分互溶的情况也可以用分配系数与分配曲线表示。

　　由相律可知,三组分体系两液相平衡时,自由度为 3。当温度、压力一定时,自由度为 1,因此只要任一平衡液相中的任一组分的组成一定,其他组分的组成及其共轭相的组成就为确定值。这就是说,在温度、压力一定的条件下,溶质在两液相间的平衡关系可表示为

$$y_A = f(x_A) \tag{11-9}$$

式中: y_A ——溶质在萃取相中的质量分数;

　　　　 x_A ——溶质在萃余相中的质量分数。

　　式(11-9)即为分配曲线的数学表达式。

　　图 11-11 说明由三角形相图的溶解度曲线画分配曲线的方法。如图 11-11(a)所示。由共轭相的状态点 E 与 R 分别作 BS 边的平行线,即可确定在萃取相和萃余相中溶质的组成 y_A 与 x_A,从而可以得到表示这一对平衡液相组成的点 D。每一对共轭相可得一个点,连接这些点即可得图示的分配曲线 ODG,曲线上的 G 点表示临界混溶点。

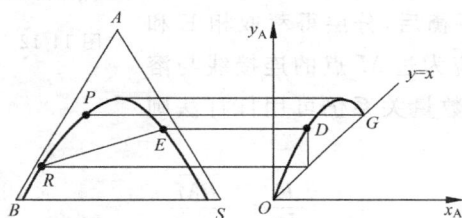

(a) 第 I 类物系

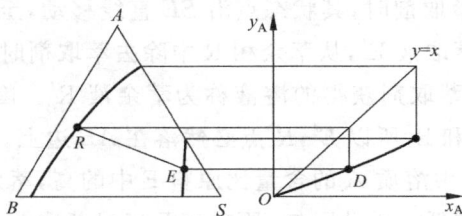

(b) 第 II 类物系

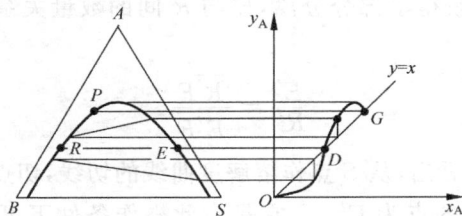

(c) 具有水平的连接线的物系

图 11-11　溶解度曲线与分配曲线关系图

图 11-11(b),(c)表示其他两种情况下的分配曲线。图 11-11(c)中分配曲线上的点 D 表示连接线为水平线,两共轭相中溶质组成相等的情况。

11.1.4 萃取过程在三角形相图上的表示法

以图 11-1 所示的单级萃取过程为例说明萃取过程如何在图 11-12 所示的三角形相图上表示。用溶剂萃取原料混合液中的溶质 A。原料液 F 只含溶质 A 和稀释剂 B 两种组分,故 F 点在 AB 边上。在原料液中加入一定量的萃取剂 S 后,其形成的混合液的状态点 M 在 FS 线上,按杠杆法则,有

$$\frac{S}{F} = \frac{\overline{MF}}{\overline{MS}} \qquad (11\text{-}10)$$

式中,S,F 分别代表纯萃取剂及原料液的量,萃取剂加入量必须使点 M 位于两相区内。当 F 与 S 充分混合达到平衡后,分层得萃取相 E 和萃余相 R。E,R 点应为过 M 点的连接线与溶解度曲线的交点,其数量关系仍可用杠杆法则确定:

图 11-12 萃取过程在三角形相图上的表示

$$\frac{E}{R} = \frac{\overline{RM}}{\overline{EM}} \qquad (11\text{-}11)$$

从萃取相 E 中除去萃取剂时,其状态点沿 SE 直线移动,至完全脱除萃取剂时所获得的溶液称为萃取液 E′,从萃余相 R 中除去萃取剂时,其状态点沿 SR 直线移动,至完全除去萃取剂获得的溶液称为萃余液 R′。因 E′,R′ 中已不含萃取剂 S,只含组分 A 和 B,所以 E′,R′ 点必然落在 AB 边上。从图 11-12 中可以明显看出,萃取液 E′ 中溶质 A 的含量比原料 F 中的高,萃余液 R′ 中溶质 A 的含量比原料液 F 中的低。由此可知,原料液 F 经过萃取并脱除萃取剂以后,其所含有的 A,B 组分获得了部分分离,E′ 与 R′ 间的数量关系也可以用杠杆法则来确定:

$$\frac{E'}{R'} = \frac{\overline{R'F}}{\overline{E'F}} \qquad (11\text{-}12)$$

从图 11-12 中可看出,从 S 点作溶解度曲线的切线,切点为 E_{max}。延长此切线与 AB 边相交所得的点为 E'_{max}。它是在此操作条件下可能获得的含组分 A 最高的萃取液。

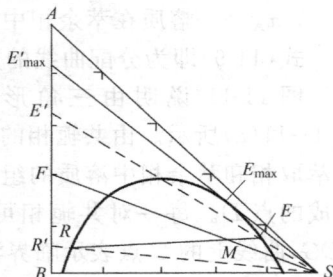

11.2 萃取的分离效果与萃取剂

11.2.1 萃取的分离效果

萃取过程的分离效果主要表现为被分离物质的萃取率和分离产物的纯度。萃取率为萃取液中被提取的溶质量与原料液中的溶质量之比。

影响分离效果的主要因素为：

（1）被分离组分在萃取剂与原料液两相之间的平衡关系；

（2）影响萃取剂与原料液两相接触和传质的物性；

（3）萃取过程的流程、所用的设备及其操作条件。

这些因素都与萃取剂的物理化学性质有密切的关系，因此萃取剂的选择是设计萃取过程的首要问题。

11.2.2 萃取剂的选择

萃取剂的选择主要考虑以下性能。

1. 分配系数与选择性系数

被分离组分在萃取剂与原料液两相间的平衡关系是选择萃取剂首先考虑的问题。在11.1节中已经提到溶质在萃取相与萃余相间的平衡关系可以用分配系数 K 表示，见式(11-1)。分配系数的大小，对萃取过程有重要影响。分配系数大，表示被萃取组分在萃取相中的组成高，萃取剂需要量少，溶质容易被萃取。

选择性系数 β 为两相平衡时萃取相 E 和萃余相 R 中被萃取组分 A 与另一组分 B（稀释剂或另一要求与 A 分离的组分）组成比的比值，其定义式为

$$\beta = \frac{y_A}{y_B} \bigg/ \frac{x_A}{x_B} = \frac{y_A/x_A}{y_B/x_B} = \frac{K_A}{K_B} \tag{11-13}$$

式中：y_A, y_B——组分 A 和 B 在萃取相中的质量分数；

$\quad\quad x_A, x_B$——组分 A 和 B 在萃余相中的质量分数。

由选择性系数的定义式可见，它的物理意义与精馏操作中的相对挥发度相同。若 $\beta=1$，$y_A/y_B = x_A/x_B$，即当两相平衡时，组分 A 与 B 在两相中的组成比相同，这就是说 A，B 两组分不能用萃取方法分离；若 $\beta>1$，表示组分 A 在萃取相中的相对含量比萃余相中高，萃取时组分 A 可以在萃取相中富集，β 愈大，组分 A 与 B 的分离愈容易。

由式(11-13)还可以看到，选择性系数为组分 A 和 B 的分配系数之比，K_A 愈大，K_B 愈小，选择性系数愈大，所以选择性系数表示萃取剂对组分 A，B 溶解能力差别的大小。

2. 萃取剂的物理性质

（1）密度

在液液萃取中，两相间应保持一定的密度差，以利于两液相在萃取器中能以较高的相对速度逆流和两相的分层。

（2）界面张力

萃取物系的界面张力较大时，细小的液滴比较容易聚结，有利于两相的分离，但界面张力过大，液体不易分散，难以使两相混合良好，需要较多的外加能量。界面张力小，液体易分散，但易产生乳化现象使两相较难分离。因此应从界面张力对两液相混合与分层的影响综合考虑，选择适当的界面张力，一般说不宜选用界面张力过小的萃取剂。

两种纯液体的界面张力可用滴重法和气泡最大压力法来测定，常用体系界面张力数值可在文献中找到。

（3）粘度

溶剂的粘度低，有利于两相的混合与分层，也有利流动与传质，因而粘度小对萃取有利。有的萃取剂粘度大，往往需加入其他溶剂来调节其粘度。

3. 萃取剂的化学性质

萃取剂需有良好的化学稳定性，不易分解、聚合，并应有足够的热稳定性和抗氧化稳定性。对设备的腐蚀性要小。

4. 萃取剂回收难易程度

通常萃取相和萃余相中的萃取剂需回收后重复使用，以减少溶剂的消耗量。回收费用取决于回收萃取剂的难易程度。有的溶剂虽然具有以上很多良好的性能，但往往由于回收困难而不被采用。

最常用的回收方法是蒸馏，因而要求被分离体系相对挥发度 α 大，如果 α 接近1，不宜用蒸馏，可以考虑用反萃取、结晶分离等方法。

5. 其他指标

如萃取剂的价格、来源、毒性，以及是否易燃、易爆等，均为选择萃取剂时需要考虑的问题。

当没有一种萃取剂能完全满足上述要求时，可以采用几种溶剂组成的混合萃取剂以获得较好的性能。

6. 温度对萃取剂性能的影响

在讨论萃取剂和稀释剂互溶度时指出，对于萃取过程互溶度愈小愈好。温度对互溶度有显著影响，通常温度升高溶解度增加。

图 11-13 所示为二十二烷-二苯基己烷-糠醛体系的相图。二十二烷与糠醛部分互溶。从图中可以看出,温度从 45℃ 上升到 140℃,两相区不断减少,若温度继续上升,则变成三组分完全互溶体系而无法进行萃取操作。

某些体系,温度改变时,溶解度曲线的形状会发生较大的变化。例如,图 11-14 所示为甲基环戊烷(A)-正己烷(B)-苯胺(S)体系,在 3 个不同温度($T_3 > T_2 > T_1$)下的溶解度曲线。随着温度升高,该体系的溶解度曲线由第 Ⅱ 类物系转变为第 Ⅰ 类物系。

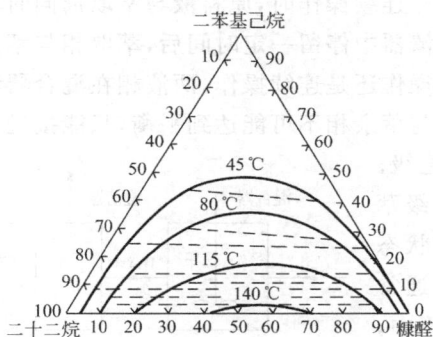

图 11-13　温度对分层区大小的影响　　图 11-14　溶解度曲线形状随温度的变化

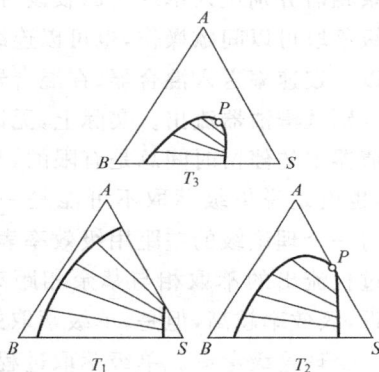

也有一些体系,温度变化时其溶解度曲线无明显变化。温度对萃取剂的粘度、表面张力等物性有较大影响,因而在萃取操作中选择什么温度应该仔细考虑。

11.3　萃取过程的流程和计算

本章前述部分已简单介绍了萃取过程的各种流程,这里将对各种流程作进一步说明,着重介绍它们的计算。如同吸收和精馏过程一样,萃取过程的计算原则上可以采用理论级模型或传质速率方程模型。对于萃取剂与稀释剂(原溶剂)部分互溶的情况通常采用理论级模型进行计算,计算方法与吸收和精馏一样,所应用的基本关联式是相平衡关系和物料衡算关系(通常萃取过程热效应小,不考虑热量衡算)。基本方法是逐级计算,可用图解法进行,也可用解析法。本章为了直观起见,多采用图解法。

11.3.1 单级萃取的流程与计算

单级萃取是液液萃取中最简单的、也是最基本的操作方式,其流程如图 11-15 所示。原料液 F 和萃取剂 S 同时加入混合器内,充分搅拌,使两相混合。溶质 A 从料液进入萃取剂,经过一定时间,将混合液 M 送入澄清器,两相澄清分离。若此过程为一个理论级,则此两液相(萃余相 R 和萃取相 E)互呈平衡,萃取相与萃余相分别从澄清器放出。如萃取剂与稀释剂(原溶剂)部分互溶,通常,萃取相与萃余相需分别送入萃取剂回收设备以回收萃取剂,相应地得到萃取液与萃余液。单级萃取可以间歇操作,也可以连续操作。连续操作时,原料液与萃取剂同时单独以一定速率送入混合器,在混合器和澄清器中停留一定时间后,萃取相与萃余相分别从澄清器流出。实际上,无论间歇操作还是连续操作,两液相在混合器和澄清器中的停留时间总是有限的,萃取相与萃余相不可能达到平衡,只能接近平衡,也就是说单级萃取不可能是一个理论级。它与一个理论级的差距用级效率表示,单级萃取过程流出的萃取相与萃余相距离平衡状态越近,级效率越高,但是,单级萃取的计算通常按一个理论级考虑。单级萃取过程的计算中,一般已知的条件是:所要求处理的原料液的量和组成、溶剂的组成、体系的相平衡数据、萃余相(或萃余液)的组成。要求计算所需萃取剂的用量、萃取相和萃余相的量与萃取相的组成。

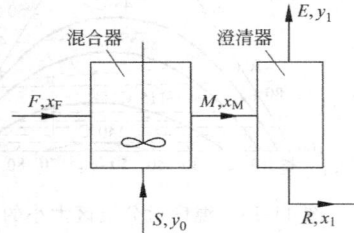

图 11-15　单级萃取流程示意图

1. 萃取剂与稀释剂部分互溶的体系

对于这种体系,通常根据三角形相图用图解法进行计算。图 11-15 所示流程中各物流的量与组成在图 11-16 中示出,图中:

F——原料液的量,kg 或 kg/h;

S——萃取剂的量,kg 或 kg/h;

M——混合液(原料液+萃取剂)的量,kg 或 kg/h;

E——萃取相的量,kg 或 kg/h;

R——萃余相的量,kg 或 kg/h;

E'——萃取液的量,kg 或 kg/h;

R'——萃余液的量,kg 或 kg/h;

x_F——原料液中溶质 A 的质量分数;

x_M——混合液中溶质 A 的质量分数;

x_R——萃余相中溶质 A 的质量分数;

$x_{R'}$——萃余液中溶质 A 的质量分数；

y_0——萃取剂中溶质 A 的质量分数；

y_E——萃取相中溶质 A 的质量分数；

$y_{E'}$——萃取液中溶质 A 的质量分数；

因为组成均以 A 的含量表示，所以书写时常省略 A 而以 x_F，x_R，…表示。

图解法的计算步骤如下：

（1）根据已知平衡数据在直角三角形坐标图中画溶解度曲线及辅助曲线。

（2）在三角形坐标的 AB 边上根据原料液的组成确定 F 点（见图 11-16），根据所用萃取剂的组成在图上确定 S 点（设为纯萃取剂，萃取剂 S 点落在三角形右顶点上），连接 FS，则代表原料液与萃取剂的混合液的点 M 必定落在 FS 的连线上。

（3）由已知的 x_R 在图上定出 R 点（也可用萃余液组成 $x_{R'}$ 定出 R' 点，连接 SR' 线，与溶解度曲线相交于 R 点），再由 R 点利用辅助曲线求出 E 点，连 RE 直线，则 RE 与 FS 线的交点即为混合液的组成点 M。根据杠杆法则，求出所需萃取剂的量 S：

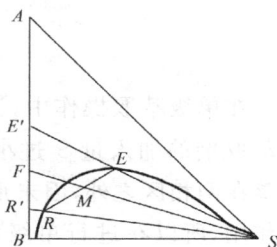

图 11-16　单级萃取

$$\frac{S}{F} = \frac{\overline{MF}}{\overline{MS}}$$

$$S = \frac{\overline{MF}}{\overline{MS}} \times F \tag{11-14}$$

式中，原料液量 F 为已知，$\overline{MF}$ 与 $\overline{MS}$ 段的长度可从图 11-16 中量出，故可求出 S。

（4）求萃取相量 E 和萃余相量 R，根据杠杆法则：

$$\frac{R}{E} = \frac{\overline{ME}}{\overline{MR}} \tag{11-15}$$

根据系统的总物料衡算：

$$F + S = R + E = M \tag{11-16}$$

联立上二式即可解出 R 与 E，并从图 11-16 中读出 y_E。用类似的方法，可根据杠杆法则求得萃取液量 E' 与萃余液量 R'，并从图上读出 $y_{E'}$ 与 $x_{R'}$。

实际上也可以根据三角形相图中读出的各物流的组成，用物料衡算式求出 S，E 与 R。作溶质 A 的物料衡算：

$$F x_F + S y_S = R x_R + E y_E = M x_M \tag{11-17}$$

联立式（11-16）与式（11-17），求解可得

$$S = \frac{F(x_F - x_M)}{x_M - y_S} \tag{11-18}$$

$$E = \frac{M(x_M - x_R)}{y_E - x_R} \quad (11\text{-}19)$$

$$R = \frac{M(y_E - x_M)}{y_E - x_R} \quad (11\text{-}20)$$

同理,可得萃取液和萃余液的量:

$$E' = \frac{F(x_F - x_{R'})}{y_{E'} - x_{R'}} \quad (11\text{-}21)$$

$$R' = \frac{F(y_{E'} - x_F)}{y_{E'} - x_{R'}} \quad (11\text{-}22)$$

在单级萃取操作中,当原料液量 F 一定时萃取剂的加入量 S 过小或过大,可能使 M 点落在两相区之外,因未形成两相,不能起分离作用,所以在进行单级萃取操作时有一个最小萃取剂用量和最大萃取剂用量。最小萃取剂用量 S_{min} 为 F 和 S 混合液的组成点 M 落在点 D 的位置时,所对应的萃取剂用量;最大萃取剂用量 S_{max} 为 M 点落在 G 位置时,所对应的萃取剂用量(见图 11-17)由杠杆法则可得

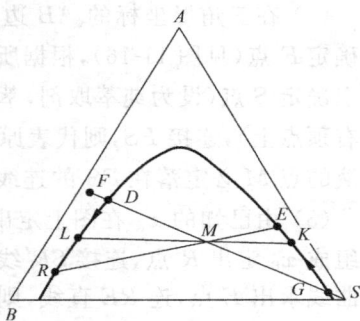

图 11-17　单级萃取的最小与
最大萃取剂用量

$$S_{min} = F\left(\frac{\overline{FD}}{\overline{DS}}\right) \quad (11\text{-}23)$$

$$S_{max} = F\left(\frac{\overline{GF}}{\overline{GS}}\right) \quad (11\text{-}24)$$

2. 萃取剂与稀释剂不互溶的体系

对于这类体系,溶质在两液相间的平衡关系易于用函数形式表示,因此联立平衡关系式与物料衡算式,即可解出萃取剂需要量与萃取液的组成。

平衡关系式为

$$Y = f(X) \quad (11\text{-}25a)$$

如果分配系数不随溶液组成而变,则平衡关系可表示为

$$Y = KX \quad (11\text{-}25b)$$

系统溶质 A 的物料衡算式为

$$S'(Y_E - Y_0) = B(X_F - X_R) \quad (11\text{-}26)$$

式中: S'——萃取剂(萃取相)中纯萃取剂的量,kg 或 kg/h;

　　　　B——原料液(萃余相)中稀释剂的量,kg 或 kg/h;

　　　　Y——溶质 A 在萃取相中的质量比;

X——溶质 A 在萃余相中的质量比；

下标 0，F，E 和 R——萃取剂、原料液、萃
取相和萃余相。

联立解式(11-25)与式(11-26)，即可得 S' 与 Y_E，此解法在直角坐标图上表示，如图 11-18 所示。式(11-26)为单级萃取的操作线方程，在图上为通过点(X_F,Y_0)、斜率为$-B/S'$的直线，由它与平衡线(分配曲线)的交点得出 Y_E 与 X_R。

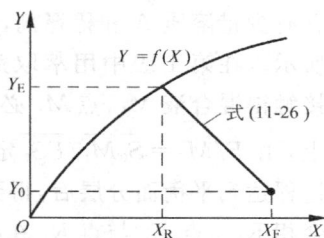

图 11-18　不互溶体系的单级萃取

11.3.2　多级错流萃取的流程与计算

单级萃取所得到的萃余相中往往还含有较多的溶质，要萃取出更多的溶质，需要较大量的萃取剂。为了用较少萃取剂萃取出较多溶质，可用多级错流萃取。图 11-19 所示为多级错流萃取的流程示意图。原料液从第 1 级加入，每一级均加入新鲜的萃取剂。在第 1 级中，原料液与萃取剂接触，传质，最后两相达到平衡。分相后，所得萃余相 R_1，送到第 2 级中作为第 2 级的原料液，在第 2 级中用新鲜萃取剂再次进行萃取，如此萃余相多次被萃取，一直到第 n 级，排出最终的萃余相，各级所得的萃取相 $E_1,E_2,\cdots,E_n$ 排出后回收萃取剂。

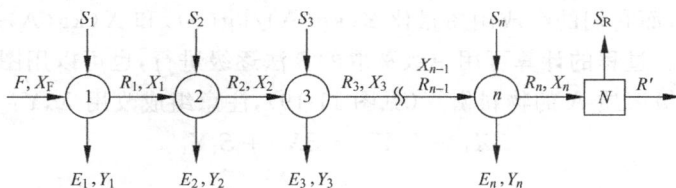

图 11-19　多级错流接触萃取流程示意图

多级错流萃取的计算，分以下两种情况加以说明。

1. 萃取剂和稀释剂部分互溶的体系

对于这种体系，通常根据三角形相图用图解法进行计算，现按以下情况说明计算过程及方法。

已知物系的相平衡数据、原料液的量 F 及其组成 x_F，最终萃余相组成 x_R 和萃取剂的组成 y_0，选择萃取剂的用量 S(每一级萃取剂的用量可相等，亦可以不相等)，求所需理论级数。

多级错流萃取的计算中，每一级的算法与单级萃取的图解法相同，因此多次重复单级萃取的图解步骤，即可求出所需的理论级数及萃取剂的用量。

图 11-20 表示出了这一计算过程。设萃取剂中含有少量溶质 A 和稀释剂,其状态点如 S_0 点所示。在第 1 级中用萃取剂量 S_1 与原料液接触得混合液 M_1,点 M_1 必须位于 S_0F 连线上,由 $F/M_1 = \overline{S_0M_1}/\overline{FS_0}$ 定出 M_1 点。萃取过程达到平衡而分层后,得到萃取相 E_1 和萃余相 R_1。点 E_1 与点 R_1 在溶解度曲线上,且在通过点 M_1 的一条连接线的两端,这条连接线可利用辅助线,通过试差法找出。在第 2 级中用新鲜溶剂来萃取第一级流出的萃

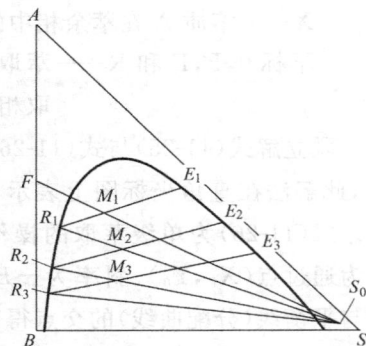

图 11-20　三级错流萃取

余相 R_1,两者的混合液为 M_2,同样点 M_2 也必位于 S_0R_1 连线上,萃取结果得到的萃取相 E_2 与萃余相 R_2,由过 M_2 的连接线求出。如此类推,直到萃余相中溶质的组成等于或小于要求的组成 x_R 为止,则萃取级数即为所求的理论级数。

2. 萃取剂和稀释剂不互溶的体系

若稀释剂 B 与萃取剂 S 不互溶或互溶度很小,可以认为原料液与从各级流出的萃余相中的稀释剂量 B 保持不变。各级中,加入的萃取剂与流出的萃取相中的纯萃取剂量相同,因此在计算时萃取相和萃余相的量分别用纯萃取剂和稀释剂量表示,而它们的组成用质量比 $Y(\mathrm{kg(A)/kg(S)})$ 和 $X(\mathrm{kg(A)/kg(B)})$ 表示比较方便。过程的计算可用单级萃取的算法逐级进行,也可以用图解法进行。

作第 1 级溶质 A 的物料衡算(见图 11-19),注意组成改用 X,Y:

$$BX_F + S_1Y_0 = BX_1 + S_1Y_1$$

由上式得

$$Y_1 - Y_0 = -\frac{B}{S_1}(X_1 - X_F) \tag{11-27}$$

式中:B——原料液中稀释剂的量,kg 或 kg/h;

$\quad\quad S_1$——加入第 1 级的萃取剂中的纯萃取剂量,kg 或 kg/h;

$\quad\quad Y_0$——萃取剂中溶质 A 的质量比,kg(A)/kg(S);

$\quad\quad X_F$——原料液中溶质 A 的质量比,kg(A)/kg(B);

$\quad\quad Y_1$——第 1 级流出的萃取相中溶质 A 的质量比,kg(A)/kg(S);

$\quad\quad X_1$——第 1 级流出的萃余相中溶质 A 的质量比,kg(A)/kg(B)。

式(11-27)为表示第 1 级的萃取过程中萃取相与萃余相组成变化的操作线方程。

同理,对任意一个萃取级 n,溶质 A 的物料衡算得

$$Y_n - Y_0 = -\frac{B}{S_n}(X_n - X_{n-1}) \tag{11-28}$$

上式表示任一级的萃取过程中萃取相组成 Y_n 与萃余相组成 X_n 之间的关系,为错流萃取每一级的操作线方程,在直角坐标图上是一直线。此直线通过点 (X_{n-1}, Y_0),斜率为 $-B/S_n$。当此级达到一个理论级时,X_n 与 Y_n 为一对平衡值,即为此直线与平衡线的交点 (X_n, Y_n)。

已知原料液量及组成 X_F,每一级加入的萃取剂量和萃取剂组成 Y_0,即可用图解法求出将萃余液中溶质 A 的组成降到 X_R 所需的级数。

在直角坐标图上,画出系统的分配曲线,如图 11-21 所示,根据原料液的组成 X_F 及萃取剂组成 Y_0,定出 V 点。从 V 点开始作斜率为 $-B/S_1$ 的直线与平衡线相交于 T。T 点的坐标为 (X_1, Y_1),为第 1 级流出的萃余相和萃取相的组成。第 2 级进料液组成为 X_1,萃取剂加入量为 S_2,其组成亦为 Y_0。根据组成 X_1 和 Y_0 可以在图上定出 U 点,自 U 点作斜率为 $-B/S_2$ 的直线与平衡线相交于 Z,得 X_2 和 Y_2,……,如此继续作图,直到 n 级的操作线与平衡线交点的横坐标 X_n 等于或小于要求的 x_R 为止,则 n 即为所需理论级的数目。

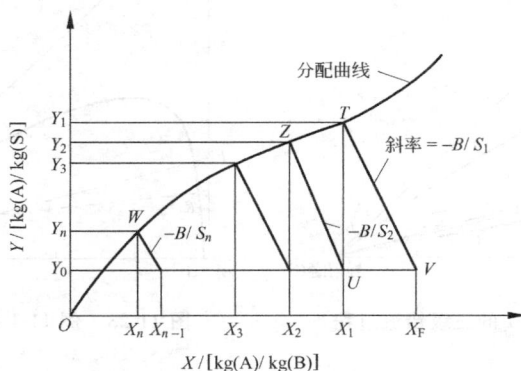

图 11-21 图解法求多级错流萃取所需的理论级数

图中各操作线的斜率随各级萃取剂的用量而异,如果每级所用萃取剂量相等,则各操作线斜率相同,相互平行。

例 11-1 含醋酸 0.3(质量分数)的醋酸水溶液 100 kg,用三级错流萃取。每级用 40 kg 纯异丙醚萃取,操作温度为 20℃。求:

(1) 各级排出的萃取液和萃余液的量和组成;

(2) 如果用一次萃取达到同样的残液浓度,则需萃取剂量为多少?

20℃时醋酸(A)-水(B)-异丙醚(S)的平衡数据如下:

水 相			有 机 相		
A	B	S	A	B	S
0.69%	98.1%	1.2%	0.18%	0.5%	99.3%
1.41%	97.1%	1.5%	0.37%	0.7%	98.9%
2.89%	95.5%	1.6%	0.79%	0.8%	98.4%
6.42%	91.7%	1.9%	1.9%	1.0%	97.1%
13.34%	84.4%	2.3%	4.8%	1.9%	93.3%
25.50%	71.7%	3.4%	11.40%	3.9%	84.7%
36.7%	58.9%	4.4%	21.60%	6.9%	71.5%
44.3%	45.1%	10.6%	31.10%	10.8%	58.1%
46.40%	37.1%	16.5%	36.20%	15.1%	48.7%

解：根据平衡数据作出溶解度曲线，如图 11-22 和图 11-23 所示。

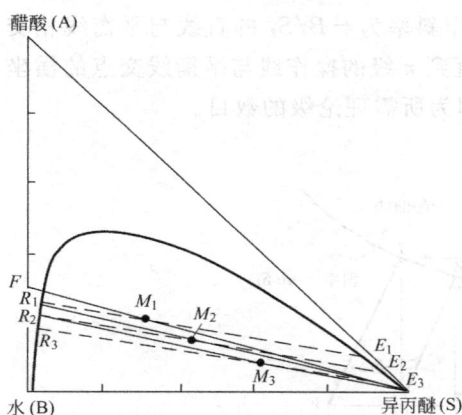

图 11-22　例 11-1 的三级错流过程　　　　图 11-23　例 11-1 的单级萃取过程

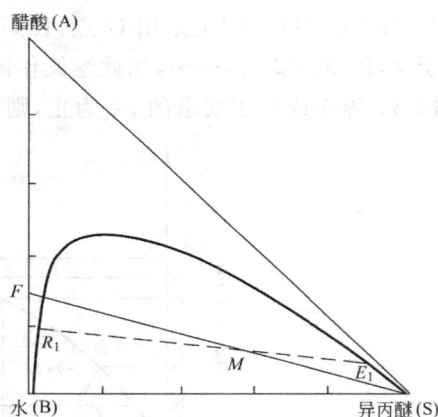

（1）三级错流萃取

第 1 级

$F = 100$ kg，$x_F = 0.3$，$S_1 = 40$ kg，$y_0 = 0$，进行物料衡算：

$$M_1 = F + S_1 = 100 + 40 = 140 \text{ kg}$$

$$M_1 x_{M1} = F_1 x_F + S_1 Y_0$$

$$x_{M_1} = \frac{30}{140} = 0.214$$

如图 11-22 所示，在 FS 连线上根据 x_{M1} 组成定出 M_1 点。过 M_1 点借助分配曲线在图上试差定出 R_1 与 E_1，读出 R_1，E_1 的组成：

$$x_1 = 0.258, \quad y_1 = 0.117$$

根据式(11-19)得

$$E_1 = \frac{M_1(x_{M1} - x_1)}{y_1 - x_1} = \frac{140 \times (0.214 - 0.258)}{0.117 - 0.258} = 43.6 \text{ kg}$$

$$R_1 = M_1 - E_1 = 140 - 43.6 = 96.4 \text{ kg}$$

第2级

$$S_2 = 40 \text{ kg}$$

$$M_2 = R_1 + S_2 = 136.4 \text{ kg}$$

$$R_1 x_1 = M_2 x_{M2}$$

$$96.4 \times 0.258 = 136.4 x_{M2}$$

$$x_{M2} = 0.182$$

同上,在图上找出点 M_2, R_2 与 E_2,读出其组成:

$$x_2 = 0.227$$

$$y_2 = 0.095$$

根据式(11-19)得

$$E_2 = \frac{M_2(x_{M2} - x_2)}{y_2 - x_2} = \frac{136.4 \times (0.182 - 0.227)}{0.095 - 0.227} = 46.5 \text{ kg}$$

$$R_2 = M_2 - E_2 = 136.4 - 46.5 = 89.9 \text{ kg}$$

第3级

同上得　$S_3 = 40 \text{ kg}$, 　$M_3 = 130.1 \text{ kg}$, 　$x_{M3} = 0.157$, 　$x_3 = 0.20$

$$y_3 = 0.078, \quad E_3 = 45.7 \text{ kg}, \quad R_3 = 84.4 \text{ kg}$$

最终萃余液中醋酸含量:

$$R_3 x_3 = 84.4 \times 0.20 = 16.88 \text{ kg}$$

萃取相的总量:

$$E_1 + E_2 + E_3 = 46.3 + 46.5 + 45.7 = 135.8 \text{ kg}$$

醋酸的总萃出量:

$$E_1 y_1 + E_2 y_2 + E_3 y_3 = 13.1 \text{ kg}$$

(2) 单级萃取

一次萃取要求萃余液组成 $x = 0.2$,对应的连接线 E_1, R_1 和 FS 的交点为 M (见图 11-23),读出混合液中醋酸的含量为 $x_M = 0.12$,根据式(11-18)所需萃取剂用量为

$$S = \frac{F(x_F - x_M)}{x_M - y_0} = \frac{100 \times (0.3 - 0.12)}{0.12 - 0} = 150 \text{ kg}$$

比较计算结果可知,当要求萃余液组成相同时,应用三级错流萃取需要的萃取剂量比单级萃取少。

例 11-2　每小时处理 100 kg 的乙醛（A）-甲苯（B）溶液。乙醛的含量为 0.045（质量分数），用纯水（S）作萃取剂以回收乙醛。选用五级错流，每级水用量为 25kg/h。水与甲苯可视为完全不互溶，计算最终萃余液中乙醛的含量。

解：将体系的平衡数据标绘在直角坐标图上（见图 11-24），X 为 A 与 B 的质量比，Y 为 A 与 S 的质量比。料液中乙醛的质量比 $X_F=4.5/95.5=0.0471$，$Y_0=0$。

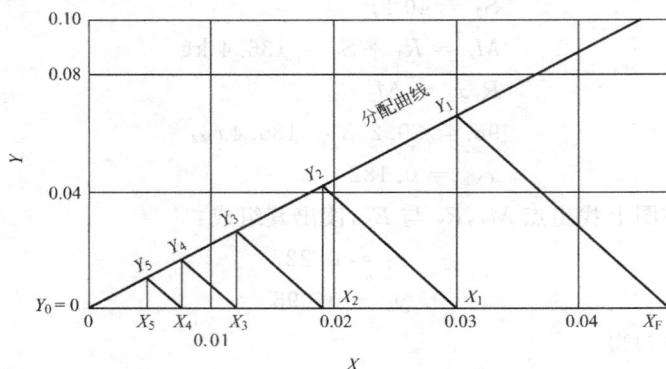

图 11-24　例 11-2 图示

因每级中萃取剂用量均相等，故各级的操作线斜率均为 $-B/S=-95.5/25=-3.82$。从点 (X_F, Y_0) 开始作斜率为 -3.82 的直线，与平衡线相交，得 Y_1 点。同理作出其他四级的操作线，从图中看出 $X_5=0.0048$ kg（乙醛）/kg（苯），其质量分数为 $0.0048/1.0048=0.00471$，则

乙醛被萃取的量 $=B(X_F-X_5)$

$$=95.5\times(0.0471-0.0048)=4.04 \text{ kg}$$

萃取率 $=\dfrac{4.04}{4.5}=0.898$（或 89.8%）

11.3.3　多级逆流萃取的流程与计算

多级逆流萃取的流程如图 11-25 所示，原料液从第 1 级进入，逐级流过系统，最终萃余相从第 n 级流出，新鲜萃取剂从第 n 级进入，与原料液逆流，逐级与料液接触，在每一级中两液相充分接触，进行传质。当两相达平衡后，两相分离，各进入其随后的级中，最终的萃取相从第 1 级流出。为了回收萃取剂，最终的萃取相与萃余相分别在溶剂回收装置中脱除萃取剂得到萃取液与萃余液。在此流程的第 1 级中，萃取相与含溶质最多的原料液接触，故第 1 级出来的最终萃取相中溶质的含量高，可达接近与原料液呈平衡的程度。而在第 n 级中萃余相与含溶质最少的新鲜萃取剂接触，故第 n 级出来的最终萃余相中溶质的含量低，可达

接近与新萃取剂呈平衡的程度。因此多级逆流萃取可以用较少的萃取剂达到较高的萃取率,应用较广。

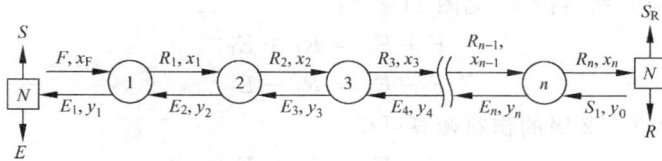

图 11-25　多级逆流萃取流程示意图

多级逆流萃取的计算原则上与多级逆流吸收过程类似,应用相平衡与物料衡算两个基本关系,计算方法也是逐级计算,计算的问题也可分设计型与操作型两类,本节以设计型计算为例进行说明。

1. 萃取剂与稀释剂部分互溶的体系

典型的设计型问题是已知原料液量 $F(\text{kg/h})$ 及其组成 x_F、萃取剂组成 y_0、最终萃余相的组成 x_R,选择萃取剂用量 S,求所需理论级数。因为解析法求解部分互溶体系比较复杂,通常应用逐级图解法求解,可用三角形坐标图或直角坐标图进行计算,这种图解法很直观,适用于讲述基本原理。

1) 用三角形坐标图求理论级数

在三角形相图上逐级图解法的步骤与原理如下:

(1) 根据平衡数据在三角形坐标图上作出溶解度曲线及辅助曲线(见图 11-26)。

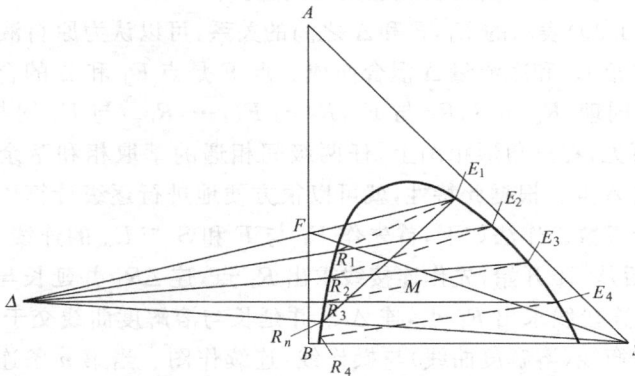

图 11-26　多级逆流萃取理论级数的图解法

(2) 由已知的组成 x_F 与 x_R 在图 11-26 上定出原料液和最终萃余相的状态点 F 和 R_n。由萃取剂的组成定出其状态点 S 的位置,连 SF 线,并根据给定的 F 和选定的萃取剂量 S,按照杠杆法则确定混合后的总量及其状态点 M 的位置,连

接 R_nM，并延长与溶解度曲线交于 E_1 点，该点即为最终萃取相 E_1 的状态点。

（3）应用溶解度曲线与物料衡算关系，逐级计算求理论级数。

做第 1 级的物料衡算（见图 11-25）：

$$F + E_2 = R_1 + E_1$$

$$F - E_1 = R_1 - E_2$$

同理，做第 1，2 级的物料衡算可得

$$F - E_1 = R_2 - E_3$$

做第 1 级～第 n 级的物料衡算：

$$F - E_1 = R_n - S$$

由以上各式可得

$$F - E_1 = R_1 - E_2 = R_2 - E_3 = \cdots = R_{n-1} - E_n = R_n - S = \Delta$$

$$(11-29)$$

上式表明离开每一级萃余相的流量与进入该级的萃取相的流量之差为一常数，以 Δ 表示。Δ 可以认为是自左向右（见图 11-25）通过每一级的"净流量"。这股虚拟的净物流在三角形相图上也可用一定点（Δ 点）表示，称为操作点。当用式（11-29）表示的 Δ 为负值时，可将式（11-29）改写为以下形式：

$$S - R_n = E_1 - F = E_2 - R_1 = \cdots = E_n - R_{n-1} = \Delta \qquad (11-30)$$

式（11-29）与式（11-30）表示任意两级间相遇的萃取相与萃余相间的关系，称为逆流萃取的操作线方程。与吸收的操作线方程比较，这个操作线方程虽然形式上不同，但它具有相同的物理意义与用途。

分析式（11-30）表示的 E_1，F 和 Δ 之间的关系，可以认为原料液 F 是由流出第 1 级的萃取相 E_1 和净流量 Δ 混合而成。点 F 是点 E_1 和 Δ 的合点，F，E_1 与 Δ 三点共线。同理，R_n 与 S，R_1 与 E_2，R_2 与 E_3，$\cdots$，R_{n-1} 与 E_n 均与 Δ 共线（见图 11-26）。可见，在三角形相图上，任两级间相遇的萃取相和萃余相的状态点的连线必通过 Δ 点。根据此特性，就可以很方便地进行逐级计算以确定逆流萃取所需的理论级数。作法如下，首先作 E_1 与 F 和 S 与 R_n 的连线，并延长使其相交于 Δ，然后从 E_1 开始，先作连接线求出 R_1 点，连 ΔR_1 并延长与溶解度曲线交于 E_2，再作连接线求出 R_2 点，连 ΔR_2 并延长与溶解度曲线交于 E_3，$\cdots\cdots$，这样反复利用平衡线（溶解度曲线）与操作线，连续作图。当第 n 条连接线所得到的 R_n 的组成值等于或小于要求的最终萃余相组成 x_R 时，则 n 就是所要求的级数。从图 11-26 看出，R_4 中溶质 A 的组成 x_4 已小于规定量 x_R，表明 4 个理论级就可以达到萃取要求。

E_1F 和 SR_n 连线交点 Δ 的位置与这 4 股物流的量与组成等因素有关，它可能在三角形的左侧，也可能在三角形的右侧。在某一个特定的情况下，即直线

E_1F 和 SR_n 平行时,没有交点(或者说交点在无限远处)。但是无论 Δ 点落在何处,计算理论级数的方法都是一样的。

2)用直角坐标图求理论级数

当多级逆流萃取所需的理论级数较多时,如用三角形坐标图图解法求解,线条密集不很清晰,此时可用直角坐标图上的分配曲线进行图解计算,其步骤如下:

(1)在直角坐标图上,根据已知相平衡数据绘出分配曲线。

(2)在三角形坐标图上,按前述多级逆流图解法,根据 E_1 与 F 和 S_0 与 R_n 诸点求出 Δ 点。如图 11-27(a)所示。

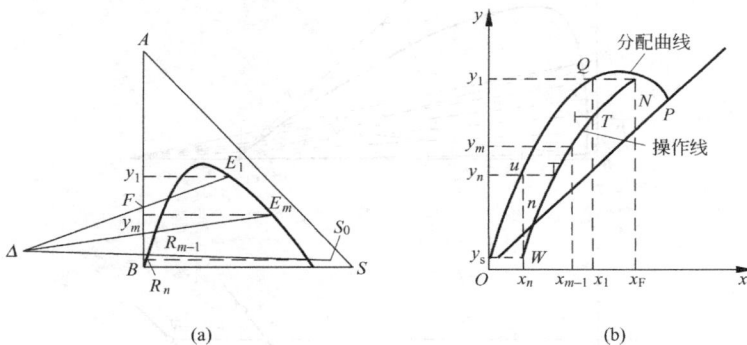

图 11-27 用分配曲线图解法求理论级数

(3)在三角形坐标图上,直线 ΔFE_1 及 $\Delta R_n S_0$ 两线之间,从 Δ 点出发作若干条直线,均与溶解度曲相交于两点 R_{m-1} 和 E_m,其组成为 x_{m-1} 和 y_m,对应地在直角坐标图上可找出一个操作点。将若干个操作点连成一条曲线,即得直角坐标图上逆流多级萃取的操作线(见图 11-27(b))。

(4)在分配曲线与操作线之间,从点 $N(x_F,y_1)$ 开始画阶梯,直至某一梯级所指萃余相组成 x 等于或小于要求的最终萃余相组成 x_R 为止,所绘的梯级数即为萃取所需的理论级数。

上述画阶梯求逆流萃取所需理论级数的过程与精馏、吸收中求理论级数的方法相同。两者不同之处只在于:精馏、吸收操作时,认为逆流两相的量是常数,故在 $y\text{-}x$ 图上操作线方程是一条直线;而在部分互溶体系的萃取过程中,稀释剂与萃取剂之间的互溶度随溶质 A 的浓度变化,逆流两相的质量比不是常数,故操作线不是直线,是一条随浓度变化的曲线。

例 11-3 含醋酸 0.3(质量分数)的醋酸水溶液,用异丙醚为萃取剂萃取。原料液处理量为 2 000 kg/h,萃取剂用量为 5 000 kg/h。欲使最终萃余相中醋酸含量不大于 0.02（质量分数）。试用直角坐标图求所需的理论级数。

（提示：操作温度为 20℃，20℃时物系的平衡数据见例 11-1。）

解：（1）按题给出的平衡数据在三角形坐标图上画出溶解度曲线和分配曲线，分别见图 11-28(a) 和 (b)。

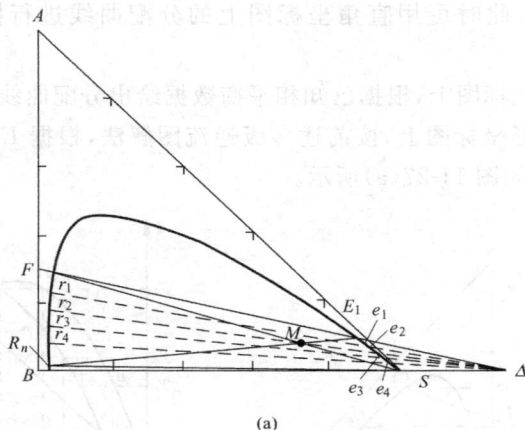

(a)

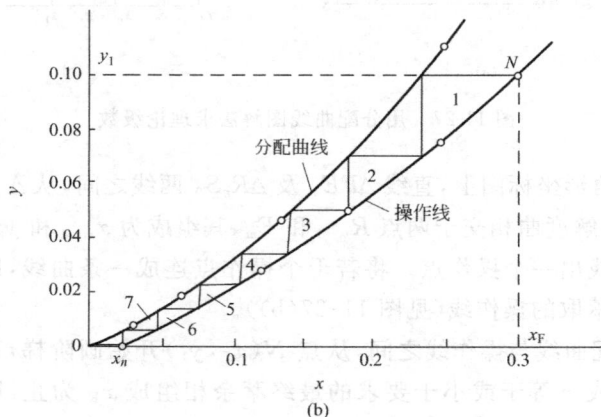

(b)

图 11-28　例 11-3 图示

（2）在图 11-28(a) 上，由 $x_F = 0.3$ 确定 F 点，连 SF 线。根据杠杆法则，确定 M 点的位置：

$$\frac{F}{M} = \frac{\overline{SM}}{\overline{FS}}$$

$$\frac{F}{F+S} = \frac{\overline{SM}}{\overline{FS}}$$

$$\frac{2\ 000}{5\ 000 + 2\ 000} = \frac{\overline{SM}}{\overline{FS}}$$

故

$$\overline{SM} = \frac{2}{7}\overline{FS}$$

由 $x_R = 0.02$ 确定 R_n 点,连 R_nM 并延长与溶解度曲线交于 E_1 点。

(3) 连 FE_1 线及 R_nS 线,两线延长,得交点 Δ。从 Δ 点作若干条直线,与溶解度曲线相交于 e_1 与 r_1, e_2 与 r_2, e_3 与 r_3 及 e_4 与 r_4 诸对点。从图上读出以上各对点相应的醋酸组成 y 与 x 的值,并列于下表,用该组数据在图 11-28(b)上作出操作线。

| y | 0.1 | 0.075 | 0.05 | 0.028 | 0.014 | 0 |
| x | 0.3 | 0.225 | 0.18 | 0.12 | 0.075 | 0.02 |

(4) 从 $x = x_F = 0.3$ 与 $y = y_1 = 0.1$ 的点 N 开始,在操作线与分配曲线之间画梯级,直至 $x \leqslant 2\%$ 为止,求得本题共需 7 个理论级。

2. 萃取剂与稀释剂不互溶的体系

对于萃取剂与稀释剂不互溶时的多级逆流萃取计算,因为在萃取过程中萃取相中萃取剂的量和萃余相中稀释剂的量均保持不变。所以可以用类似于计算吸收理论级数的方法进行计算。计算中原料液和萃余相的量用其中的稀释剂量表示,萃取剂和萃取相的量用其中的纯萃取剂量表示,组成用溶质的质量比 X(kg(溶质 A)/kg(稀释剂 B))和 Y(kg(溶质 A)/kg(萃取剂 S))表示。

解题步骤如下:

(1) 将平衡数据(换算成 X,Y 表示后)绘在 X-Y 坐标图上,得平衡线,见图 11-29(b)。

(2) 根据物料衡算找出逆流萃取的操作线方程。在第 1 级与第 n 级间做溶质 A 的物料衡算,见图 11-29(a):

$$BX_F + SY_{m+1} = BX_m + SY_1$$

$$Y_{m+1} = \frac{B}{S}X_m + \left(Y_1 - \frac{B}{S}X_F\right) \tag{11-31}$$

式中: X_F——料液中溶质 A 的质量比,kg(A)/kg(B);

Y_1——最终萃取相 E_1 中溶质 A 的质量比,kg(A)/kg(S);

X_m——离开第 m 级的萃余相中溶质 A 的质量比,kg(A)/kg(B);

Y_{m+1}——进入第 m 级的萃取相中溶质 A 的质量比,kg(A)/kg(S);

B——原料液中稀释剂的流量,kg/h;

S——原始萃取剂中纯萃取剂的流量,kg/h。

式(11-31)即为该体系逆流萃取的操作线方程,式中 B 与 S 均为常数,故操作线为一直线,其斜率为 B/S。操作线两个端点为(X_F, Y_1)及(X_n, Y_0)。

(3) 从操作线的一端点 P 开始,在操作线与平衡线间画梯级,至另一端点,其间的梯级数即为所需理论级数,图 11-29 所示的为 4 个理论级。

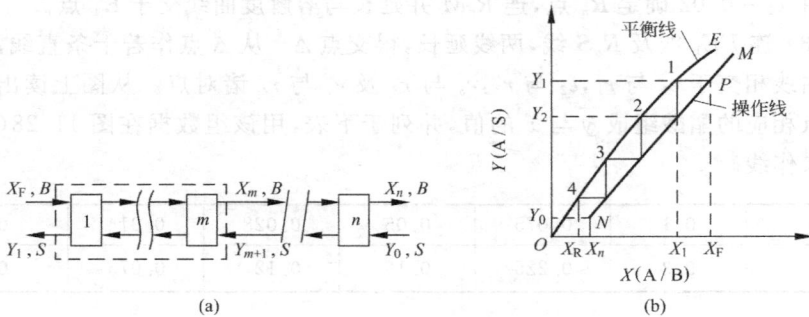

图 11-29　两相不互溶时的多级逆流萃取

11.3.4　多级逆流萃取的最小萃取剂用量

与吸收操作有一最小液气比一样,多级逆流萃取操作中对于一定的萃取要求也存在着一个最小萃取剂比和最小萃取剂(溶剂)用量 S_{min}。S_{min} 是萃取剂用量的最低极限值,操作时如果所用的萃取剂量小于 S_{min},则无论用多少个理论级也达不到规定的萃取要求。实际所用的萃取剂用量必须大于最小萃取剂用量。萃取剂用量少,所需理论级数多,设备费用大;反之,萃取剂用量大,所需理论级数少,萃取设备费用低,但萃取剂回收设备大,回收萃取剂所消耗的热量多,所需操作费用高。所以,需要根据萃取和萃取剂回收两部分的设备费和操作费进行经济核算,以确定适宜的萃取剂用量。

下面分两种情况说明确定最小溶剂用量的方法。

1. 稀释剂与萃取剂不互溶的体系

在原料液量 F 和组成 X_F,原始萃取剂组成 Y_0,最终萃余相组成 X_R 给定的条件下,有一最小萃取剂用量。

在 X-Y 图上画平衡线与操作线 NM_1,NM_2 和 NM_{min}(见图 11-30)。这 3 条操作线的斜率分别为 $k_1 = B/S_1$,$k_2 = B/S_2$ 和 $k_{min} = B/S_{min}$。$k_1 < k_2 < k_{min}$,对应的萃取剂用量 $S_1 > S_2 > S_{min}$。当操作线为 NM_1 时,达到分离要求(最终萃余液组成降为 x_R)所需理论级数为 2;当萃取剂用量减小,操作线为 NM_2 时,达到同样分离要求所需理论级数为 5;当萃取剂用量进一步减小,操作线为 NM_{min} 时,操作线与平衡线相交于 M_{min} 点,在图上出现了夹紧区,此时达到上述分离要求所

需的级数为无穷多,相应的萃取剂用量为萃取剂用量的下限,称为此条件下的最小萃取剂用量。可由下式确定:

$$S_{min} = \frac{B}{k_{min}}$$ (11-32)

式中:k_{min}——当萃取剂用量为最小时,操作线的斜率。

例 11-4 15℃下,丙酮-苯-水的平衡曲线如图 11-31 所示。现有含丙酮 0.4(质量分数)、苯 0.6(质量分数)的混合液,用水进行萃取,要求萃余相中丙酮的质量分数降为 0.04。苯与水可视为完全不互溶。试求:

(1)每小时处理 1 000 kg 丙酮与苯的混合液,用 1 200 kg 水进行萃取,求需用的理论级数;

(2)处理上述原料液,萃取剂的最小用量。

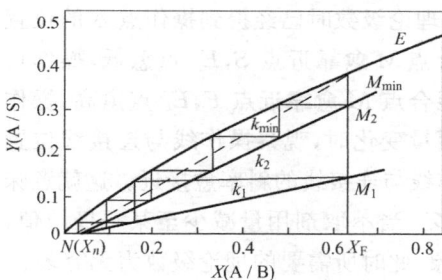

图 11-30　萃取剂最小用量

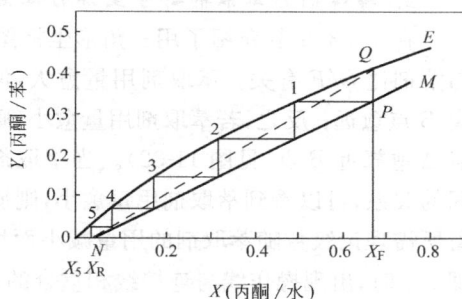

图 11-31　例 11-4 图示

解:(1)求所需理论级数

原料液组成:

$$X_F = \frac{40}{60} = 0.667 \text{ kg(丙酮)/kg(苯)}$$

萃余相组成:

$$X_R = \frac{4}{100-4} = 0.041\,6 \text{ kg(丙酮)/kg(苯)}$$

原料液中苯的质量流率:

$$B = 1\,000 \times (1-0.4) \text{kg/h} = 600 \text{ kg/h}$$

因每小时用 1 200 kg 水进行萃取,故操作线的斜率为

$$\frac{B}{S} = \frac{600}{1\,200} = 0.5$$

操作线上代表多级逆流萃取设备最终萃余相出口端的端点 N 的坐标为 $Y_0 = 0$,$X_R = 0.041\,6$。过 N 点作斜率为 0.5 的直线,得操作线 NM,它与 $X_F =$

0.667 直线的交点 P 为原料液进口端的端点。从 P 点开始,在平衡曲线 $0E$ 与操作线 NM 之间画梯级,至第 5 级时,所得萃余相组成 X_5 已小于 0.041 6,故需用 5 个理论级。

(2) 求最小萃取剂用量

根据萃取剂最小用量的定义,可知 N 与 Q 的连线(Q 点为平衡曲线与直线 $X = X_F$ 的交点)即为萃取剂用量最小时的操作线(见图 11-31 中的虚线)。由图 11-31 量得此直线的斜率为 0.65,即

$$\frac{B}{S_{min}} = 0.65$$

$$S_{min} = \frac{B}{0.65} = \frac{600}{0.65} = 923 \text{ kg/h}$$

2. 稀释剂与萃取剂部分互溶的体系

在 11.3.3 节介绍了用三角形坐标图求理论级数时已经提到操作点 $\triangle$ 的位置与溶剂比 S/F 有关。萃取剂用量愈大,混合点 M 愈靠近点 S,E_1 点愈低,操作点离 B 点愈远;反之,若萃取剂用量愈小,则混合点 M 愈靠近 F,E_1 点愈高,操作点 $\triangle$ 愈靠近 B 点(见图 11-32)。当萃取剂用量变化时,观察操作线与连接线位置间的关系,可以看到萃取剂用量愈小,则操作线与连接线的斜率愈接近。这就意味着所需理论级数随萃取剂的用量减小而增多。当萃取剂用量减少至某一极限值,即 S_{min} 时,出现操作线与连接线相重合的现象,此时所需要的理论级数为无穷多。

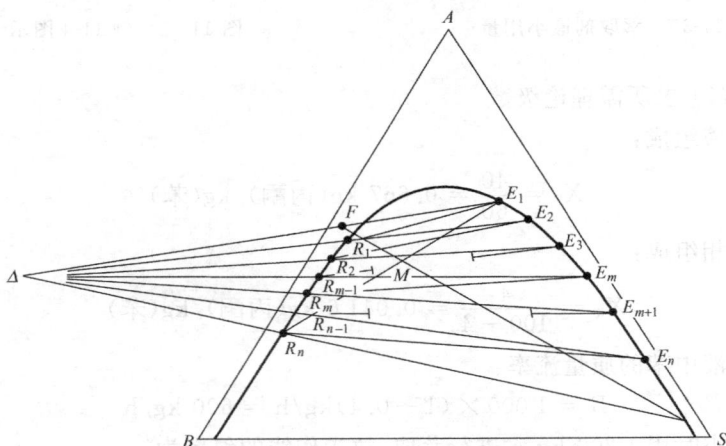

图 11-32　操作点与溶剂用量的关系

因此,可用下列方法确定最小萃取剂用量 S_{min},将 $R_n S_0$ 线延长,并与若干根连接线的延长线相交(见图 11-33),得交点 $\triangle_1$,$\triangle_2$,$\triangle_3$,…。离 R_n 最远的交点(如

图 11-33 中连接线 HJ 对应的交点 Δ_1)相应的操作线为最小萃取剂用量的操作线。根据操作点 Δ_1，即可用杠杆法则求出 $S_{\min}$。

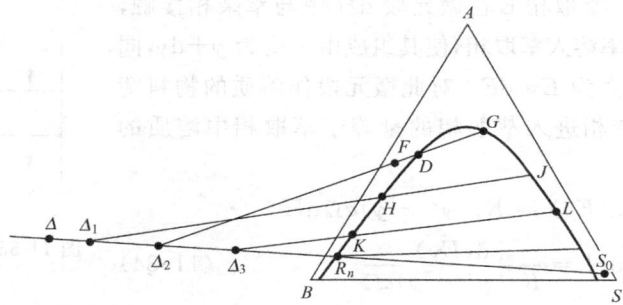

图 11-33　最小萃取剂用量的确定

11.3.5　连续逆流萃取的流程与计算

连续逆流萃取过程通常在塔式萃取设备中进行，例如图 11-34 所示的喷洒式萃取塔。重液（如原料液）从塔顶进入塔中，从上向下流动，与自下向上流动的轻液（如萃取剂）逆流，两相连续接触，进行传质，溶质溶入萃取剂，最终的萃余相从塔底流出。轻液从塔底进入，从下向上流动，萃取了溶质的最终萃取相从塔顶流出。

连续逆流萃取设备的计算主要是确定塔径和塔高。与吸收塔的计算类似。塔径取决于两液相的流量与塔中两相适宜的流速。塔高（两液相接触传质的有效塔高）的计算通常有以下两种方法。

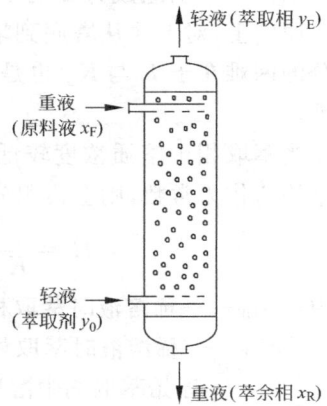

图 11-34　喷洒塔中连续逆流萃取

1．理论级模型法

这种方法是把连续逆流萃取作为多级逆流萃取处理，先计算萃取所需的理论级数 N_T，然后乘以理论级当量高度即得塔高 H：

$$H = N_T H_e \tag{11-33}$$

式中，H_e 为理论级当量高度，其物理意义是分离效果等于一个理论级的萃取塔段高度。H_e 是反映萃取塔传质特性的一个参数，它与两液相的物性、设备的结构型式和两相流速等操作条件有关，由实验研究确定或根据实际生产装置的操作数据求得。

2. 传质速率方程法

这种方法也称传质单元法。取连续逆流萃取塔中一个微元段 dH 进行分析（见图 11-35）。萃取相 E 在微元段 dH 中与萃余相接触，溶质以一定速率溶入萃取相，使其组成由 y 变为 $y+dy$，同时其流量由 E 变为 $E+dE$。对此微元段作溶质的物料衡算，溶质从萃余相进入萃取相的量等于萃取相中溶质的增量：

$$d(Ey) = K_y(y^* - y)a\Omega dH$$

$$dH = \frac{d(Ey)}{K_y(y^* - y)a\Omega} \qquad (11\text{-}34)$$

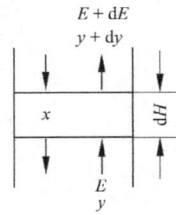

图 11-35 微元塔高中的传质

式中：E——萃取相的流量，kg/h；

　　a——单位塔体积中两相界面积，m^2/m^3；

　　Ω——塔截面面积，m^2；

　　K_y——以萃取相组成表示推动力的总传质系数，$kg/(m^2 \cdot h)$；

　　y^*——与组成为 x 的萃余相呈平衡的萃取相组成，质量分数。

原则上，对上式从塔底到塔顶，即从 $y=y_0$ 到 $y=y_E$ 积分，即可求得塔高。积分的困难在于 E 与 K_y 也是变量，因此需视 E,K_y 随 y 的变化情况进行适当处理。

当萃取相中溶质浓度较低，且两溶剂不互溶时，E 可视为常数，如 K_y 也可取平均值作为常数，则上式积分可得

$$H = \frac{E}{K_y a\Omega}\int_{y_0}^{y_E}\frac{dy}{y^*-y} = H_{OE}N_{OE} \qquad (11\text{-}35)$$

式中：H_{OE}——稀溶液时萃取相总传质单元高度，m；

　　N_{OE}——稀溶液时萃取相总传质单元数；

　　y_0——原始萃取剂中溶质的组成，质量分数；

　　y_E——最终萃取相中溶质的组成，质量分数。

在萃取相中溶质浓度较高时，可按照高浓度气体吸收的处理方法，将式（11-34）积分，写成如下形式：

$$H = \int_{y_0}^{y_E}\left[\frac{E}{K_y a\Omega(1-y)_m}\right]\frac{(1-y)_m}{(1-y)(y^*-y)}dy \qquad (11\text{-}36)$$

工程上为方便计，常把 $E/[K_y a\Omega(1-y)_m]$ 作为常数，则得

$$H = \frac{E}{K_y a\Omega(1-y)_m}\int_{y_0}^{y_E}\frac{(1-y)_m dy}{(1-y)(y^*-y)} = H_{OE,c}N_{OE,c} \qquad (11\text{-}37)$$

式中：$H_{OE,c}$——浓溶液时萃取相总传质单元高度，m；

　　$N_{OE,c}$——浓溶液时萃取相总传质单元数。

$$H_{\text{OE,c}} = \frac{E}{K_y a \Omega (1-y)_m} \tag{11-38}$$

$$N_{\text{OE,c}} = \int_{y_0}^{y_E} \frac{(1-y)_m \mathrm{d}y}{(1-y)(y^* - y)} \tag{11-39}$$

$$(1-y)_m = \frac{(1-y) - (1-y^*)}{\ln \dfrac{1-y}{1-y^*}} \tag{11-40}$$

$N_{\text{OE,c}}$ 可直接根据工艺条件与相平衡数据计算；$H_{\text{OE,c}}$ 则需根据设备与操作条件等具体情况，由实验确定。

连续逆流萃取与多级逆流萃取具有相同的分离性能与效果，可以用同样的方法确定最小萃取剂用量和实际萃取剂用量。

11.3.6　回流萃取——两组分的萃取分离

采用多级逆流或连续逆流萃取流程，用一种与稀释剂部分互溶的萃取剂来萃取稀释剂 B 中的溶质 A 时，可以使最终萃残液中溶质 A 的含量降得很低，得到较纯的稀释剂，但在最终的萃取相中必然含有一定量的稀释剂，因此萃取相脱除溶剂后得到的萃取液中含有较多的稀释剂 B，得不到纯溶质 A。为了得到高纯度的溶质 A，使原料液中稀释剂与溶质两个组分 B 与 A 实现较彻底的分离，需采用图 11-36 所示的回流萃取。回流萃取的原理与精馏类似，原料液从中部进入，将萃取塔分成上下两段。下段就是一般的逆流萃取设备，其作用是从原料液中提取出溶质 A，使萃余相中稀释剂的浓度提高，故称为萃余相提浓段。塔顶引入溶质 A 含量很高的萃取液作为回流。因为溶质 A 在萃取剂中的溶解度大于稀释剂 B，即选择性系数 $\beta = (y_A/y_B)(x_A/x_B) > 1$，所以在向下流动的回流液与上升的萃取相接触的过程中，溶质 A 将从回流液溶入萃取相，而稀释剂 B 将从萃取相转入回流液中。因此，在萃取相向上流动的过程中，其中溶质 A 的含量逐渐提高，稀释剂的含量逐渐降低，只要上段足够高，可以使萃取相中稀释剂 B 的含量降得很低。这样，从塔顶流出的萃取相经脱除萃取剂后可得纯度很高的溶质 A。其中一部分作为产品；一部分作为回流，返回塔顶。可见上段的作用是提高萃取相中溶质 A 的含量，故称为萃取相增浓段。显然，选择性系数 β

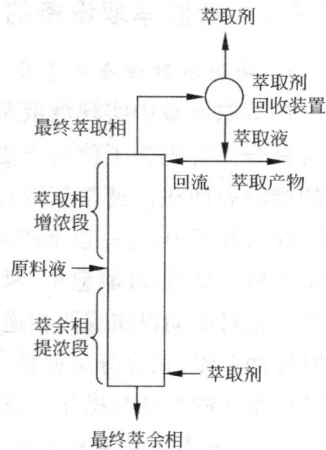

图 11-36　回流萃取

愈大,稀释剂 B 与溶质 A 的分离愈容易,回流萃取所需上下两段的高度愈小(或理论级数愈少)。

当溶液中含有两种溶质 A 与 B 时,也可以用回流萃取把它们分离,例如水溶液中锆与铪的分离,可以采用图 11-37 所示的回流萃取。硝酸锆在 TBP 中的分配系数大于硝酸铪,故萃取剂(TBP)对硝酸锆与硝酸铪的选择性系数 β 大于 1。原料液在萃取中经 TBP 煤油溶液萃取后可将其中大部分锆提取出来,最终萃余液中只含少量锆。从萃取段顶出来的萃取相中除含锆外,还含有一定量的铪,在洗涤段中用不含锆和铪的洗涤液进行洗涤。因为 $\beta>1$,所以可以将萃取相中的铪洗下,使顶部出口的萃取液中只含少量铪,因此采用回流萃取可以把原料液中的锆与铪分离。

回流萃取的计算可参阅文献[1]。

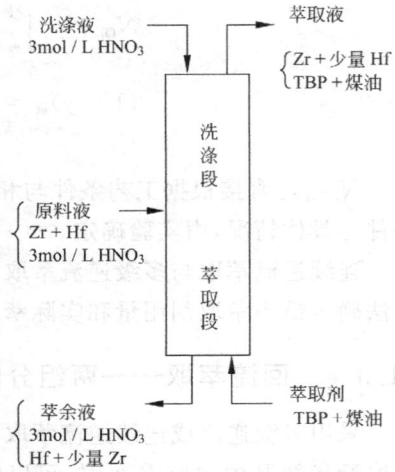

图 11-37　锆与铪的萃取分离

11.4　液液萃取设备

11.4.1　液液萃取设备的基本条件与分类

1. 液液萃取设备的基本条件

在萃取设备中实现液液萃取过程的基本条件是液体分散和两液相的相对流动与聚合。首先为了使溶质更快地从原料液进入萃取剂,必须使两相间具有很大的接触表面积。通常萃取过程中一个液相为连续相;另一液相以液滴状分散在连续的液相中,这一以液滴状态存在的相称为分散相,液滴表面就是两相接触的传质面积。显然,液滴愈小,两相的接触面积愈大,传质愈快。其次,分散的两相必须进行相对流动以实现两相逆流和液滴聚合与两相分层。同样,分散相液滴愈小,相对流动愈慢,聚合分层愈难。因此上述两个基本条件是相互矛盾的。萃取设备的结构型式的设计与操作参数的选择,需要在这两者之间找出最适宜的条件。

2. 液液萃取设备的分类

根据两液相流动与接触方式,液液萃取设备可分为分级接触式与连续逆流接触式两类。分级接触式设备可以一级单独使用,也可以多级联合使用。在多级联合使用时(多级逆流或错流),每一级内两相的作用分为混合与分离两步。首先使进入设备的两相混合,一相分散在另一相中进行传质过程,然后分散的液滴凝聚、分层,两相分离,分层得到的萃取相与萃余相分别引入随后的级。在连续逆流接触式设备中,两相逆流,分散相连续地通过连续相,在此过程中分散的液滴也可能经历聚合、再分散、再聚合的过程,两相的组成连续变化。

根据形成分散相的动力,萃取设备分为无外加能量与有外加能量两类。前者只依靠液体送入设备时的压力和两相密度差在重力作用下使液体分散,后者则依靠外加能量用不同的方式使液体分散。

使两液相产生相对流动的基本条件是两液相的密度差。通常两液相的密度差较小。所以在重力作用下两液相间的相对流速较小。为了提高两相的相对流速,可采用施加离心作用的方法。

目前工业上应用的萃取设备型式很多,现按上述特征分类,择要列于表 11-1 中。

表 11-1　萃取设备的分类

产生分散相的动力	接 触 方 式		两相逆流的动力
	分 级 接 触	连续逆流接触	
无外加能量 (依靠重力与初压)	筛板塔 流动混合器	喷洒塔 填料塔	重力
外加能量的萃取设备 机械搅拌	混合澄清器	转盘萃取塔	重力
		搅拌萃取塔	
		振动筛板塔	
脉冲作用		脉冲筛板塔	重力
		脉冲填料塔	
离心作用	分级离心萃取器	波德式离心萃取器	离心力

下面分别对几种常用的萃取设备作简单介绍。

11.4.2　混合澄清器

混合澄清器是最早使用且目前仍广泛应用的一种萃取设备,它由混合器与澄清器两部分组成。这两部分可以是两个独立的设备,见图 11-38(a),也可以连成一体,见图 11-38(b)。在混合器中萃取剂与原料液借助搅拌装置的作用使其中的一相破碎成液滴而分散在另一相中,使两相间具有很大的接触表面,加速传质。两相分散体系在混合区内停留一定时间后,流入澄清器。在澄清器内,在重力作用下,分散相液滴沉降(或浮升)分层,并在界面张力作用下凝聚,轻、重两相分离成萃取相和萃余相。混合器主要有机械搅拌器与流动混合器两类。机械搅拌器常用涡轮式搅拌桨，其叶轮小，转速高，利于分散液体，并产生较高的湍动，促进传质。图 11-39 所示为几种常用的流动混合器。它们依靠流体通过各种构件时的高速喷射或分割与撞击作用，使液体分散并产生强烈湍动。

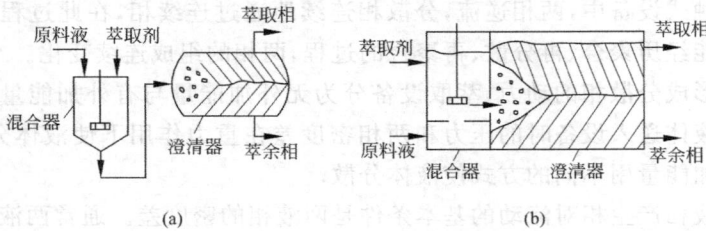

图 11-38　混合澄清器

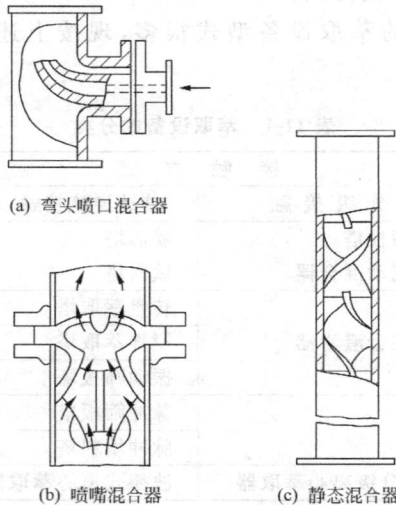

(a) 弯头喷口混合器

(b) 喷嘴混合器　　(c) 静态混合器

图 11-39　流动混合器

　　通常在混合器中两相混合进行传质的过程较快，两相澄清分离的速度较慢。另一方面在澄清过程中仍在继续进行传质，所以通常澄清器比混合器大得多。

　　混合澄清器可以一级单独使用，也可以多级联合使用，图 11-40 和图 11-41 是两种多级混合澄清器。

　　混合澄清器的优点：

　　(1) 两相接触良好，传质效率高，一般级效率在 80% 以上；

　　(2) 两相流比范围大，流量比大到 1/10 仍可正常操作；

　　(3) 结构简单，容易放大，一般可由小试直接放大到生产装置；

　　(4) 适应性强，可以适用于多种物系，也可用于含悬浮固体的物料。

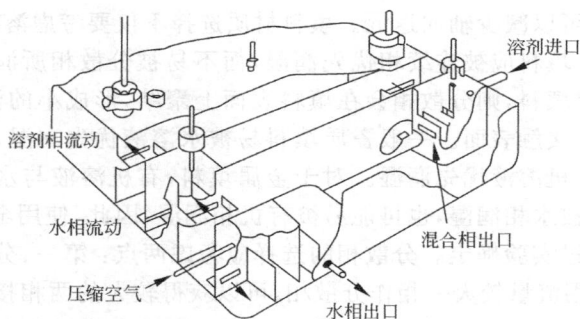

图 11-40 箱式多级混合澄清器

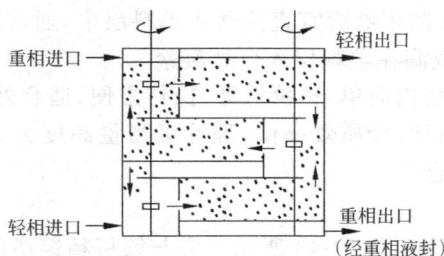

图 11-41 塔式多级混合澄清器

混合澄清器的缺点:

(1) 由于安装在同一平面上,占地面积大;

(2) 每一级都设有搅拌装置,有时液体在级与级间流动需用泵输送,功率消耗较大,设备与操作费用高;

(3) 每一级均需澄清器以分离两相,设备体积大,存液量大。

混合澄清器广泛用于原子能工业和湿法冶金工业。在所需理论级数较少时更能显示出它的优点。

11.4.3 塔式萃取设备

塔式萃取设备由于其占地面积小,适用范围广,在石油化工、冶金、医药等工业部门广泛应用。塔式萃取设备的型式很多,现将工业上应用较多的几种说明如下。

1. 填料萃取塔

填料萃取塔的结构与吸收、精馏使用的填料塔基本相同。图 11-42 所示为一重相连续、轻相分散、塔顶具有轻重相分界面的填料萃取塔。塔内充填的填料可以用拉西环、鲍尔环及鞍环型填料等气液传质设备中使用的各种填料。填料的材料可以是金属、陶瓷和塑料等。操作时,连续相充满整个塔中,分散相以滴状通过连续相,填料的作用除可以使液滴不断发生聚结与再破裂,以促进液滴的表面更新外,还可以减少轴向返混。填料材质选择不仅要考虑溶液的腐蚀性,还应考虑润湿性。填料应被连续相优先润湿,而不易被分散相所润湿。因为分散相如果很易润湿填料,则分散相会在填料表面上聚结,形成小的流股,从而减少两相相际之间的接触表面。一般瓷质填料易被水溶液优先润湿,石墨和塑料填料易被大部分有机溶液优先润湿。对于金属填料,有机溶液与水溶液的润湿性无多大差别,易被水相润湿,也可能易被有机相润湿,因此,使用金属填料时连续相的选择,要通过实验确定。分散相的选择应考虑两点:第一,分散相应不易润湿填料;第二,用流量较大一相作分散相,可以获得较大的两相接触面积。为了减少壁流,填料尺寸应小于塔径的 $1/8 \sim 1/10$。填料支撑板的自由截面必须大于填料层的自由截面积。分散相入口的设计对分散相液滴的形成与在塔内的均匀分布起关键作用,分散相液滴宜直接通入填料层中,通常深入填料层表面以内 $25 \sim 50$ mm 处,以免液滴在填料层入口处凝聚。

填料塔的优点是结构简单,造价低廉,操作方便,适合处理有腐蚀性的液体。其缺点是选用一般填料时传质效率低,理论级当量高度大。填料塔一般用于所需理论级数不多的场合。

2. 筛板萃取塔

筛板萃取塔的结构如图 11-43 所示。它与筛板精馏塔结构相似。筛板的孔径一般为 $3 \sim 8$ mm。孔间距可取孔径的 $3 \sim 4$ 倍。筛孔的总开孔面积可在较宽的范围内变化,一般开孔率为 $10\% \sim 25\%$,板间距通常为 $150 \sim 600$ mm。

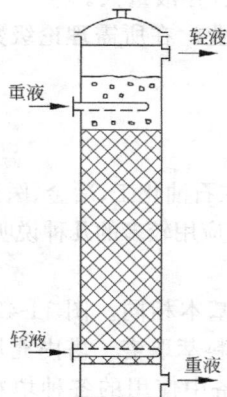

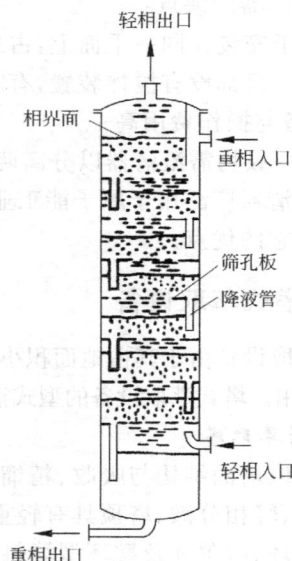

图 11-42 填料萃取塔   图 11-43 筛板萃取塔(较轻的为分散相)

筛板萃取塔因为连续相的轴向混合被限制在板与板之间的范围内,同时分散相液滴在每一块塔板上进行凝聚和再分散,使液滴的表面得以更新,因此筛板塔的传质效率比一般填料塔高。筛板塔的降液管结构根据轻相为分散相或重相为分散相而异。如果轻相为分散相,如图 11-44(a)所示。轻相由塔板下侧,经筛孔分散成液滴而上升,在塔板上与连续相接触传质后,聚结在上一层筛板的下面,然后借助浮力的推动,经板上筛孔分散到上层塔板,如此逐层向上流,最后由塔顶排出。重相(连续相)由上部进入,水平流经筛板与轻相(分散相)的液滴错流进行传质,然后经降液管进入下一层塔板。如此逐层向下流动,最后由塔底排出。如果重相是分散相,则如图 11-44(b)所示。塔板上的降液管须改为升液管,重相的液滴聚集在筛板上面,穿过板上的筛孔,分散成液滴而落入连续的轻相中,轻相则连续地从升液管进入上一层塔板,直到塔顶。操作中应选择不易润湿塔板的一相为分散相。

筛板塔的优点是结构简单、造价低廉,应用较广。

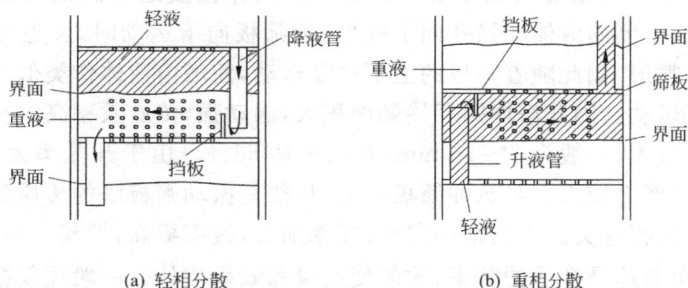

(a) 轻相分散   (b) 重相分散

图 11-44　筛板塔中液体的分散情况

3. 脉冲筛板塔

脉冲筛板萃取塔是外加能量使液体分散的塔式设备,其结构如图 11-45 所示。塔两端直径较大部分为上澄清段和下澄清段;中间为两相传质段,其中装有很多块具有小孔的筛板,筛板间距通常为 50 mm,没有降液管。在塔的下澄清段设有脉冲管,由脉冲发生器提供液体的脉冲运动。脉冲作用使塔内液体作上下往复运动,迫使液体经过筛板上的小孔,使分散相以较小的液滴分散在连续相中,并形成强烈的湍动,促进传质过程的进行。

脉冲强度,即输入能量的强度,由脉冲的振幅 A 与频率 f 的乘积 Af 表示,称为脉冲速度。它是脉冲筛板塔操作的主要条件。脉冲速度小,液体

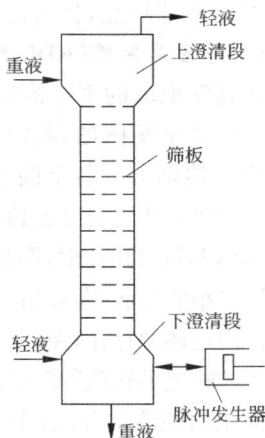

图 11-45　脉冲筛板塔
结构示意图

通过筛板小孔的速度小,液滴大,湍动弱,传质效率低;脉冲速度增大,形成的液滴小,湍动强,传质效率高。但是脉冲速度过大,液滴过小,液体轴向返混严重,传质效率反而降低,且易液泛。通常脉冲频率为 $30\sim200\ \mathrm{min}^{-1}$,振幅为 $9\sim50\ \mathrm{mm}$。

脉冲发生器有多种型式,如往复泵、隔膜泵,也可用压缩空气驱动。

脉冲萃取塔的优点是结构简单、传质效率高(理论级当量高度小)、可以处理含有固体粒子的料液,在核工业中获得广泛的应用。近年来在有色金属提取和石油化工中也日益受到重视。

脉冲萃取塔的缺点是允许的液体通过能力小,塔径大时产生脉冲运动比较困难。

4. 往复振动筛板塔

往复振动筛板塔的结构与脉冲筛板塔类似,也是由一系列筛板构成,不同的是这些筛板均固定在可以上下运动的中心轴上,图 11-46 是其结构示意图。操作时由装在塔顶的驱动机械带动中心轴使筛板作往复运动。当筛板向上运动时,迫使筛板上侧的液体经筛孔向下喷射,当筛板向下运动时,又迫使筛板下侧的液体向上喷射,如此随着筛板的上下往复运动,使塔内液体作类似于脉冲筛板塔内的往复运动。因此塔内两相接触面积大,湍动强,传质效率高。往复振动筛板塔的孔径较大,一般为 $7\sim16\ \mathrm{mm}$,开孔率达 55%。由于开孔率大,故液体阻力较小,生产能力较大。与脉冲筛板塔类似,往复振动筛板塔的传质效率主要与往复频率和振幅有关。当振幅一定时,频率加大,效率提高,但频率加大,流体通量变小,因而要选择合适的频率,才能使通量和效率均佳。一般往复振动的振幅为 $3\sim50\ \mathrm{mm}$,频率为 $200\sim1\ 000\ \mathrm{min}^{-1}$。

往复振动筛板塔具有结构简单、通量大、效率高以及可以处理易乳化和含有固体的物系等特点,目前已广泛用于石油化工、食品、制药和湿法冶金工业。

5. 转盘萃取塔(RDC 塔)

转盘萃取塔的主要构件是一串固定在中心转轴上的圆盘,其结构如图 11-47 所示。塔体呈圆筒形,其内壁上装有一系列平行的固定环,将塔内分隔成许多小室。中央转轴上的各个圆盘正好位于两个固定环的中间。转盘的直径比固定环的内径稍小,以便安装检修。

转盘萃取塔操作时,圆盘高速旋转,其在液体中产生的剪应力,使分散相破裂而形成许多小的液滴,在液相中产生强烈的涡旋运动,从而增大了相际接触界面和传质系数。固定环的存在,在一定程度上抑制了轴向返混,因而转盘塔的传质效率较高。转盘塔的转速是转盘萃取塔的主要操作参数。转速低,输入的机械能少,不足以克服界面张力使液体分散;转速过高,液体分散得过细,使塔的通量减小,所以需根据物系的性质和塔径与盘、环等构件的尺寸等具体情况适当选择转速。根据中型转盘萃取塔的研究结果,对于一般物系,转盘边缘的线速度以 $1.8\ \mathrm{m/s}$ 左右为宜。

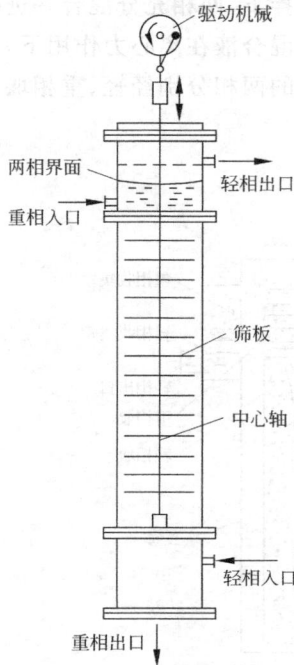

图 11-46　往复振动筛板塔

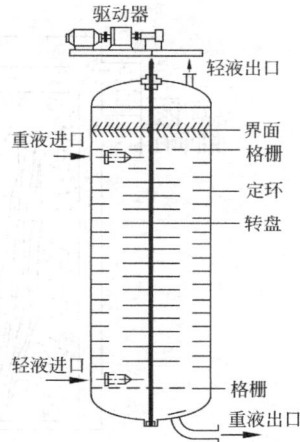

图 11-47　转盘萃取塔

转盘塔的传质效率较高、通量大、操作弹性大,在石油化学工业中有较广泛应用。

11.4.4　离心式萃取设备

离心萃取器是利用离心的作用使两相快速充分混合和快速分相的一种萃取装置。它特别适用于要求接触时间短,物料存留量少,密度差小,粘度高,易乳化和难于分相的体系。例如抗菌素的生产、制药工业中高粘度体系的萃取等方面,应用离心萃取器。

离心萃取器可分为分级接触式与连续逆流接触式两类。分级接触式萃取器中两相的作用过程与混合澄清器类似。器内两相并流,其最大分离效果为一个理论级。它可以单级使用,也可以将若干台萃取器串联起来进行多级操作。连续接触式离心萃取器中,两相接触方式和连续逆流萃取塔类似。一台连续接触式萃取器可以给出若干个理论级的分离效果。

1. 转筒式离心萃取器

这是一种分级式离心萃取器,其结构如图 11-48 所示。重相和轻相从下部的三通管并流进入混合室,在搅拌桨的剧烈搅拌下,两相充分混合并进行相际传质,然后共同进入高速旋转的转筒。在转筒中混合液在离心力作用下,重相被甩向转鼓外缘,而轻相被挤在转鼓的中心。分离的两相分别经轻、重相堰,流到轻、重相收集室,并经轻、重相排出口排出。

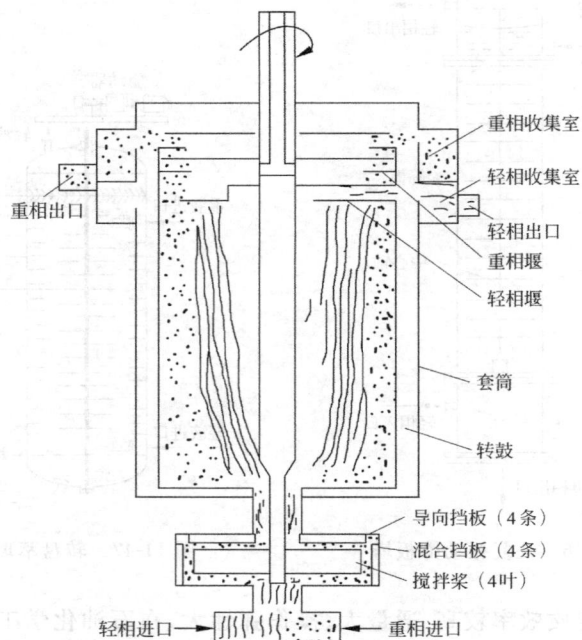

图 11-48　转筒式单级离心萃取器

　　这种离心萃取器的结构简单,效率高,易于控制,运行可靠。目前已由实验室小型设备放大到工业规模,转筒直径已由 2.54 cm 放大到 25.4 cm,最大处理量可达 300~400 L/min。

2. 波德式(Podbielniak)离心萃取器

　　这种连续式离心萃取器在 20 世纪 50 年代已经运用于工业生产,目前仍被广泛采用。波德式离心萃取器主要由一固定在水平转轴上的圆筒形转鼓以及固定外壳组成,其结构如图 11-49 所示。转鼓由一多孔的长带绕制而成,其转速一般为 2 000~5 000 r/min,操作时轻液从转鼓外缘引入,重液由转鼓的中心引入。由于转鼓旋转时产生的离心作用,重液从中心向外流动,轻液则从外缘向中心流动,同时液体通过螺旋带上的小孔被分散,两相在螺旋通道内逆流流动,密切接触,进行传质,最后重液从转鼓外缘的出口通道流出,轻液则由器的中心经出口通道流出。

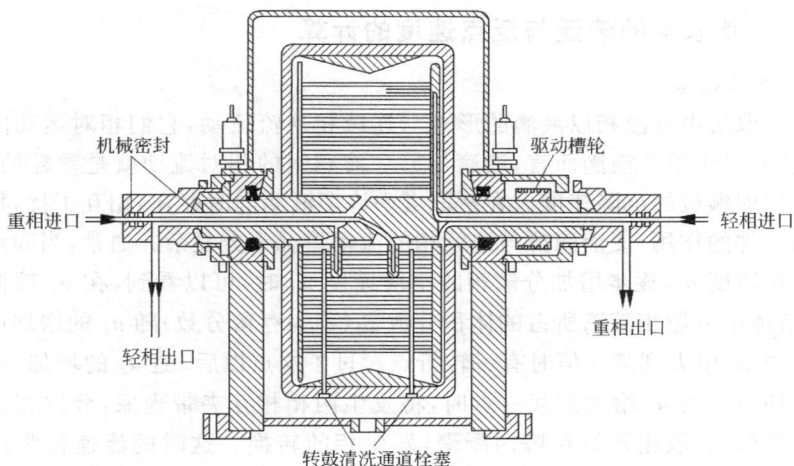

图 11-49　波德式离心萃取器示意图

连续离心萃取器的传质效率很高,其理论级数随所处理的物料性质、通量与流量比而异。通常一台波德式离心萃取器的理论级数可达 3～12。

11.5　萃取设备的流动和传质特性与设计

萃取设备的设计除了涉及 11.3 节中讨论的萃取过程所需的理论级外,还包括设备允许的通过能力与传质速率两个主要方面。

对于分级接触设备,例如混合澄清器,允许通过能力常用两液相在设备中的停留时间表示,传质速率用级效率反映。已知每一级两相所需的停留时间,即可根据两相流量确定每级设备的体积。已知级效率,即可根据所需理论级数,确定实际需要的级数。

对于连续逆流接触的设备(各种塔式设备,包括分级接触式的筛板塔),则与气液传质设备类似,允许通过能力(空塔流速)根据泛点流速确定。传质速率用理论级当量高度或传质单元高度表示。根据两相流量与允许的液体空塔速度,即可确定塔径。根据理论级当量高度(或传质单元高度)和所需理论级数(或传质单元数)即可确定塔高。

本节结合连续逆流接触式设备的设计,讨论萃取塔内两相流动与传质特性。流动特性直接决定塔的通过能力。传质速率取决于传质系数、两相接触表面和传质推动力,因而与两相接触与流动状态密切有关,所以本节分以下几部分进行讨论。

11.5.1 萃取塔的液泛与泛点速度的计算

1. 液泛现象

在萃取塔中分散相以液滴的形式与连续相逆流流动,它们相对运动的动力是密度差,对于单个液滴而言,液滴与另一液相间的相对流动就是颗粒的沉降,相对速度即颗粒的沉降速度。在萃取塔中许多液滴同时存在,相互干扰,特别是受塔内构件的作用,使液滴群与连续相的流动情况十分复杂。通常,当固定连续相的空塔速度 u_c,逐步增加分散相的空塔速度 u_d 时,可以看到,在 u_d 较低的情况下,液体中分散相液滴所占的体积分数 φ_d(称为存留分数)随 u_d 的增加而缓慢增大。当 u_d 增大到某一值时有一转折点。过了这点以后,随 u_d 的增加,存留分数增长加快。当 u_d 增大到某一点时,将发生两相相互夹带现象,分散相被连续相带出塔外,分散相开始在塔内凝聚,发生相的转换。这时的流速称为泛点速度,这种两液相相互夹带的现象称为液泛。显然连续相的空塔速度愈高,出现液泛时的分散相速度愈小。液泛时萃取的正常操作被破坏,因此萃取塔中的操作流速必须小于泛点流速,一般实际流速取泛点流速的 $50\%\sim60\%$。

2. 泛点流速的计算

在萃取塔的设计中,为了确定塔径,必须确定两液相适宜的操作流速,操作流速需根据泛点流速确定,因此确定泛点流速是萃取塔设计计算中的主要步骤。

泛点速度与设备结构型式与尺寸(包括能量的输入方式)、两相物性以及两相流量比等操作条件有关,其关系十分复杂。因此,各种萃取塔都有各自计算泛点速度的关联式与方法。图 11-50 是计算填料萃取塔泛点流速的关联图。

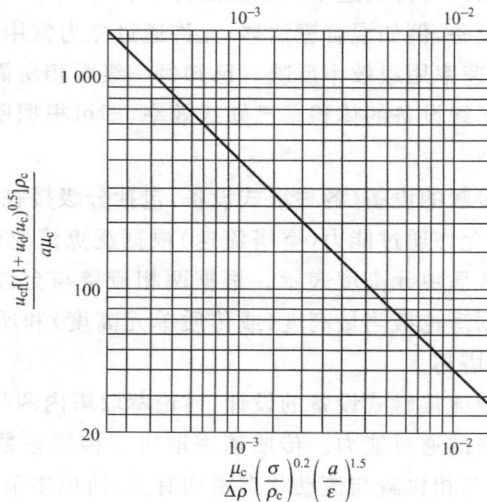

图 11-50　填料萃取塔泛点流速的关联图

图 11-50 中：u_{cf}——连续相泛点表观速度(空塔速度)，m/s;

$\qquad\qquad u_c$——连续相表观速度，m/s;

$\qquad\qquad u_d$——分散相表观速度，m/s;

$\qquad\qquad \rho_c$——连续相的密度，kg/m³;

$\qquad\qquad \Delta\rho$——两相密度差，kg/m³;

$\qquad\qquad \sigma$——界面张力，N/m;

$\qquad\qquad a$——填料的比表面积，m²/m³;

$\qquad\qquad \mu_c$——连续相的粘度，Pa·s;

$\qquad\qquad \varepsilon$——填料层的空隙率。

　　根据所用填料的空隙率与比表面积和两液相的物性数据，可以算出图 11-50 的横坐标的数值。根据此值可从图 11-50 上查得纵坐标值，即可求出该填料塔的泛点速度 u_{cf}。

　　例 11-5　流量为 3.4 m³/h 的稀醋酸水溶液用流量为 5.1 m³/h 的异丙醚在填料塔内进行萃取。所用填料为 $\phi25$ mm 的鲍尔环。异丙醚为分散相。物性数据如下：异丙醚的密度 $\rho_d = 730$ kg/m³，水相密度 $\rho_c = 1\,010$ kg/m³，水相粘度 $\mu_c = 0.003\,1$ Pa·s，界面张力 $\sigma = 0.013$ N/m。试求塔径。

　　解：$\phi25$ mm 鲍尔环的 $\varepsilon = 0.69$，$a = 250$ m⁻¹。按图 11-50 求连续相液泛速度 u_{cf}。其横坐标为

$$\frac{\mu_c}{\Delta\rho}\left(\frac{\sigma}{\rho_c}\right)^{0.2}\left(\frac{a}{\varepsilon}\right)^{1.5} = \frac{0.003\,1}{280}\left(\frac{0.013}{1\,010}\right)^{0.2}\left(\frac{250}{0.69}\right)^{1.5}$$
$$= 0.008\,05$$

查图 11-50 得纵坐标值为 51，因此

$$u_{cf} = 51 \times \frac{a\mu_c}{[1+(u_d/u_c)^{0.5}]^2\rho_c} = 51 \times \frac{250 \times 0.003\,1}{[1+(5.1/3.4)^{0.5}]^2 \times 1\,010}$$
$$= 51 \times \frac{250 \times 0.003\,1}{4.95 \times 1\,010} = 0.007\,91 \text{ m/s}$$

　　取操作流速为液泛速度的 60%，故

$$u_c = 0.6\,u_{cf} = 0.6 \times 0.007\,91 = 0.004\,75 \text{ m/s}$$

所以，塔截面积为

$$A = 3.4/(0.004\,75 \times 3\,600) = 0.199 \text{ m}^2$$

塔径为

$$D = (4A/\pi)^{0.5} = (4 \times 0.199/\pi)^{0.5} = 0.50 \text{ m}$$

11.5.2　液滴的形成与聚结及其传质特性

　　两液相的传质速率的大小与分散相液滴的大小及其形成和聚结有密切的关系。液滴直径小，分散相存留分数大，则两相接触面大。相际接触面与液滴直径

和存留分数的关系为

$$a = \frac{6\varphi_d}{d_p}$$ (11-41)

式中：a——单位体积液体混合物的相际接触面积，m^2/m^3；

φ_d——分散相的存留分数，体积分数；

d_p——液滴的平均直径，m。

液滴直径与分散装置（如填料塔中的入口分布器、筛板塔上的筛板）的开孔尺寸与过孔速度、材料的润湿性、流体的界面张力以及密度等有关。对于外加能量的设备，则还与输能装置的结构和输入能量的多少有关。液滴尺寸影响它的流动与传质特性，直径小的液滴为球形，内部静止，与连续相的相对速度小，容易液泛。较大的液滴则与连续相的相对速度大，不易液泛，易变形，液滴内会发生环流。由于液滴表面各处传质速度不同引起的液滴表面浓度与界面张力分布不均等将导致液滴抖动等界面的不规则运动。这种环流与抖动都能减少传质阻力，增加传质系数。液滴的聚结是萃取塔中的另一个重要现象，液液分散体系是一种热力学不稳定系统，大量液滴形成了很大的相际界面，从热力学角度看有一种自发减少界面的倾向，所以，小液滴聚结成大液滴最后得到澄清层是一种自发过程。但是，实际上液滴特别是小液滴的聚结并非易事，大量研究表明，液滴的凝聚是一复杂的过程。它受液滴的尺寸、表面形状，两相间的密度差，两相的粘度，界面张力，温度，杂质等的影响。所以要根据不同的体系，选择合适的设备与操作条件，控制液滴大小，既要使两相间有较大的接触界面，同时又容易聚结，不易液泛。实验证明，在液滴形成时与其最初阶段，由于界面扰动强烈，浓度梯度大，传质快，因此很多萃取塔的设计都使液滴在塔内不断地产生聚结和再分散，使液滴表面不断更新，以加速传质过程。

11.5.3 萃取塔内液相的轴向混合

萃取塔内部分液体的流动滞后于主体流动，或者产生不规则的漩涡运动，这些现象称为轴向混合或返混。

萃取塔中理想的流动情况是两液相均呈活塞流，即在整个塔截面上液相的流速相等。这时传质推动力最大，萃取效率高。但是在实际塔内，流体的流动并不呈活塞流，因为流体与塔壁之间的摩擦阻力大，连续相靠近塔壁或其他构件处的流速比中心处慢，中心区的液体以较快速度通过塔内，停留时间短，而近壁区的液体速度较慢，在塔内停留时间长，这种停留时间的不均匀是造成液体返混的主要原因之一。分散相的液滴大小不一，大液滴以较快的速度通过塔内，停留时间短。小液滴速度慢，在塔内停留时间长。更小的液滴甚至还可被连续相夹带，产生反方向的运动。此外,塔内的液体还会产生旋涡而造成局部轴向混合。上述种种现象均使两液相偏离活塞流,统称为轴向混合。液相的返混使两液相各自沿轴向的浓度梯度减小。从而使塔内各截面上两相液体间的浓度差(传质推动力)降低。图 11-51 示出了轴向混合对两相间传质推动力的影响。图中实线表示有返混时实际塔内各截面上的推动力,虚线表示无轴向混合时的推动力。由于存在轴向混合,使平均传质推动力减少,传质速率降低,表现为萃取塔表观传质单元高度(或理论级当量高度)增大。据文献报道,在大型工业塔中,有多达 $60\% \sim 90\%$ 的塔高是用来补偿轴向混合的。轴向混合不仅影响传质推动力和塔高,还影响塔的通过能力。因此,在萃取塔的设计中,应该仔细考虑轴向返混。与气液传质设备比较,液液萃取设备中,两相的密度差小,粘度大,两相间的相对速度小,返混现象严重,对传质的影响更为突出。返混随塔径增加而增强,所以萃取塔的放大效应比气液传质设备大得多,放大更为困难。目前萃取塔的设计还很少直接通过计算进行工业装置设计,一般需要通过中间试验,中试条件应尽量接近生产设备的实际操作条件。

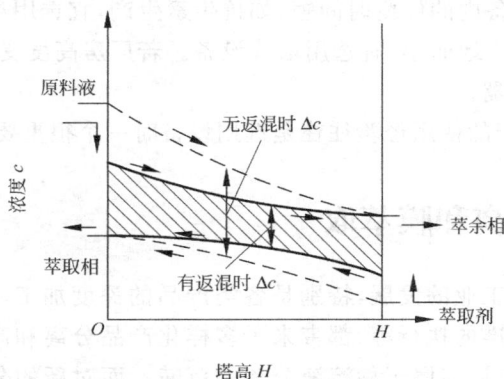

图 11-51　萃取段中的纵向混合影响

11.5.4　萃取塔高的确定

在 11.3.5 节中已讲到连续逆流萃取塔塔高的计算,可以采用理论级模型与传质单元法两种方法,这两种方法形式上很相似,其关键是要求得理论级当量高度(HETS)与传质单元高度(HTU)。它们与萃取塔的结构形式、尺寸大小、两液相的物性、两相流量、流量比以及输入能量等操作条件有关,其关系十分复杂,目前尚无计算 HETS 与 HTU 的可靠关联式,通常需实验测定或根据实际生产数据求得。在某些萃取专著和萃取手册中列有一些萃取塔的 HETS 与 HTU 及体积传质系数的数据与经验公式,需要时可以查阅。

11.5.5 萃取设备的选择

萃取设备的型式很多,各有特点,在进行萃取过程设计时,需根据处理物料的具体情况合理选择,通常选用萃取设备时应考虑以下因素:

(1) 需用理论级数的多少。当所需理论级数较少时,可采用结构与操作比较简单的设备,如填料塔、混合澄清器;如需要的理论级数多,则宜选择传质效率高,理论级当量高度小的脉冲筛板塔、振动筛板塔或转盘萃取塔。

(2) 处理量大小。处理量小可用填料塔或脉冲筛板塔;处理量大时,则宜用放大效应较小的转盘塔和筛板塔。

(3) 两相物性、界面张力、粘度大等。难于分散的物料宜用输入能量的萃取设备。界面张力小、易于乳化以及密度差小难于分层的物料,宜用离心萃取器,但不宜用其他输入能量的萃取设备。腐蚀性强的物料宜用结构简单的喷洒塔和填料塔。对于含固体悬浮物或会产生沉淀的物系,宜选用混合澄清器或选用机械振动筛板塔和脉冲筛板塔等具有自清洗能力的萃取塔。

(4) 要求在设备内的停留时间短,如抗生素生产,宜选用离心萃取器。

(5) 占地大小。地面小,宜选用塔式设备。若厂房高度受限而地面较宽敞,则可选用混合澄清器。

此外,实际生产的使用经验往往是选用设备时一个很重要的参考因素。

11.6 液膜分离和膜萃取

随着现代过程工业的发展,特别是各类产品的深度加工、资源的综合利用、环境治理中严格标准的执行等,都带来了多样化产品分离和高纯物质的提纯任务。这些任务中,有许多属于稀溶液分离的范畴。面对新的分离要求,作为"成熟"的单元操作——萃取分离也面临着新的挑战。萃取分离与其他单元操作过程的耦合、萃取分离过程的强化已经成为新型萃取分离技术发展的特点。一些新型萃取分离技术,如液膜分离、膜萃取、超临界萃取等应运而生。

11.6.1 液膜分离

液膜分离是一种快速、高效和节能的新型分离方法,它是 20 世纪 60 年代发展起来的。液膜分离和溶剂萃取过程相似,也是由萃取和反萃取两个过程构成的。但是在液膜分离过程中,萃取与反萃取是同时进行、一步完成的。液膜分离的传质机理与生物膜有相似之处。由于促进迁移作用,液膜分离的传质速率明显提高。在广泛深入研究的基础上,液膜分离在湿法冶金、石油化工、环境保护、气体分离、生物医学等领域中,显示出了广阔的应用前景。

液膜分离按其构型和操作方式的不同,主要可以分为乳状液膜(liquid surfactant membrane)和支撑液膜(supported liquid membrane)。

1. 乳状液膜

乳状液膜实际上可以看成一种"水-油-水"型(W/O/W)或"油-水-油"型(O/W/O)的双重乳状液高分散体系。将两个互不相溶的液相通过高速搅拌或超声波处理制成乳状液,然后将其分散到第三种液相(连续相)中,就形成了乳状液膜体系。图 11-52 给出了一种乳状液膜处理废水的示意图。

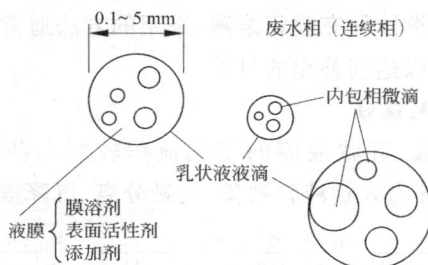

图 11-52　以液膜乳液处理废水示意图

可以看出,这类液膜体系包括 3 个部分,膜相、内包相和连续相,通常内包相和连续相是互溶的,膜相则以膜溶剂为基本成分。为了维持乳状液一定的稳定性及选择性,往往在膜相中加入表面活性剂和添加剂。当两种互不相溶的液相通过高速搅拌或超声波处理制成稳定的乳状液时,乳状液中的内相微滴的直径一般在 $1\sim3~\mu m$。将乳状液分散到连续相中时,形成了许多包含若干个内包相微滴的乳状液液滴(见图 11-52)。乳状液液滴的大小取决于膜相表面活性剂的种类、浓度以及乳状液分散于连续相时能量输入的方式、大小。一般而言,乳状液液滴的直径一般控制在 $0.1\sim2~mm$。乳状液膜是一个高分散体系,具有很大的传质比表面积。待分离物质由连续相(外相)经膜相向内包相传递。传质过程结束后,经澄清分离,乳状液液滴与连续相分离,乳状液通常采用静电方法破乳,膜相可以反复使用,内包相经进一步处理后回收浓缩的溶质。

2. 支撑液膜

支撑液膜是将膜相牢固地吸附在多孔支撑体的微孔之中,在膜的两侧则是料液相和反萃相。待分离的溶质自料液相经多孔支撑体中的膜相向反萃相传递。这类操作方式比乳状液膜简单,由于支撑液膜中充当膜相的溶剂量较少,故可以选用促进迁移载体含量高的溶剂或价格昂贵但性能优越的萃取剂。它无需使用表面活性剂,也没有制乳和破乳过程。但是,支撑液膜的膜相是依据表面张力和毛细管作用吸附于支撑体微孔之中的,为了减少扩散传质阻力,要求支撑体很薄,并且要有一定的机械强度和疏水性。此外,在使用过程中,支撑体上的膜相会由于流动着的料液相和反萃液相对它的溶解性损失、膜两侧的压差及膜内渗流等原因出现流失,而使支撑液膜的功能逐渐下降。因此支撑体膜材料的选择往往对过程的影响很大。目前使用的疏水性微孔膜,膜厚为 $25\sim50\ \mu m$,微孔直径为 $0.2\sim1\ \mu m$。一般认为聚乙烯和聚四氟乙烯制成的疏水微孔膜效果较好,聚丙烯膜次之,聚砜膜作支撑的液膜的稳定性较差。在支撑液膜操作过程中,一般需要定期向支撑体补充膜相溶液,采用的方法通常是在反萃相一侧隔一定时间加入膜相溶液,以达到补充的目的。

3. 液膜分离的工艺流程

与支撑液膜相比较,乳状液膜的工艺流程较复杂些,其一般流程示意于图 11-53,其主要步骤分为乳状液膜制备、接触分离、沉降澄清、破乳。

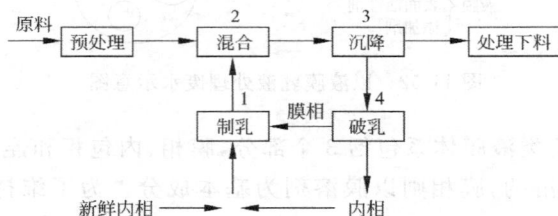

图 11-53　液膜分离的一般性工艺流程

将含有膜溶剂、表面活性剂、流动载体以及其他膜增强添加剂的液膜溶液同内相试剂溶液进行混合,可以制得所需的水包油(O/W)或油包水(W/O)型乳状液。制乳过程中主要应注意表面活性剂加入方式、制乳的加料顺序、搅拌方式和乳化器材质的浸润性能等。

接触分离阶段,乳状液膜与料液混合接触,实现传质分离。在间隙式混合设备中,适当的搅拌速度是关键的工艺条件之一。在连续塔式接触器中(如转盘塔),需选择适当的流量和塔内转盘的转速,以降低塔内的轴向混合,提高塔内乳状液的滞留量,从而为传质提供有利的条件。

沉降澄清阶段,使富集了被萃物质的乳状液与残液之间分层,以减少两相的相互夹带。

使用过的膜相需重新使用,富集了被萃物质的内相亦需汇集,这就需要破乳。目前,一般认为破乳采用高压静电凝聚法较为适宜。交流和脉冲直流电源均可采用。频率和波形对破乳速度有一定影响。提高频率可加快破乳速度,波形以方波为好。

4. 液膜分离技术的应用

液膜分离技术具有良好的选择性和定向性,分离效率很高。因此,它的研究领域和应用前景宽广,已经取得了不少成效。

一些烃类化合物的物理化学性质很相似。采用液膜法进行分离具有简便、快速和高效等优点。待分离的烃类混合物为有机相,膜相则为水相膜。这类工艺已针对分离苯-正己烷、甲苯-庚烷、庚烷-己烯等混合体系进行了成功的实验。

含酚废水产生于焦化、石油炼制、合成树脂、化工、制药等工厂。采用液膜分离处理含酚废水效率高、流程简单,且可以处理高浓或低浓含酚废水。处理含酚废水采用的是油包水型乳状液膜,以 NaOH 水溶液作为内包相。

随着合成氨工业的发展,各类型化肥厂中的含氨废水的治理已经成为极为重要的问题。乳状液膜则是一种很有希望的处理技术。处理含氨废水可以选用油包水型的乳状液,其内包相选用酸性水溶液,一般为稀硫酸或磷酸。操作过程中,废水的 pH 应维持在 10 以上,使废水中的氨以自由分子状态存在。氨具有明显的油溶性,容易从外相进入膜相,在膜相与内包相界面生成硫酸盐或磷酸盐,从而在内包相得以富集。

在许多工业过程中,金属离子的分离是一个十分重要的课题。同时,随着工业的发展,环境保护问题亦日趋关键。其中,大量重金属废水的治理则是极其重要的任务。液膜分离方法提供了这类重金属离子分离的新手段。

液膜分离除了在前述领域的应用性研究之外,在诸如生物化工、生物制药等领域中也有展望的前景。在许多方面的分离研究中,液膜分离是其中的重要组成部分。研究的典型分离对象包括氨基酸、乙酸和丙酸、柠檬酸、乳酸、青霉素等。值得提及的是,液膜分离方法为发酵-分离耦合过程提供了一种可选择的途径,其中膜相组成的选择及其生物相容性是这一方法可否进入生物领域的关键之一。

液膜分离发展很快,但总体来说,大都处于实验室研究及工厂中间试验阶段。乳状液的稳定性、溶胀和破乳问题,电破乳的机理及改善问题,支撑液膜的溶剂流失问题等都还未得到有效解决。各类设备的结构和放大规律的研究还有待进一步深入。液膜分离是一种新型的分离技术,它具有广阔的应用前景,更有一些新的应用领域尚待开发。可以预料,液膜分离技术将会在湿法冶金、石油化工、医药、环境等方面发挥积极的作用。

11.6.2 膜萃取

1. 膜萃取的基本原理和特点

膜萃取又称固定膜界面萃取。它是膜过程和液液萃取过程相结合的新的分离技术。与通常的液液萃取过程不同,膜萃取的传质过程是在分隔料液相和溶剂相的微孔膜表面进行的。例如,由于疏水微孔膜本身的亲油性,萃取剂浸满疏水膜的微孔,渗至微孔膜的另一侧。这样,萃取剂和料液在膜表面接触发生传质。从膜萃取的传质过程可以看出,该过程不存在通常萃取过程中的液滴的分散和聚合现象。

膜萃取过程中两相的这种接触方式使其具有特殊的优势,这主要表现于:

(1) 通常的萃取过程往往是一相在另一相内分散为液滴,实现分散相和连续相间的传质,然后,分散相液滴重新聚结分相。细小液滴的形成创造了较大的传质比表面积,有利于传质的进行。但是,过细的液滴又容易造成夹带,使溶剂流失或影响分离效果。膜萃取由于没有相的分散和聚结过程,可以减少萃取剂在料液相中的夹带损失。

(2) 连续逆流萃取是一般萃取过程中常采用的流程。为了完成液液直接接触中的两相逆流流动,在选择萃取剂时,除了考虑其对分离物质的溶解度和选择性外,还必须注意影响两相接触与流动的其他物性(如密度、粘度、界面张力等)。在膜萃取中,料液相和溶剂相各自在膜两侧流动,并不形成直接接触的液液两相流动,料液的流动不受溶剂流动的影响。因此,在选择萃取剂时可以对其物性要求大大放宽,使一些高浓度的高效萃取剂可以付诸使用。

(3) 一般柱式萃取设备中,由于连续相与分散相液滴群的逆流流动,柱内轴向混合的影响是十分严重的。据报道,一些柱式设备中 $60\%\sim70\%$ 的柱高是为了克服轴向混合的影响。同时,萃取设备的生产能力也将受到液泛总流速等条件的限制。在膜萃取过程中,两相分别在膜两侧作单相流动,使过程免受返混的影响和液泛条件的限制。

(4) 膜萃取可以实现同级萃取反萃过程,可以采用流动载体促进迁移等措施,以提高过程的传质效率。

(5) 料液相与溶剂相在膜两侧同时存在可以避免与其相似的支撑液膜操作中膜内溶剂的流失问题。

2. 膜萃取过程的应用前景

膜萃取技术由于其特殊的优势,在进行基础研究的同时也已经开展了大量的应用性研究。这些研究工作主要集中于防止溶剂污染、有机废水处理、金属萃取和发酵-膜萃取耦合过程等。

在通常的液液萃取过程中,两相夹带对过程造成不利影响,除在极端情况下出现乳化,会破坏萃取的正常操作外,夹带会造成萃取剂的流失。此外,当分离目的是为了去除在废水中的有机溶质时,这种夹带会造成二次污染,给废水的处理带来后续的分离困难。当萃取过程应用于生物发酵过程时,这种夹带又有可能对菌株的活性产生抑制,甚至使菌株死亡。相比于传统的液液萃取过程,膜萃取中两相仅仅通过膜表面的微孔相接触。不会造成一相在另一相中的分散。从理论上说,膜萃取过程应当不存在两相夹带。实验研究亦证明了膜萃取过程在防止溶剂污染方面的优势。

在有机废水处理方面,利用中空纤维膜萃取器研究了从有机废水中去除苯酚、氯酚等污染物的传质过程,获得了良好的有机物去除率,而其出口萃残液中溶剂含量远小于溶剂在水中的饱和溶解度,证明了膜萃取应用于废水处理过程相比于传统技术更易实现。研究表明,以十二醇为溶剂从水中脱除挥发性有机物,可以获得很高的分离效率和溶质回收率。

发酵法是生产有机化工原料的重要方法之一。然而,发酵过程中的产物抑制作用往往是影响产物回收率的重要因素。将反应产物从料液中移出,减少对过程的抑制作用,就会加快反应速度,提高过程回收率。发酵分离耦合过程中,常常选择萃取作为分离手段。值得提及的是,在分子水平上对发酵产物有较好的溶解性和选择性,并对发酵菌株无毒害的、具有生物相容性的萃取剂,却往往由于相水平上的不适应而无法选用。使得大量高效、价廉的萃取剂被排斥于选用范围之外。由于膜萃取过程中两相分别在膜两侧流动,不产生通常意义上的混合-澄清,避免了相水平上的溶剂夹带,使萃取剂选择范围拓宽。此外,中空纤维膜萃取器的巨大传质比表面积、同级萃取-反萃膜过程的优势为发酵-萃取过程的实现带来了更大的可能。可以预料,膜萃取技术在这一领域的应用前景是十分可观的。

习　题

11-1　在单级萃取器中以异丙醚为萃取剂,从醋酸组成为 0.50(质量分数)的醋酸水溶液中萃取醋酸。醋酸水溶液量为 500 kg,异丙醚量为 600 kg。试作以下各项:

(1) 在直角三角形相图上绘出溶解度曲线与辅助曲线;

(2) 确定原料液与萃取剂混合后,混合液的坐标位置;

(3) 求萃取过程达平衡时萃取相与萃余相的组成与量;

(4) 求萃取相与萃余相间溶质(醋酸)的分配系数及溶剂的选择性系数;

（5）若用 600 kg 异丙醚对一级萃取得到的萃余相再进行一次萃取，在最终萃余相中醋酸的组成可降至多少？

（提示：醋酸-水-异丙醚的平衡数据见例 11-1。）

11-2　某混合液含溶质 A 为 0.4，稀释剂 B 为 0.6（均为质量分数），处理量为 100 kg，用纯萃取剂 S 进行单级萃取。试求：

（1）可能操作（开始分层）的最大萃取剂量、萃余相和萃取相的量，以及萃取液和萃余液的组成；

（2）可能操作的最小萃取剂量、萃余相和萃取相的量，以及萃取液和萃余液的组成；

（3）萃取液浓度最大时的萃取剂量。

操作条件下的相平衡曲线数据如下表：

萃余相（质量分数）			萃取相（质量分数）		
A	B	S	A	B	S
0	0.98	0.02	0	0.1	0.9
0.05	0.92	0.03	0.14	0.05	0.81
0.10	0.86	0.04	0.22	0.045	0.735
0.15	0.80	0.05	0.295	0.045	0.66
0.20	0.738	0.062	0.355	0.06	0.585
0.25	0.675	0.075	0.405	0.08	0.515
0.30	0.61	0.09	0.445	0.103	0.452
0.35	0.535	0.115	0.48	0.13	0.39
0.40	0.45	0.15	0.495	0.175	0.33
0.45	0.365	0.185	0.50	0.22	0.28
0.48	0.30	0.22	0.495	0.25	0.255

11-3　现有溶剂 10 g 和溶质 1 g 组成的溶液，用萃取剂进行萃取。因溶液较稀，分配系数为常数，等于 4（组成用质量比表示）。现拟用下列两种方法进行萃取：

（1）用 10 g 萃取剂进行一次平衡萃取；

（2）用 10 g 萃取剂，分 5 等分，进行 5 级错流接触萃取。

试求萃余液中残留的溶质量各为多少？

（假设：溶剂与萃取剂不互溶。）

11-4　在单级萃取器内，用 800 kg 水为萃取剂。从醋酸与氯仿的混合溶液中萃取醋酸。已知原混合液的量也为 800 kg，其中醋酸的质量分数为 0.35。试求：

（1）萃取相与萃余相中醋酸的组成及两相的量；

（2）两相脱除溶剂后，萃取液与萃余液的组成及量；

（3）醋酸萃出的百分率。

在操作条件下（25℃）平衡线的数据如下表：

氯 仿 层		水 层	
醋 酸	水	醋 酸	水
0.00	0.99	0.00	99.16
6.77	1.38	25.1	73.69
17.72	2.28	44.12	48.58
25.72	4.15	50.18	34.71
27.65	5.2	50.56	31.11
32.08	7.93	49.41	25.39
34.16	10.03	47.87	23.28
42.5	16.5	42.5	16.5

11-5 在 20℃ 的操作条件下,用纯异丙醚作为萃取剂,在单级萃取器中,由含醋酸 0.20(质量分数)的水溶液中萃取醋酸。处理量为 100 kg,要求萃余相醋酸含量不超过 0.10(质量分数),求所需萃取剂量。若原料的醋酸组成变为 0.40,溶剂比(S/F)不变,所得萃余相组成为多少? 若仍要求萃余相醋酸组成不超过 0.10,所需溶剂比为多少?

(提示:操作条件下醋酸-水-异丙醚体系的平衡数据见例 11-1。)

11-6 混合液含溶质 A 为 0.30,稀释剂 B 为 0.70(均为质量分数),采用多级逆流萃取,萃取剂为 S。若要求萃余液中溶质的质量分数不超过 0.10,试求以下情况下的最小溶剂比。

(1) 萃取剂为纯溶剂;

(2) 萃取剂为含溶质 0.05(质量分数)的溶剂。

(提示:相平衡数据同习题 11-2。)

11-7 每小时处理 1 500 kg 醋酸水溶液,其中醋酸的质量分数为 0.30,用异丙醚为萃取剂进行多级逆流萃取。要求最终萃余液中醋酸的质量分数为 0.02。试求:

(1) 最少萃取剂用量;

(2) 若实际萃取剂用量为最少用量的 1.53 倍,求最终萃取相中醋酸的组成以及最终萃余相的流率(用等边三角形坐标图求解);

(3) 用 y-x 直角坐标图求所需理论级数。

(提示:操作条件下醋酸-水-异丙醚体系的相平衡数据见例 11-1。)

11-8 100 kg/h 混合液,含溶质 A 为 0.40(质量分数)、稀释剂 B 为 0.60(质量分数),用 100 kg/h 萃取剂 S 进行萃取。求在下述不同操作条件下的萃余相浓度及萃取率,并进行比较。

(1) 采用两级错流操作,每级所用萃取剂为 50 kg/h;

(2) 采用两级逆流操作,萃取剂流量为 100 kg/h。

(提示:相平衡关系同习题 11-2。)

11-9 以甲基异丁基酮(MIBK)为萃取剂,用多级逆流萃取,从含有 0.45(质量分数)丙酮的水溶液中萃取丙酮。原料液的流率为 1 500 kg/h,溶剂比(S/F)为 0.87,要求最终萃余相中丙酮的组成不大于 0.025(质量分数),试用图解法和解析法两种方法求需要几个萃取理论级。

丙酮-水-甲基丁基酮(MIBK)在 25℃ 下的溶解度曲线数据列于下表(表中数据为质量分数):

丙酮(A)	水(B)	MIBK(S)	丙酮(A)	水(B)	MIBK(S)
0	0.022	0.978	0.484	0.188	0.328
0.046	0.023	0.931	0.485	0.241	0.274
0.198	0.039	0.772	0.466	0.328	0.206
0.244	0.046	0.710	0.426	0.450	0.124
0.289	0.055	0.656	0.309	0.641	0.050
0.376	0.078	0.546	0.209	0.759	0.032
0.432	0.107	0.461	0.037	0.942	0.021
0.470	0.148	0.382	0	0.980	0.020

丙酮-水-MIBK 的连接线数据列于下表:

水层中的丙酮	MIBK 层中的丙酮	水层中的丙酮	MIBK 层中的丙酮
0.055 8	0.106 6	0.295	0.40
0.118 3	0.180	0.320	0.425
0.153 5	0.255	0.360	0.455
0.206	0.305	0.380	0.470
0.238	0.353	0.415	0.480

11-10 若以异丙醚为萃取剂,用连续逆流萃取塔由醋酸水溶液中萃取醋酸,醋酸水溶液的组成为 0.30(质量分数),处理量为 2 000 kg/h,溶剂比为 2.5,要求最终萃余相中醋酸的质量分数降至 0.02。试求最终萃取相与最终萃余相的量,并用 x-y 直角坐标求所需理论级数。

(提示:系统的平衡数据参见例 11-1。)

11-11 1 000 kg/h 组成为 0.01(质量分数)的尼古丁水溶液,在 20℃下用煤油进行逆流萃取。水与煤油基本不互溶,要求最终萃余相含尼古丁 0.001(质量分数)。试求:

(1) 最小萃取剂用量;

(2) 若萃取剂(煤油)的流率为 1 150 kg/h,需要多少理论级?

尼古丁-水-煤油系统的平衡数据见下表:

X/(kg(尼古丁)/kg(水))	0	0.001 011	0.002 46	0.005 02	0.007 51	0.009 98	0.020 4
Y/(kg(尼古丁)/kg(煤油))	0	0.000 807	0.001 961	0.004 56	0.006 86	0.009 13	0.018 70

11-12 当在高 1.4 m、横截面为 0.004 5 m^2 的填料塔中用苯从水相溶液中萃取醋酸时,在塔的进出口测得浓度如下:入口水相中醋酸的浓度 C_{W2} = 0.69 kmol/m^3,出口水相中醋酸的浓度 C_{W1} = 0.684 kmol/m^3,苯相的流量和流速分别为 5.6×10^{-6} m^3/s 和 1.24×10^{-3} m/s,入口苯相中醋酸的浓度 C_{B1} = 0.004 0 kmol/m^3,出口苯相中醋酸的浓度 C_{B2} = 0.011 5 kmol/m^3。试确定以苯相浓度差为推动力计的总体积传质系数和传质单元高度。

(假设:两相互不相溶,醋酸在两相间的平衡关系为 $C_B^* = 0.024\,7C_W$)

符 号 说 明

英 文 字 母

A——溶质的质量或质量流率,kg 或 kg/h

a——单位体积液体混合物具有的相际接触面积,m^2/m^3

B——稀释剂的质量或质量流率,kg 或 kg/h

c——浓度,$kmol/m^3$

D——塔径,m

d_p——液滴的平均直径,m

d_F——填料直径,m

E——萃取相的质量或质量流率,kg 或 kg/h

E'——萃取液的质量或质量流率,kg 或 kg/h

F——原料液的质量或质量流率,kg 或 kg/h

H——塔高,m

H_e——理论级的当量高度(HETS)

H_{OE}——稀溶液时萃取相总传质单元高度,m

$H_{OE,c}$——浓溶液时萃取相总传质单元高度,m

K——分配系数

k——操作线斜率

K_y——以萃取相组成表示推动力的总传质系数,$kg/(m^2 \cdot h)$

L——板间距,m

M——混合液的质量或质量流率,kg 或 kg/h

N_{OE}——稀溶液时萃取相总传质单元数

$N_{OE,c}$——浓溶液时萃取相总传质单元数

R——萃余相的质量或质量流率,kg 或 kg/h

R'——萃余液的质量或质量流率,kg 或 kg/h

S——萃取剂的质量或质量流率,kg 或 kg/h

S'——萃取剂中纯萃取剂的质量或质量流率,kg 或 kg/h

u——液体的流速,m/s

x——原料液或萃余相中溶质 A 的质量分数或摩尔分数

X——原料液或萃余相中溶质 A 的质量比,kg(A)/kg(B)

y——萃取剂或萃取相中溶质 A 的质量分数或摩尔分数

Y——萃取剂或萃取相中溶质 A 的质量比,kg(A)/kg(S)

希 腊 字 母

α——相对挥发度

β——选择性系数

Δ——净流量,kg/h

ε——填料层的空隙率

μ——粘度,$Pa \cdot s$

ρ——密度,kg/m^3

σ——界面张力,N/m

φ_d——分散相存留分数

η——效率

Ω——塔截面面积,m^2

参 考 文 献

1　Treybal R E. Liquid Extraction. 2nd ed. New York：McGraw-Hill,1963

2　化学工程手册编辑委员会. 化学工程手册. 第 14 篇. 北京：化学工业出版社,1985

3　平田光穗,城塚正. 抽出工学. 东京：日刊工業新聞社,1964

4　Hanson C. Recent advances in liq-liq,extraction. Oxford：Pergamon Press,1971

5　McCabe W L,Smith J C,Peter Harriott. Unit Operations of Chemical Engineering. 4th ed. New York：McGraw-Hill,1985

6　汪家鼎,陈家镛. 溶剂萃取手册.北京：化学工业出版社,2001

7　戴猷元,王运东,王玉军,等.膜萃取技术基础.北京：化学工业出版社,2008

12 干 燥

1. 干燥在化工生产中的应用

在化工生产中有许多原料、半成品或产品是固体物料。有的是片状,有的是颗粒状,有的是粉状。这些固体物料往往含有一定量的湿分,有时还会与湿分(水或其他液体,多为水分)形成悬浮液、糊状体或胶状物。为了使这些物料便于进一步加工、运输、储藏和使用,往往需要将湿分从物料中除去,这种除去湿分的操作称为去湿。

工业上去湿的方法很多,其中通过加热汽化去除湿分的方法称为干燥。干燥在工业上获得广泛的应用。

2. 去湿方法

去湿方法大致可分为 3 类。

1) 机械去湿法

通过压榨、过滤和离心分离等去除湿分的方法,称为机械去湿法。该法实质上是固、液相的分离过程。去湿过程中湿分不发生相变,能耗少,费用低,但湿分去除不彻底,只适用于物料间大量水分的去除,一般用于初步去湿,为进一步干燥作准备。

2) 物理去湿法

利用某种吸湿性较强的化学药品(如无水氯化钙、苛性钠等)或吸附剂(如分子筛、硅胶等)来吸收或吸附物料中水分的方法称为物理去湿法,该法适用于除少量湿分。

3) 干燥法

干燥一般是指借助于热能,使物料中的湿分汽化,并将产生的蒸气加以排除或带离物料的去湿方法。该法在去湿过程中湿分发生相变,耗能大,费用高,但湿分去除较为彻底,可去除物料表面和内部的湿分。

为了节省能耗,一般先机械去湿,然后再进行干燥。干燥法在工业生产中应用极其广泛。由于多数湿分为水分,本章仅讨论去除水分的干燥过程,但讲到的原理,原则上对其他湿分的干燥也适用。

3. 干燥方法

根据以上介绍,干燥过程中要着重考虑两个问题:一是传热问题,即将热量传给湿物料使其中水分汽化;二是将汽化的水分与物料分开。其中,湿分的移

去可以采用干燥介质携带的方法以及抽真空的方法。按照热能供给湿物料的方式不同,干燥可分为以下几类:

1) 导热干燥

热能通过传热壁面以热传导的方式传给湿物料,使其中的水分汽化,所产生的蒸气被干燥介质带走,或用真空泵抽走的干燥操作过程,称为导热干燥。由于该过程中湿物料与加热介质不直接接触,故又称为间接加热干燥,该法热能利用率较高,但与传热壁面接触的物料在干燥时易局部过热而变质。

2) 辐射干燥

热能以电磁波的形式由辐射器发射至湿物料表面后,被物料所吸收转化为热能,将水分加热汽化,达到干燥的目的。

有电能辐射器(如专供发射红外线的灯泡)和热能辐射器。红外辐射干燥比热传导干燥和对流干燥的生产强度大几十倍,且设备紧凑,干燥时间短,产品干燥均匀而洁净,但能耗大,适用于干燥表面积大而薄的物料。

3) 介电加热干燥

介电加热干燥是将需要干燥的物料置于高频电场内,利用高频电场的交变作用将湿物料加热,水分汽化,物料被干燥。

电场的频率低于 3 000 MHz 时,称为高频加热;频率为 3～3 000 GHz 时为超高频加热。

工业上微波加热所用的频率为 9.15 GHz 和 24.5 GHz。微波干燥时,湿物料在高频电场中很快被均匀加热。由于水分的介电常数比固体物料的介电常数要大得多,当干燥到一定程度,物料内部的水分比表面多时,物料内部所吸收的电能或热能比表面多,致使物料内部的温度高于表面温度,温度梯度与水分扩散的浓度梯度方向一致,即传热和传质的方向一致。得到的干燥产品均匀而洁净。而辐射干燥以及下述的对流干燥,热能都是从物料表面传至物料内部,水分则是由物料内部扩散到物料的表面,传热和传质的方向相反。物料表面温度比内部高,在干燥过程中,物料表层先变成干燥的固体,导热系数降低,致使向内导热阻力增加,内部水分的汽化和扩散至表面的阻力也增加,干燥时间长。因此,对于干燥过程中表面易结壳或皱皮(收缩)或内部水分难以去除的物料(如皮革等),采用微波加热干燥效果很好,但该法费用大,使用上也受到一定的限制。

4) 对流干燥

热能以对流给热的方式由热干燥介质(通常是热空气)传给湿物料,使物料中的水分汽化,物料内部的水分以气态或液态形式扩散至物料表面,汽化的蒸气从表面以扩散或对流传质的方式传递到干燥介质主体,再由介质带走的干燥过程称为对流干燥。

对流干燥过程中,传热和传质同时发生。热能由干燥介质的主体以对流方式传给固体物料的表面,然后再由物料表面传至固体的内部;而水分却由固体内部向固体表面扩散,被汽化后由固体表面扩散至气相介质的主体。传热的推动力是温度差,传质的推动力是水的浓度差,或水蒸气的分压差,传热和传质的方向相反,但密切相关。

对流干燥过程的传热和传质模式如图 12-1 所示。图中 N 为由物料表面汽化的水分量,Q 为由气相传给物料的热量,p 是空气主体中水蒸气的分压,p_w 是物料表面的水蒸气分压,T 为空气主体的温度,T_w 为物料表面的温度,δ 是气膜厚度。

所使用的干燥介质有热空气、烟道气及其他高温气体。

目前工业上以热空气为干燥介质的对流干燥最为普遍,本章着重讨论该干燥过程。

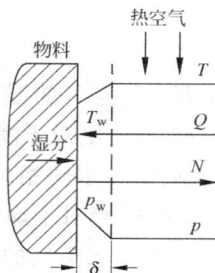

图 12-1　热空气与湿物料间的传热和传质

4. 对流干燥的特点

有多种类型的对流干燥器,它们有以下共同的特点:

(1)其中传热和传质均为同时发生的单向传递过程。传热的推动力是热空气与湿物料的温差,传质的推动力是物料中水的平衡蒸气压与热空气中的水蒸气分压差。两者的传递方向相反,但密切相关。

(2)干燥介质既是热载体又是湿载体。干燥过程是物料的去湿过程,也是介质的降温增湿过程。

(3)传递过程包括气、固之间的传递和固体内部的传递。传递的速率不仅和气、固相之间的接触状况有关,还与气体的温度、水气含量、固体的性质和结构、水分与固体的结合方式有关。

12.1　湿空气的性质及湿焓图

12.1.1　湿空气的性质及其状态参数

如前所述,在对流干燥过程中,干燥介质(湿空气)既是热量的载体,又是湿分的载体。湿空气的状态随干燥过程的进行而变化,它对热量和质量的传递有很大影响。因此,首先介绍与干燥过程有关的表征湿空气性质的状态参数。该部分内容对于化工过程中的增湿操作以及空调操作等也都适用。

在总压一定的条件下湿空气的状态参数主要是它的温度和水含量(称为湿

含量)。其他参数(比如干燥中常用到的湿空气的焓)均可由此二参数求得。

1. 湿度 H 和相对湿度 φ

湿空气中的湿含量有两种表示法。

1) 湿度 H

湿空气中单位质量绝对干燥空气所含水蒸气的质量称为湿度:

$$H = \frac{M_w n_w}{M_g n_g} \approx \frac{18 n_w}{29 n_g} \tag{12-1}$$

式中:H——空气的湿度,kg(水)/kg(干空气);

M_g——绝对干燥空气的相对分子质量,29 kg/kmol;

M_w——水的相对分子质量,18 kg/kmol;

n_g——绝对干燥空气的物质的量,kmol;

n_w——水蒸气的物质的量,kmol。

总压 p 不大的情况下,湿空气可视为理想气体,因此

$$\frac{n_w}{n_g} = \frac{p_w}{p - p_w}$$

于是

$$H = \frac{18 p_w}{29(p - p_w)} = 0.622 \frac{p_w}{p - p_w} \tag{12-2}$$

式中:p_w——水蒸气分压,Pa;

p——湿空气总压,Pa。

当湿空气中水蒸气分压 p_w 等于该空气温度下水的饱和蒸气压 p_s 时,则湿空气呈饱和状态,其湿度称为饱和湿度 H_s:

$$H_s = 0.622 \frac{p_s}{p - p_s} \tag{12-3}$$

因水的饱和蒸气压只和温度有关,因此空气的饱和湿度是湿空气的总压及温度的函数。

2) 相对湿度 φ

在总压 p 一定的条件下,湿空气中水蒸气分压 p_w 与同温度下水的饱和蒸气压 p_s 之比,称为相对湿度,以 φ 表示,即

$$\varphi = \frac{p_w}{p_s} \tag{12-4}$$

相对湿度反映了湿空气的不饱和程度,φ 值愈低,表示该空气偏离饱和程度愈远。$\varphi = 1$ 的饱和湿空气不能作为干燥介质。

将式(12-4)代入式(12-2)得

$$H = 0.622 \frac{\varphi p_s}{p - \varphi p_s} \tag{12-5}$$

p_s是温度的函数,因此,在p一定的条件下,相对湿度φ决定于湿空气的温度和湿度。

2. 湿空气的焓I_H

湿空气的焓是以 1 kg 干空气为基准的焓,定义为 1 kg 干空气及其所含水气(H kg)的焓之和:

$$I_H = I_g + HI_w \tag{12-6}$$

式中:I_H——湿空气的焓,kJ/kg(干空气);

$\quad\quad I_g$——干空气的焓,kJ/kg(干空气);

$\quad\quad I_w$——水蒸气的焓,kJ/kg(水气)。

焓是相对值,计算焓值时必须规定其基准态和基准温度。一般取 0℃下的干空气及液态水的焓为零,因此,对于温度为 T(℃)、湿度为 H 的空气,其中干空气的焓为 0℃至温度 T 的显热,$I_g = c_g T$;湿分的焓为水在 0℃下的汽化潜热 r_0 与水气 0℃至温度 T 的显热之和,即$(c_w T + r_0)H$,所以

$$I_H = c_g T + H(c_w T + r_0) = c_H T + Hr_0 \tag{12-7}$$

式中:c_g——干空气的比热容,其值约为 1.01 kJ/(kg·K);

$\quad\quad c_w$——水蒸气的比热容,其值约为 1.88 kJ/(kg·K);

$\quad\quad c_H$——湿空气的比热容,kJ/(kg·K);

$\quad\quad r_0$——0℃水的汽化潜热,其值约为 2 490 kJ/kg。

故
$$I_H = (1.01 + 1.88H)T + 2\,490H \tag{12-8}$$

由上式可以看出,湿空气的焓决定于湿空气的温度和湿度。

3. 湿空气的比容

湿空气的比容(简称湿比容)为含有单位质量干空气的湿空气的体积,即单位质量干空气及其所含水气的体积之和,它与总压、水气分压和温度有关。在总压为 101.33 kPa 下,可用下式计算:

$$v_H = \frac{22.4}{29}\frac{273+T}{273}\frac{101.33}{101.33-p_w} \tag{12-9}$$

或

$$v_H = \frac{22.4}{29}\frac{273+T}{273} + \frac{22.4}{18}\frac{273+T}{273}H$$

$$= (0.773 + 1.244H)\frac{273+T}{273} \tag{12-10}$$

式中:v_H——湿空气的比容,m³/kg(干空气)。

可见湿空气的比容随温度与湿度的增高而增大。

例 12-1 总压 101.33 kPa、温度 30℃的湿空气,其中水蒸气分压为 2.33 kPa。试求:

(1) 湿空气的湿度、饱和湿度、相对湿度、湿比容各为多少?

(2) 将此湿空气加热到 50℃,其湿度、相对湿度变为多少?加热含有 1 kg 干空气的该种湿空气需加入热量多少?

解:(1) 30℃时

根据式(12-2),湿度为

$$H = 0.622 \times \frac{2.33}{101.33 - 2.33} = 0.0146 \text{ kg(水)/kg(干空气)}$$

30℃时水的饱和蒸气压为 4.25 kPa,根据式(12-3),饱和湿度为

$$H_s = 0.622 \times \frac{4.25}{101.33 - 4.25} = 0.0272 \text{ kg(水)/kg(干空气)}$$

根据相对湿度的定义式(12-4)

$$\varphi = \frac{2.33}{4.25} = 0.548$$

根据式(12-9),湿空气的比容为

$$v_H = \frac{22.4}{29} \frac{273 + 30}{273} \frac{101.33}{101.33 - 2.33} = 0.877 \text{ m}^3/\text{kg(干空气)}$$

(2) 50℃时

只提高温度,水蒸气分压未变,故湿度不变,50℃时水的饱和蒸气压为 12.33 kPa,故

$$\varphi = \frac{2.33}{12.33} = 0.189$$

根据式(12-8),从 30℃加热到 50℃,以 1 kg 干空气为基准所需的热量为

$$Q = I_{H,50℃} - I_{H,30℃} = (1.01 + 1.88 \times 0.0146) \times (50 - 30) = 20.74 \text{ kJ}$$

12.1.2　湿含量的测定方法

只要已知湿空气的温度和湿含量,该湿空气的状态便可确定。这两个参数中温度是容易测定的,而湿度既可以直接测定,也可以通过测定湿空气的露点温度、湿球温度或绝热饱和温度间接求算出空气的湿度。

1. 露点温度

若将不饱和空气在等湿(H)下冷却,达饱和状态时(开始析出水珠)的温度称为该空气的露点温度,以 T_d 表示。温度为 T_d 的饱和空气的湿度 H_s' 为

$$H_s' = 0.622 \frac{p_s'}{p - p_s'} \tag{12-11a}$$

由于温度为 T 的不饱和空气是在等湿下冷却至温度等于 T_d 的饱和状态的,故温度为 T 的不饱和空气的湿度 $H = H_s'$,即

$$H = H_s' = 0.622 \frac{p_s'}{p - p_s'} \tag{12-11b}$$

$$p'_s = \frac{Hp}{0.622 + H} \tag{12-12}$$

由式(12-11)可知,若测出湿空气的露点温度 T_d,查出 T_d 下水的饱和蒸气压 p'_s,便可求出总压为 p 时的湿度 H。同样,若已知湿空气的湿度 H,便可用式(12-12)求出总压为 p 时的 p'_s,由手册便可查出露点温度 T_d。测定露点温度比较麻烦,且不易测准。

例 12-2 在 101.33 kPa 压力下,测得湿空气的露点为 20℃。求此空气的湿度。

解:20℃下水的饱和蒸气压为 2.34 kPa,根据式(12-11b),湿空气的湿度为

$$H = 0.622 \times \frac{2.34}{101.33 - 2.34} = 0.014\ 7\ \text{kg(水)/kg(干空气)}$$

2. 湿球温度

将普通温度计感温部分(如水银球)包以湿纱布,纱布的一部分浸入小水槽中,以保持纱布的润湿,这个温度计便成为湿球温度计。

湿球温度计和另一支普通温度计置于湿空气气流中,达到稳定状态时,湿球温度计指示的温度为该湿空气的湿球温度 T_w,普通温度计所指示的温度是该湿空气的温度 T。为区别于湿球温度,普通温度计所指示的温度又称为干球温度。如图 12-2 所示。用干、湿球温度计测定湿度的原理及计算关系推导如下:

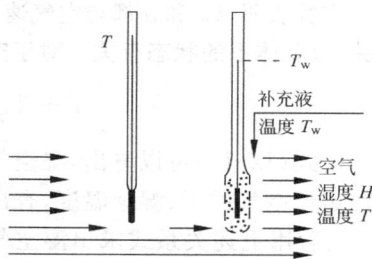

图 12-2　湿球温度计原理

由于未达饱和的湿空气的湿度 H 小于湿纱布水分温度下的饱和湿度,湿纱布表面与湿空气之间存在着传质推动力,纱布表面的水分就会汽化,并向空气主体传质。水分汽化的结果,使湿纱布水分温度下降,致使湿空气与纱布之间产生温度差,引起湿空气向湿纱布的对流传热。当湿空气向湿纱布传递的热量正好等于湿纱布表面水分汽化所需的热量时,湿纱布中的水温就保持恒定不变,达到了稳定。湿球温度计所指示的温度便是湿空气的湿球温度。

因湿空气的流量大,湿纱布表面小,湿空气向湿纱布的传热量和湿纱布汽化的水分量对湿空气温度和湿度的影响可以忽略不计,可以认为湿空气的 T 和 H 都不发生变化。因此,稳态时,传热的推动力为 $T - T_w$,传质的推动力为 $H''_s - H$,于是,传热的速率为

$$Q = \alpha S(T - T_w) \tag{12-13}$$

式中: Q ——传热速率,W;

α——空气向湿纱布的对流传热系数,W/(m² · K);

S——空气与湿纱布的接触的表面积,m²。

传质速率为

$$N = k_H(H''_s - H)S \tag{12-14}$$

式中:N——传质速率,kg/s;

k_H——以湿度差为推动力的传质系数,kg/(m² · s);

H''_s——湿球温度下的饱和湿度,kg(水)/kg(干空气)。

在稳态下:

$$Q = Nr_w \tag{12-15}$$

式中:r_w——在湿球温度下水的汽化潜热,kJ/kg。

因此

$$\alpha S(T - T_w) = k_H S(H''_s - H)r_w$$

$$T - T_w = \frac{k_H r_w}{\alpha}(H''_s - H) \tag{12-16}$$

实验表明,k_H 和 α 都与空气速度的 0.8 次幂成正比,所以 α/k_H 值与空气速度无关,只和体系的状态有关。对于空气-水蒸气系统,$\alpha/k_H \approx 1.09$,这时上式可写成

$$T - T_w = \frac{r_w}{1.09}(H''_s - H) \tag{12-17}$$

由式(12-17)可以看出,湿空气的 T 和 H 一定,T_w 也就一定。因此可以通过测定湿空气的干、湿球温度,查出 r_w 以及湿球温度 T_w 下的水蒸气压 p''_s,算出 H''_s,然后用上述关系式求出湿空气的湿度 H。在测定湿球温度时,为了减少辐射和热传导的影响,保证湿球温度测定的准确性,空气速度需大于 5 m/s。

在绝热情况下操作的干燥过程中,若湿物料表面保持润湿,则当过程达到稳态时,湿物料表面湿分汽化所需的热量正好等于空气传给湿物料的热量,这时,湿物料的表面温度就是湿球温度。

3. 绝热饱和温度

将湿度为 H、温度为 T 的未饱和空气从绝热饱和器(见图 12-3)的底部加入,与大量的从饱和器顶部喷淋而下的循环水逆流接触,因空气尚未饱和,水分便不断地向空气中汽化。又因空气饱和器是绝热的,既无热损失,也不从外界补充热量,致使空气的温度随过程的进行而逐渐下降,湿度不断升高。当空气湿度达到饱和时,空气的温度不再下降。此稳定状态的温度便称为空气初始状态的绝热饱和温度,以 T_{as} 表示。相应的饱和湿度为 H_{as}。

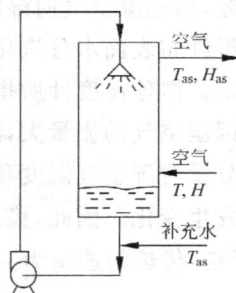

图 12-3 绝热饱和器示意图

若需向绝热饱和器中补充水,补充水的温度也应为 T_{as}。在此取焓的基准分别为 T_{as} 下的空气和 T_{as} 下的液态水,则进入绝热饱和器的湿空气和水的焓 I_1 为

$$I_1 = 1.01(T - T_{as}) + H[r_{as} + 1.88(T - T_{as})] \tag{12-18}$$

离开绝热饱和器的湿空气的焓 I_2 为

$$I_2 = H_{as} r_{as} \tag{12-19}$$

式中:H_{as}——空气在 T_{as} 下的饱和湿度,kg(水)/kg(干空气);

r_{as}——绝热饱和温度 T_{as} 下水的汽化潜热,kJ/kg。

由于是绝热饱和过程,所以

$$I_1 = I_2 \tag{12-20}$$

于是

$$T - T_{as} = \frac{r_{as}}{c_H}(H_{as} - H) \tag{12-21}$$

若测出 T_{as},便可查出饱和蒸气压 p_{as},进而求出 H_{as}。因此只要测出湿空气的温度 T 和绝热饱和温度 T_{as},便可由上式求出湿空气的湿度 H。

实验结果表明,对于空气-水蒸气系统,当空气的速度在 $3.8 \sim 1.02$ m/s 范围内时,$\alpha/k_H \approx c_H$,故式(12-21)和式(12-16)比较可得

$$T_{as} \approx T_w$$

这表明,虽然绝热饱和温度和湿球温度物理意义不同,但对于空气-水蒸气系统,在数值上可以认为两者近似相等,这将给干燥计算带来方便。

由以上分析可知,湿空气的湿度主要通过测定干、湿球温度或露点温度后,经计算求出。这 3 个温度之间有如下关系:

对于不饱和空气

$$T > T_w(\approx T_{as}) > T_d$$

对于饱和空气

$$T = T_w = T_d$$

12.1.3　湿空气的湿度图(T-H 图)

由前分析可知,湿空气的状态可以用温度 T、湿度 H、相对湿度 φ、水气分压 p_w、露点 T_d、湿球温度 T_w 等不同的参数表示。这些参数可以分为 3 类:一是温度(干球温度);二是组成(湿度、露点温度、水蒸气分压);三是与温度和组成都有关的(焓和相对湿度等)。从这 3 类量中任意给出两个独立变量,其他参数便可通过参数之间的关系式求出。

已知两个独立变量用公式计算湿空气的其他参数往往比较麻烦,有些参数

的确定还要用试算法,很不方便。为此将湿空气各参数间的函数关系绘成线图,利用该图由已知参数查取其他参数。这种图算法比用公式计算更为简捷方便。在干燥过程的计算中,应用广泛。

有两种常用的线图:湿空气的湿度-焓图(H-I 图)和湿空气的温度-湿度图(T-H 图),在此先简单介绍温度-湿度图。

如图 12-4 所示,温度-湿度图是在总压 $p = 101.33$ kPa 的基础上标绘出来的。温度 T 为横坐标,湿度 H 为纵坐标。

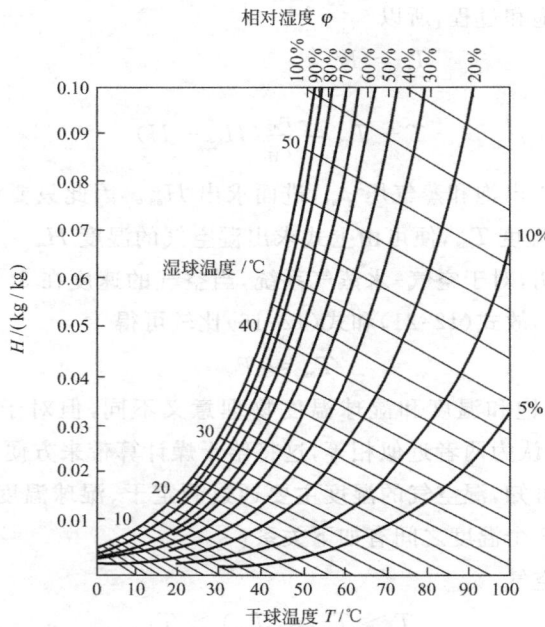

图 12-4　空气-水体系的温度-湿度图(约 100 kPa)

图 12-4 中主要有 4 类线,分述如下:

(1) 等温线(等 T 线)

等温线为一系列平行于纵坐标的直线,在一条等 T 线上不同点所代表的湿空气的状态不相同,但具有相同的温度(该线在图上未标绘出)。

(2) 等湿线(等 H 线)

等湿线为一系列平行于横坐标的直线。一等 H 线上不同点所代表湿空气的状态不同,但湿度相同(该线在图上未标绘出)。

(3) 等相对湿度线(等 φ 线)

由式(12-5)可知,总压 p 一定时,相对湿度 $\varphi = f(H, p_s)$,又因 p_s 是湿空气

温度 T 的单值函数,因此 $\varphi = f(H, T)$。对于一定的 φ 值,若 T 一定,H 也就一定。即在 T-H 坐标中,可获得 φ 值一定的不同点 (T, H),这些点相连接便是等 φ 线。如图 12-5 所示。

（4）等焓线（绝热冷却线）

前已讨论,对于空气-水气体系,湿空气的绝热饱和温度 T_{as},可用式（12-21）求出。该式可整理成下式:

$$H_{as} - H = \frac{c_H}{r_{as}}(T - T_{as})$$

由于空气在绝热饱和过程中近似为等焓过程,因此上式表明在等焓条件下,湿空气的 T 与 H 呈直线关系,该直线称为等焓线或绝热冷却线,如图 12-6 所示。状态点为 (T, H) 的湿空气沿等焓线与 $\varphi = 100\%$ 线交点所确定的温度,即该湿空气的绝热饱和温度 T_{as},近似等于湿球温度 T_w $(T_w \approx T_{as})$。

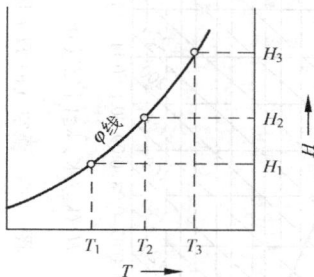

图 12-5　等相对湿度线

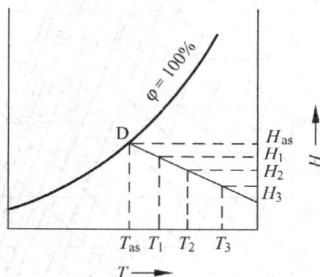

图 12-6　绝热冷却线

有时,在温度-湿度图上还包括表示湿比热、汽化潜热、比容等的关系线。

12.1.4　湿空气的湿焓图（H-I 图）

湿空气的湿焓图的构成原则上与温度湿度图相同,只是坐标的选取不同。目前国内湿焓图应用较广,在此着重讨论。

如图 12-7 所示。该图的横坐标是湿空气的湿度,单位为 kg（水）/kg（干空气）;纵坐标是湿空气的焓,单位为 kJ/kg（干空气）。为了使图中各种曲线群不致拥挤在一起,提高读数的准确度,两坐标的夹角是 135°,而不是 90°。图中的水平轴为辅助坐标,是为了减少线图的篇幅而又便于读数,该坐标上的湿度值是横坐标上湿度值的投影,真正的横坐标在图中并未完全画出。该图按湿空气的总压 $p = 101.33$ kPa 制成。

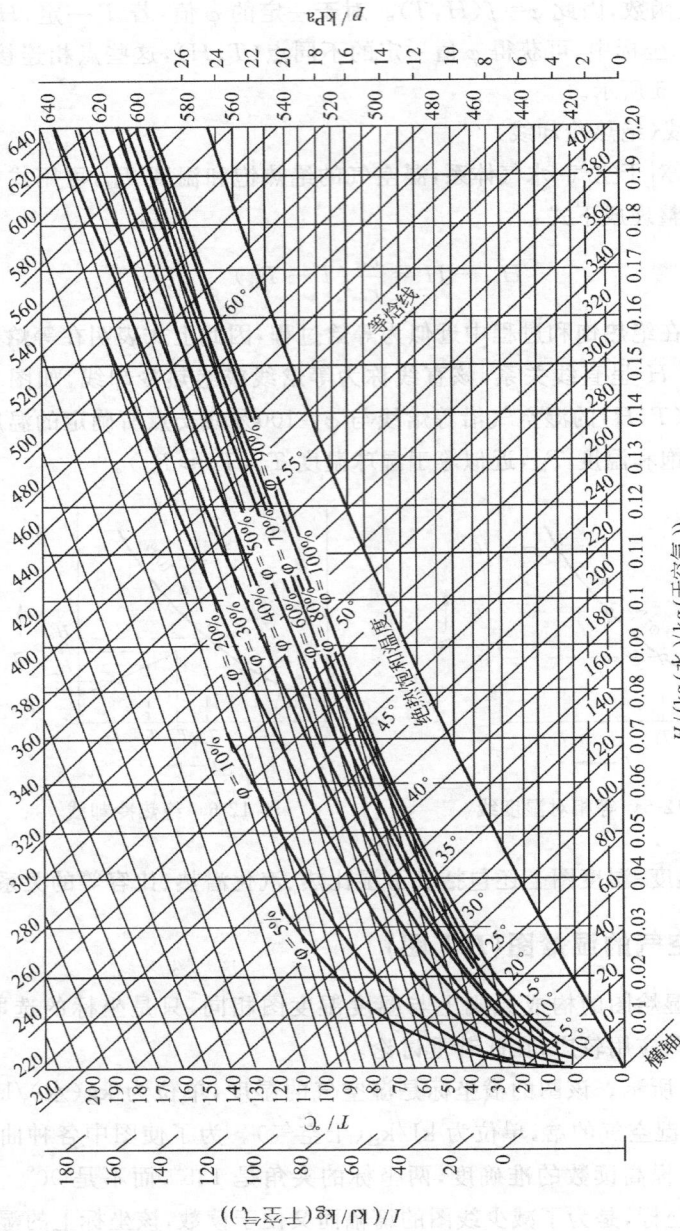

图 12-7 湿空气的 H-I 图

H-I 图由以下 5 种线群所组成：

（1）等湿度线（等 *H* 线）

等 *H* 线为一系列平行于纵轴的直线。在同一条等 *H* 线上不同点所代表的湿空气的状态不相同，但具有相同的湿度。

露点 T_d 是将湿空气等 *H* 冷却至 $\varphi = 100\%$ 时的温度，因此，湿度 *H* 相同，状态不同的湿空气具有相同的露点。

图中 *H* 的读数范围为 $0 \sim 0.2$ kg/kg（绝对干燥空气）。

（2）等焓线（等 *I* 线）

等 *I* 线为一系列平行于横轴（与纵轴成 135°的斜轴）的直线。在同一条等 *I* 线上不同点所代表的湿空气状态不相同，但有相同的焓值。

绝热增湿过程近似为等 *I* 过程，因此等 *I* 线也是绝热增湿过程中空气状态点变化的轨迹线。在该过程中，湿空气的温度 *T* 随其湿度 *H* 的增加而沿等 *I* 线下降。

（3）等干球温度线（等 *T* 线）

式（12-8）可改写成

$$I = 1.01T + (1.88T + 2\,490)H$$

上式表明，当 *T* 一定时，焓 *I* 和湿度 *H* 成直线关系，直线的斜率为 $1.88T + 2\,490$。因此在 *H-I* 图中，等 *T* 线是一系列斜率不同的互不平行的直线。*T* 愈高，等 *T* 线的斜率愈大。

（4）等相对湿度线（等 φ 线）

将具有相同 φ 的空气状态点相连即得等相对湿度线，由式（12-5）可知，总压一定时，相对湿度 $\varphi = f(H, p_s)$，又因 p_s 只和湿空气的 *T* 有关，因此 $\varphi = f(H, T)$。这表明由该式用 *H* 坐标和等 *T* 线，便可在 *H-I* 图中绘出等 φ 线，作法如下：令 φ 等于某一值，然后设一系列的温度，由式（12-5）求出一系列对应的 *H* 值，获得 (T, H) 数组，在 *H-I* 图中用 *H* 坐标和等 *T* 线找到一系列的点，这些点的连线便是 φ 等于该值时的等相对湿度线。图 12-7 中共标绘了 φ 从 $5\% \sim 100\%$ 的 11 条等 φ 线。

（5）水蒸气分压线

水蒸气分压线标绘于饱和空气线的下方，是湿空气中湿度 *H* 和水汽分压 p_w 的关系曲线。

由式（12-2）得

$$p_w = \frac{Hp}{0.622 + H} \tag{12-22}$$

上式表明,总压 p 一定,若 $H \ll 0.622$,则 p_w 和 H 的关系可视为直线关系。

12.1.5 *H-I* 图的应用

1. 由测出的参数确定湿空气的状态

（1）由测出的湿空气干、湿球温度 T 和 T_w,确定该湿空气的状态点 $A(H, I)$。

例 12-3 已测出湿空气的 $T = 100℃$,$T_w = 35℃$。求该湿空气的状态点 $A(H, I)$。

解：可利用 $T_w = T_{as}$,由 T_{as} 的定义求出 $T = T_w$ 时的 I,再根据绝热饱和过程是等焓过程,该等焓线与过 T 的等温线的交点是该湿空气的状态点 A。

如图 12-8 所示,由 $T = 35℃$ 的等温线 1 与 $\varphi = 100\%$ 的等 φ 线 2 交于点 a,得 $I = 140$ kJ/kg(干空气),再由 $I = 140$ kJ/kg(干空气)的等焓线 3 与 $T = 100℃$ 的等温线 4 相交,便得状态点 $A(T = 100℃,H = 0.015$ kg(水)/kg(干空气))。

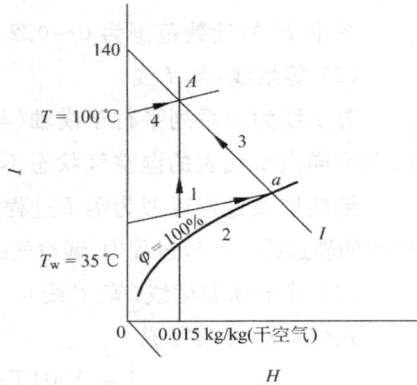

图 12-8 由干、湿球温度确定湿空气的状态点 A

（2）由测出的湿空气的干球温度 T 和露点温度 T_d,确定该湿空气的状态。

例 12-4 已测出湿空气的 $T = 100℃$,$T_d = 20℃$。求该湿空气的状态点 $A(H, I)$。

解：由露点的定义确定 H,再由等 T 线和等 H 线的交点,确定状态点 A。

如图 12-9 所示,由 $T = 20℃$ 的等温线 1 与 $\varphi = 100\%$ 的等 φ 线交于点 b,得 $H = 0.015$ kg/kg(干空气),再由 $H = 0.015$ kg(水)/kg(干空气)的等湿线 3 与 $T = 100℃$ 的等温线 4 相交,便得空气的状态点 A。

2. 已知湿空气某两个可确定状态的独立变量求该湿空气的其他参数

例 12-5 已知某湿空气的 $T = 30℃$,$H = 0.024$ kg(水)/kg(干空气)。求该湿空气的 $\varphi, I, T_{as}, T_d, p$。

解：如图 12-10 所示,在 $H-I$ 图上,$T = 30℃$ 的等 T 线与 $H = 0.024$ kg/kg(干空气)的等 H 线的交点,即为湿空气的状态点 A。由通过 A 的等 φ 线,读得 $\varphi \approx 88\%$。由通过 A 的等 I 线,读得 $I \approx 91$ kJ/kg(干空气)。由该等 I 线与 $\varphi = 100\%$ 的等 φ 线的交点,读得 $T_{as} \approx 28℃(\approx T_w)$。由 $H = 0.024$ kg/kg(干空气)的等 H 线与 $\varphi = 100\%$ 的等 φ 线交点,读得 $T_d \approx 27.5℃$。由该等 H 线与蒸气分压线的交点,读得 $p = 3.8$ kPa。

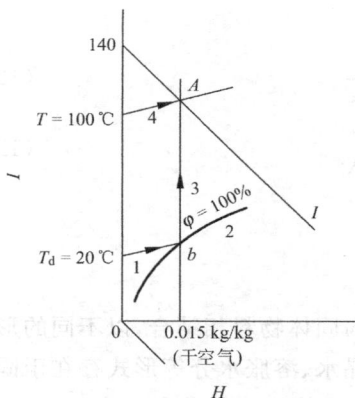

图 12-9　由 T 和 T_d 确定湿空气
的状态点 A

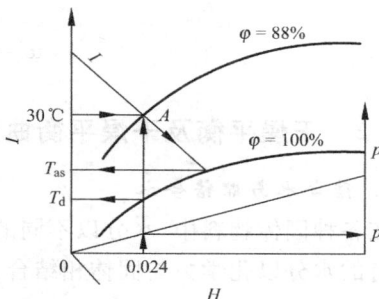

图 12-10　由湿空气的 T 和 H
确定其他参数

3. 根据过程的特点确定湿空气的状态随过程的变化

求出变化后的状态参数,进行有关的计算。具体例子将在 12.4 节介绍。

12.2　干燥平衡关系

干燥平衡关系是指在一定条件下,当湿空气和物料成热力学平衡状态时,固体物料中水的含量与空气中水汽含量之间的关系。

12.2.1　物料含水量的表示方法

物料的含水量一般有下述两种表示方式。

1. 湿基含水量

湿基含水量 w 是以湿物料为基准的组成表示法,为湿物料中水的质量分数,即

$$w = \frac{湿物料中水分的质量}{湿物料的总质量} \qquad (12\text{-}23)$$

式中:w——物料的湿基含水量,kg(水)/kg(湿物料)。

2. 干基含水量

干基含水量 X 是以绝对干燥物料为基准的组成表示法,为湿物料中水与干物料的质量比,即

$$X = \frac{物料中水分的质量}{物料中绝对干燥物料的质量} \qquad (12\text{-}24)$$

式中:X——物料的干基含水量,kg(水)/kg(绝对干燥物料)。

上述两种表示法的换算关系为

$$X = \frac{w}{1-w} \tag{12-25}$$

$$w = \frac{X}{1+X} \tag{12-26}$$

12.2.2　干燥平衡及干燥平衡曲线

1. 结合水与非结合水

在各种固体物料中,水分以不同的方式与固体物料相结合,以不同的形式存在。有的水分以化学力与固体相结合,以结晶水、溶胀水分等形式存在于固体物料中;有些水分受物料的表面吸附力、毛细管力等物理化学力的作用,以吸附水分及毛细管水分的形式存在。凡受化学力或物理化学力的作用而存在于固体中的水分统称为结合水。

当物料中含水较多时,多于结合水的部分称为非结合水,这部分水只是机械地附着于固体表面或大空隙中,性质与纯水相同,其蒸气压为同温度下纯水的饱和蒸气压。结合水因受化学力或物理化学力的作用,其蒸气压低于同温度下的饱和蒸气压。

2. 干燥平衡曲线

在一定温度下湿物料的平衡水蒸气压与其水含量的关系如图 12-11 所示。图中的曲线为干燥平衡曲线。由图可知,当水含量大于结合水含量 $X_{结合}$ 时(即物料含非结合水),湿物料的平衡水蒸气压等于同温度下水的饱和蒸气压,且水蒸气压不随水含量而变化;当水含量低于结合水含量时,则平衡水蒸气压随水含量的减少而降低。干燥平衡曲线需由实验测定。

上述干燥平衡曲线也可以表示成平衡含水量与空气的相对湿度的关系,如图 12-12 所示。用相对湿度 φ 代替水蒸气压作平衡曲

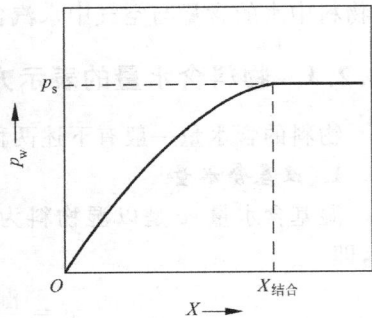

图 12-11　湿物料的水蒸气压

线的优点是各种温度下的干燥平衡曲线 $X^* - \varphi$ 近似地可以用同一条曲线表示,因此只要温度变化范围不大,可以用在一个温度下测得的平衡曲线来预计各种温度下的平衡关系。图 12-12 是某些物料在常压和 25℃下的干燥平衡曲线。

3. 平衡水分与自由水分

当湿物料与大量湿空气接触时,如空气中的水蒸气分压低于湿物料的平衡

水蒸气压,则湿物料中的水分将汽化,物料被干燥,这一过程进行到湿物料的含水量降低到其水蒸气压等于空气中的水蒸气分压为止,这时湿物料的含水量称为平衡水含量。湿物料中高于平衡水含量的水称为自由水。可见,自由水是用一定温度和湿度的空气干燥湿物料时,可以从湿物料中除去的水分。图 12-13 中表示出了用相对湿度为 50% 的空气干燥某种物料($X = 0.30$ kg(水)/kg(绝对干燥物料))时各种水的含量。

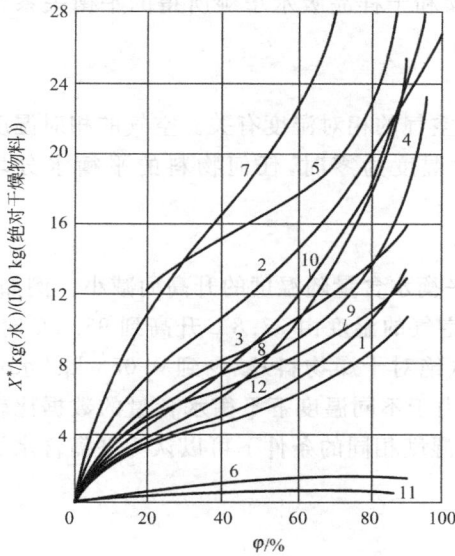

图 12-12　在 25℃时某些物料的平衡湿含
量 X^* 与空气相对湿度 φ 的关系
1—新闻纸;2—羊毛;3—硝化纤维;4—丝;
5—皮革;6—陶土;7—烟叶;8—肥皂;
9—牛皮胶;10—木材;11—玻璃丝;12—棉花

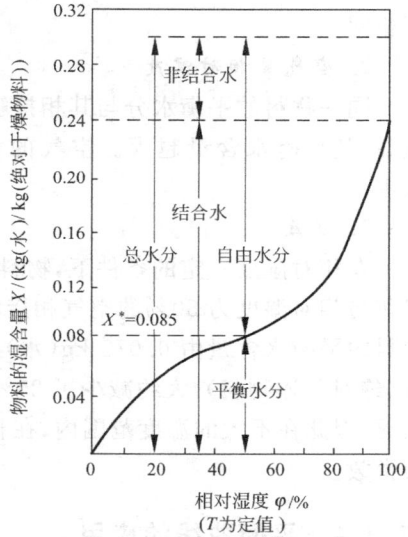

图 12-13　固体物料(丝)中所含
水分的性质

很明显,结合水与非结合水的界线,仅取决于物料本身的性质,而平衡水分与自由水分的划分还和干燥介质的状态(如相对湿度)有关。

12.2.3　影响平衡水分的因素

物料的平衡水分受以下因素的影响。

1. 物料的性质

由图 12-12 可以看出,在空气的相对湿度一定的情况下,物料的平衡水分随物料的种类不同而异。无孔的非吸水性不可溶固体物料,其平衡水含量很低,几乎等于零,如陶土和玻璃丝;而某些多孔的吸水性的海绵状有机物与生物物料,却有较大的平衡含水量,如烟叶、皮革、木材等。

目前,对于固体物料的结构和表面现象的研究成果,还不足以使我们能依据基本原理预计各种物料平衡含水量的变化规律。人们用多分子层等温吸附等模型来关联实验数据,给出了某些物料的干燥平衡关系。但对大多数物料尚无现成的关系可用,需实验确定,而且,同种物料的不同样品的干燥平衡关系常常还有所不同。某些物料,由湿样品脱水干燥和干样品吸水增湿所得的平衡关系也不相同。

2. 空气的相对湿度

同一物料的平衡水分与其相接触的空气的相对湿度有关。空气的相对湿度越高,其平衡水含量越大。空气的相对湿度为零时,任何物料的平衡水分均为零。

3. 温度

在相对湿度一定的条件下,物料的平衡水含量随温度的升高而减小。例如,棉花与相对湿度为 50% 的空气相接触,空气的温度由 37.8℃升高到 93.3℃时,物料的平衡水含量由 0.073 kg(水)/kg(绝对干燥物料)减少到 0.053 kg(水)/kg(绝对干燥物料),大约减少了 25%。由于不同温度下平衡水含量的数据比较缺乏,因此在不大的温度范围内,在相对湿度相同的条件下可以认为平衡含水量为常数。

12.2.4 平衡曲线的应用

干燥平衡曲线是确定干燥过程的条件与进行有关计算的依据,现将其应用分述如下。

1. 确定过程的方向以及推动力

含水量为 X 的物料与相对湿度为 φ 的空气相接触时,首先可在干燥平衡曲线上找到该相对湿度下物料的平衡含水量 X^*,然后比较 X^* 与 X,便可确定该过程是干燥过程还是吸湿过程以及过程的推动力。

若物料含水量 X 高于平衡含水量 X^*,则物料脱水而被干燥,其推动力 $\Delta X = X - X^*$;若物料的含水量低于平衡含水量,则物料将吸水而增湿,其推动力 $\Delta X = X^* - X$。如木材与 $T = 25℃$,$\varphi = 60\%$ 的空气相接触,由干燥平衡曲线可以查到 $\varphi = 60\%$ 时,木材的平衡水含量 $X^* = 0.117$ kg(水)/kg(绝对干燥物料)。若木材的含水量 $X = 0.3$ kg(水)/kg(绝对干燥物料),$X > X^*$,则木材与该空气相接触时,将被脱水干燥。若木材的含水量 $X = 0.1$ kg(水)/kg(绝对干燥物料),$X < X^*$,则木材吸水而增湿。

2. 确定在给定干燥介质的条件下湿物料中可能去除的水分及干燥后物料的最低含水量（或者为了达到一定的干燥要求，干燥介质的最高允许湿含量）

用一定温度和湿度的干燥介质进行干燥时，物料的含水量 X 高于与其平衡水含量 X^*，高出的部分 $(X-X^*)$ 称自由水含量。自由水分是在使用该干燥介质条件下，可以除去的水分。平衡水含量 X^* 是在该干燥条件下，物料含水量的最低极限。干燥介质的相对湿度越小，X^* 越低，可能去除的水分越多，干燥后物料的含水量越低。因此，只有用相对湿度小的空气，才能获得含水量低的物料。

另外，也可用干燥平衡曲线确定为达到一定干燥要求，干燥介质的最高允许湿含量，进而确定对干燥介质（空气）的要求，用下例说明。

例 12-6 将含水量 X_1 为 0.205 kg（水）/kg（绝对干燥物料）的湿木料，干燥至含水量 $X_2=0.075$ kg（水）/kg（绝对干燥物料），问需用相对湿度低于多少的干空气作为干燥介质才有可能达到干燥要求？若已有空气的温度 $T=30℃$，相对湿度 60%，问必须将该空气加热到多少度才能作为干燥介质？

解:只有当物料的平衡含水量 $X^*\leqslant X_2$ 时，才有可能达到干燥要求，由图 12-12 的平衡曲线可以查到与 $X^*=0.075$ kg（水）/kg（绝对干燥物料）成平衡的空气的相对湿度 $\varphi=$ 36%，即若要求物料干至 X_2，干燥介质的相对湿度不能高于 36%。已有空气的相对湿度为 60%，必须进行预热。由已知 $T=30℃$，$\varphi=$ 60%，可在湿空气的 H-I 图上确定该空气的初始状态点 A，如图 12-14 所示。空气预热是等湿过程，因此由通过 A 点的等湿线与 $\varphi=36\%$ 的等相对湿度线的交点 B，便可查得该空气至少必须加热到 42℃以上才可能进行该干燥过程。

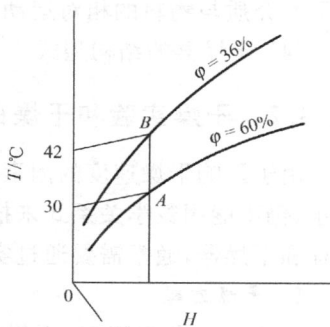

图 12-14　例 12-6 图示

3. 确定物料中的结合水量和非结合水量

结合水与物料的结合力较强，其水蒸气压低于同温度下纯水的饱和蒸气压。非结合水的水蒸气压等于同温度下纯水的饱和蒸气压。因此，根据湿物料的干燥平衡曲线可以确定结合水量和非结合水量。

例如，由图 12-12 中木材的干燥平衡曲线 10，可知该曲线经延伸大约在 $X=32$ kg（水）/100 kg（绝对干燥物料）处与 $\varphi=100\%$ 的相对湿度线相交。因此，木材的结合水含量为 0.32，含水量少于 0.32 的木材只含结合水，含水量大于该值的木材既含有结合水又含有非结合水。如水含量为 0.34 的木材中，100 kg 绝对干燥木材含有 2 kg 非结合水、32 kg 结合水。

12.3 干燥曲线和干燥速度

物料在干燥时,为达到一定的干燥程度所需要的时间取决于干燥速度。

12.3.1 影响干燥速度的因素

干燥速度定义为单位干燥面积上单位时间内汽化的水量,受以下几方面因素的影响:

(1)物料的性质、结构和形状:物料的性质和结构不同,物料与水分的结合方式以及结合水与非结合水的界线也不同,因此其干燥速度不同。物料的形状、大小以及堆置方式不仅影响干燥面积也影响干燥速度。

(2)干燥介质的温度和湿度:干燥介质的温度越高,湿度越低,干燥速度越快。

(3)干燥操作条件:干燥操作条件主要是干燥介质与物料的接触方式,以及干燥介质与物料的相对运动方向和流动状况。

(4)干燥器的结构型式。

12.3.2 干燥实验和干燥曲线以及干燥速度曲线

由于影响干燥速度的因素很多,过程的传热传质机理比较复杂,因此到目前为止,仍不能用数学关系式来描述干燥速度与相关因素的关系。为了设计干燥过程和干燥器,通常需要通过实验确定物料的干燥速度。

1. 干燥实验

为了简化影响因素,干燥实验通常是在恒定干燥条件下,即在空气的温度、湿度、气速以及空气与物料的流动方式都恒定不变的条件下进行。用大量的空气干燥少量湿物料,可以认为是恒定干燥条件,此时空气进、出干燥器时的状态不变。实验装置的示意图见图12-15。

实验时,记录不同时间湿物料的质量。实验测定进行到物料的质量恒定不变,物料与空气达到平衡状态为止,此时物料所含水量为所

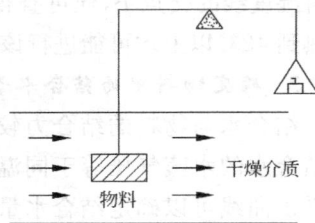

图 12-15 测定干燥曲线的实验
装置示意图

用干燥介质条件下的平衡水含量 X^*。实验结束后再将物料放入电烘箱内烘干至恒重,称出绝对干燥物料重 G'_c,量出干燥面积 S。

2. 干燥曲线及干燥速度曲线

将实验测出的数据绘于横坐标为干燥时间 t、纵坐标为物料含水量 X 的坐标中(见图 12-16(a)),便可得 t-X 曲线,称为干燥曲线。

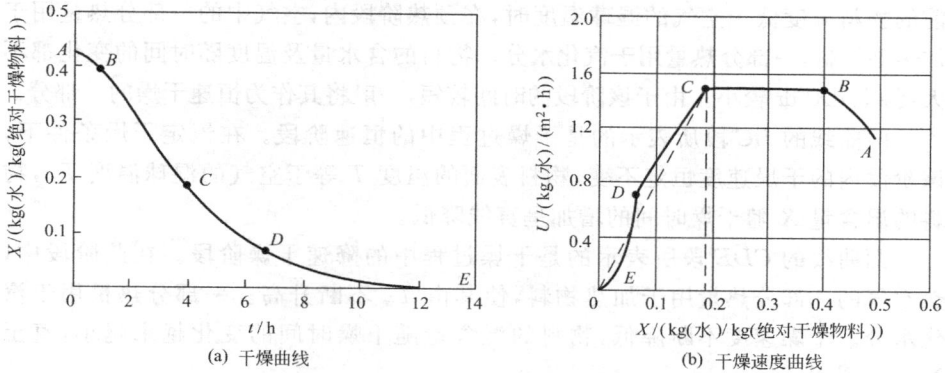

(a) 干燥曲线　　　　　　　　(b) 干燥速度曲线

图 12-16　恒定干燥条件(绝对干燥空气)下的干燥实验数据曲线

由干燥曲线可以直接读出该干燥条件下将水含量为 X_1 的物料干燥至某一含水量 X_2 所需的干燥时间。

干燥速度是单位时间内,单位干燥面积上汽化的水分质量,即

$$U = \frac{\mathrm{d}W}{S\mathrm{d}t} \tag{12-27}$$

式中:U——干燥速度,kg(水)/(m² · s);

　　　S——干燥面积,m²;

　　　W——汽化的水分质量,kg;

　　　t——时间,s。

因为

$$\mathrm{d}W = -G'_c\mathrm{d}X$$

所以

$$U = -\frac{G'_c\mathrm{d}X}{S\mathrm{d}t} \tag{12-28}$$

式中:G'_c——绝对干燥物料的质量,kg。式中负号表示 X 随干燥时间的增加而减小。

G'_c/S 由实验测得,$\mathrm{d}X/\mathrm{d}t$ 为 t-X 曲线的斜率,因此,可由干燥曲线 t-X 求出横坐标为 X、纵坐标为 U 的干燥速度曲线 U-X,如图 12-16(b)所示。

12.3.3　干燥过程分析及干燥速度关系式

由图 12-16 所示的干燥曲线和干燥速度曲线可以看出,物料干燥过程可以分为 3 个不同的阶段:预热(或称调整)阶段、恒速干燥阶段和降速干燥阶段。

两曲线的 AB 段表示干燥过程的预热阶段。在该阶段内,物料的含水量及其表面温度均随时间而变化,物料含水量由初始含水量降至与 B 点相应的含水量,而温度则由 T_1 升高(或降低)到与空气的湿球温度 T_w 相等的温度。当干燥前的物料温度低于空气的湿球温度时,在预热阶段内,空气中的一部分热量用于加热湿物料,一部分热量用于汽化水分。物料的含水量及温度随时间的变化都不大,斜率 dX/dt 较小。由于该阶段的时间较短,一般将其作为恒速干燥的一部分。

两曲线的 BC 段所表示的是干燥过程中的恒速阶段。在恒定干燥条件下,该阶段内的干燥速度恒定不变,物料表面的温度 T 等于空气的湿球温度 T_w,物料的湿含量 X 随干燥时间的增加呈直线降低。

两曲线的 CDE 段所表示的是干燥过程中的降速干燥阶段。在此阶段中,热空气的一部分热量用于加热物料,使其由 T_w 不断升高。一部分热量用于汽化水分。干燥速度不断降低,物料的湿含量随干燥时间的变化越来越小,直至 $X = X^*$ 为止。

恒速干燥阶段和降速干燥阶段的分界点 C 称为临界点,与该点对应的物料含水量称为临界含水量,以 X_c 表示,该点的干燥速度为恒速干燥速度 U_c。

现就恒速干燥阶段和降速干燥阶段,以及临界点的影响因素加以深入分析。

1. 恒速干燥阶段

恒定干燥条件下,恒速干燥阶段的干燥速度之所以恒定不变,是由于固体物料表面非常润湿,有充分的非结合水,该阶段汽化的水分为非结合水,与自由液面水的汽化没有什么差别,故恒速干燥阶段又称为表面汽化控制阶段。干燥速度为物料表面水的汽化速度,它主要取决于空气的温度、湿度及其流动状况。

恒速阶段的干燥速度 U_c 一般由实验测出,也可以通过传热关联式估算。

在恒速干燥阶段,空气与物料表面间的传热传质状况与湿球温度计的传热传质机理相似。在恒定干燥条件下,若忽略辐射传热的影响,物料表面的温度 T 等于该空气的湿球温度 T_w。物料表面的蒸气压与同温度下水的饱和蒸气压相等。物料表面处空气的湿含量为湿球温度下的饱和湿度 H''_s,因此,空气传给物料表面的对流传热速度为

$$\frac{dQ'}{S dt} = \alpha(T - T_w) \tag{12-29}$$

水分在物料表面的汽化速度为

$$\frac{dW'}{S dt} = k_H(H''_s - H) = U_c \tag{12-30}$$

空气传给湿物料的热量恰等于水分汽化所需潜热

$$dQ' = r_w dW'$$

所以

$$U_c = k_H(H''_s - H) = \frac{\alpha}{r_w}(T - T_w) \tag{12-31}$$

即恒速干燥阶段的干燥速度 U_c 可由传热速度估算。

以上各式中，r_w 为 T_w 下水的汽化潜热；T，T_w 分别为空气的干、湿球温度；H，H''_s 分别为空气的湿度和 T_w 下的饱和湿度。在恒定的干燥条件下 $T - T_w$ 及 $H''_s - H$ 恒定不变，因为空气的流动状况恒定，α 和 k_H 不变，因此，U_c 为一恒定值。

对流传热系数 α 最好由实验测定，没有实验数据时，也可进行如下估算：

当空气流动方向与物料表面平行，湿空气的质量流速 $G = 2\,500 \sim 30\,000$ kg/(m² · h)(0.6～8 m/s)时，可用

$$\alpha = 0.020\,4G^{0.8} \tag{12-32}$$

当空气垂直穿过物料层，$G = 4\,000 \sim 20\,000$ kg/(m² · h)(0.9～4.6 m/s)时，可用

$$\alpha = 117G^{0.37} \tag{12-33}$$

在气流干燥器中，气体和颗粒间的对流传热系数 α 可用下式估算：

$$\alpha = \frac{\lambda_g}{d_p}\left[2 + 0.54\left(\frac{d_p u_0}{\nu_g}\right)^{0.5}\right] \tag{12-34}$$

式中：α——对流传热系数，W/(m² · K)；

d_p——颗粒的平均直径，m；

u_0——沉降速度，m/s；

λ_g——空气的导热系数，W/(m · K)；

ν_g——运动粘度，m²/s。

由以上可知，恒速干燥速度 U_c 受空气的以下参数的影响：

(1) 空气的湿度

空气的温度一定时，若空气的湿度 H 降低，湿球温度 T_w 随之降低，U_c 增加。

(2) 空气的温度

空气的湿度一定时，温度 T 升高，湿球温度 T_w 也升高，物料表面处的空气湿度增大，因此干燥速度随之增大。

(3) 空气与固体物料的相对流速

相对流速大，传热与传质系数大，U_c 大。当空气平行流过物料表面时，U_c 与 $G^{0.8}$ 成正比；空气垂直穿过物料层时，U_c 与 $G^{0.37}$ 成正比。

2. 降速干燥阶段

降速干燥阶段，一般分为第一降速阶段和第二降速阶段。

当物料的平均含水量降到临界含水量 X_c 后，物料内部水分转移到表面的速度低于恒速阶段时表面水分的汽化速度，物料表面不能再维持全部润湿，表面

逐渐变干,湿润表面积不断减少,干燥速度不断降低,而物料的温度则逐渐升高。部分表面上汽化的水分已是结合水分,过程的速度逐渐受水分由物料内部转移到表面的速度控制。这一阶段(由临界点 C 至点 D)称为第一降速阶段或不饱和表面干燥阶段。

当物料的含水量降到与 D 点对应的 X_D 值时,全部物料表面已不存在非结合水,水分的汽化面随着干燥过程的进行,逐渐由表面向物料内部移动。汽化水分所需的热量通过已干燥的固体物料层传递到汽化面,而汽化水分则通过固体层进入空气流,过程的传热和传质的阻力增加,干燥速度进一步降低,干燥过程完全受水分在物料中移动速度的控制。该阶段由 D 点开始,直至物料的含水量降至平衡含水量 X^*(E 点)为止,称为第二降速阶段。当物料含水量降至 X^* 时,干燥速度为零。

由以上分析可知,降速阶段的干燥速度取决于水分在物料内部的迁移速度,取决于物料本身的性质、结构、形状尺寸以及物料的堆放厚度,而与干燥介质的流速关系不大,所以降速阶段又称为物料内部迁移控制阶段。

关于物料内部水分的移动机理,目前已提出了各种不同的理论,主要有液体扩散理论及毛细管理论等。这些理论各能说明一定类型物料的干燥规律,有的还提出了相应的传递速度关系式,但由于物料的性质及结构很复杂,各种理论都有很大的局限性,难以建立传递速度关系式和干燥速度的关系。因此,一般都要通过实验确定降速阶段干燥速度。

物料可分为多孔固体和无孔固体,还可以分为吸水性物料和不吸水物料。结构复杂各不相同,干燥机理也相差很大,因此,实验测定出的降速阶段干燥速度曲线各不相同。典型的干燥速度曲线如图 12-17 所示。

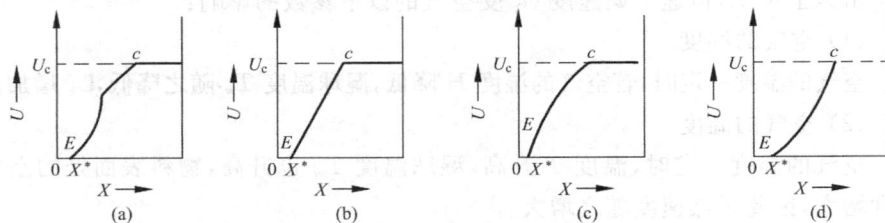

图 12-17　干燥速度曲线的种类

图 12-17(a)是较典型的干燥速度曲线,已如上述。

图 12-17(b),(c)是某些多孔物料的干燥速度曲线。该类物料中的水分靠毛细管作用由物料内部向表面迁移。

图 12-17(d)是某些无孔吸水性物料的干燥速度曲线。该类物料中的水分靠扩散作用由物料内部向表面迁移。此类物料干燥常不存在恒速干燥阶段。

当降速阶段的干燥速度曲线随物料的含水量 X 呈线性变化时(见图 12-17(b)),干燥速度关系可用下式表示:

$$U = aX + b \tag{12-35}$$

其中

$$a = \frac{U_c}{X_c - X^*} \tag{12-36}$$

$$-\frac{b}{a} = X^* \tag{12-37}$$

当缺乏平衡水含量的实验数据时,可以假设干燥速度曲线为通过原点的直线(即 $X^* = 0$),这时

$$U = aX \tag{12-38}$$

$$a = \frac{U_c}{X_c} \tag{12-39}$$

3. 临界含水量

当物料的含水量降至临界含水量 X_c 以后,物料的干燥过程由恒速干燥阶段进入降速干燥阶段。临界含水量不是物料的物性参数,它受物料的性质、干燥器的种类和干燥操作条件三方面的影响。

无孔吸水性物料的 X_c 值比多孔物料大;物料的堆积厚度薄或在有搅动的干燥器内干燥,X_c 值较小;干燥介质的温度高,湿度低,流速快,恒速干燥阶段的干燥速度快,X_c 大。干燥介质的温度过高,湿含量过低,恒速干燥阶段的速度过快,可能使某些物料表面结疤,这不仅影响产品质量,也增加了传热和传质阻力。临界含水量通常需要在和实际干燥相似的条件下,由实验测定。表 12-1 给出了某些物料临界含水量的参考值。

表 12-1 某些物料的临界含水量

物　料		空　气　条　件				临界含水量/
品　种		厚度/mm	速度/(m/s)	温度/℃	相对湿度	(kg/kg(干物料))
粘土		0.4	1.0	37	0.10	0.11
		15.9	1.0	32	0.16	0.13
		25.4	10.6	25	0.40	0.17
高岭土		30	2.1	40	0.40	0.181
铬革		10	1.5	49		1.25
砂 (颗粒 直径)	<0.044 mm	25	2.0	54	0.17	0.21
	0.044~0.074 mm	25	3.4	53	0.14	0.10
	0.149~0.177 mm	25	3.5	53	0.15	0.053
	0.208~0.295 mm	25	3.5	55	0.17	0.053
新闻纸		0		19	0.35	1.00

物　料		空　气　条　件			临界含水量/
品　　种	厚度/mm	速度/(m/s)	温度/℃	相对湿度	(kg/kg(干物料))
铁杉木	25	4.0	22	0.34	1.28
羊毛织物			25		0.31
白垩粉	31.8	1.0	39	0.20	0.084
	6.4	1.0	37		0.04
	16	9～11	26	0.40	0.3

12.4　干燥设备的设计计算

　　干燥过程的设计计算包括流程设计、物料衡算、热量衡算以及干燥时间计算。

12.4.1　干燥流程设计

　　由于固体物料的性质、形状大小、承受温度的能力以及干燥要求等的千差万别,因此干燥介质、设备类型、加热方式等的选择以及某些参数的确定都必须根据具体情况决定。

　　连续式对流干燥设备的典型流程如图 12-18 所示。它主要由加热器(预热器)和干燥器两部分组成。在预热器中干燥介质温度升高、相对湿度降低。干燥介质与物料在干燥器中的相对流动方向,可分为并流、逆流和错流。其流程分别如图 12-18 中的(a),(b),(c)所示。空气(以实线表示)在预热器 1 中等湿加热后送入干燥器 2,在干燥器内与湿物料接触放热吸湿后离开干燥器。湿物料(以虚线表示)从干燥器 2 的某一端加入,干燥后从另一端离开。

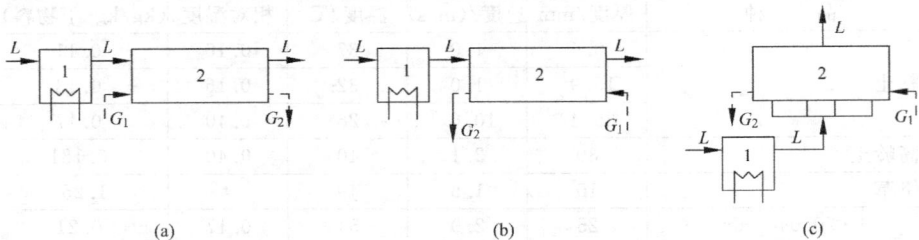

图 12-18　连续式对流干燥流程

　　不同相对流向的操作,各有其优缺点。并流操作时,如图 12-18(a),由于物料的初始含水量较高,此时物料的温度不会高于空气的湿球温度,因此可采用初始温度较高的空气作为干燥介质,被干燥的物料不会过热,而在干燥器的入口处可获得很高的初始干燥速度。在相同的干燥介质初始温度下,物料的出口温度也较逆流操作时低。但并流操作时,干燥后期的推动力小,在干燥器靠近出口部分的干燥速度低。而入口处初始干燥速度过快,有可能导致物料变形、龟裂或表面硬化。并流操作适用于不耐高温,允许进行快速干燥而不产生龟裂,吸湿性小,或最终产品含水量要求不苛刻的物料。

逆流操作时,如图 12-18(b)所示,在干燥器的干物料出口端,将要离开干燥器的含水量已很低的物料,与刚刚进入干燥器的温度高、湿含量低的干燥介质相接触。在干燥器的物料入口端,刚加入干燥器的水含量很高的物料,与即将离开干燥器的温度低、湿含量高的干燥介质相接触。因此,在整个干燥器中各个不同位置的干燥推动力比较均匀,并可获得含水量很低的产品,但物料的出口温度较并流时高。故逆流操作适用于不允许高速干燥,在物料的干燥后期可耐高温,或要求获得含水量很低的产品的干燥。

某些干燥设备采用错流操作,如图 12-18(c)所示,各个位置的物料均与高温、低相对湿度的干燥介质相接触,干燥推动力较大,干燥速度较高。这种操作适用于在高、低含水量时,均可快速干燥的耐温物料。

12.4.2　干燥过程的物料衡算

物料衡算的目的是确定待干燥的物料与干燥介质之间在干燥过程中的量和组成的关系,求得水分蒸发量与空气需用量,是确立操作参数和设备设计之基础。

图 12-19 为连续干燥器进、出口气、固两相流量及有关参数的示意图。以干燥器为系统做水的物料衡算:

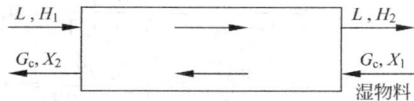

图 12-19　干燥器的物料衡算

$$G_c X_1 + L H_1 = G_c X_2 + L H_2 \qquad (12\text{-}40)$$

式中:G_c——绝对干燥物料的质量流量,kg(绝对干燥物料)/s;

　　　L——绝对干燥空气的质量流量,kg(干空气)/s;

　　　H_1,H_2——空气进、出干燥器时的湿度,kg(水)/kg(干空气);

　　　X_1,X_2——湿物料进、出干燥器时的干基含水量,kg(水)/kg(绝对干燥物料)。

整理上式得

$$W = G_c (X_1 - X_2) = L(H_2 - H_1) \qquad (12\text{-}41)$$

式中:W——水分蒸发量,kg/s。

故蒸发 W kg(水)/s 所消耗的绝对干燥空气量为

$$L = \frac{W}{H_2 - H_1} \tag{12-42}$$

或

$$l = \frac{L}{W} = \frac{1}{H_2 - H_1} \tag{12-43}$$

式中：l——单位空气消耗量，即每蒸发 1 kg 水分需消耗的干空气量，kg（干空气）/kg（水）。

由上述关系式可知，从湿物料中需要除去的水分量 W 决定于物料的初始含水量 X_1 和干燥要求 X_2。干燥要求 X_2 一定的情况下，初始含水量 X_1 愈高，W 愈大，需要 L 愈大，操作费用愈高。因此，通常湿物料在干燥之前先用能耗低的机械去湿法脱水，尽量降低 X_1，以降低干燥操作费用。

例 12-7 在一连续干燥器中，要求每小时将 1 000 kg 含水量为 0.1（质量分数，下同）的湿物料，干燥到含水量为 0.02。热空气为干燥介质，其初始湿度 $H_1 = 0.008$ kg（水）/kg（干空气），离开干燥器时湿度 $H_2 = 0.05$ kg（水）/kg（干空气）。设干燥过程中无物料损失。试求：

（1）水分蒸发量；

（2）干空气消耗量；

（3）干燥产品量。

解：（1）水分蒸发量

物料的干基水含量为

$$X_1 = \frac{w_1}{1 - w_1} = \frac{0.1}{1 - 0.1} = 0.111\,1 \text{ kg（水）/kg（绝对干燥物料）}$$

$$X_2 = \frac{w_2}{1 - w_2} = \frac{0.02}{1 - 0.02} = 0.020\,4 \text{ kg（水）/kg（绝对干燥物料）}$$

绝对干燥物料量为

$$G_c = G_1(1 - w_1) = 1\,000 \times (1 - 0.1) = 900 \text{ kg/h}$$

故水分蒸发量为

$$W = G_c(X_1 - X_2) = 900 \times (0.111\,1 - 0.020\,4) = 81.6 \text{ kg/h}$$

（2）干空气消耗量

$$L = \frac{W}{H_2 - H_1} = \frac{81.6}{0.05 - 0.008} = 1\,943 \text{ kg/h}$$

原湿空气消耗量为

$$L' = L(1 + H_1) = 1\,958 \text{ kg/h}$$

（3）干燥产品量

干燥过程无物料损失时

$$G_2 = G_1 - W = 1\,000 - 81.6 = 918.4 \text{ kg/h}$$

12.4.3 干燥过程热量衡算及干燥器的热效率

1. 干燥系统的热量衡算

干燥系统包括空气预热器和干燥器两部分,如图 12-20 所示。

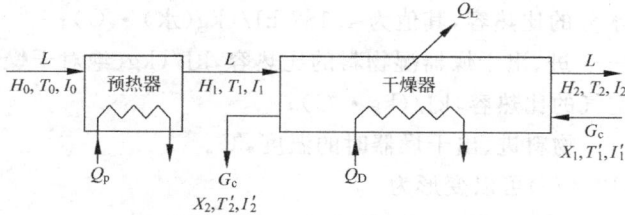

图 12-20 干燥系统热量衡算

1) 预热器的热量衡算

若忽略预热器的热损失,并以预热器为系统进行热量衡算,则

$$Q_p = L(I_1 - I_0) \tag{12-44}$$

式中:Q_p——预热器中加入的热量,kJ/s;

I_0, I_1——空气进、出预热器时的焓,kJ/kg(干空气)。

2) 干燥器的热量衡算

以干燥器为系统进行热量衡算,则

$$LI_1 + G_c I_1' + Q_D = LI_2 + G_c I_2' + Q_L$$

$$L(I_1 - I_2) = G_c(I_2' - I_1') - Q_D + Q_L \tag{12-45}$$

式中:Q_D——在干燥器中加入的热量,kJ/s;

Q_L——干燥器的热损失,kJ/s;

I_2——空气在干燥器出口处的焓,kJ/kg(干空气);

I_1', I_2'——物料进、出干燥器时的焓,kJ/kg(干物料)。此处绝对干燥物料的焓的基准是 0℃(固体状态)。

3) 整个干燥系统的热量衡算

以包括预热器和干燥器的整个干燥系统进行热量衡算,则

$$LI_0 + G_c I_1' + Q_p + Q_D = LI_2 + G_c I_2' + Q_L \tag{12-46}$$

或

$$Q = Q_p + Q_D = L(I_2 - I_0) + G_c(I_2' - I_1') + Q_L \tag{12-47a}$$

其中,

$$I_0 = c_g T_0 + H_0 I_{v0} = 1.01 T_0 + H_0 I_{v0} \tag{12-48}$$

$$I_2 = c_g T_2 + H_2 I_{v2} = 1.01 T_2 + H_2 I_{v2} \tag{12-49}$$

$$I_1' = c_s T_1' + X_1 c_w' T_1' = (c_s + X_1 c_w') T_1' = c_{m1} T_1' \tag{12-50}$$

$$I_2' = (c_s + X_2 c_w') T_2' = c_{m2} T_2' \tag{12-51}$$

式中：H_0，H_2——空气进预热器和出干燥器的湿度，kg(水)/kg(干空气)；

    T_0，T_2——空气进预热器和出干燥器时的温度，℃；

    I_{v0}，I_{v2}——新鲜空气和废气中水蒸气的焓，kJ/kg(水蒸气)；

    c_s——绝对干燥物料的比热容，kJ/(kg(绝对干燥物料)·℃)；

    c'_w——水分的比热容，其值为 4.187 kJ/(kg(水)·℃)；

    c_{m1}，c_{m2}——进、出干燥器湿物料的比热容，kJ/(kg(绝对干燥物料)·℃)；

    c_g——空气的比热容，kJ/(kg·℃)；

    T'_1，T'_2——物料进、出干燥器时的温度，℃。

于是，式(12-47a)可以变形为

$$Q = [Lc_g(T_2 - T_0) + LH_0 c_v(T_2 - T_0)]$$
$$+ [L(H_2 - H_0)I_{v2} - G_c(X_1 - X_2)c'_w T'_1]$$
$$+ [G_c c_s(T'_2 - T'_1) + G_c X_2 c'_w(T'_2 - T'_1)] + Q_L \quad (12\text{-}47b)$$

由上式可知，干燥系统消耗的热量等于以下热量之和：

(1) 蒸发水分的热量

$$Q_1 = L(H_2 - H_0)I_{v2} - G_c(X_1 - X_2)c'_w T'_1$$
$$= W(2\,490 + 1.88T_2 - 4.187T'_1) \quad (12\text{-}52)$$

(2) 物料及其中残存水分升温带走的热量

$$Q_2 = G_c(T'_2 - T'_1)(c_s + X_2 c'_w) \quad (12\text{-}53)$$

(3) 空气以及原始所含水分升温所带走的热量

$$Q_3 = Lc_g(T_2 - T_0) + LH_0 c_v(T_2 - T_0)$$
$$= 1.01L(T_2 - T_0) + 1.88LH_0(T_2 - T_0) \quad (12\text{-}54)$$

(4) 热损失 Q_L

2. 干燥器的热效率

干燥器的热效率 η 定义为

$$\eta = \frac{\text{干燥系统中蒸发水分所消耗的热量}}{\text{给干燥系统加入的总热量}} \times 100\%$$

$$\eta = \frac{Q_1}{Q_p + Q_D} \times 100\% \quad (12\text{-}55)$$

蒸发水分所需的热量可用式(12-52)计算：

$$Q_1 = W(2\,490 + 1.88T_2 - 4.187T'_1)$$

例 12-8 温度 $T_0 = 15$℃，湿度 $H_0 = 0.007\,3$kg(水)/kg(干空气)的空气经预热器加热至 $T_1 = 90$℃后，送入常压气流干燥器内干燥某种湿物料。物料进干燥器前温度 $T'_1 = 15$℃，湿含量 $X_1 = 0.15$ kg(水)/kg(绝对干燥物料)，出干燥器时温度 $T'_2 = 40$℃，湿含量 $X_2 = 0.01$ kg(水)/kg(绝对干燥物料)。绝对干燥物

料的比热容 $c_s=1.156$ kJ/(kg(绝对干燥物料)·℃)。空气出干燥器时的温度 $T_2=50℃$,该干燥器的生产能力按产品计为 250 kg/h。

(1) 假设该干燥过程中固体物料进出干燥器的焓不变,干燥器的热损失可忽略,求原空气消耗量、预热器中的加热量以及干燥器的热效率;

(2) 干燥过程中物料带走的热量不忽略,干燥器的热损失为 3.2 kW,求原空气消耗量、预热器中的加热量及干燥器的热效率。

解:(1) 因干燥器中不补充热量,热损失及物料的焓变均可以忽略不计,则根据式(12-45),$I_1=I_2$。空气在预热器中加热是等湿过程,$H_0=H_1$。由 T_0,H_0 在 H-I 图可查得 $I_0=33$ kJ/kg(干空气)。因 $T_1=90℃$,$H_1=H_0=0.0073$ kg(水)/kg(干空气),在 H-I 图上可查得 $I_1=110$ kJ/kg(干空气)。由 $T_2=50℃$ 及 $I_2=I_1=110$ kJ/kg(干空气),在 H-I 图上便可查得 $H_2=0.0235$ kg(水)/kg(干空气)。

绝对干燥物料量为

$$G_c=\frac{G_2}{1+X_2}=\frac{250}{1+0.01}=248 \text{ kg/h}$$

水蒸发量为

$$W=G_c(X_1-X_2)=248\times(0.15-0.01)$$
$$=34.7 \text{ kg/h}$$

绝对干燥空气量为

$$L=\frac{W}{H_2-H_1}=\frac{34.7}{0.0235-0.0073}=2141 \text{ kg/h}$$

原空气的体积流量为

$$V=L\left(\frac{1}{29}+\frac{1}{18}H_0\right)\frac{T_0+273}{273}\times22.4$$

$$=2141\times\left(\frac{1}{29}+\frac{1}{18}\times0.0073\right)\times\frac{15+273}{273}\times22.4$$

$$=1765 \text{ m}^3/\text{h}$$

预热器的传热量为

$$Q_p=L(I_1-I_0)=2141\times(110-33)=164857 \text{ kJ/h}=45.8 \text{ kW}$$

干燥器的热效率为

$$\eta=\frac{Q_1}{Q_p+Q_D}\times100\%$$

$$Q_D=0$$

$$Q_p=164857 \text{ kJ/h}$$

$$Q_1=W(2490+1.88T_2-4.187T_1')$$

$$=34.7\times(2490+1.88\times50-4.187\times15)$$

$$=87485 \text{ kJ/h}$$

$$\eta = \frac{87\,485}{164\,857} \times 100\% = 53\%$$

(2) 由于 $Q_D = 0, G_c(I_2' - I_1') > 0, Q_L > 0$，因此，解此问的关键是求出 H_2。

同(1)，由已知条件可求出 $G_c = 248 \text{ kg(绝对干燥物料)/h}, W = 34.7 \text{ kg/h}$, $I_1 = 110 \text{ kJ/kg(绝对干燥物料)}, I_0 = 33 \text{ kJ/kg(干空气)}$。

物料带走的热量：

$$
\begin{aligned}
G_c(I_2' - I_1') &= G_c[(c_s + c_w' X_2)T_2' - (c_s + c_w' X_1)T_1'] \\
&= 248 \times [(1.156 + 4.187 \times 0.01) \times 40 \\
&\quad - (1.156 + 4.187 \times 0.15) \times 15] \\
&= 5\,246 \text{ kJ/h}
\end{aligned}
$$

热损失：

$$Q_L = 3.2 \text{ kW} = 11\,520 \text{ kJ/h}$$

由干燥器的水分衡算式(12-42)得

$$L(H_2 - 0.007\,3) = 34.7 \tag{a}$$

由干燥器的热量衡算式(12-45)得

$$L(I_1 - I_2) = G_c(I_2' - I_1') + Q_L$$

$$L(110 - I_2) = 5\,246 + 11\,520 = 16\,766 \text{ kJ/h} \tag{b}$$

由空气焓的定义式(12-8)得

$$
\begin{aligned}
I_2 &= (1.01 + 1.88H_2)T_2 + 2\,490H_2 \\
&= (1.01 + 1.88H_2) \times 50 + 2\,490H_2 \\
&= 50.5 + 2\,584H_2
\end{aligned} \tag{c}
$$

联立方程式(a),(b),(c)解得

$$I_2 = 103.6 \text{ kJ/kg(干空气)}$$

$$H_2 = 0.020\,5 \text{ kg(水)/kg(干空气)}$$

$$L = 2\,629 \text{ kg(干空气)/h}$$

预热器的传热量为

$$Q_p = L(I_1 - I_0) = 2\,629 \times (110 - 33) = 202\,433 \text{ kJ/h} = 56.2 \text{ kW}$$

干燥器的热效率为

$$\eta = \frac{Q_1}{Q_p} \times 100\% = \frac{87\,485}{202\,433} \times 100\% = 43.2\%$$

12.4.4　干燥时间计算

干燥时间是对于一定的体系(待干燥物料和干燥介质)，在一定的初始条件 (T_1', X_1, T_1 和 H_1)和操作条件下(如并流还是逆流，L/G_c)，为达到一定的干燥要求(X_2),固体物料在干燥器内停留必要的时间。对于连续干燥器来说,在物料的移动速度一定的情况下,由停留时间决定干燥设备的长度。

由于干燥过程中传质和传热过于复杂,因此很难准确计算连续干燥器中物料的停留时间,一般只能通过实验来测定。

而对于间歇干燥过程,可以通过前述的恒定干燥条件下的干燥实验来确定干燥时间。

1. 恒速干燥阶段

1) 利用干燥曲线或干燥速度曲线计算干燥时间

恒速干燥阶段的干燥速度为常量,且等于临界干燥速度 U_c,故由物料的初始含水量 X_1 降到临界含水量 X_c 所需的时间 t_1,可由下式求出:

$$t_1 = \frac{G_c(X_1 - X_c)}{SU_c} \tag{12-56}$$

式中,干燥速度 U_c 由实验测定。测定干燥速度曲线的实验条件应与待设计的干燥器的操作条件(如干燥器类型、气速及空气的状态)相类似,否则会产生较大的误差。

2) 用对流传热系数计算干燥时间

由式(12-31)

$$U_c = \frac{\alpha}{r_w}(T - T_w)$$

得

$$t_1 = \frac{G_c(X_1 - X_c)}{S\dfrac{\alpha}{r_w}(T - T_w)} = \frac{G_c r_w(X_1 - X_c)}{S\alpha(T - T_w)} \tag{12-57}$$

利用对流传热系数计算恒速干燥速度和干燥时间,仅能作为粗略估算。

2. 降速干燥阶段

在降速干燥阶段中,干燥速度 U 随物料的含水量的减少而降低,干燥时间 t_2 可用图解积分法、数值求解法或解析法进行计算。

当降速干燥阶段干燥速度随物料的含水量 X 呈线性变化时(见图12-21),干燥时间可采用解析法进行计算:

$$U = aX + b \tag{12-58}$$

式中:a,b——干燥速度曲线的斜率、截距。

微分上式得

$$dU = a dX \tag{12-59}$$

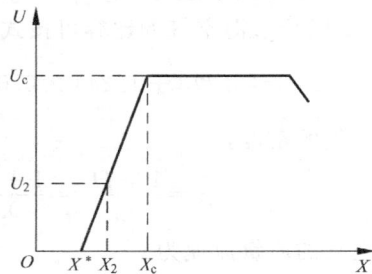

图 12-21 降速阶段干燥速度曲线为直线的情况

将上式代入式(12-28),得

$$t_2 = \frac{G_c}{aS}\int_{U_2}^{U_c}\frac{dU}{U} = \frac{G_c}{aS}\ln\frac{U_c}{U_2} \tag{12-60}$$

因为

$$a = \frac{U_c}{X_c - X^*} \tag{12-61}$$

$$\frac{U_c}{U_2} = \frac{X_c - X^*}{X_2 - X^*} \tag{12-62}$$

故

$$t_2 = \frac{G_c(X_c - X^*)}{SU_c}\ln\frac{X_c - X^*}{X_2 - X^*} \tag{12-63}$$

当缺乏平衡水分实测数据时,作为粗略估算,可假设干燥速度曲线为通过原点的直线进行计算,即认为 $X^* = 0$,故式(12-63)可简化为

$$t_2 = \frac{G_c X_c}{SU_c}\ln\frac{X_c}{X_2} \tag{12-64}$$

例 12-9 在常压下将温度为 20℃、湿度为 0.02 kg(水)/kg(干空气)的空气预热至 65℃后送入间歇干燥器,空气以 4 m/s 的速度平行吹过湿物料的表面。试求:

(1) 恒速干燥阶段的干燥速度;

(2) 将物料自含水量 $X_1 = 0.4$ kg(水)/kg(绝对干燥物料)降至 $X_2 = 0.25$ kg(水)/kg(绝对干燥物料)所需的干燥时间(假设:$G_c/S = 21.5$ kg(绝对干燥物料)/m²,临界含水量 $X_c = 0.195$ kg(水)/kg(绝对干燥物料));

(3) 若空气的预热温度改为 80℃,其他条件不变时的恒速干燥速度;

(4) 若空气改为以 6 m/s 的速度平行吹过湿物料表面,其他条件不变时的恒速干燥速度。

解:(1) 湿空气的温度为 65℃,湿度为 0.02 kg(水)/kg(干空气),可在 H-I 图上查得其湿球温度 $T_w = 31℃$。从水蒸气表查得 31℃时水的汽化潜热 $r_w = 2\,421$ kJ/kg。湿空气的比容可按式(12-10)计算:

$$v_H = (0.773 + 1.244 \times 0.02) \times \frac{273 + 65}{273} = 0.99 \text{ m}^3/\text{kg(干空气)}$$

湿空气的密度:

$$\rho = \frac{1 + H}{v_H} = \frac{1 + 0.02}{0.99} = 1.03 \text{ kg/m}^3\text{(湿空气)}$$

湿空气的质量流速为

$$L' = u\rho = 4 \times 1.03 \times 3\,600 = 14\,832 \text{ kg/(m}^2 \cdot \text{h)}$$

根据式(12-32)

$$\alpha = 0.020\,4(L')^{0.8} = 0.020\,4 \times (14\,832)^{0.8} = 44.32 \text{ W/(m}^2 \cdot \text{K)}$$

因此

$$U_c = \frac{\alpha}{r_w}(T - T_w) = \frac{44.32}{2\,421.4 \times 10^3} \times (65 - 31)$$

$$= 0.622 \times 10^{-3}\ \text{kg/(m}^2 \cdot \text{s)} = 2.24\ \text{kg/(m}^2 \cdot \text{h)}$$

(2) 因 $X_2 > X_c$，故 $X_1 = 0.4$ kg(水)/kg(干物料)降至 $X_2 = 0.25$ kg(水)/kg(干物料)的期间为恒速干燥阶段，干燥时间为

$$t = \frac{G_c(X_1 - X_2)}{SU_c} = \frac{21.5 \times (0.4 - 0.25)}{2.24} = 1.44\ \text{h}$$

(3) 温度改为 $80\,^\circ\text{C}$，湿度仍为 0.02 kg(水)/kg(干空气)时，由 H-I 图可查得 $T_w = 33.5\,^\circ\text{C}$，由水蒸气表查得 $r_w = 2\,415.8$ kJ/kg，这时，有

$$v_H = (0.773 + 1.244 \times 0.02) \times \frac{273 + 80}{273} = 1.03\ \text{m}^3/\text{kg(干空气)}$$

湿空气的密度：

$$\rho = \frac{1 + H}{v_H} = \frac{1 + 0.02}{1.03} = 0.99\ \text{kg/m}^3\text{(湿空气)}$$

湿空气的质量流速为

$$L' = u\rho = 4 \times 0.99 \times 3\,600 = 14\,256\ \text{kg/(m}^2 \cdot \text{h)}$$

所以，

$$\alpha = 0.020\,4(L')^{0.8} = 0.020\,4 \times (14\,256)^{0.8} = 42.93\ \text{W/(m}^2 \cdot \text{K)}$$

因此，

$$U_c = \frac{\alpha}{r_w}(T - T_w) = \frac{42.93}{2\,415.8 \times 10^3} \times (80 - 33.5)$$

$$= 0.826 \times 10^{-3}\ \text{kg/(m}^2 \cdot \text{s)} = 2.97\text{kg/(m}^2 \cdot \text{h)}$$

(4) 只是空气速度改为 6 m/s 时，有

$$L' = u\rho = 6 \times 1.03 \times 3\,600 = 22\,248\ \text{kg/(m}^2 \cdot \text{h)}$$

$$\alpha = 0.020\,4(L')^{0.8} = 0.020\,4 \times (22\,248)^{0.8} = 61.3\ \text{W/(m}^2 \cdot \text{K)}$$

$$U_c = \frac{\alpha}{r_w}(T - T_w) = \frac{61.3}{2\,421.4 \times 10^3} \times (65 - 31)$$

$$= 0.861 \times 10^{-3}\text{kg/(m}^2 \cdot \text{s)} = 3.10\ \text{kg/(m}^2 \cdot \text{h)}$$

例 12-10 某湿物料的干燥速度曲线如图 12-16 所示。今要求将该物料自 $X_1 = 0.3$ kg(水)/kg(干物料)干燥到 $X_2 = 0.04$ kg(水)/kg(干物料)。已知 $G_c/S = 21.5$ kg/m²。试计算所需的干燥时间。

解： 由干燥速度曲线查得该物料的临界含水量 $X_c = 0.195$ kg(水)/kg(干物料)，及 $U_c = 1.51$ kg(水)/(m²·h)，因为将物料自 $X_1 = 0.3$ kg(水)/kg(干物料)干燥到 $X_2 = 0.04$ kg(水)/kg(干物料)的过程包括恒速和降速两个阶段，所以干燥时间为这两段时间之和。

恒速干燥时间 t_1 为

$$t_1 = \frac{G_c(X_1 - X_c)}{SU_c} = \frac{21.5 \times (0.3 - 0.195)}{1.51} = 1.5 \text{ h}$$

降速干燥时间 t_2 可用解析法近似求出。

为粗略估算,设该降速段干燥速度曲线为通过原点的直线,则由式(12-64),得

$$t_2 = \frac{G_c X_c}{SU_c} \ln \frac{X_c}{X_2} = \frac{21.5 \times 0.195}{1.51} \ln \frac{0.195}{0.04} = 4.39 \text{ h}$$

这时总的干燥时间为

$$t = t_1 + t_2 = 1.5 + 4.39 = 5.89 \text{ h}$$

12.4.5 干燥介质和物料在干燥系统内状态变化的分析及干燥操作参数的确定

1. 干燥介质在预热器和干燥器中状态的变化

1) 空气通过预热器时的状态变化

如图 12-22 所示,温度为 T_0、湿度为 H_0 和焓为 I_0 的新鲜空气经预热器加热时,湿度不会发生变化,因此,空气在预热器中的加热过程是等湿过程,即 $H_0 = H_1$。在 $H\text{-}I$ 图上由已知 T_0, H_0 便可确定初始状态点 0,如图 12-23 所示。随着空气被加热,状态点沿 H_0 的等湿线变化,若预热后的空气温度为 T_1,则 T_1 等温线和 H_0 等湿线的交点 1,便是空气离开预热器时的状态点。进而可求出 I_1。

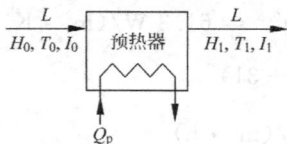

图 12-22 预热器示意图　　　　图 12-23 干燥介质预热过程的状态变化

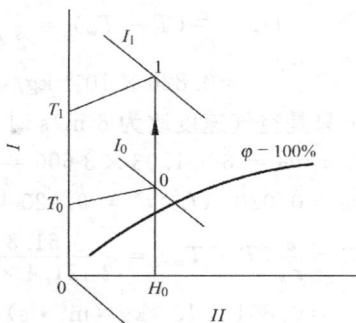

2) 空气通过干燥器时的状态变化

如图 12-24 所示,温度为 T_1、湿度为 H_1 和焓为 I_1 的热空气通过干燥器时,空气和物料之间便进行热量和质量的传递。由于在干燥器中有时还补充加热,热损失的大小也因设备而异,因此空气在干燥器中的状态变化各不相同。按空气的焓变化情况,可分为等焓和非等焓两种干燥过程。

（1）等焓干燥过程

若干燥器内不补充热量，即 $Q_D = 0$；干燥器的热损失可以忽略，即 $Q_L = 0$；物料进、出干燥器时的焓相等，即 $I_1' = I_2'$，此时，式(12-45)等号右边为 0，则 $I_1 = I_2$。上述条件下的干燥过程称为等焓干燥过程。空气在干燥器中的变化是等焓增湿降温过程，即在 H-I 图中空气的状态沿等 I_1 线而变化，如图 12-25 所示。若已知离开干燥器的温度 T_2，则可由等 T_2 线和等 I_1 线的交点 2，确定 H_2 或 φ_2。T_2 越低，H_2 和 φ_2 越大。

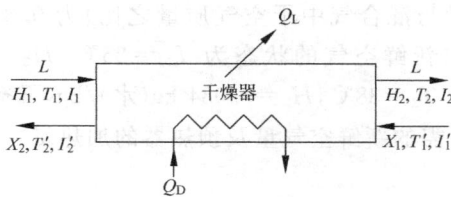

图 12-24　干燥器示意图

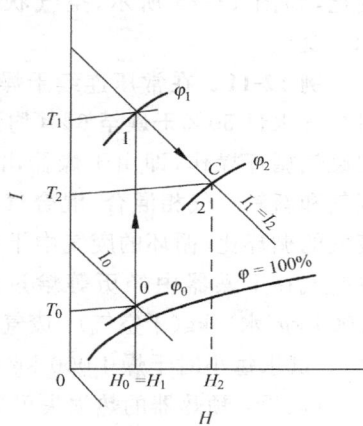

图 12-25　等焓干燥过程中干燥
介质的状态变化

实际干燥操作中，等焓干燥是难以完全实现的，故该过程又称为理想干燥过程。

（2）非等焓干燥过程

实际干燥过程通常为非等焓干燥过程，其中又可分为以下情况：

① $Q_D = 0$，$Q_L > 0$ 和 $(I_2' - I_1') > 0$

由式(12-45)得

$$I_1 - I_2 = \frac{G_c(I_2' - I_1') + Q_L - Q_D}{L} \tag{12-65}$$

因此，当 $Q_D = 0$，$Q_L > 0$，$(I_2' - I_1') > 0$ 时，有

$$I_2 < I_1$$

即干燥过程中空气的状态变化在 H-I 图上表示时，沿 BC_1 线变化，在 I_1 等焓线 BC 的下方，表明此时尾气的焓值比等焓过程时小，如图 12-26 所示。

② $Q_D > [Q_L + G_c(I_2' - I_1')]$，即干燥器中补充的热量比热损失及物料带走的

热量之和还大时,$I_2 > I_1$。干燥过程中空气的状态变化在 H-I 图上表示时,沿 BC_2 变化,在 I_1 等熵线的上方,如图 12-26 所示。

③ 空气恒温下的干燥过程

若干燥器中补充的热量正好使干燥过程在空气等温下进行,则干燥过程中空气的状态变化在 H-I 图上表示时,沿 T_1 等温线变化,如图 12-26 所示,空气状态沿等温线 BC_3 变化。

例 12-11 在常压连续干燥器中将某物料自含水量 50％干燥至 6％(均为湿基)。采用废气循环操作,即由干燥器出来的一部分

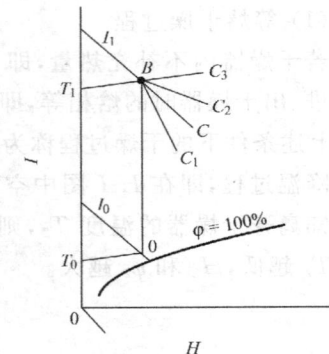

图 12-26　非等熵干燥过程中干燥介质的状态变化

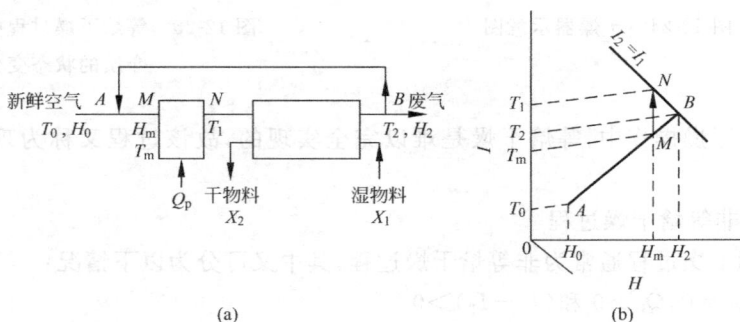

废气和新鲜空气相混合,混合气经预热器加热到必要的温度后再送入干燥器。废气的循环比(循环的废气中干空气质量与混合气中干空气质量之比)为 0.8。设空气在干燥器中经历等熵过程。已知新鲜空气的状态为 $T_0 = 25℃$,$H_0 = 0.005$ kg(水)/kg(干空气);废气的状态为 $T_2 = 38℃$,$H_2 = 0.034$ kg(水)/kg(干空气)。试求每小时干燥 1 000 kg 湿物料所需的新鲜空气量及预热器的加热量。

(假设:预热器的热损失可忽略。)

图 12-27　例 12-11 图示

解:此干燥过程如图 12-27 所示。

先确定新鲜空气与废气混合后的状态(温度 T_m 与湿度 H_m)。

根据物料衡算可得

$$H_m = 0.8 \times 0.034 + 0.2 \times 0.005 = 0.028\ 2\ \text{kg(水)/kg(干空气)}$$

根据热量衡算可得

$$0.2I_0 + 0.8I_2 = I_m$$

$$0.2 \times [(1.01 + 1.88 \times 0.005) \times 25 + 2\,490 \times 0.005]$$
$$+ 0.8 \times [(1.01 + 1.88 \times 0.034) \times 38 + 2\,490 \times 0.034]$$
$$= (1.01 + 1.88 \times 0.028\,2)T_m + 2\,490 \times 0.028\,2$$

解得

$$T_m = 35.5\,℃$$

混合气经预热器加热到 T_1，然后在干燥器中经历等焓过程：

$$I_1 = I_2$$
$$(1.01 + 1.88 \times 0.028\,2)T_1 + 2\,490 \times 0.028\,2 =$$
$$(1.01 + 1.88 \times 0.034) \times 38 + 2\,490 \times 0.034$$

所以，

$$T_1 = 52\,℃$$

计算水蒸发量：

$$G_c = G(1 - w_1) = 1\,000 \times (1 - 0.5) = 500 \text{ kg(绝对干燥物料)/h}$$

$$X_1 = \frac{w_1}{1 - w_1} = \frac{0.5}{0.5} = 1$$

$$X_2 = \frac{6}{94}$$

所以，水蒸发量为

$$W = 500 \times (1 - 6/94) = 468 \text{ kg/h}$$

新鲜干空气量应由整个干燥系统的物料衡算求得

$$L(H_2 - H_0) = W$$

$$L = \frac{W}{H_2 - H_0} = \frac{468}{0.034 - 0.005} = 1.614 \times 10^4 \text{ kg(干空气)/h}$$

故新鲜空气量为

$$L_0 = L(1 + H_0) = 1.614 \times 10^4 \times (1 + 0.005) = 1.622 \times 10^4 \text{ kg/h}$$

预热器的加热量为

$$Q_p = L_m c_m (T_1 - T_m)$$

其中混合气的比热容 c_m 为

$$c_m = 1.01 + 1.88 H_m = 1.01 + 1.88 \times 0.028\,2$$
$$= 1.063 \text{ kJ/[kg(干空气)} \cdot \text{K]}$$

$$Q_p = \frac{1.614 \times 10^4}{0.2} \times 1.063 \times (52 - 35.5)$$
$$= 1.42 \times 10^6 \text{ kJ/h}$$

此题也可用湿空气的 H-I 图求解。混合气的状态点在 H-I 图上由杠杆法则确定。如图 12-27(b)所示，A 点为新鲜空气状态点，B 点为废气的状态点，混合气状态点 M 必在 AB 连线上，且

$$\frac{BM}{MA} = \frac{新鲜空气中干空气的质量}{循环的废气中干空气的质量} = \frac{0.2}{0.8} = 0.25$$

据此定点 M,可读得

$$T_{\mathrm{m}} = 36\text{℃}$$

$$H_{\mathrm{m}} = 0.028 \text{ kg(水)/kg(干空气)}$$

混合气在预热器中在等 H 下加热至 T_1,其熵值提高到 I_1,在干燥器中空气为等熵过程,$I_1 = I_2$,因此在 $H\text{-}I$ 图上,湿空气的状态点由 M 到 N,再由 N 到 B。由 N 点读得 $T_1 = 53\text{℃}$。

随后计算 L 与 Q_{p},步骤同上。

例 12-12 若例 12-11 的干燥器中空气为非等熵过程,且干燥器中物料带走的热量与热损失之和为 9×10^5 kJ/h。求预热器出口湿空气的温度和预热器的加热量。

解: 因干燥器有热损失和物料带走热量,所以干燥器中热空气带入的热量应大于废气带走的热量。做干燥器的热量衡算(基准为 1 h):

$$L_{\mathrm{m}} I_1 = L_{\mathrm{m}} I_2 + (Q_{\mathrm{p}} + G_{\mathrm{c}} I_1' - G_{\mathrm{c}} I_2')$$

$$(1.614/0.2) \times 10^4 \times [(1.01 + 1.88 \times 0.028\ 2) T_1 + 2\ 490 \times 0.028\ 2]$$

$$= (1.614/0.2) \times 10^4 \times [(1.01 + 1.88 \times 0.034) \times 38 + 2\ 490 \times 0.034] + 9 \times 10^5$$

解得

$$T_1 = 62.3\text{℃}$$

预热器的加热量 Q_{p} 为

$$Q_{\mathrm{p}} = \frac{1.614}{0.2} \times 10^4 \times 1.063 \times (62.3 - 35.5)$$

$$= 2.30 \times 10^6 \text{ kJ/h}$$

2. 物料在干燥器内的状态变化

由于干燥器的类型以及气、固两相相对流动方向各异,所以干燥器内两相在干燥过程中的状态变化也各有不同。现分析连续并流干燥器内,两相的温度在设备不同位置处的变化情况。图 12-28 为该干燥器内气、固两相温度沿设备长度变化的示意图。

当物料的水含量较大时,物料的温度在进入干燥器一小段距离后即可由初温 T_1' 升到空气的湿球温度,此为物料的预热阶段,如图中的 aj 所示。随着物料中水分的汽化,空气的湿度逐渐增加,温度也随之降低,若干燥过程为等熵过程,空气的湿球温度不变,物料的温度也不变,如图 12-28 中 jk 段。此阶段的干燥过程称为表面水分的汽化阶段,在此阶段中,物料的温度不变,而干燥速度随过程的进行而降低。达 k 点以后,干燥速度进一步下降,物料温度逐步上升至出口温度 T_2'。

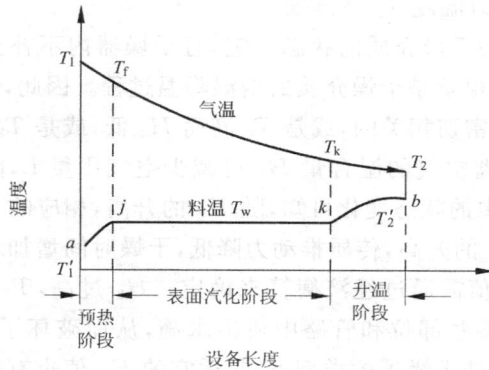

图 12-28　并流干燥器内气、固两相温度的变化

3. 干燥操作条件的分析确定

在干燥设备的设计计算过程中,物料的进、出口水含量 X_1, X_2 及进料温度 T_1' 是由工艺条件规定的。空气的进口湿度 H_1 一般的情况下取决于当时当地的大气状态,有时还采用部分废气循环以调节进入干燥器的空气的湿度。因此,当物料的出口温度 T_2' 确定后,剩下的变量有空气流量 L,空气进、出干燥器的温度 T_1, T_2 和出口湿度 H_2(或相对湿度 φ_2)。这 4 个变量是相互联系的,不能任意确定,只能规定两个,其余两个由物料衡算和热量衡算来确定。至于选择哪两个为自变量要根据具体情况而定。

1) 干燥介质的进口温度 T_1 和湿度 H_1

为了强化干燥过程和提高经济性,干燥介质的进口温度宜保持在物料允许的最高温度范围内。对于同一种物料,允许的干燥介质进口温度随干燥器的型式以及干燥介质与物料的相对流动方向的差别而异。例如,在厢式干燥器中,由于物料是静止的,干燥不易均匀,速度较慢,时间较长,应选用较低的介质进口温度。在转筒、沸腾、气流等干燥器中,由于物料不断地翻动,干燥较均匀,速度快,时间短,因此介质进口温度可高些。对于并流操作的气流干燥器以及转筒干燥器采用并流操作时,介质的进口温度可以更高一些。

由式(12-42)可以看出,在水蒸发量 W 一定的情况下,H_1 愈低,所需的空气量 L 就愈少,可降低操作费用,且 H_1 低,空气干燥介质的平衡含水量 X_1^* 小,初始传质推动力 $\Delta X = X_1 - X_1^*$ 增加,加快了干燥速度。因此,应尽量降低空气中的湿含量 H_1。但是对于某些物料来说,H_1 过低,干燥速度过快会出现物料的龟裂或结疤等现象,不仅影响产品质量,也会引起临界含水量增加,致使降速干燥阶段较早出现,反而增加了干燥时间。此时可以采用部分废气循环的流程以提高 H_1。

2) 干燥介质出口温度 T_2 和湿度 H_2

在干燥器进口的干燥介质的状态一定,且干燥器内不补充热量的情况下物料的干燥过程,同时也就是干燥介质的增湿降温过程。因此,干燥介质的出口温度 T_2 和湿度 H_2 是密切相关的,或是 T_2 高而 H_2 低,或是 T_2 低而 H_2 高。

提高离开干燥器空气的湿含量 H_2 可减少空气用量 L,降低操作费用。而且由空气在干燥器中的状态变化可知,随 H_2 的升高,相应的 T_2 降低,提高了设备的热效率。但 H_2 的升高,传质推动力降低,干燥时间增加,增加了设备投资。因此,最适宜的 H_2 值需通过经济衡算来确定。H_2 过高,T_2 过低,还可能使湿空气在干燥设备的某些部位和管路中析出水滴,从而破坏了干燥的正常操作。对于同一种物料,所选干燥器的类型不同,适宜的 H_2 值也有所不同。物料在设备内停留时间短的干燥器,要求有较大的推动力,希望出口空气的湿含量 H_2 低些。如气流干燥器,物料在干燥管内的停留时间只有 $0.5 \sim 2$ s,出口气体的水蒸气分压需低于出口物料表面水蒸气压的 50%。物料在器内停留时间长的干燥器,出口空气的湿含量可以高一些,如转筒干燥器,物料在转筒内的停留时间可达 5 min ~ 2 h,空气中水蒸气分压可达物料表面水蒸气压的 $50\% \sim 80\%$。对于气流干燥器,一般要求 T_2 较物料出口温度高 $10 \sim 30 ℃$,或 T_2 较入口气体的绝热饱和温度高 $20 \sim 50 ℃$。

3) 绝对干燥空气量 L

式(12-41)中,X_1 与 X_2 是工艺条件规定的,因此,当 H_1 一定的情况下,L/G_c 愈大(或者说 G_c 一定时 L 越大),则达到一定干燥要求的 H_2 愈小,T_2 愈高。这不仅增加了空气的用量,而且降低了干燥器的热效率,使操作费用提高。但 H_2 小,干燥推动力大,可提高干燥速度,对于某些物料来说,可减少物料在干燥器内停留时间,降低设备费用。L/G_c 愈小,则达到一定干燥要求的 H_2 愈大,T_2 愈低,减少了空气用量,提高了干燥器的热效率,降低了操作费用;但 H_2 高,干燥推动力减小,使设备费用增加。当 L/G_c 减小到使 H_2 大至其平衡浓度 X_2^* 等于 X_2(对于并流操作而言)或等于 X_1(对于逆流操作而言)时,则物料在干燥器内的停留时间无限长也达不到干燥要求。

例 12-13 若空气进干燥器时的状态、物料进出干燥器时的量和含水量以及干燥器的热损失都和例 12-8 相同,物料进出干燥器的温度基本上也和例 12-8 一样。试计算分析减少空气用量 L 对其他参数的影响。

解:L 发生变化,随之 H_2,T_2,I_2,Q_p,η 及 t 皆变化。在以上给定的条件下,L 的变化对其他参数的影响,可用例 12-8 解题过程中导出的公式进行计算,以 $L = 2\,583 \times 90\% = 2\,325$ kg(干物料)/h 为示例计算如下:

$$L(H_2 - H_1) = W$$

$$2\,325\times(H_2-0.007\,3)=34.7$$

得
$$H_2=0.022\,2\ kg(水)/kg(干空气)$$
$$L(I_1-I_2)=G_c(I_2'-I_1')+Q_L$$
$$2\,325\times(110-I_2)=16.787\ kJ/h$$

得
$$I_2=102.78\ kJ/kg(干空气)$$
$$Q_P=L(I_1-I_0)=2\,325\times(110-33)$$
$$=179\,025\ kJ/h=49.73\ kW$$
$$I_2=(1.01+1.88H_2)T_2+2\,490H_2$$
$$102.78=(1.01+1.88\times0.022\,2)T_2+2\,490\times0.022\,2$$

得
$$T_2=45.17\ ℃$$

由 H_2, T_2 在 H-I 图上便可查得 φ_2, $\varphi_2=36\%$。
$$\eta=W(2\,490+1.88T_2)/L(I_1-I_0)$$
$$=34.7\times(2\,490+1.88\times45.17)/[2\,325\times(110-33)]=50\%$$

L 减少对各参数的影响,其计算结果列表如下:

$L/(kg(干空气)/h)$	2 583	2 325	2 066	1 740
减少/%	0	10	20	32.6
$T_2/℃$	50	45.2	39.7	30.7
$H_2/(kg(水)/kg(干空气))$	0.020 5	0.022 2	0.024 1	0.027 2
$I_2/(kJ/kg(干空气))$	103.5	102.8	101.9	100.35
$\varphi_2/\%$	26.2	36	52	95.4
Q_p/kW	55.25	49.73	44.2	37.2
$\eta/\%$	45.1	50	56	66

　　计算结果表明,随着空气用量的减少,预热器的热负荷 Q_p 降低,热效率 η 增加,降低了操作费用。但 T_2 降低, H_2 升高,致使传热传质推动力减小,而空气速度的减小,使传热传质系数减小,这些都使传热传质速率降低,增加干燥时间或增加了物料在干燥器中的停留时间,使设备费增加。在逆流操作情况下,当 L 减少到使 φ_2 增加至其平衡 X_2^* 等于 X_2 时,空气出口处的传热传质推动力为 0,干燥时间为无穷大。

12.5　干燥器

12.5.1　工业上常用的干燥器

　　在化工、食品、医药生产中,被干燥物料的形态(如块状、粒状、粉粒状、溶液、浆状及膏糊状等)和性质(耐热性、分散性、粘性、易爆性及吸湿性等)各不相同,对于干燥后的要求(含水量、外观、强度及粒径、卫生要求等)也不一样,且生产规模或生产能力相差悬殊。因此所采用的干燥方法千差万别,干燥器的类型多种多样。

干燥器可以按各种不同的方法分类。按传热方式可分为对流干燥器、传导干燥器、辐射干燥器和介电加热干燥器。最常用的是对流干燥器,本节就工业上常用的干燥器作一简介。

1. 箱式干燥器

箱式干燥器中,小型的又称烘箱,大型的称烘房。箱内支架上放有许多方形浅盘,待干燥的物料置于盘中。物料层厚度一般为 10~100 mm。为了装卸方便,减轻劳动强度,可作成移动支架。空气由引风机吸入,加热后经挡板导向,在物料的上方掠过。其基本结构如图 12-29 所示。通常一部分废气循环使用,只有一部分废气排出箱外,用吸入口和排出口的挡板进行调节。空气的速度根据物料的粒度而定,应使物料不被带走,一般为 0.3~10 m/s。

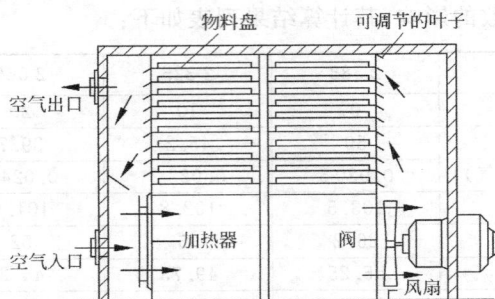

图 12-29　箱式干燥器

图 12-30 是穿流气流箱式干燥器,其中气流垂直通过物料层,在盛料盘上盖有金属网,以防止物料的飞散。

箱式干燥器构造简单,适应性强。但设备生产效率低,劳动强度大,产品质量不易均匀。适用于小规模、多品种、干燥条件变动大、干燥时间长的场合。

2. 气流干燥器

能被高速气流分散而输送的颗粒物料,可用气流干燥方法进行干燥。在气流干燥器中,粉状或粒状湿物料送至干燥管内,在干燥管中被高速热气流分散成粉粒状,随热气流流动,湿物料中水分汽化而被干燥。其主要部件如图 12-31 所示。

气流干燥设备主要包括 4 个部分:①由空气过滤器、风机、预热器所组成的干燥介质的加热和输送系统;②由料斗、加料器所组成的被干燥物料的加入系统;③干燥管;④由旋风分离器等组成的气、固分离和粉尘回收系统。

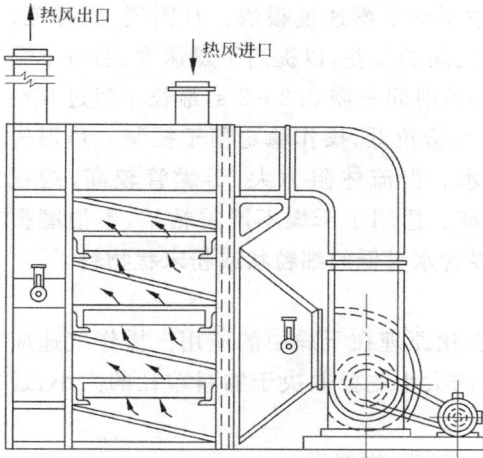

图 12-30　料盘上盖有金属网的穿流
气流箱式干燥器

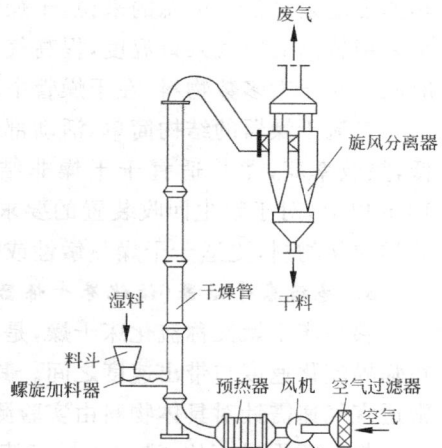

图 12-31　气流干燥器

连续而均匀的加料,并将物料分散于气流中,对于保证操作的稳定及干燥产品的质量都十分重要。图 12-32 所示为常用的加料器,均适用于散粉状物料,其中星形与螺旋式加料器还适用于硬度不大的块状物料,螺旋式加料器也适用于膏糊状物料。

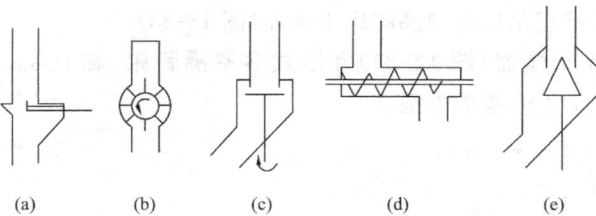

图 12-32　常用的几种固体加料器

干燥管是一根直立的圆管,是干燥器的主体。湿物料经加料斗和加料器,由干燥管的底部送入,并分散在管内。高速流动的热空气(其速度通常为 20~40 m/s),使物料颗粒分散悬浮在气流中。热气流与物料间进行传热和传质,物料得以干燥,并随气流至干燥管的顶部,进入旋风分离器,进行气、固分离。干燥产品由旋风分离器的底部料斗定期排出,从旋风分离器的顶部排出废气。

因为干燥器底部的物料起始上升速度为零,气、固间相对速度大,有利于传热传质。另一方面底部气、固间温差大,所以在加料口以上 1 m 左右处干燥速度最快。随着物料在管内的上升,气、固相之间相对速度和温差都减小,传质和传热速度随之降低。但总的来说,干燥管中平均干燥速度很快。且因气、固并流,可采用较高的空气入口温度,提高气、固之间的温差,以提高干燥速度,缩短干燥时间。对于大多数物料,在干燥管中的停留时间只需 0.2～2 s,最长不超过 5 s。

气流干燥器的结构简单,活动部件少,造价低,操作稳定便于控制。热损失低,热效率高,尤其适宜于干燥非结合水。但流体阻力大,干燥管较高,约在 10 m 以上,对于粉尘回收装置的要求也高。适用于干燥不严重粘结,不怕磨损的颗粒状物料,更适于干燥热敏性或临界含水量低的细粒状或粉末状物料。

3. 沸腾床干燥器(流化床干燥器)

沸腾床干燥又称流化床干燥,是流态化原理在干燥中的应用。操作气速应在临界流化速度与带出速度之间。其值的大小主要取决于物料粒径的大小,通常适宜气速需针对具体物料由实验测定。

与气流干燥相比,沸腾干燥气流阻力较低,物料磨损较轻,气、固分离较容易,热效率较高,并可控制物料在干燥器中的停留时间,以改变产品的含水量。适用于处理粒径为 30 μm～6 mm 的粉粒状物料。粒径太小易产生局部沟流;粒径太大,流化速度高,动力消耗大,磨损较严重。

沸腾床干燥器结构简单,造价低,活动部件少,操作维修方便。

沸腾床干燥器有单层圆筒沸腾床干燥器(图 12-33)、多层圆筒沸腾床干燥器(图 12-34)和卧式多室沸腾床干燥器(图 12-35)3 种基本类型。

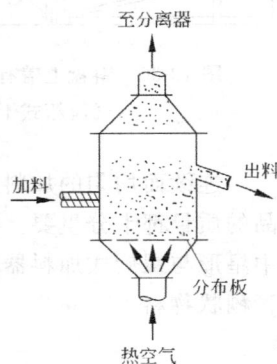

图 12-33　单层圆筒沸腾床干燥器

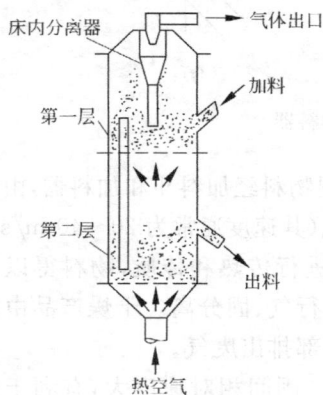

图 12-34　多层圆筒沸腾床干燥器

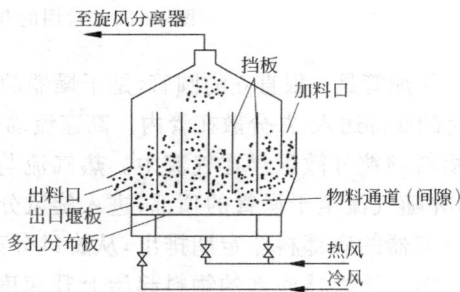

图 12-35　卧式多室沸腾床干燥器

工业用单层沸腾床干燥器多数为连续操作。颗粒在床层内的平均停留时间（平均干燥时间）t 为

$$t = \frac{床内固体量}{加料速率}$$

此类干燥器的操作控制要求较高，且因物料的返混和短路，物料在床内的停留时间不同，故可能有一部分物料未达干燥要求，另一部分则干燥过度。该干燥器适用于易干燥、处理量较大、对产品含水量要求不太高的场合。

多层圆筒沸腾床干燥器的结构和板式塔相似。湿物料从最上一层加入，经降料管（溢流管）逐层向下流动，在每一层与自下而上穿过各层的热空气接触而干燥。干燥产品由最下一层排出。由于该干燥器层与层之间不混合，且停留时间较长，所以干燥产品的含水量较低且较为均匀。另外，热的利用率较高。但难以定量控制物料由上一层转入下一层，也难以使热空气不从溢流管短路。这种干燥器结构复杂，流体阻力也较大。

卧式多室沸腾床干燥器床的横截面为长方形，用垂直挡板分隔成多室，挡板下端与多孔板之间留有间隙，使物料能由一室进入下一室。物料由第一室加入，从最后一级排出，在每一室与热空气接触而干燥。气、固两相总体上错流流动。该干燥器操作稳定，阻力较小，但热效率较低。

4. 喷雾干燥器

喷雾干燥器是用喷雾器将稀料液（如含水量在 $76\%\sim80\%$ 以上的溶液、悬浮液、浆状液等）喷成雾滴分散于热气流中，使水分迅速蒸发而干燥，其流程如图 12-36 所示。

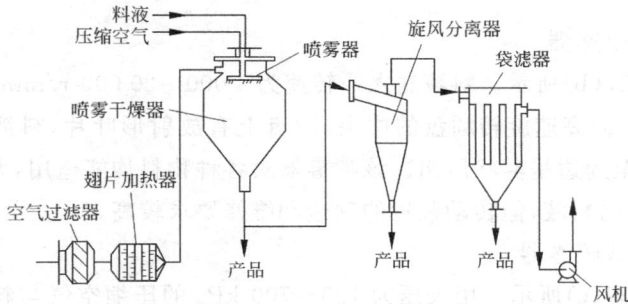

图 12-36 喷雾干燥流程

喷雾干燥系统由 3 部分组成：①由空气过滤器、加热器和风机所组成的干燥介质加热和输送系统；②由喷雾器和干燥室组成的喷雾干燥器；③由旋风分离器和袋滤器等组成的气、固分离系统。

喷雾器是喷雾干燥的关键部分。它将料液分散成 $10\sim60~\mu m$ 的雾滴,使每升料液具有 $100\sim600~m^2$ 的表面积,气、固接触好,干燥时间短,常用的喷雾器有 3 种。

(1) 压力式喷雾器

如图 12-37(a)所示。用高压泵使料液在 $3~000\sim20~000~kPa$ 下通入喷嘴,喷嘴内有螺旋室,料液在其中高速旋转,然后从 $0.25\sim0.5~mm$ 的小孔呈雾状喷出。该喷雾器能耗低,生产能力大,应用广泛,但需高压液泵,喷孔易磨损需用耐磨材料制造,且不能处理含固体硬颗粒的料液。

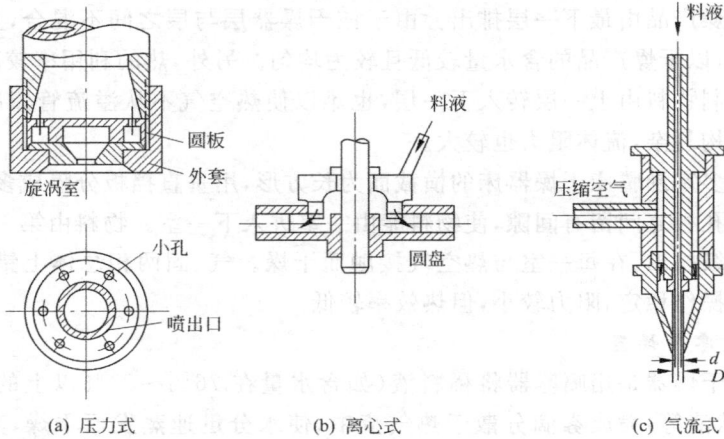

图 12-37　常用的喷雾器

(2) 离心喷雾器

如图 12-37(b)所示。料液送入一转速为 $4~000\sim20~000~r/min$、圆周速度为 $100\sim160~m/s$ 的高速旋转圆盘的中央,圆盘上有放射形叶片,料液受离心力的作用而加速,至周边呈雾状甩出。该喷雾器对各种物料均能适用,尤其适用于含有较多固体量的料液,但转动装置的制造和维修要求较高。

(3) 气流式喷雾器

如图 12-37(c)所示。用表压为 $100\sim700~kPa$ 的压缩空气与料液同时通过喷嘴,料液被压缩空气分散呈雾滴喷出。该喷雾器适用于溶液和乳浊液的喷洒,也可处理含有少量固体的料液。这种喷雾器要消耗压缩空气。

物料与热空气在干燥器中的流向可分为并流、逆流和混合流等多种方式,如图 12-38 所示。其选择取决于物料的性质(粘性、热敏性、干燥以及分散的难易)和对产品质量的要求。在设计喷雾器和干燥室、确定两相的流向以及实际操作过程中,应尽力避免物料粘附于干燥室的内壁上,以免影响产品的质量。干燥室的高低取决于干燥时间,并和采用的喷雾器种类有关。

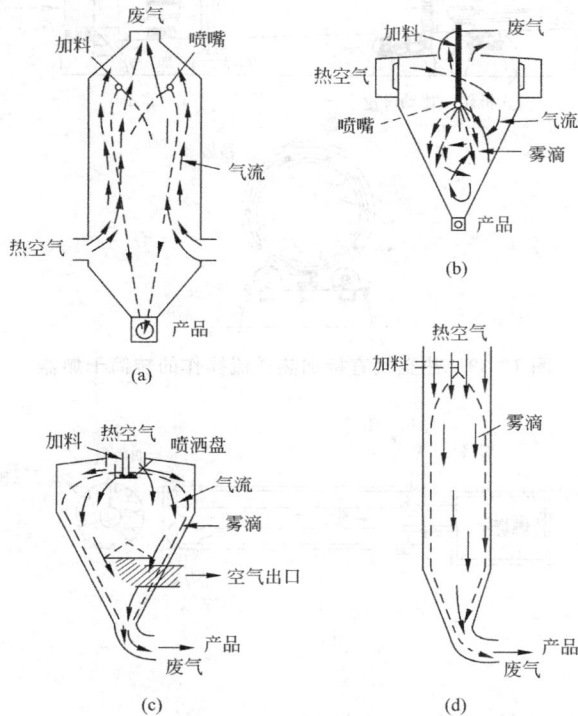

图 12-38　喷雾干燥器中热气流与液滴的流向

喷雾干燥的干燥时间短,一般只需 3～30 s,适用于热敏性物料的干燥。且可由料液直接加工成固体产品,易于实现自动化,劳动条件较好。广泛应用于食品、医药、化工等领域,但设备大、能耗高、操作弹性小。

5. 转筒干燥器

转筒干燥器的主体是一个与水平成 1/15～1/50 倾斜度的圆筒。湿物料从圆筒的高端送入,经过圆筒内部时,与通过筒内的热风或加热圆筒壁面有效地接触而被干燥,然后由低端排出。图 12-39 及图 12-40 分别为直接加热和间接加热两种不同的加热方式。

通常在圆筒内壁装有若干块抄板,用于将物料不断抄起并撒下,增大干燥表面,提高干燥速率,同时使物料向前移动。常用的抄板如图 12-41 所示。图中(a)型适用于处理粘性或较湿物料;图(b)和图(c)型适用于处理散粒状或较干的物料。

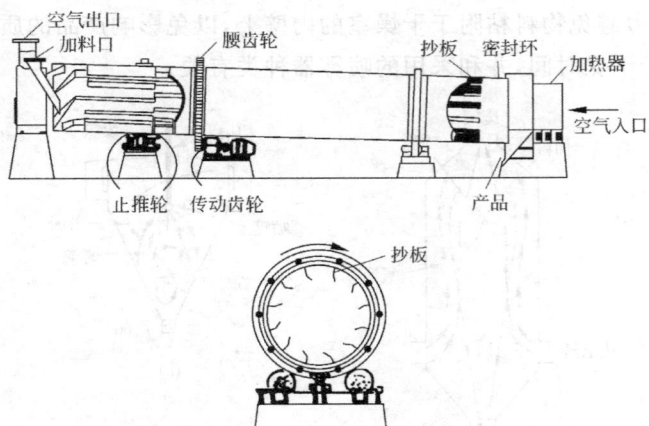

图 12-39　热空气直接加热逆流操作的转筒干燥器

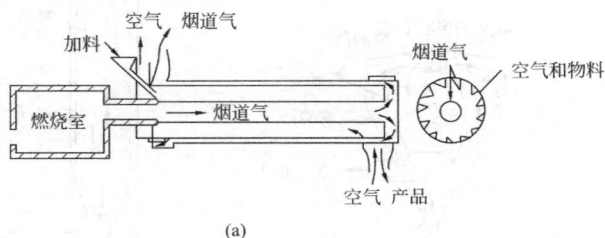

(a)

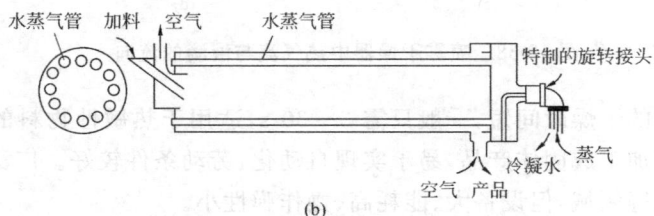

(b)

图 12-40　间接加热的转筒干燥器

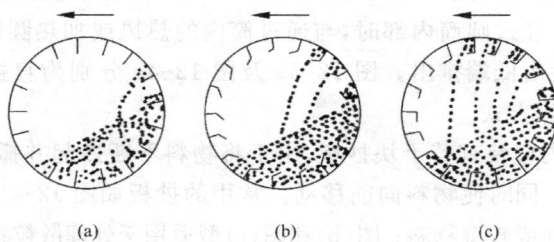

(a)　　　　　　(b)　　　　　　(c)

图 12-41　常用抄板的形式

物料在干燥器中的停留时间（干燥时间），取决于物料的特性（粘性、料径等）、操作条件（加料速率、空气速度、转筒转速、两相并流还是逆流）以及设备的结构参数（转筒的直径与长度、转筒的倾斜度等）。物料在干燥器内的停留时间可通过改变转筒转速（一般为 0.5～4 r/min）加以调节，通常为 5 min～2 h。

转筒干燥器中空气与物料间的流向可采用并流或逆流，这决定于物料的性质和产品的质量要求。为了减少粉尘的飞扬，转筒干燥器中的气速不能太高。粒径 1 mm 左右的物料，气速为 0.3～1.0 m/s；粒径为 5 mm 左右的物料，气速 3 m/s 以下。

转筒干燥器的生产能力大，流体阻力小，操作控制方便，对物料的适应性强，产品含水量低，质量均匀，应用广泛。但设备结构复杂，传动部件需经常维修，占地面积大，热效率低。

6. 真空耙式干燥器

这是一种间接加热的干燥器，如图 12-42 所示。带有蒸气夹套的壳体内装有定时改变旋转方向的耙式搅拌器。一般为间歇操作，物料由壳体上方加入，干燥产品由底部卸料口放出。间接蒸气加热，搅拌器的转动使物料均匀干燥，汽化的水汽由真空泵及时抽出。真空耙式干燥器对物料的适应性强，可处理浆状、膏状、粒状和粉状物料，以及在空气中易氧化的有机物。产品含水量可低到 0.05%。但干燥时间长，生产能力低，结构复杂，维修量大。

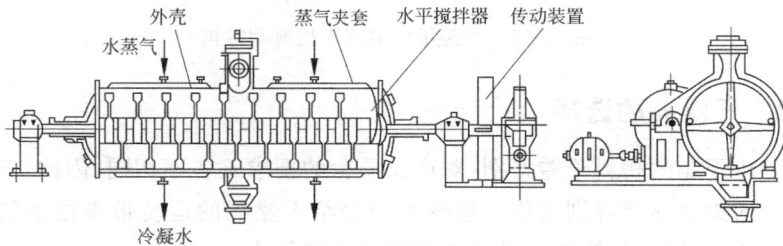

图 12-42 真空耙式干燥器

7. 冻干机

对于热敏性物质，比如生物制剂、药品和食品等，在过高的干燥温度下可能会被破坏，此时可以使用真空冷冻干燥法。首先将原始的物料进行预冻结，使其中的自由水分固化为细小的冰晶，并使产品的几何形状得到保持。然后将冷冻的物料放入真空系统，由于冰晶的饱和蒸气压大于真空系统中水气的分压，所以冰晶升华,物料中的大部分水分得到干燥。冰的饱和蒸气压数据见表 12-2。在此阶段升华界面的推进速度大约在 1 mm/h 的量级。在干燥的后期,可以适当提高温度,将吸附在毛细管壁和极性基团上的未被冻结的残存水分完全脱除。由于没有空气等热的载体,该干燥过程中供水分汽化的热量可以来自于物料和加热壁面(比如搁板)之间的导热或者是辐射传热。图 12-43 是某冻干机的示意图。真空冷冻干燥的主要缺点是设备的投资和运转费用高,冻干时间长,产品的生产成本高。

表 12-2　不同温度下冰的饱和蒸气压

温度/℃	−90	−80	−70	−60	−50	−40	−30	−20	−10	0
饱和蒸气压/Pa	0.009 3	0.053	0.3	1.1	3.0	12.9	39.6	103.5	260.0	610.2

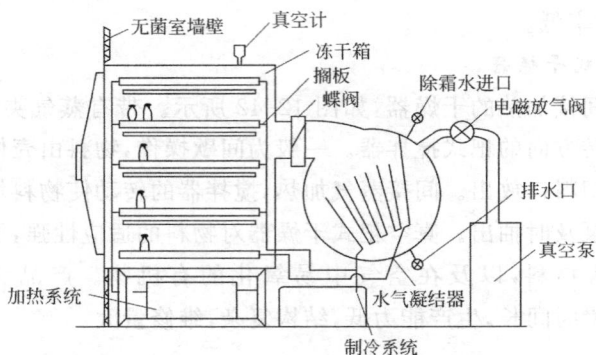

图 12-43　医药用中型冻干机典型结构

12.5.2　干燥器的选择

由于待干燥的物料千差万别,对产品质量的要求又各不相同,因此正确地选择干燥器的类型显得特别重要。选择不当会给干燥器的运转带来很多的问题,使设备不能正常运行,影响产品质量和降低生产能力。

选择干燥器应该考虑以下诸方面:

(1) 物料的形态

湿物料的形态大致有:①液状或泥浆状;②冻结物料;③泥糊状;④粉粒状;⑤块状;⑥切片状;⑦短纤维;⑧具有一定大小的物料;⑨连续的长幅状;⑩涂料、涂层板。

选择干燥器时,首先应根据对产品形态的要求进行选择。例如陶瓷用具和饼干等食品,失去了应有的几何形状,就失去了其商品价值。物料的形态不同,处理这些物料的干燥器也不相同。

（2）物料的干燥特性

达到一定干燥要求所需的干燥时间,要通过干燥特性曲线确定。物料不同,其干燥特性曲线或临界含水量也不同,所需的干燥时间可能相差悬殊。应选择不同类型的干燥器。

对于吸湿性物料,或临界含水量高的难以干燥的物料,应选择干燥时间长的干燥器。气流干燥这一类干燥时间很短的干燥器,仅适用于干燥临界含水量低的易于干燥的物料。

当然,物料不同,即使形态相同,其干燥特性亦不相同。同一物料,若形态和大小改变,或物料与热风的接触状态不同（与干燥器种类有关）,干燥特性也会发生很大的变化。

（3）物料承受温度的能力

物料对热的敏感性决定了干燥过程中物料温度的上限。但对于一些热敏性物料,如果干燥时间很短,即使在较高的温度下干燥,产品也不会因此而变质。

像气流干燥和喷雾干燥这类干燥器,由于其干燥时间很短,适合于干燥热敏性物料,例如普遍用喷雾干燥器干燥奶粉。

（4）物料的粘附性

物料的粘附性关系到在干燥器内物料的流动分散情况和传热与传质过程的进行,应充分了解从湿状态到干燥状态物料粘附性的变化,以便选择合适的干燥装置。

（5）产品的特定质量要求

对于食品、药品等物料,产品不能受污染,干燥介质必须纯化或采用间接加热方式的干燥器。有些产品不仅要求有一定的几何形状,而且要求产品有良好的外观,这些物料在干燥过程中,若干燥速度太快可能会使表面硬化或严重收缩发皱,这不仅使临界含水量升高,也影响该产品的商品价值。因此,应选择适当的干燥器,确定合适的干燥条件,使其干燥速度比较缓和。对于一些易氧化的物料,一般采用间接加热的干燥器。

（6）处理量的大小

处理量大小也是选择干燥器时需要考虑的问题。一般来说,箱式干燥器等间歇操作的干燥器生产能力较小,连续操作的干燥器生产能力较大。因此,处理量小,宜选用间歇操作的干燥器。应当指出,操作方式并不是决定生产能力的唯一因素。

表 12-3　干燥

处理方式			液态、泥状等（工程废液、盐类溶液、洗涤剂等）		冻结材料（食品、药品）	膏糊状（活性污泥、压滤机滤饼、淀粉、碳酸钙、纸浆、矿渣等）			粉状（硫铵、氢氧化铝、树脂粉末、石膏、芒硝、染料中间体等）		
			大量连续	少量连续	少量间歇	大量连续	小量连续	少量间歇	大量连续	小量连续	少量间歇
热风干燥	热风输送	气流干燥器				◎			◎		
		喷雾干燥器	◎			○					
	物料被搅拌	回转圆筒干燥器							◎		
		多层圆盘干燥器							○		
		沟型搅拌干燥器							◎		
		多层连续流化床干燥器							◎		
		卧式多室流化床干燥器							◎		
		单室连续流化床干燥器					○				
		间歇式流化床干燥器									◎
	物料输送及静置	带式干燥器				◎					
		回转通气干燥器									
		竖式(移动床)干燥器							◎		
		厢式间歇干燥器									○
		厢式带式干燥器						◎			
		洞道式干燥器				○			●		
		带状物料干燥器									
传导传热干燥	物料被搅拌	槽式搅拌干燥器	○			◎	○		◎	◎	
		圆筒搅拌干燥器				◎	○		◎	◎	
		平板搅拌干燥器				●					
		水蒸气加热管旋转干燥器									
		多层搅拌干燥器							◎		
		真空耙式干燥器				●					○
	物料静置	真空干燥器						○			○
		冻结干燥器			◎						
	圆筒型	滚筒干燥器	◎			◎					
		多滚筒干燥器									
红外线干燥器											
高频干燥器											
过热蒸气干燥器						○			◎		

注：适宜程度比较◎＞○＞●。

器选择举例

粒状 合成树脂、颗粒、谷物、钛铁矿、硅砂等			块状 煤炭、焦炭、硅藻土块、粘土块等		片状 压碎的豆片、烟片等		纤维 人造纤维、纤维束		连续片状 织物		特殊形状的材料 陶瓷器、柱形木材、厚板、皮革等			涂层
大量连续	少量连续	少量间歇	大量连续	少量间歇	少量连续	少量间歇	大量连续	少量连续	大量连续	少量连续	大量连续	小量连续	少量间歇	连续及间歇
◎			◎											
◎			◎											
○														
○			◎											
○														
◎			◎											
		◎												
○			○		◎		○				○			
◎			○		◎									
○	◎		○											
		○		○		○		◎					○	
●			○		○				◎		○			◎
									◎					◎
	◎	◎												
	◎	◎												
◎			◎		◎									
○														
		○												
		○												
									◎	◎				
										○				◎
							○					○		
◎			○		◎									

（7）热效率

干燥的热效率是干燥装置的主要经济指标。在选择干燥器时,在满足基本条件的前提下,应尽量选择热效率高的设备。

（8）排出的废气对环境的影响

若排出的废气中含有污染环境的粉尘,甚至含有毒物,则应选择相应的干燥器,以便减少排出的废气量,或对排出废气能加以处理。

（9）劳动条件以及设备的制造、操作和维修的难易

在综合了以上因素后,可以参考表 12-3 确定适合的干燥器类型。但是,能够适用于某一干燥任务的干燥器往往有几种。例如,涤纶切片的干燥,根据物料的状态、处理方式可用气流干燥器、回转圆筒干燥器、多层连续流化床干燥器、卧式多室流化床干燥器等。至于选用何种干燥器,一方面可借鉴目前生产采用的设备,另一方面可根据干燥设备的最新发展,选择适合该任务的新设备。如这两方面都无资料,就应在实验的基础上,再经技术经济核算后作出结论,才能保证选用的干燥器在技术上可行,经济上合理,产品质量优良。

12.6　干燥器的设计计算

各种不同类型干燥器设计计算的基本任务是一样的,但要计算确定的设备和工艺参数有所不同。下面以气流干燥器为例加以讨论。

气流干燥器的主要设备参数是干燥管的直径和高度。

1. 干燥管的直径

干燥管的直径按下式计算:

$$D = \sqrt{\frac{4L'v_{\mathrm{H}}}{\pi u_{\mathrm{g}}}} \tag{12-66}$$

式中：D——干燥管直径,m;

　　　L'——干燥管中湿空气的流量,kg(干空气)/s;

　　　v_{H}——干燥管中湿空气的比容,m^3/kg(干空气);

　　　u_{g}——干燥管中湿空气的速度,m/s。

在气流干燥器中湿空气的速度应取多大还没有精确的计算方法,其大小取决于物料被干燥的难易程度和临界含水量的高低,但是至少 $u_{\mathrm{g}} \geqslant (u_{0,\max} + 3)$ m/s,$u_{0,\max}$ 为最大颗粒的沉降速度。一般 $u_{\mathrm{g}} = 10 \sim 25$ m/s。

光滑球形颗粒的沉降速度 u_0 的计算公式(见本书上册第 3 章)为

$$u_0 = \sqrt{\frac{4gd_{\mathrm{p}}(\rho_{\mathrm{s}} - \rho_{\mathrm{g}})}{3\xi\rho_{\mathrm{g}}}} \tag{12-67}$$

式中：d_p——颗粒的直径，m；

ρ_s——颗粒的密度，kg/m^3；

ρ_g——空气的密度，kg/m^3；

ξ——阻力系数，是雷诺数 Re 的函数。

对于形状不规则的粒子的沉降速度 u_0'，一般按下式校正：

$$u_0' = (0.75 \sim 0.85)u_0 \qquad (12\text{-}68)$$

2. 干燥管的高度

干燥管的高度可用下述的简化计算法估算。

1）停留时间 t 的确定

物料颗粒在干燥管中的停留时间 t 可通过气体和物料间的传热关系式求出，根据传热速率方程：

$$Q = \alpha S \Delta T_m \qquad (12\text{-}69)$$

而

$$S = S_秒\, t \qquad (12\text{-}70)$$

所以，

$$t = \frac{Q}{\alpha S_秒 \Delta T_m} \qquad (12\text{-}71)$$

式中：Q——空气对物料的传热速率，kW；

α——对流传热系数，$kW/(m^2 \cdot ℃)$；

S——干燥器中颗粒的总表面积，m^2；

$S_秒$——每秒送入干燥器的颗粒提供的表面积，m^2/s；

ΔT_m——对数平均温度差，℃；

t——颗粒在干燥管中的停留时间，s。

（1）Q 的确定

恒速干燥阶段（包括预热段）的传热量 Q_c 为

$$Q_c = G_c[(X_1 - X_c)r_w + (c_s + c_w X_1)(T_w - T_1')] \qquad (12\text{-}72)$$

降速干燥阶段的传热量 Q_1 为

$$Q_1 = G_c[(X_c - X_2)r_{av} + (c_s + c_w X_2)(T_2' - T_w)] \qquad (12\text{-}73)$$

于是，

$$Q = Q_c + Q_1 \approx Wr_w + G_c c_{m1}(T_w - T_1') + G_c c_{m2}(T_2' - T_w)$$

$$c_{m1} = c_s + c_w X_1, \quad c_{m2} = c_s + c_w X_2 \qquad (12\text{-}74)$$

式中：T_w——干燥管内空气的湿球温度（可近似取为常数），℃；

r_w——在 T_w 下水的汽化潜热，kJ/kg；

r_{av}——在 $(T_w + T_2')/2$ 下水的汽化潜热，kJ/kg。

（2）α 的求法

对于空气-水系统，α 可按下式估算：

$$Nu = 2 + 0.54 Re_0^{0.5} \tag{12-75}$$

或

$$\alpha = (2 + 0.54 Re_0^{0.5}) \frac{\lambda_g}{d_p} \tag{12-76}$$

式中：Re_0——以颗粒沉降速度计的雷诺数。

（3）$S_秒$ 的确定

$$S_秒 = n\pi d_p^2 \tag{12-77}$$

式中：n——每秒通过干燥管的颗粒数。

对于球形颗粒：

$$n = \frac{G_c}{\frac{1}{6}\pi d_p^3 \rho_s} \tag{12-78}$$

所以

$$S_秒 = \frac{6G_c}{\pi d_p^3 \rho_s}\pi d_p^2 = \frac{6G_c}{d_p \rho_s} \tag{12-79}$$

（4）ΔT_m 的求法

仅有恒速干燥阶段，即 $X_2 > X_c$，物料出口温度 $T_2' = T_{w2}$，则

$$\Delta T_m = \frac{(T_1 - T_{w1}) - (T_2 - T_{w2})}{\ln \dfrac{T_1 - T_{w1}}{T_2 - T_{w2}}} \tag{12-80}$$

当干燥过程有降速干燥阶段时，则

$$\Delta T_m = \frac{(T_1 - T_1') - (T_2 - T_2')}{\ln \dfrac{T_1 - T_1'}{T_2 - T_2'}} \tag{12-81}$$

2）干燥管高度 H 的确定

$$H = (u_g - u_0)t = u_m t \tag{12-82}$$

将式（12-71）或式（12-79）代入得

$$H = \frac{Q(u_g - u_0)}{\alpha S_秒 \Delta T_m} = \frac{Q d_p \rho_s (u_g - u_0)}{6\alpha G_c \Delta T_m} \tag{12-83}$$

应该指出，物料颗粒的上升速度 u_m 在干燥管的加料口以上的一段距离内是变化的，加料口处的 $u_m = 0$，此处气流与颗粒的相对速度 u_t（$u_t = u_g - u_m$）最大。物料颗粒随着被气流吹动而不断加速，u_m 由零不断增加，相对速度 u_t 逐渐下降，直至气体与颗粒的相对速度等于颗粒在气流中的沉降速度 u_0 时，即 $u_t = u_g - u_m = u_0$，颗粒才不再加速，而以恒速上升。因此，根据颗粒在干燥管中的运动情况可分为加速运动段和恒速运动段。此两段所需干燥管高度的计算方法是不同的，加速运动段的干燥管高度计算式应是积分式，因此应分段计算，总的干

燥管高度应为两段高度之和。式(12-82)和式(12-83)是全按恒速运动进行计算的,计算的结果必然偏高。另外,各干燥阶段的空气状态不同,致使相应的气体物性数据不同,计算出的雷诺数各不相同,故对流传热系数 α 也应分段计算。上述用颗粒的沉降速度 u_0 所计算的 Re_0 来计算 α,也使计算结果产生偏差,精确的求法可参阅有关专著。

例 12-14 设计一个将初始湿含量为 $X_1 = 0.2$ kg(水)/kg(绝对干燥物料)的某种颗粒状物料,干燥至湿含量 $X_2 = 0.002$ kg(水)/kg(绝对干燥物料)的气流干燥器。物料进、出干燥器时温度分别为 $T'_1 = 15℃$,$T'_2 = 50℃$,物料的密度 $\rho_s = 1\,500$ kg/m³,绝对干燥物料的比热容 $c_s = 1.26$ kJ/(kg · ℃),颗粒平均直径 $d_p = 0.25 \times 10^{-3}$ m。空气作为干燥介质,进入预热器时 $T_0 = 15℃$,$H_0 = 0.007\,5$ kg(水)/kg(干空气);离开预热器时 $T_1 = 90℃$,离开干燥器时 $T_2 = 65℃$。要求干燥器每小时干燥湿物料 300 kg。

(假设:干燥器的热损失可以忽略不计。)

解:(1)水分蒸发量

根据式(12-41):

$$G_c = \frac{G_1}{1+X} = \frac{300}{1+0.2} = 250 \text{ kg(绝对干燥物料)/h}$$

$$= 0.069\,4 \text{ kg(绝对干燥物料)/s}$$

$$W = G_c(X_1 - X_2) = 0.069\,4 \times (0.2 - 0.002)$$

$$= 0.013\,75 \text{ kg/s}$$

(2)空气消耗量

根据式(12-54):

$$Q_D = L(I_1 - I_0) = 1.01L(T_2 - T_0)$$
$$+ W(2\,490 + 1.88T_2) + G_c c_{m2}(T'_2 - T'_1) + Q_L$$

这里 $Q_L = 0$,由 $T_1 = 90℃$,$H_1 = 0.007\,5$ kg(水)/kg(干物料),查 H-I 图得 $I_1 = 110$ kJ/kg 及 $T_{w1} = 32℃$;由 $T_0 = 15℃$,$H_0 = 0.007\,5$ kg(水)/kg(干物料),查 H-I 图得 $I_0 = 34$ kJ/kg。而

$$c_{m2} = c_s + c_w X_2 = 1.26 + 4.187 \times 0.002 = 1.27 \text{ kJ/(kg · ℃)}$$

所以,

$$L(110 - 34) = 1.01L(65 - 15) + 0.013\,75 \times$$
$$(2\,490 + 1.88 \times 65) + 0.069 \times 1.27 \times (50 - 15)$$

解得

$$L = 1.53 \text{ kg(干空气)/s}$$

由物料衡算可求出空气离开干燥器的湿度 H_2:

$$L = \frac{W}{H_2 - H_0}$$

$$H_2 = \frac{W}{L} + H_0 = \frac{0.013\,75}{1.53} + 0.007\,5 = 0.016\,5 \text{ kg(水)/kg(干空气)}$$

（3）干燥管直径

采用等直径干燥管，根据经验取干燥管入口的空气速度 $u_g = 10$ m/s，则

$$D = \sqrt{\frac{Lv_H}{\frac{\pi}{4}u_g}}$$

$$v_H = \left(\frac{1}{29} + \frac{1}{18} \times 0.007\,5\right) \times 22.4 \times \left(\frac{273 + 90}{273}\right) = 1.04 \text{ m}^3/\text{kg}$$

所以

$$D = \sqrt{\frac{1.53 \times 1.04}{\frac{\pi}{4} \times 10}} = 0.45 \text{ m}$$

（4）干燥管的高度

$$H = (u_g - u_0)t$$

若 $Re = 2 \sim 1\,000$，沉降速度 u_0 按下两式计算：

$$u_0 = \sqrt{\frac{4g d_p (\rho_s - \rho_g)}{3\xi \rho_g}}$$

$$\xi = \frac{18.5}{Re_0^{0.6}}$$

上两式经代入整理得

$$u_0 = \left[\frac{4(\rho_s - \rho_g)g d_p^{1.6}}{55.5 \rho_g \nu_g^{0.6}}\right]^{\frac{1}{1.4}}$$

在平均温度 $T_m = (90 + 65)/2\,℃ = 77.5\,℃$ 下，由本书上册附录 E，可查得空气的物性数据如下：$\lambda_g = 3.024 \times 10^{-5}$ kW/(m·℃)，$\nu_g = 2.082 \times 10^{-5}$ m^2/s，$\rho_g = 1.0$ kg/m^3，所以

$$u_0 = \left[\frac{4(1\,500 - 1.0) \times 9.81 \times (0.25 \times 10^{-3})^{1.6}}{55.5 \times 1.0 \times (2.082 \times 10^{-5})^{0.6}}\right]^{\frac{1}{1.4}} = 1.124 \text{ m/s}$$

校核

$$Re_0 = \frac{(0.25 \times 10^{-3}) \times 1.124}{2.082 \times 10^{-5}} = 13.5$$

即求 u_0 所用公式合适。

$$t = \frac{Q}{\alpha S_{秒} \Delta T_m}$$

其中，

$$Q = Q_c + Q_1 \approx W r_w + G_c c_{m1}(T_w - T_1') + G_c c_{m2}(T_2' - T_w)$$

由本书上册附录 G，查得 $T_w = 32\,℃$ 下水的汽化潜热 $r_w = 2\,419$ kJ/kg。

$$c_{m1} = c_s + c_w X_1 = 1.26 + 4.187 \times 0.2 = 2.1 \text{ kJ/(kg·℃)}$$

所以，
$$Q = 0.013\ 75 \times 2\ 419 + 0.069\ 4 \times 2.1 \times (32-15)$$
$$+ 0.069\ 4 \times 1.27 \times (50-32)$$
$$= 37.33\ \text{kJ/s}$$

$$\alpha = (2 + 0.54 Re_0^{0.5}) \frac{\lambda_\text{g}}{d_\text{p}}$$
$$= [2 + 0.54 \times (13.5)^{0.5}] \frac{3.024 \times 10^{-5}}{0.25 \times 10^{-3}}$$
$$= 0.482\ \text{kW/(m}^2 \cdot \text{℃)}$$

$$S_\text{秒} = \frac{6G_\text{c}}{d_\text{p}\rho_\text{s}} = \frac{6 \times 0.069\ 4}{0.25 \times 10^{-3} \times 1\ 500}$$
$$= 1.11\ \text{m}^2/\text{s}$$

$$\Delta T_\text{m} = \frac{(T_1 - T_1') - (T_2 - T_2')}{\ln \dfrac{T_1 - T_1'}{T_2 - T_2'}}$$
$$= \frac{(90-15)-(65-50)}{\ln \dfrac{90-15}{65-50}}$$
$$= 37.28\text{℃}$$

故
$$t = \frac{37.33}{0.482 \times 1.11 \times 37.28} = 1.872\ \text{s}$$

计算干燥管高度时空气速度 u_g 应校核为平均温度 $T_\text{m}=77.5\text{℃}$ 下的速度
$$u_\text{g} = 10 \times \frac{273+77.5}{273+90} = 9.66\ \text{m/s}$$

故干燥管高度
$$H = (9.66-1.124) \times 1.872 = 15.979 \approx 16\ \text{m}$$

习　题

12-1　空气的总压为 101.33 kPa，干球温度为 295 K，相对湿度 $\varphi=70\%$。试求空气的下列参数：

(1) 空气的湿度；

(2) 空气的露点和湿球温度；

(3) 湿空气的比热容和焓；

(4) 湿空气的比容；

(5) 空气中水气的分压。

12-2　用湿空气 H-I 图或计算公式，由下表中已有的值求出在总压 $p=101.33$ kPa 下空格项内的数值。

序号	干球温度 /℃	湿球温度 /℃	湿度 /(kg(水)/kg(干空气))	相对湿度/%	焓 /(kJ/kg(干空气))	水气分压 /kPa	露点 /℃
1	60	35					
2	40						25
3				75		30	

12-3 试描绘空气-乙醇系统在总压 101.33 kPa 下的 T-H 图,包括下列各项:

(1) 等湿度线;

(2) 等温线;

(3) 等相对湿度线($\varphi=1,0.5$);

(4) 等焓线($I=80,120,160$ kJ/kg)。

已知:乙醇蒸气的平均比热容为 1.88 kJ/(kg·K),乙醇在 0℃ 时的汽化潜热为 921 kJ/kg,乙醇的蒸气压如下表所示:

温度/℃	蒸气压/kPa	温度/℃	蒸气压/kPa
0	1.626	40	18.04
10	3.147	45	23.20
20	5.853	50	29.63
25	7.866	55	37.41
30	10.51	60	47.03
35	13.83	70	72.33

12-4 常压空气,温度 60℃。试求:

(1) 其 1 kg 干空气容纳水分的最大值为多少?

(2) 若保持压力不变,将温度分别加热至 80℃ 与 100℃,空气容纳水分的最大值各为多少?

12-5 下列 3 种空气用来作为干燥介质,问用哪一种空气作为干燥介质较为合适,为什么?

(1) $T=60℃,H=0.01$ kg/kg(干空气);

(2) $T=70℃,H=0.036$ kg/kg(干空气);

(3) $T=80℃,H=0.045$ kg/kg(干空气)。

12-6 在常压下某空气温度为 30℃,相对湿度 0.5。试求:

(1) 若保持温度不变,将空气压缩至 0.15 MPa,该空气相对湿度为多少?

(2) 若保持温度不变,将空气压力减半,空气相对湿度有何变化?

12-7 将 20℃,$\varphi=0.05$ 的新鲜空气和 50℃,$\varphi=0.8$ 的废气混合,混合比为 2∶5(以绝对干燥空气为基准)。废气和新鲜空气的湿比热容可视为相同。试求混合气的湿度、焓及加热至 90℃ 时的湿度、相对湿度和焓。

12-8 为了得到指定状态($T=316$K,相对湿度 $\varphi=0.40$)的空气,可采用的方法之一是:先让新鲜空气(温度 $T_A=303$ K,相对湿度 $\varphi_A=0.20$)通过第一加热器加热到某温度后,再令其通过一喷水室,进行绝热水冷却,增湿至饱和态,最后再通过第二加热器加热到指定态。试求:

(1) 离开第二加热器的空气湿度;

(2) 设离开喷水室的空气与水的温度相同,求水的温度;

（3）离开第一加热器的空气温度；

（4）对 1 kg 干空气而言，在喷水室内水的蒸发量；

（5）分别求两个加热器所需的热量，单位为 kJ/kg(干空气)。

12-9　用内径 1.2 m 的转筒干燥器干燥粒状物料，使其所含水分自 0.30 干燥至 0.02(湿基，质量分数)。所用空气进入干燥器时干球温度为 383 K，湿球温度为 313 K，空气在干燥器内的变化为等焓过程，离开干燥器时干球温度为 318 K。规定空气在转筒内质量流速不超过 0.833 kg/(m² · s)，以免颗粒被吹出。试求每小时最多能向干燥器加入多少湿物料？

12-10　将干球温度为 16℃、湿球温度为 14℃ 的空气预热到 80℃，然后通入干燥器，出口气体的相对湿度为 0.5，干燥器每小时把 2 t 含水量为 0.50 的湿物料干燥到含水量为 0.05(质量分数，均为湿基)。

（1）试作等焓干燥的操作线，并求所需空气量和热量。

（2）如果热损失为 116 kW，忽略物料中水分带入的热量及其升温所需的热量，且干燥器内无补充加热。问空气用量及热消耗量有何变化？

12-11　含水分为 0.05(质量分数)的 NH_4NO_3 以 1.5 kg/s 的投料速度送入一逆流回转干燥器中干燥，物料干至含水为 0.02 时卸出。空气的进、出口温度分别为 405 K 与 355 K，进口空气湿度为 0.007 kg(水)/kg(干空气)。NH_4NO_3 在 294 K 下送入，339 K 卸出。热损失可忽略。试计算通过此干燥器的干空气量及离开干燥器的空气湿度。

（已知：NH_4NO_3 比热容为 1.88 kJ/(kg · K)。）

12-12　在一常压逆流转筒干燥器中干燥某种晶体物料。温度为 25℃，相对湿度 0.55 的空气经过预热器加热到 85℃ 后再进入干燥器，离开干燥器时为 30℃。湿物料温度 24℃，湿基含水 0.037(质量分数)，干燥后温度升至 60℃，湿基含水为 0.002，干燥产品流量为 1 000 kg/h。绝对干燥物料比热容 1.5 kJ/(kg · ℃)。转筒干燥器直径 1.3 m，长 7 m。干燥器外壁与空气的对流辐射传热系数 $\alpha_T = 35$ kJ/(m² · h · K)，平均温差为 33.5℃。试求绝对干燥空气流量和预热器中加热蒸气消耗量。

（假设：加热蒸气表压为 50 kPa。）

12-13　现有一采用废热空气部分循环的干燥系统，干燥器为理论干燥器。新鲜常压湿空气的流速为 1.667 kg/s，焓为 50 kJ/kg(干空气)。水蒸气分压为 1 600 Pa。湿物料最初湿基含量 $w_1 = 0.40$，最终 $w_2 = 0.07$。进入预热器的常压湿空气湿度 $H_{op} = 0.034$ kg(水)/kg(干空气)，温度 $T_{op} = 313$ K。离开预热器的空气 $T_1 = 361$ K。空气预热器的总传热系数 $K = 47 \times 10^{-3}$ kJ/(m² · s · K)，加热水蒸气的压力为 0.294×10^6 Pa，假定预热器的热损失可忽略。试求：

（1）以绝对干燥物料表示的干燥系统的生产能力；

（2）预热器的传热面积；

（3）废热空气的循环百分数。

12-14　某湿物料用热空气进行干燥。湿物料的处理量为 0.6 kg/s，初始含水量 0.015，要求干燥产品的含水量不超过 0.006(均为质量分数，湿基)。所用空气的初始温度 20℃，初始湿度为 0.005 kg(水)/kg(干空气)，预热至温度 150℃。若干燥过程可视为理想的干燥过程。试求：

(1) 要保证热效率不低于 50%，所需空气用量为多少？空气的出口温度为多少？

(2) 若空气出口温度与(1)相同，为将热效率提高至 60%，空气的需要量及其预热温度应作何变化。

12-15 采用废气循环的干燥流程干燥某种湿物料。温度 $T_0 = 20℃$，湿度 $H_0 = 0.012 \, kg(水)/kg(干空气)$的新鲜空气与从干燥器出来的温度 $T_2 = 60℃$，湿度 $H_2 = 0.079 \, kg(水)/kg(干空气)$的部分废气混合后进入预热器，循环比为 0.8。混合气体升高温度后再进入并流操作的常压干燥器中，离开干燥器的废气除部分循环使用外，其余放空。湿物料经干燥后湿基含水量自 0.47 降至 0.05(质量分数)，湿物料流量为 $1.5×10^3 \, kg/h$。假设预热器的热损失可忽略，干燥过程为等焓操作过程。试求：

(1) 新鲜空气流量；

(2) 整个干燥系统所需的传热量。

12-16 某湿物料由湿基湿含量 0.50 干燥至 0.08(质量分数)，进料的速度为 0.278 kg(湿物料)/s。干燥分别在下述两种情况下完成：

(1) 在一真空干燥器内，干燥时物料表面的温度为 313 K；

(2) 在常压空气干燥器内，物料只经历等速干燥阶段，相应的物料表面温度也是 313 K。常压空气的温度 $T_0 = 293K$，相对湿度 $\varphi_0 = 0.70$。空气离开干燥器时温度 $T_2 = 328$ K。向干燥器补充的热量 Q_D 为零。假设预热器的热损失可忽略。

在这两种情况下，湿物料进入时温度均为 288 K，离开时为 313 K，绝对干燥物料比热容为 $1.26 \, kJ/(kg \cdot K)$。假设周围环境和物料输送机械所造成的热损失可忽略。求这两种干燥器的单位热耗量。

12-17 在恒定干燥条件下进行干燥实验。已知干燥面积为 $0.2 \, m^2$，绝对干燥物料质量为 15 kg，测得实验数据列于下表中。试标绘干燥速度曲线，并求临界含水量与平衡含水量。

时间 t/h	0	0.2	0.4	0.6	0.8	1.0	1.2	1.4
湿物料质量 G/kg	44.1	37.0	30.0	24.0	19.0	17.5	17.0	17.0

12-18 将含绝对干燥物料为 10 kg 的湿物料均匀平摊在长 0.8 m、宽 0.6 m 的浅盘中，温度为 70℃。湿球温度为 40℃ 的热空气以一定流速在物料表面掠过，2 h 后物料的湿含量由 0.1 降至 0.08 kg(水)/kg(绝对干燥物料)。已知在此条件下物料的临界含水量为 0.05 kg(水)/kg(绝对干燥物料)。假设降速阶段干燥速度曲线为过原点直线。试求：

(1) 欲将物料含水量降为 0.04 kg(水)/kg(干空气)，所需总干燥时间为多少？

(2) 若保持空气状态不变而将流速加倍，只需 3.7 h 便可将物料含水量降至 0.04 kg(水)/kg(干空气)，问此时物料的临界含水量有何变化？

12-19 在常压并流操作的干燥器中，用热空气将某物料由初含水量 1.0 kg(水)/kg(绝对干燥物料)，干燥到终含水量 0.1 kg(水)/kg(绝对干燥物料)。空气进口温度为 135℃，湿度为 0.01 kg(水)/kg(干空气)，空气出口温度为 60℃，干燥器中空气为等焓变化过程。根据实验，恒速阶段的速度可表示为：$-\dfrac{dX}{dt} = 30\Delta H$ kg(水)/(kg(绝对干燥物料)·h)，降速阶段干燥速度可表示为：$-\dfrac{\mathrm{d}X}{\mathrm{d}t}=12X$ kg(水)/(kg(绝对干燥物料)·h)。试计算达到上述干燥要求所需的时间。

12-20 欲将某种非多孔性的固体物料在恒定干燥条件下进行间歇干燥。空气平行吹过物料表面，空气速度为 1 m/s。每个周期生产能力为 1 000 kg(绝对干燥物料)，干燥面积共 55 m²。如果开始时干燥速度为 3.06×10⁻⁴ kg(水)/(m²·s)，试估计：

(1) 将此物料从 0.15 kg(水)/kg(绝对干燥物料)干燥到 0.005 kg(水)/kg(绝对干燥物料)时需要多少时间？（已知：临界水分为 0.125 kg(水)/kg(绝对干燥物料)，平衡水分近似等于零，并假设降速阶段的干燥速度曲线是直线。）

(2) 若将空气速度提高至 3 m/s，能否期望干燥时间有显著的缩短？如减至原来的一半又如何？

空气平行吹过物料表面时，对流传热系数的计算式为

$$\alpha = 0.014\,3L^{0.8}$$

式中：α——对流传热系数，kJ/(m²·s·K)；

L——空气的质量流速，kg/(m²·s)。

12-21 有一盘式干燥器，器内有 50 只盘，每盘深度为 0.02 m、面积为 0.7 m²，盘内装有湿的无机颜料，物料含水量由 1 kg(水)/kg(绝对干燥物料)干燥至 0.01 kg(水)/kg(绝对干燥物料)。通过干燥盘的空气平均温度为 77℃，$\varphi=0.1$，气流平均速度为 2 m/s，空气至物料表面的对流传热系数按 $\alpha=0.020\,4G^{0.8}$ kW/(m²·K)计算(G 的单位为 kg/(m²·s))，物料的临界含水量为 0.3 kg(水)/kg(绝对干燥物料)，平衡含水量为零。干燥后物料密度为 600 kg/m³。假定干燥在盘顶面与热空气之间靠对流方式传热，试确定所需干燥时间。

符号说明

英文字母

A——转筒的截面积，m²

c——比热容，kJ/(kg·K)

d_p——颗粒的直径，m

D——干燥管直径，m

G——固体物料的质量流量，kg/s；气体的质量流速，kg/(m²·s)

G'——固体物料的质量，kg；加料的质量流速 kg/(m²·s)

H——空气的湿度，kg(水)/kg(干空气)；高度，m

I——空气的焓，kJ/kg

I'——固体物料的焓，kJ/kg

k_H——传质系数，kg/(m²·s)

l——单位空气消耗量，kg(干空气)/kg(水)

L——绝对干燥空气的质量流量，kg(干空气)/s

L'——空气的质量流速，kg/(m²·s)

m——相对分子质量，kg/kmol

n——物质的物质的量，kmol；颗粒数；转速，r/min

N——传质速率，kg/s

p_w——水蒸气分压，N/m²

p——湿空气总压，N/m²

Q——传热速率，kJ/s

Q'——传热量，kJ

r——汽化潜热，kJ/kg

S——干燥面积，m²

T——空气的温度，℃；转筒的倾斜率，m/m

T'——固体物料的温度，℃

t——时间，s

U——干燥速度，kg（水）/（m²·s）

u——速度，m/s

u_0——沉降速度，m/s

V——干燥器的容积，m³

v——湿空气的比容，m³/kg（干空气）

w——物料的湿基含水量，kg（水）/kg（湿物料）

W——水分蒸发量，kg/s

X——物料的干基含水量，kg（水）/kg（绝对干燥物料）

X^*——物料的干基平衡湿含量，kg（水）/kg（绝对干燥物料）

希 腊 字 母

α——对流传热系数，W/（m²·℃）

δ——气膜厚度，m

η——热效率

λ——导热系数，W/（m·K）

μ——粘度，Pa·s

ν——运动粘度，m²/s

ρ——密度，kg/m³

φ——相对湿度

ξ——阻力系数

参 考 文 献

1 ［美］金克普利斯 J 著.传递过程与单元操作.清华大学化学与化学工程系传递组译.北京：清华大学出版社，1985

2 McCabe W L，J C Smith，Peter Harriott. Unit Operations of Chemical Engineering. 4th ed. New York：McGraw-Hill，1985

3 Perry R H，Green D W. Perry's Chemical Engineer's Handbook. 6th ed. New York：McGraw-Hill，1984

4 ［日］桐荣良三著.干燥装置手册.秦霁光等译.上海：上海科学技术出版社，1983

5 化学工程手册编辑委员会.化学工程手册.第16篇.北京：化学工业出版社，1989

6 潘永康.现代干燥技术.北京：化学工业出版社，1998

7 化工设备设计全书编辑委员会.干燥设备设计.上海：上海科学技术出版社，1986

13　吸附分离

当流体(气体或液体)和固体相接触时,由于固体表面存在着表面力,流体中的某些物质被固体表面所捕获,这种现象称为吸附。被吸附的物质称为吸附质,固体称为吸附剂。多孔结构吸附剂表面积的大小和表面的性质是决定吸附容量的主要因素。

吸附作用不仅取决于吸附剂的表面力,而且和流体分子的引力有关。这种力构成了吸附亲合力,亲合力大的物质比亲合力小的物质优先被吸附。所以,吸附过程不仅和吸附剂有关,也和吸附质的性质有关,当然也和操作条件有关。由于影响吸附的因素十分复杂,目前对吸附的机理尚无统一的定论。

利用吸附剂对气体(或液体)混合物中各组分吸附能力的差别,将混合物分离的过程称为吸附分离。

固体表面能够吸附气体或液体的现象很早就为人们所发现,并获得了广泛的应用。我国劳动人民早就知道新烧好的木炭有吸湿、吸臭的性能。在湖南长沙马王堆一号汉墓里就用木炭作为防腐层和吸湿剂。这说明早在两千多年前我国对吸附的应用就已达到了相当的水平。

吸附分离在化学、食品、医药等工业部门中,在气体和液体的精制、分离提纯等方面得到了广泛应用。活性炭吸附操作在空气净化和废水处理等环境保护工程中占有重要的地位。

吸附可以分为物理吸附和化学吸附。物理吸附又称范德华吸附,是固体与被吸附物质的分子之间范德华引力作用的结果。其吸附热较小,为 $80\sim120$ kJ/mol,一般略大于吸附质的汽化潜热。物理吸附时吸附质在改变操作条件下(如升温或降压)较易解吸,且不改变吸附质的原来性状。化学吸附则是由于化学键作用引起的,吸附时放出的热较大,1 mol 的化学吸附热达上千 kJ,与化学反应热差不多是同一数量级,难于解吸,且吸附质往往不再具有原来的性状。对于同一体系,常常在低温时是属于物理吸附,在高温时却是化学吸附,或者两种吸附同时发生。作为吸附分离操作主要是利用物理吸附过程。

在实际操作中,为了回收被吸附的有用物质,使吸附剂再生循环使用,常常是吸附和解吸(又称脱附)操作交替进行,也就是说吸附剂床层经使用一段时间后,吸附剂吸附饱和,失去了吸附能力,停止吸附操作。然后用加热升温、减压、溶剂冲洗或置换等方法把吸附剂中被吸附的物质脱附出来,吸附剂得到再生,循环使用。

在生产中常常通过周期性改变操作条件的方法,把吸附和解吸组成一个循环体系。例如,利用吸附剂在温度低时吸附容量大,易于吸附;温度高时吸附容量小,易于解吸的性质,在一定的压力下,通过周期地改变温度的方法,在同一设备里在不同的时间实现吸附和解吸两个过程,吸附剂反复使用,达到将混合物分离的目的,这种吸附过程称为变温吸附。又如在恒温下,气体体系的压力升高,吸附剂的吸附容量增加,有利于吸附;压力降低,吸附剂吸附容量减少,有利于解吸。因此通过周期性改变压力的办法,实现吸附、解吸交替进行,达到分离混合物的目的,这种分离方法称为变压吸附。另外,在水处理过程中,利用活性炭的吸附作用和微生物对有害杂质的降解能力,创造一定的有利于某种微生物繁殖的条件,使微生物在活性炭表面上繁殖。活性炭吸附有害杂质之后,靠微生物降解,使吸附剂不断再生,这也是把吸附和解吸很好地结合在一起的例子。由于解吸是吸附的逆过程,因此不作专门讨论。

吸附分离操作和其他分离操作一样,有其优缺点,适用于一定的使用范围。吸附过程的优点是:在溶质浓度较低的情况下,固体吸附气体或液体的平衡常数远远大于气液和液液平衡常数,因此,特别适合于低浓度混合物的分离和气体或液体的深度提纯(如水质的深度处理和气体的深度干燥);另外,分子筛吸附剂有极高的选择性,它能将分子大小和形状稍有差异的混合物分开,这是一般分离方法难于实现的。吸附分离的缺点是:吸附剂是固体,难以实现连续操作,吸附剂的吸附容量小,再生频繁,不适用分离高浓度体系等,这些使吸附操作的应用受到了一定的限制。

13.1 吸附剂及其特性

13.1.1 吸附剂的种类及用途

吸附剂的种类较多,且各有其不同的用途。大多数吸附剂是用天然材料,在一定的条件下进行加工,使其成为孔隙结构丰富、比表面积很大、吸附容量高的多孔结构;然后再经活化,增加其吸附能力。较典型的有以下几类。

1. 活性炭

木屑、果壳(如椰子壳、杏核壳)、煤等含炭原料经炭化和活化以后,便得活性炭。

活性炭是由 $80\% \sim 90\%$ 的炭组成,呈孔隙发达的结构。市售活性炭的比表面积可达 $1\,000\ \mathrm{m^2/g}$。比表面积大小基本上反映活性炭吸附容量的大小。活性

炭上孔隙的大小不一,通常可分为 3 类:

　　　大孔:孔隙有效半径＞1 000Å,1Å＝10^{-10} m;

　　　过渡孔:孔隙有效半径＝15～1 000Å;

　　　微孔:孔隙有效半径＜15Å。

　　一般活性炭的全部微孔表面积约占孔隙总面积的 90％以上,孔隙大小的分布情况与原料和制造方法有关。木屑制造的活性炭的孔隙最大,椰壳制造的活性炭孔隙最小,煤质活性炭的孔隙大小介于椰壳炭和木屑炭之间。活性炭的吸附主要靠发达的微孔结构。

　　活性炭按其形状大小,可以分为粉末活性炭、颗粒活性炭和活性炭纤维。

　　活性炭是表面电中性的非极性疏水性物质,适合于对有机物,特别是芳香族化合物的吸附。在同系列的有机物中,分子质量越大,吸附容量也越大。被吸附物质的分子大小越接近于活性炭的孔隙大小,越容易被吸附。被吸附物质在水中的溶解度越大,则吸附性越小。由于活性炭的孔隙是非均一的,有一定的分布。因此其吸附选择性较差。

　　在使用活性炭时,还应该考虑到其易燃性,在空气中温度超过 250℃时,活性炭开始氧化。

2. 硅胶

　　硅胶是氧化硅多聚物的微球堆积而成的多孔体。用硫酸处理硅酸钠的水溶液,使生成凝胶。将其用水洗,除去硫酸钠,后经干燥,便可得到玻璃状的硅胶。

　　工业上的硅胶有球形的、无定型的、加工成型的、粉末状的 4 种。

　　硅胶是极性吸附剂,表面的吸附活性中心是与硅原子相连的羟基。硅胶难以吸附非极性物质,易于吸附极性物质(如水、甲醇等),常用于高湿含量空气的干燥或液体干燥脱水。硅胶的脱水性随温度的上升而降低。吸附水分时放出大量的热量,使用时应注意这一点。

3. 合成沸石分子筛

　　沸石分子筛一般称为分子筛。是以$(M^{2+}, M^+) \cdot O \cdot (Al_2O_2) \cdot mSiO_2 \cdot nH_2O$式表示的含水硅酸盐。$M^{2+}$ 与 M^+ 分别为二价及一价的金属离子,多为Ca^{2+} 与 Na^+。每一种沸石具有某一特定的均一孔径。有 3Å,4Å,5Å,9Å,10Å等各种不同细孔的分子筛。分子筛有筛分作用,有极高的选择性,可用于分离沸点非常接近而只是分子大小有差异的混合物。

　　各个国家对沸石分子筛采用不同的分类方法,有各自不同的牌号。苏联采用双标志代号,首标表示的是进入沸石晶格的阳离子名称(K,Na,Ca),尾标表示的是沸石晶格的型号(A 或 X)。美国和其他许多国家的沸石分子筛分类法是先标出沸石的主要尺寸(进入窗口的直径),但是,只有 A 型沸石标出的尺寸与实际尺寸才是一致的。

一般用途的沸石分子筛对照如下：

苏联分类	KA	NaA	CaA	CaX	NaX
美国分类	3A	4A	5A	10X	13X
进入窗口直径/Å	3	4	5	8	9

沸石分子筛主要用于化学工业中原料气的干燥及分离。在水蒸气分压较低的范围内沸石分子筛对水的吸附能力极高,吸水性几乎不受温度的影响。在高温下,干燥程度高而稳定,机械性能好,非常适用于高温下原料气体或液体的深度干燥,但再生困难。

4. 合成树脂

带有巨型网状结构的树脂(如苯乙烯和二乙烯苯的共聚物),可以制成非极性的弱极性及强极性的多种类型的吸附树脂,根据不同目的选择不同类型的吸附树脂。吸附树脂可用于废水处理及维生素分离等医药和食品工业。

13.1.2 吸附剂的选择

当采用吸附法分离某一混合物时,选择哪种吸附剂,需要根据被分离对象和吸附剂本身的特点进行全面的分析才能确定。

对于难分离的体系,主要用分子筛作为吸附剂。若分离体系是水溶液,而且被吸附组分又是非极性物质时,则采用活性炭作为吸附剂,因为活性炭是表面电中性的疏水性吸附剂。但到底用哪种类型的活性炭,还必须进一步研究被吸附的对象才能确定。与气相中的杂质分子相比较,液相中的杂质分子相对比较大(水中有机物分子直径一般为 10～30 Å),因此,水处理所用的活性炭,除了要依靠微孔的吸附作用外,还要依靠过渡孔来吸附水中较大的杂质分子,所以最好使用具有较多过渡孔的活性炭。煤质活性炭较为适合,而褐煤制的活性炭更好些,这说明并非所使用的吸附剂越贵越好。

有时即使吸附同一种吸附质,在不同的条件下,也要采用不同的吸附剂,使用时要扬长避短。如去除原料气或原料液中的水分时,既可用硅胶作为吸附剂,也可用沸石作为吸附剂。这要根据水分含量的多少和温度的高低来决定。硅胶在高湿度时吸附容量大,沸石在低湿度时吸附容量大。因此高湿度时宜用硅胶,低湿度时宜用沸石。若想对高湿度的原料气(或液)进行深度干燥时,则应先用硅胶干燥,后用沸石吸附。如果操作温度比较高,由于硅胶在高温下吸湿性能大大降低,而沸石在高温时吸湿性能变化很小,因此用沸石作为吸附剂较为合适。

此外选择吸附剂时要兼顾到吸附和解吸两个过程。吸附和解吸是两个矛盾的逆过程,一般吸附易,解吸就难,解吸往往是难以解决的问题。

13.2　吸附平衡

在一定条件下,当流体(气体或液体)和吸附剂接触时,流体中的吸附质将被吸附剂所吸附,随之单位质量吸附剂吸附量 q 将不断增加,流体中吸附质浓度不断下降。经过一段时间之后,q 将不随时间而变,流体相和固相间建立了平衡关系,称为吸附平衡。吸附平衡是动态平衡,吸附发生在两相的界面上。

当流体为气体时,实验表明,对于一个给定的体系(即一定的吸附剂和一定的吸附质),达到平衡时吸附量与温度和压力有关,可表示为

$$q = f(T, p) \tag{13-1}$$

上式 3 个变量中,常常固定一个变量,表示其他两个变量的关系:

若 T＝常数,则 $q = f(p)$ 称为吸附等温式;

若 p＝常数,则 $q = f(T)$ 称为吸附等压式;

若 q＝常数,则 $p = f(T)$ 称为吸附等量式。

其中最常用的是吸附等温式,其用图形表示的曲线称为吸附等温曲线。

13.2.1　吸附等温线的类型

根据流体种类的不同和被吸附组分的多少,吸附等温线分为气相单组分吸附等温线和液相单组分吸附等温线,以及气相多组分吸附等温线和液相多组分吸附等温线。

气相吸附等温线可以用重量法和容量法测量,液相吸附等温线一般都是通过测定溶液与吸附剂接触前后浓度的变化而求出。

气体混合物中,只有某一组分被吸附的等温线称为气相单组分吸附等温线。根据实验测定的结果,按照 Brunaner 等人的分类法,可分为以下 5 种类型,见图 13-1。

Ⅰ类是平缓地接近于饱和值的朗缪尔(Langmuir)型吸附等温线,这种吸附相当于在吸附剂表面上只形成单分子层。

Ⅱ类最普通,是能形成多分子层的物理吸附。

Ⅲ类是吸附热与被吸附组分的液化热大致相等的吸附曲线,该类型比较少见。

Ⅳ类和Ⅴ类可以认为是由于产生毛细管凝结现象造成的。

5 种类型的吸附等温线,反映了吸附剂的表面性质有所不同,以及孔的分布和吸附质相互作用不同。

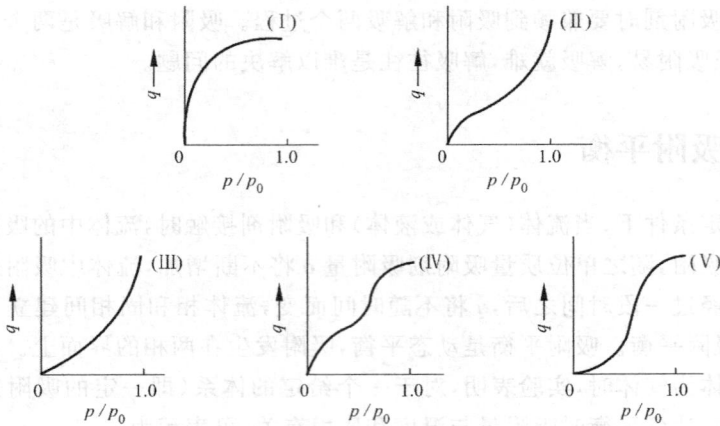

图 13-1　气相吸附等温线分类

　　吸附剂在液相中吸附时,实质上是溶剂与吸附质组分竞争的结果。在溶剂的吸附作用可以忽略不计时,可以认为是单组分吸附,如用活性炭吸附水溶液中的有机物。

　　Giles 等人把液相单组分等温吸附曲线分成 S,L,H,C 型 4 类,每一类又分为5 族,如图 13-2 所示。

　　S 型:当被吸附分子在吸附剂表面上是垂直定向吸附时,曲线成 S 字型;

　　L 型:又称朗缪尔型。当从稀溶液中进行吸附时,多半是 L 型;

　　H 型:当吸附剂与吸附质之间有很强的亲合力时,曲线属于 H 型;

　　C 型:当被吸附组分在溶液和吸附剂表面之间按一定的分配率进行分配时,则吸附量与溶液的浓度呈直线关系。

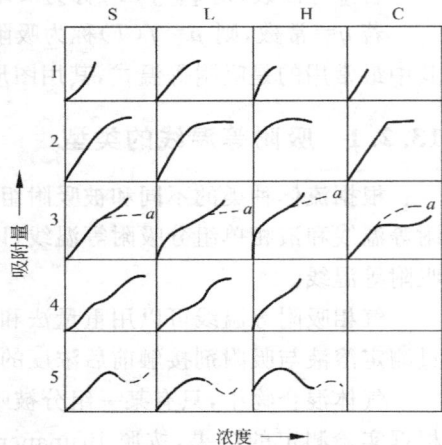

图 13-2　液相吸附等温线的分类

　　在液相吸附时,吸附曲线不仅和吸附质的性质及吸附剂的种类有关,而且和溶液的种类有关,因此,液相吸附比气相吸附复杂得多。吸附质的溶解度,以及由于溶剂的不同而引起吸附质分子大小的差异,都会影响吸附平衡曲线的形状。

13.2.2　等温吸附公式

　　表达等温吸附平衡关系的数学关系式,叫作等温吸附式。

由于吸附过程比较复杂,对吸附机理尚无统一定论,等温吸附式都是在一定假设条件下导出的,分别适用于一定的体系和范围。

1. 朗缪尔公式

$$q = \frac{aq_m p}{1 + ap} \tag{13-2}$$

式中:q_m——单分子层吸附容量,可视为所有的吸附"席位"都被占满时的饱和吸附量,kg(吸附质)/kg(吸附剂);

p——吸附质的平衡分压,Pa;

q——吸附量,kg(吸附质)/kg(吸附剂);

a——常数。

该式是在假设吸附质被吸附在吸附剂的均匀表面上、只形成单分子层、被吸附分子之间没有相互作用等条件下,利用吸附平衡时吸附速度等于解吸速度而导出的吸附平衡关系式。

因为朗缪尔公式适用于液相吸附的例子很多,所以又可写成下列形式:

$$q = \frac{aq_m y}{1 + ay} \tag{13-3}$$

式中:y——液相中吸附质的组成,摩尔分数。

由上两式可以看出:

(1) 当 p(或 y)很小时,则

$$q = aq_m p \text{（或 } q = aq_m y \text{）}$$

呈亨利定律的形式,即吸附量与流体的平衡浓度(或分压)成正比。

(2) 当 $p \to \infty$ 时,则

$$q = q_m$$

即在吸附质分压很大时,吸附量与流体的浓度无关,吸附"席位"都被占领形成单分子层。

式(13-3)经整理,可变成

$$\frac{y}{q} = \frac{y}{q_m} + \frac{1}{aq_m} = A + By \tag{13-4}$$

作 y-y/q 图得一直线,其斜率为 $B = 1/q_m$,从而可求出 q_m。因此由下式即可求出吸附剂的比表面积 $S(\text{m}^2/\text{g})$。

$$S = q_m N_A A_m \tag{13-5}$$

式中:N_A——阿伏加德罗常数,$N_A = 6.023 \times 10^{23} \text{mol}^{-1}$;

A_m——每个被吸附的分子所占有的面积,cm^2。

A_m 可通过有关资料查得,在一定温度下,吸附质不同,大小不一。如 N_2 在 $-196℃$ 的实验温度下 $A_m = 16.2 \text{Å}^2 = 16.2 \times 10^{-16} \text{cm}^2$。

式(13-5)随 q_m 的单位不同可写成下列等式：

$$S = (A_m N_A q_m) \times 10^{-20} \tag{13-6}$$

式中：q_m——mol(吸附质)/g(吸附剂)。

$$S = A_m N_A \left(\frac{q_m}{M} \right) \times 10^{-22} \tag{13-7}$$

式中：q_m——g(吸附质)/100g(吸附剂)。

$$S = A_m N_A \left(\frac{q_m}{22\,400} \right) \times 10^{-24} \tag{13-8}$$

式中：q_m——cm³(吸附质)(标准状况下)/g(吸附剂)。

朗缪尔公式及其表面测定计算法，适用于无孔吸附剂或粗孔吸附剂在高临界温度下对气体的吸附。

2. BET 公式

大多数吸附体系属于 Ⅱ 型等温线。其特点是在相对压力(比压)$p/p_0 > 0.2$ 时，等温线显著上升。这是由于第二层以及相继各层的形成把第一层覆盖了起来，因此，认为这种类型的吸附属于多分子层吸附，可用 BET 公式描述。一般认为，当吸附质的温度接近于正常沸点时，往往发生多分子层吸附。

BET 公式由 Brunaner，Emmett 和 Teller 3 人提出而得名。

多分子层理论及依此而导出的 BET 公式是在朗缪尔理论的基础上加以发展而得到的。即假设吸附分子在吸附剂上是按各个层次排列的，这些分子可以无限地累叠而被吸附，并且各分子间相互作用可以忽略不计，而每一层都符合朗缪尔公式，据此导出公式如下：

$$q = \frac{q_m C \dfrac{y}{y_0}}{\left(1 - \dfrac{y}{y_0}\right)\left(1 - \dfrac{y}{y_0} + C \dfrac{y}{y_0}\right)} \tag{13-9}$$

式中：y——流体为气相时，y 为吸附质的分压；当流体为液相时，y 为吸附质的摩尔分数；

y_0——流体为气相时，y_0 为饱和蒸气压 p_0；当流体为液体时，y_0 为溶解度，摩尔分数；

q_m——单分子层吸附容量；

C——常数。

在推导 BET 式时，是假设吸附层数可以无限地增加，若设吸附层数最多只能有 n 层(如在多孔性固体上吸附)，则可以得到 3 个变量的 BET 公式：

$$q = q_m \frac{C \dfrac{y}{y_0}}{1 - \dfrac{y}{y_0}} \frac{1 - (n+1)\left(\dfrac{y}{y_0}\right)^n + n\left(\dfrac{y}{y_0}\right)^{n-1}}{1 + (C-1)\left(\dfrac{y}{y_0}\right) - C\left(\dfrac{y}{y_0}\right)^{n+1}} \tag{13-10}$$

如果 $n=1$，即为单分子层吸附，上式可简化成朗缪尔公式；如果 $n=\infty$，$(y/y_0)^\infty \to 0$，则上式变成式(13-9)。这表明式(13-10)适用范围更广。

BET 公式通常只在比压($p/p_0=y/y_0$)约为 $0.05\sim0.35$ 时适用，这是因为在推导公式时，假定是多层的物理吸附，当比压小于 0.05 时，压力太小，建立不起多层物理吸附平衡，甚至单分子层物理吸附也远未完成，表面不均匀性就显得突出；在比压大于 0.35 时，由于毛细凝聚变得显著起来，因而破坏了多层物理吸附平衡。

由于多分子层理论没有考虑到表面的不均匀性，和同一层上吸附分子之间的相互作用力，以及在压力较高时，多孔性吸附剂的孔径因吸附多分子层而变细后，可能发生蒸气在毛细管中的凝聚作用(在毛细管内液面的蒸气压低于平面液面的蒸气压)等因素，因此 BET 公式有偏差。

例 13-1 273 K(0℃)时测得不同压力下，丁烷在质量为 1 876 mg 的某种催化剂上的吸附量(已换算成标准状态下的体积)如下：

p/kPa	7.518	11.929	16.696	20.881	22.706	24.994
$q/(\mathrm{mL/g})$	17.09	20.62	23.74	26.09	27.77	28.30

已知 273 K 时丁烷的饱和蒸气压为 103.251 kPa，每个丁烷分子的截面积为 44.6 Å^2，试求该催化剂的比表面。

解： 用 BET 公式求算，为了便于求出 q_m，将式(13-9)改写成

$$\frac{p}{q(p_0-p)}=\frac{1}{q_mC}+\frac{C-1}{q_mC}\frac{p}{p_0}$$
$$=A+B\frac{p}{p_0}$$

$$q_m=\frac{1}{A+B}$$

以 $p\times10^3/q(p_0-p)$ 对 p/p_0 画图(见图 13-3)，便求出斜率 B 和截距 A，进而求出 q_m，由 q_m 再求出 S。

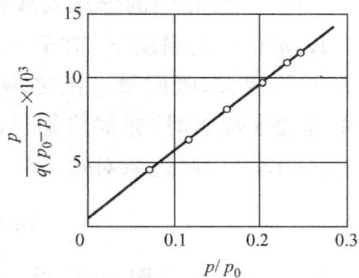

由所给数据，算出相应数值如下：

图 13-3 例 13-1 附图

p/p_0	0.073	0.116	0.162	0.202	0.232	0.242
$p\times10^3/q(p_0-p)/(\mathrm{g/mL})$	4.61	6.36	8.14	9.70	10.86	11.23

由图 13-3 求得

$$B = 38.95 \times 10^{-3} \ \mathrm{mL^{-1}}$$

$$A = 1.85 \times 10^{-3} \ \mathrm{mL^{-1}}$$

于是得

$$q_\mathrm{m} = \frac{1}{(38.95 + 1.85) \times 10^{-3}} = 24.51 \ \mathrm{mL}$$

即在 1 876 mg 催化剂表面上铺满一单分子层时吸附了 24.51 mL 丁烷,因此该催化剂的表面积为

$$S = \frac{24.51}{22\ 400} \times 6.023 \times 10^{23} \times 44.6 \times 10^{-20} = 293.9 \ \mathrm{m^2}$$

比表面:

$$S_0 = \frac{293.9}{1\ 876 \times 10^{-3}} = 156.7 \ \mathrm{m^2/g}$$

在测量比表面时,一般用 N_2 作吸附质,用 BET 公式进行计算。测出的比表面积可以用来比较吸附剂的活性。

3. 弗罗因德利奇(Freundlich)公式

对于在等温下,吸附热随着覆盖率(即吸附量)的增加呈对数下降的吸附平衡,弗罗因德利奇提出下列经验公式:

$$q = Ky^{\frac{1}{n}} \tag{13-11}$$

式中:K——和吸附剂种类、特性、温度以及所用单位有关的常数;

n——常数,和温度有关,$n > 1$;

y——气相中的分压或液相中的摩尔分数。

K, n 在一定温度下,对于一定的体系都是常数。弗罗因德利奇公式表明,随着 y 的增大,吸附量 q 随之增加,但 y 增加到一定程度后,吸附量不再变化。在中等程度覆盖时,弗罗因德利奇公式和朗缪尔公式接近。

式(13-11)两边取对数,得

$$\lg q = \lg K + \frac{1}{n}\lg y \tag{13-12}$$

以 $\lg q$-$\lg y$ 作图,便可得一直线,直线的斜率 $1/n$ 若为 $0.1 \sim 0.5$,则表示吸附容易进行,超过 2 时表示吸附难以进行。

弗罗因德利奇公式是经验公式,适用于低浓度气体或低浓度溶液。未知组成物的吸附,如有机物、植物油或有机物质溶液的脱色也常用此式描述。

以上是应用较广的等温吸附公式。除此之外还有根据 Polonyi 吸附势能理论或微孔容积填充等理论而导出的有关公式。此外,还有气固相多组分和液固相多组分吸附等温式。

应该指出，一般吸附等温线所表示的是完全可逆的现象。就是说，吸附等温线上任一点所代表的平衡状态，既可以由新吸附剂进行吸附达到，也可以由已经吸附了吸附质的吸附剂进行脱附达到。然而有时候，吸附平衡等温线和脱附平衡等温线并不重合，至少有一部分是这样，如图 13-4 所示。这种现象称为滞留现象，可能是由于通向固体中微孔细道的开口形状或吸附物质润湿固体的复杂现象所引起的。在任何情况下，只要出现滞留现象，则对应于同样的吸附量，其吸附平衡压力一定较脱附时的高。

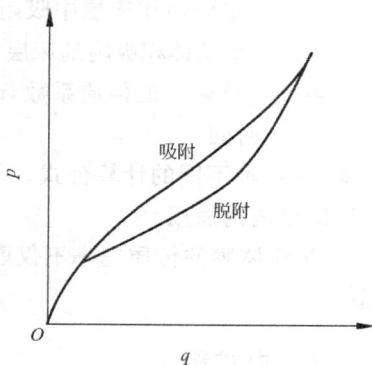

图 13-4　滞留现象

13.3　吸附动力学

吸附剂从流体中吸附吸附质的传质过程可以分成下面 3 步：

(1) 吸附质从流体主体扩散到吸附剂外表面，这称为通过吸附剂表面流体膜的传质，简称外扩散；

(2) 吸附质由颗粒的外表面经颗粒内的毛细孔扩散到颗粒的内表面，简称内扩散；

(3) 吸附质在吸附剂的内部表面上被吸附。

一般第(3)步的速度很快，其传质阻力可以忽略不计。传质速率主要决定于第(1)和(2)两步，这两步的速度(或阻力)有时相差很大。如果两者比较，外扩散速度很慢，阻力很大，则过程的速度由外扩散决定，称为外扩散控制；反之，如内扩散速度很慢，其阻力很大，则过程的速度取决于内扩散，称为内扩散控制。通常内扩散控制的情况比较多见。

13.3.1　外扩散

吸附质从流体主体到吸附剂外表面的传质速率可用下式描述：

$$N = \rho_b \frac{\partial q}{\partial t} = k_F a_v (c - c_i) \tag{13-13}$$

式中：N——单位体积吸附剂床层中，吸附质从流体主体到吸附剂颗粒外表面的传质速率，$kg/(s \cdot m^3)$；

c——流体主体中吸附质的质量浓度，kg/m^3；

c_i——吸附剂颗粒外表面上流体中吸附质的质量浓度，kg/m^3；

a_v——单位体积床层中吸附剂颗粒的外表面，m^2/m^3；

ρ_b——单位体积吸附剂床层中吸附剂的质量，即吸附剂的堆积密度，kg/m^3；

k_F——流体中的传质系数，m/s；

t——时间，s。

k_F 有各种不同的计算公式。如 Chu 及 Carberry 等计算式。各种公式都在一定 Re 范围内适用。

通过流体膜的传质速率不仅取决于吸附体系，更主要地取决于流体的流动状态。

13.3.2 内扩散

吸附质从吸附剂外表面到内表面的扩散速率可以用下式表示：

$$N = \rho_b \frac{\partial q}{\partial t} = k_s a_v (q_i - q) \tag{13-14}$$

式中：q_i——与吸附剂外表面上流体呈平衡的吸附剂的吸附量，kg（吸附质）/kg（吸附剂）；

q——吸附剂上吸附质的平均吸附容量，kg（吸附质）/kg（吸附剂）；

k_s——吸附剂外表面至内表面的传质系数，或称吸附剂相的传质系数，$kg/(m^2 \cdot s)$。

吸附剂内部的扩散通常可分为两个方面，即吸附质在细孔内的扩散和吸附质沿细孔内表面上进行的扩散（称为表面扩散）。如假设颗粒为球形，溶质在流体与吸附剂间的平衡关系符合亨利定律的形式：

$$q = \beta c \tag{13-15}$$

当流体与吸附剂接触时间足够长时，可以导出下列关系式：

$$\frac{\partial q}{\partial t} = \frac{A D_i}{\rho_s \beta R^2} (q_i - q) \tag{13-16}$$

$$D_i = D_c + \rho_s (\partial q / \partial c) D_s \tag{13-17}$$

式中：D_i——以溶液的浓度梯度表示推动力的有效扩散系数，m^2/s；

R——吸附剂半径，m；

D_c——细孔内扩散系数，m^2/s；

D_s——表面扩散系数，m^2/s；

ρ_s——吸附剂颗粒的表观密度，kg/m^3；

β——吸附相平衡常数；

A——常数，一般为 15。

比较式(13-14)与式(13-16)可知,在上述条件下,有

$$k_S a_v = \frac{A D_i \rho_b}{\beta R^2 \rho_s} \tag{13-18}$$

对于气相吸附,表面扩散往往可以忽略不计,但对于某些体系却不同,表面扩散起着重要的作用。在这样的体系中,由于 D_s 还没有合适的公式来计算,所以必须依靠实验方法求 D_i。

对于液相吸附,D_i 必须由实验测定,通常 D_i 随着吸附剂平均孔径的增加,溶液浓度增大和温度的升高而增大,溶液的 pH 对 D_i 也有影响。

由式(13-16)可知,对于内扩散控制的吸附过程,为了提高吸附速率,可以减少吸附剂颗粒尺寸,设法提高 D_i。

13.3.3　总传质速率方程

根据式(13-13)与式(13-14)有

$$\rho_b \frac{\mathrm{d}q}{\mathrm{d}t} = k_F a_v (c - c_i) = k_S a_v (q_i - q) \tag{13-19a}$$

因为吸附剂表面上溶液的质量浓度 c_i 和与它呈平衡的吸附剂的吸附量 q_i 都很难求出,所以通常应用总传质速率方程:

$$\rho_b \frac{\mathrm{d}q}{\mathrm{d}t} = K_F a_v (c - c^*) = K_S a_v (q^* - q) \tag{13-19b}$$

式中:K_F——以流体相浓度差表示推动力的总传质系数,m/s;

$\quad$ K_S——以吸附剂相的吸附量差表示推动力的总传质系数,kg/(m²・s);

$\quad$ c^*——与吸附剂吸附量 q 呈平衡的流体的质量浓度,kg/m³;

$\quad$ q^*——与流体质量浓度 c 呈平衡的吸附剂的吸附量,kg(吸附质)/kg(吸附剂)。

当吸附相平衡关系为直线关系,即服从式(13-15)时,可导出以下关系:

$$\frac{1}{K_F a_v} = \frac{1}{k_F a_v} + \frac{1}{\beta k_S a_v} \tag{13-20}$$

即总传质阻力等于分传质阻力之和。

13.4　吸附操作及设备计算

为了适应不同的过程特点和分离要求,吸附有各种不同的操作。如分级的液体接触过滤操作、固定床吸附操作、流化床吸附操作、移动床吸附操作和模拟移动床操作。其中有些是稳态操作过程,有些是非稳态操作过程。本节只讨论液体接触过滤和固定床吸附这两类操作过程及设备。

13.4.1　液体接触过滤操作及计算

这种操作过程类似于萃取所用的混合-澄清操作过程。将吸附剂(粉末状或颗粒状)与被处理的溶液加入到带搅拌的吸附槽中,通过搅拌使液、固相密切接触,经过足够的时间以后,再将浆液送至过滤机过滤,从液体中分离出吸附了吸附质的固体吸附剂。

在吸附槽中进行吸附过程时,溶液中吸附质的浓度随时间而降低。开始时降低很快,然后渐近于平衡值。吸附剂和溶液接近平衡所需要的时间主要取决于吸附剂的加入量与粒度、溶液的粘度和搅拌强度。

强烈的搅拌使吸附剂粒子尽快地与所有液体充分接触,有利于吸附过程。

维持较高的温度,虽然平衡吸附量有所降低,但可使液体的粘度降低,溶质(吸附质)的扩散速度增加,吸附剂粒子更易于穿过液体,可大大缩短接近平衡所需要的时间。这些有利因素足以补偿温度高使平衡吸附量降低所造成的不利影响,因此,吸附操作常常维持尽可能高的温度。

由于一般待处理的溶液为稀溶液,溶液量相对于吸附量而言是很大的,故因吸附放热引起温度的升高,常常可以忽略不计,可视为等温吸附过程。

液体接触过滤操作可以是单级,也可以是多级。多级操作中又分为多级错流操作和多级逆流操作。

1. 单级操作

单级吸附的操作方法以及计算方法和内容与单级并流吸收或单级萃取相似。仍是用物料衡算确定操作线,然后通过操作线和平衡关系联立而求出溶液的极限浓度和吸附剂的极限吸附量。单级吸附操作流程如图 13-5 所示。

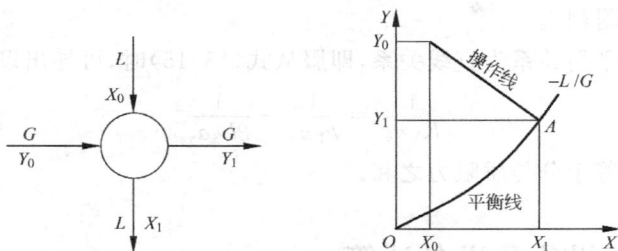

图 13-5　单级吸附示意图

由于所用的吸附剂量相对于被处理的溶液量通常很小,过滤后吸附剂带走的溶剂可以忽略,又由于吸附质相对于溶液中的其他组分远为优先地被吸附,其余物质的被吸附量可以忽略。而且吸附剂是不溶于溶液中的,因此,可以认为吸附过程中,溶剂量和吸附剂量都不变,稳定操作时进出吸附槽的量相等,所以,被处理的溶液量可以用纯溶剂量 G 表示,浓度可用质量比 Y 表示,加入的吸附剂可用不含吸附质的吸附剂量 L 表示,吸附剂的吸附量也可用质量比 X 表示。对吸附质进行物料衡算:

$$G(Y_0 - Y_1) = L(X_1 - X_0) \tag{13-21}$$

式中:G——溶剂的量,kg;

L——纯吸附剂的量,kg;

X_0,X_1——吸附质在进、出吸附槽的吸附剂中的质量比,kg(吸附质)/kg(吸附剂);

Y_0,Y_1——吸附质在进、出吸附槽的溶液中的质量比,kg(吸附质)/kg(溶剂)。

式(13-21)是单级吸附操作线,是端点为 (X_0, Y_0) 和 (X_1, Y_1)、斜率为 $-L/G$ 的直线。

若该级为理论级,即离开该级的固、液相之间呈平衡,则 (X_1, Y_1) 点落在平衡线上。已知平衡线及操作条件,通过作图法可以求出操作线与平衡线的交点 A,该点的坐标便是离开该理论级的液、固相浓度 X_1,Y_1,如图 13-5 所示。

如果吸附平衡关系可用弗罗因德利奇公式表示,且溶液的浓度较小,吸附平衡关系可写成

$$Y^* = mX^n$$

则可通过操作线方程和平衡线关系式的联立,求出固、液相的极限浓度 X_1,Y_1,或固液比 L/G:

$$L/G = \frac{Y_0 - Y_1}{(Y_1/m)^{\frac{1}{n}}}, \quad X_0 = 0 \tag{13-22}$$

由图 13-6 可以看出,若要求溶液中吸附质的浓度由 Y_0 降到 Y_1,n 减小,固液比增加。通常认为 n 值为 2~10,表示吸附性能好;为 1~2 表示吸附有一定的困难;小于 1 则表示吸附性能不好。

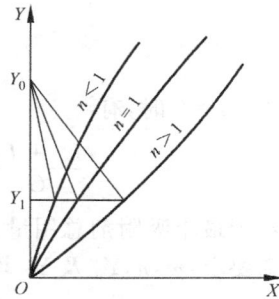

图 13-6 Y_1 和指数 n 的关系

2. 多级错流操作

多级错流吸附操作的流程和计算方法与多级错流萃取操作基本相同,如图 13-7 所示。其中符号的意义和单级吸附相同。

达到相同的分离要求,级数愈多,吸附剂用量愈小,但设备和操作费增加。通常两级以上的流程未必经济,所以这里只讨论两级错流吸附。

由吸附流程可以看出,第 1 级的液相出料浓度 Y_1 就是第 2 级的进料浓度。

做吸附质的物料衡算:

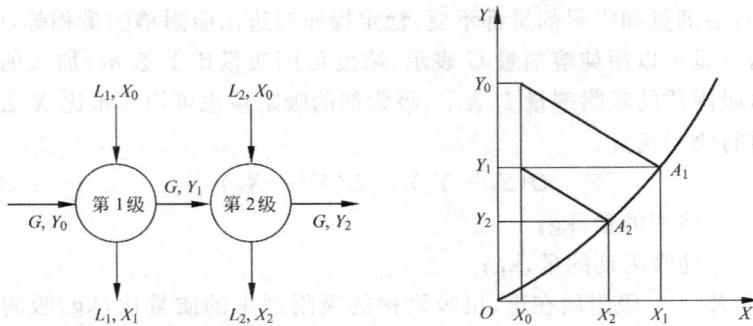

图 13-7　二级错流吸附示意图

对于第 1 级：

$$G(Y_0 - Y_1) = L_1(X_1 - X_0) \tag{13-23}$$

对于第 2 级：

$$G(Y_1 - Y_2) = L_2(X_2 - X_0) \tag{13-24}$$

若 $L_1 = L_2$，则在 X-Y 坐标图上两级的操作线相互平行。

如果每一级都是理论级，即 (X_1, Y_1) 和 (X_2, Y_2) 都在平衡线上，则用作图法，便可求出操作线和平衡线的交点 A_1 和 A_2。这两点的坐标分别是离开第 1 级固、液相浓度 X_1，Y_1 以及离开第 2 级的固、液相浓度 X_2，Y_2，如图 13-7 所示。

若吸附等温线满足弗罗因德利奇公式，且浓度很低，可写成

$$X = (Y/m)^{\frac{1}{n}}$$

或

$$Y = mX^n$$

当 $X_0 = 0$ 时，有

$$\frac{L_1 + L_2}{G} = m^{\frac{1}{n}} \left(\frac{Y_0 - Y_1}{Y_1^{\frac{1}{n}}} + \frac{Y_1 - Y_2}{Y_2^{\frac{1}{n}}} \right) \tag{13-25}$$

对于最小吸附剂总用量，$\mathrm{d}((L_1 + L_2)/G)/\mathrm{d}Y_1$ 应等于 0，且对于一定的体系和分离要求，m，n，Y_0 及 Y_2 均为常数，故对式(13-25)求导可得

$$\left(\frac{Y_1}{Y_2} \right)^{\frac{1}{n}} - \frac{1}{n} \frac{Y_0}{Y_1} = 1 - \frac{1}{n} \tag{13-26}$$

即当 Y_1 符合式(13-26)时，总吸附剂用量为最小，因此根据式(13-26)求出 Y_1，即可用式(13-23)～式(13-25)求出吸附剂用量。

3. 多级逆流操作

多级逆流操作可进一步节约吸附剂，且溶液中吸附质的浓度可降得很低。但是随着级数的增加，所需的吸附剂最初降得很快，随后减少很慢，并趋于一定的最小值。而且级间必须进行过滤，加上级数增加，设备费和操作费用增加，因此当级数超过 3 之后，并不一定经济。

多级逆流操作流程见图 13-8。

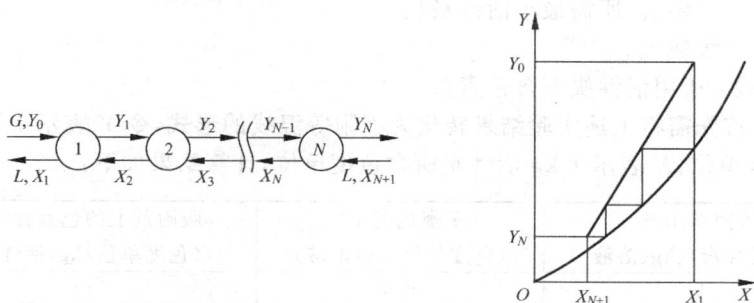

图 13-8　多级逆流吸附示意图

以整个流程为体系，做吸附质的物料衡算得

$$G(Y_0 - Y_N) = L(X_1 - X_{N+1}) \tag{13-27}$$

上式就是逆流吸附操作线方程。是一条通过端点 (X_{N+1}, Y_N) 及 (X_1, Y_0)、斜率为 L/G 的直线。所需要的理论级数，可通过在平衡线和操作线之间作阶梯确定。阶梯数为理论级数。图 13-8 所示为 3 个理论级。

若体系的平衡关系可用弗罗因德利奇公式表示，且所用的吸附剂不含吸附质，即 $X_{N+1} = 0$，则对于二级逆流吸附可通过操作线和平衡关系式，导出下列关系式：

$$\frac{Y_0}{Y_2} - 1 = \left(\frac{Y_1}{Y_2}\right)^{\frac{1}{n}}\left(\frac{Y_1}{Y_2} - 1\right) \tag{13-28}$$

通过该式便可求出离开第 1 级的液相组成 Y_1，然后再用操作线方程和平衡关系式求出吸附剂用量等其他参数。

例 13-2　某种产品的水溶液含有少量色素，在产品结晶前需用活性炭将色素吸附除去。活性炭几乎不吸附产品。为了取得活性炭吸附该色素的平衡数据，进行了吸附平衡实验。实验方法是在溶液中加入一定量的活性炭，搅拌足够长的时间，澄清后测定溶液的平衡色度。实验结果如下：

吸附剂用量 /(kg(活性炭)/kg(溶液))	0	0.001	0.004	0.008	0.02	0.04
平衡时溶液的色度	9.6	8.6	6.3	4.3	1.7	0.7

色度的标准人为确定，它正比于色素的浓度。

工艺要求吸附后色素的含量降至原始含量（色度 9.6）的 10%。计算下列各种操作中，每处理 1 000 kg 溶液所需的活性炭量：

（1）单级操作；

（2）二级错流，所需最小活性炭量；

（3）二级逆流。

（假设：所用活性炭不含色素。）

解：首先需将上述实验结果转化为吸附等温线的形式，令 Y 表示 1 kg 溶液所含色度单位，X 表示 1 kg 活性炭所含色度单位，计算结果如下：

吸附剂用量 /(kg(活性炭)/kg(溶液))	平衡色度 Y^* /(色度单位/kg(溶液))	吸附剂上的色素含量 X /(色度单位/kg(活性炭))
0	9.6	—
0.001	8.6	(9.6−8.6)/0.001＝1 000
0.004	6.3	(9.6−6.3)/0.004＝825
0.008	4.3	663
0.02	1.7	295
0.04	0.7	223

上述数据在对数坐标上作图为一直线，故可用弗罗因德利奇公式表示，回归得

$$Y = 8.91 \times 10^{-5} X^{1.66}$$

（1）单级操作

因为 $Y_0 = 9.6$ 色素单位/kg(溶液)，所以 $Y_1 = 0.1 \times 9.6 = 0.96$ 色素单位/kg(溶液)，应用式(13-22)得

$$\frac{L}{G} = \frac{9.6 - 0.96}{\left(\dfrac{0.96}{8.91 \times 10^{-5}}\right)^{\frac{1}{1.66}}} = 0.032 \text{ kg(活性炭)/kg(溶液)}$$

求得处理 1 000 kg 溶液所需活性炭用量为

$$L_{单级} = 32 \text{ kg}$$

（2）二级错流

应用式(13-26)，用试差法求出

$$Y_1 = 3.3$$

代入式(13-25)，得

$$\frac{L_1 + L_2}{G} = (8.91 \times 10^{-5})^{\frac{1}{1.66}} \times \left(\frac{9.6 - 3.3}{3.3^{\frac{1}{1.66}}} + \frac{3.3 - 0.96}{0.96^{\frac{1}{1.66}}}\right)$$

$$= 0.019\,81$$

所以

$$L_{错} = L_1 + L_2 = 19.81 \text{ kg}$$

（3）二级逆流

将 Y_0 与 Y_2 代入式(13-28)，用试差法解得

$$Y_1 = 4.42$$

$$X_1 = \left(\frac{Y_1}{m}\right)^{\frac{1}{n}} = \left(\frac{4.42}{8.91 \times 10^{-5}}\right)^{\frac{1}{1.66}} = 673.97$$

根据系统的色素的衡算,得

$$\frac{L}{G} = \frac{9.6 - 0.96}{673.97} = 0.012\,8$$

所以

$$L_{逆} = 12.8 \text{ kg}$$

13.4.2　固定床吸附器

1. 固定床吸附器中吸附过程的分析

固定床吸附器是在圆筒体内填充吸附剂的吸附柱,其结构简单,操作方便,投资小。既可用于气相吸附,也可用于液相吸附,应用广泛。在此只讨论液相吸附。

在固定床吸附器中,固相吸附剂是固定不动的,因此吸附操作过程是较复杂的非稳态传质过程。操作过程中床层内吸附质的浓度分布以及流体在床层中各处的浓度均随操作时间而变。

固定床吸附器中的吸附传质过程大致可分为 3 个不同的时期,相应地,床层中的浓度分布形成不同的区域,如图 13-9 所示。

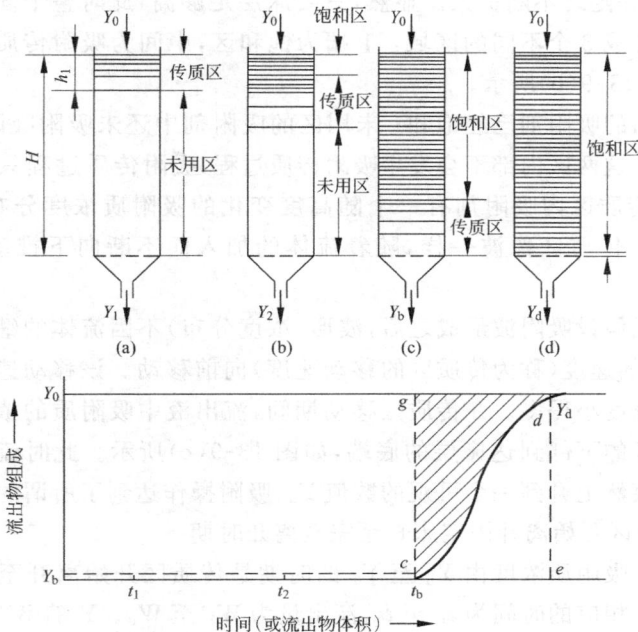

图 13-9　固定床吸附器吸附过程示意图

（1）在固定床的顶部形成传质区时期

含吸附质浓度为 Y_0 的流体，自上而下连续不断地流经高度为 H 的固定床时，开始吸附剂中不含吸附质，床层最上端的吸附剂对吸附质的吸附较快。由于吸附速度并非无穷大，并非瞬时接触即可达平衡，在固定床的顶端入口处形成一个吸附质浓度由大到零变化的吸附区。在该区内流体中吸附质的浓度也有一个相应的分布。若 H 足够高，出口液中将不含吸附质，如图 13-9(a) 所示。

在吸附器流体入口处的吸附剂未达饱和之前，由于该区内的吸附剂都尚未饱和，随着流体的不断加入，区内任意一点吸附质的浓度将随时间而不断增大，且该区的高度不断扩大，直至固定床流体入口处的吸附剂达到饱和为止。此时从入口处向下的吸附柱内形成一个吸附质的浓度分布由饱和至零的区域，称为吸附传质区（MTZ）。由流体开始加入到此刻所需要的时间，称为传质区形成时间。传质区所占床层高度称为传质区高度 H_{MTZ}。从此时开始，随着流体的不断加入，吸附传质区将下移，但其高度基本不变。很明显，在传质区形成期间，若床层足够高，吸附器可分成两个区域：传质区和未用区，如图 13-9(a) 所示。吸附传质过程只发生在传质区内。

（2）传质区在固定床内的移动时期

传质区形成之后，随着流体的继续加入，传质区将不断向下平移，在其后便形成饱和区，并随之不断扩大。显然，只要床层足够高，此时整个固定床吸附器从上至下将分成 3 个不同的区域：上端为饱和区，中间为吸附传质区。下端为未用区，如图 13-9(b) 所示。

饱和区内的吸附剂已经饱和；未用区的吸附剂中还未吸附吸附质，其浓度为原始浓度。这两区内部不会发生吸附传质过程，吸附传质过程只发生在吸附传质区内。传质区内吸附剂有一个随高度变化的吸附质浓度分布，称之为吸附负荷曲线。传质区像波一样，随着流体的加入而不断向下推动，故又称吸附波。

一般可以假设吸附波形成之后，波形（浓度分布）不因流体的继续加入而改变，并以恒定的速度（称为传质区的移动速度）向前移动。该移动速度比流体流过床层的线速度小得多。在传质区移动期间，流出液中吸附质的浓度仍接近于 0，直至传质区的下部到达床层的底端，如图 13-9(c) 所示。此时流出液中吸附质的浓度将突然上升到一个可观的数值 Y_b，吸附操作达到了所谓的穿透点。

（3）传质区开始离开固定床直至完全离开时期

流出物中吸附质浓度由 Y_b 至 Y_0 的时期是传质区开始离开至完全离开吸附器的时期。相应的时间为 t_b 至 t_0，流出量为 W_b 至 W_0。Y 随 W（或 t）的变化关系呈 S 形曲线，称为穿透曲线，可以通过实验测定。

当传质区离开固定床后,整个吸附器都成为饱和区,失去了吸附能力,有待于解吸再生。如图 13-9(d)所示。

2. 吸附负荷曲线和穿透曲线的关系

吸附负荷曲线集中反映固定床内吸附过程的情况。若能测定和描绘出任一时刻的吸附负荷曲线,就可以确定传质区形成的时间、传质区高度和传质区的移动速度,进而找出其影响因素。这无论对于固定床内吸附传质机理的研究,还是对于固定床吸附器的设计计算和操作条件的确定都是十分重要的。但是直接测绘出吸附负荷曲线是难以做到的。

若假设吸附区(波)形成之后,波形保持固定不变,并以恒定的速度向下移动。则对比吸附负荷曲线和穿透曲线可以看出,两者均为 S 形曲线,互相对应,成镜面相似,如图 13-10 所示。

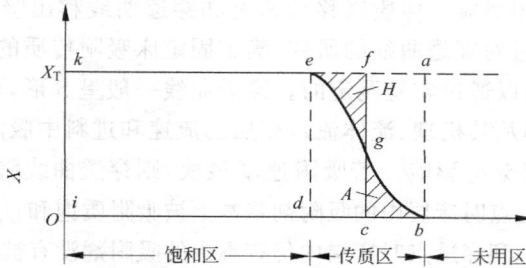

(a) 吸附负荷曲线

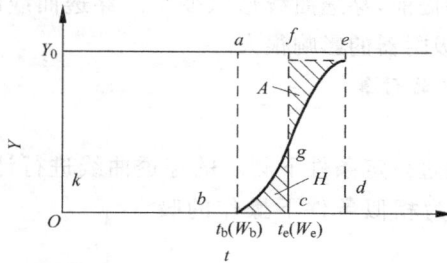

(b) 穿透曲线

图 13-10 吸附负荷曲线与穿透曲线的对应关系

可通过分析传质区内的吸附剂可吸附溶质的能力分率 φ(未饱和分率)在吸附负荷曲线图(X-H 图)和穿透曲线图(Y-t 图)中的表示法,来说明这两种曲线的对应关系。

在 X-H 图中,面积 $abcdefa$ 反映的是传质区总的吸附量,传质区上方面积

$abgefa$ 是传质区床层具有吸附能力的区域,因此传质区内吸附溶质的能力分率为

$$\varphi = \frac{\text{面积}_{abgefa}}{\text{面积}_{abcdefa}}$$

传质区内吸附饱和度

$$1 - \varphi = \frac{\text{面积}_{bcdegb}}{\text{面积}_{abcdefa}}$$

在 Y-t 图中:

$$\varphi = \frac{\text{面积}_{abgefa}}{\text{面积}_{abcdefa}}$$

$$1 - \varphi = \frac{\text{面积}_{bcdegb}}{\text{面积}_{abcdefa}}$$

虽然 X-H 曲线和 Y-t(W)曲线是完全不同的两种曲线,但两者镜面相似。X 和 Y,H 和 t 各相对应。传质区移动速度和穿透曲线移出吸附器的速度对应相等。因此,可通过对穿透曲线的研究,确定固定床吸附传质的有关参数。

穿透曲线是可以通过实验测定的。穿透曲线一般呈 S 形,可能很陡,也可能较平。吸附的速率及其机理、流体流过床层的流速和进料中吸附质的浓度,对于穿透曲线的形状都会有影响。若吸附速度很快,则穿透曲线将是一条竖立的直线,因而在达到穿透点时床层内的吸附剂基本上被吸附质饱和;如果吸附速度慢,穿透曲线平坦,在达到穿透点时床层内仍有不少的吸附剂没有被吸附质饱和。

穿透点出现的时间也受许多因素影响。一般随着床层高度的降低、吸附剂颗粒尺寸的增大、流体通过床层速度的增加以及进料中吸附质原始浓度的提高,穿透点出现的时间将提前,穿透曲线形状变平。穿透曲线的形状及其穿透点出现的时间,对固定床吸附器的影响很大。

3. 固定床吸附器的计算

1)穿透曲线法

穿透曲线法是通过一定条件下测定的穿透曲线进行计算,获得计算固定床吸附器的有关参数,为相似条件下操作的吸附器设计提供数据。

穿透曲线如图 13-11 所示。原料初始浓度为 Y_0(kg(吸附质)/kg(纯溶剂)),以 G(kg(纯溶剂)/(m² · h))的速率(以无吸附质计)流经床层。到时间 t 时,流出物总量(无吸附质计)为 W(kg/m²),流出物中溶质浓度为 Y。

若穿透点浓度为 Y_b,到达穿透点的操作

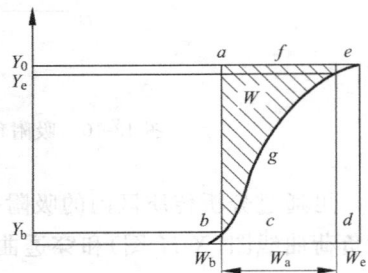

图 13-11 穿透曲线

时间为 t_b，相应的流出物总量为 W_b。流出物浓度升高到接近于 Y_0 的 Y_e 时，所需的操作时间为 t_e，流出物的总量为 W_e，则穿透曲线出现期间所累积的流出物量为

$$W_a = W_e - W_b \qquad (13-29)$$

设 t_a 为吸附传质区形成之后，吸附传质区沿床层向下移动一段等于其本身高度 H_{MTZ} 的距离所需要的时间，即 t_a 为穿透点至流出物浓度达 Y_e 时的时间，故

$$t_a = W_a/G \qquad (13-30)$$

设 t_e 为从流体流入床层开始，经吸附传质区形成，至移出床层所需要的时间，于是

$$t_e = W_e/G \qquad (13-31)$$

若吸附过程中吸附区高度恒定，则

$$\left. \begin{array}{l} \dfrac{H_{MTZ}}{H} = \dfrac{t_a}{t_e - t_F} \\[3mm] H_{MTZ} = H \dfrac{t_a}{t_e - t_F} \end{array} \right\} \qquad (13-32)$$

式中：H——吸附剂床层总高，m；

t_F——吸附区形成需要的时间，s。

由穿透曲线看出，吸附传质区内尚可吸附的吸附质容量为

$$面积_{abgefa} = \int_{W_b}^{W_e} (Y_0 - Y) dW$$

吸附传质区内能吸附的吸附质总量为

$$面积_{abcdefa} = (W_e - W_b)Y_0 = W_a Y_0$$

所以

$$\varphi = \frac{面积_{abgefa}}{面积_{abcdefa}} = \frac{\displaystyle\int_{W_b}^{W_e} (Y_0 - Y) dW}{W_a Y_0} \qquad (13-33)$$

若 $\varphi = 0$，即吸附区中吸附剂基本上被饱和，则床层顶部吸附区的形成时间 t_F 应基本上与吸附区移动一段等于其本身高度的距离所需的时间 t_a 相同。

若 $\varphi = 1$，即吸附区中吸附剂基本上不含吸附质，则吸附区的形成时间应该是很短的，基本上等于 0。根据这两种情况，t_F 与 t_a 的关系可表述如下：

$$t_F = (1 - \varphi) t_a$$

于是

$$H_{MTZ} = H \frac{t_a}{t_e - (1 - \varphi) t_a} \qquad (13-34)$$

$$H_{MTZ} = H \frac{W_e - W_b}{W_e - (1-\varphi)(W_e - W_b)} \tag{13-35}$$

$$H_{MTZ} = H \frac{W_e - W_b}{W_b + (W_e - W_b)\varphi} \tag{13-36}$$

由 t_a 的定义得吸附传质区的移动速度 R 为

$$R = H_{MTZ}/t_a$$

而

$$t_a = W_a/G = (W_e - W_b)/G$$

所以

$$R = \frac{H_{MTZ}G}{W_e - W_b} \tag{13-37}$$

设与进口流体平衡的吸附剂浓度为 X_T(kg(吸附质)/kg(吸附剂)),ρ_s 为床层中吸附剂的堆积密度(kg/m³)。达到穿透点时,高度为 H_{MTZ} 的吸附区还在床层的底部,并未饱和。其中吸附质的量为 $H_{MTZ}\rho_s(1-\varphi)X_T$。床层的其余部分,即 $H - H_{MTZ}$ 中,吸附剂基本饱和,其中吸附质的量为 $(H - H_{MTZ})\rho_s X_T$。故穿透点出现时床层的饱和度为

$$\frac{(H - H_{MTZ})\rho_s X_T + H_{MTZ}\rho_s(1-\varphi)X_T}{H\rho_s X_T} = \frac{H - \varphi H_{MTZ}}{H} \tag{13-38}$$

从上述讨论可知,对于相同的体系,如果选定了流体的空床速度及其在床内的停留时间(尽可能与生产过程相一致),以及已知 Y_0 和要求的 Y_b,便可以此为实验条件,测出穿透曲线的形状及其出现时间。应用上述关系式,就可进行固定床的设计计算。

流体的空床速度要根据具体的体系来确定。大概范围是:液体吸附时为 $0.1 \sim 0.4$ m/min,气体吸附时为 $0.3 \sim 0.6$ m/s。液体吸附时流体在床内的停留时间为 $15 \sim 50$ min。

应用时还应该注意的是,吸附量和吸附特性分为静态和动态两种。所谓静态吸附特性是指流体为静止时的吸附平衡关系(如等温吸附曲线),即前面所讨论的相平衡关系,其相应的平衡吸附量为静态吸附量。静态吸附特性取决于体系的温度、压力等条件。动态吸附特性是在流体流动的情况下,流体和吸附剂之间的平衡特性,相应的吸附量称为动态吸附量,一般是通过固定床吸附柱测定出来的。它不仅与体系及温度、压力有关,而且与物质的传质速率、流体的流动状态以及吸附剂的形状尺寸等性质有关。因此动态吸附量是在某一特定条件下的吸附量,一般都小于静态吸附量。

2) 韦伯(Weber)法

韦伯法是基于对吸附柱内传质过程的分析,通过一定的简化假设导出的有关计算式。

在固定床吸附器中,吸附传质区是沿流体的流动方向移动的。假设固体吸附剂以与吸附传质区相同的移动速度与流体逆向流动,则吸附区将在床层的某一高度上维持不动。这样,就把由于吸附区的移动而造成的非稳态的吸附问题,变成传质区维持在床层中某一位置的稳态问题了。在这种情况下对吸附传质区进行物料衡算、平衡计算和传质速率计算即可推导出有关的计算公式。

设床层无限高,则离开床层顶部的吸附剂与进口流体相平衡,即 X_T 和 Y_0 相平衡。而流出的流体与进入床层的新吸附剂呈平衡,如吸附剂的初始浓度 $X_0 = 0$,则 $Y_出 = 0$,如图 13-12 所示。

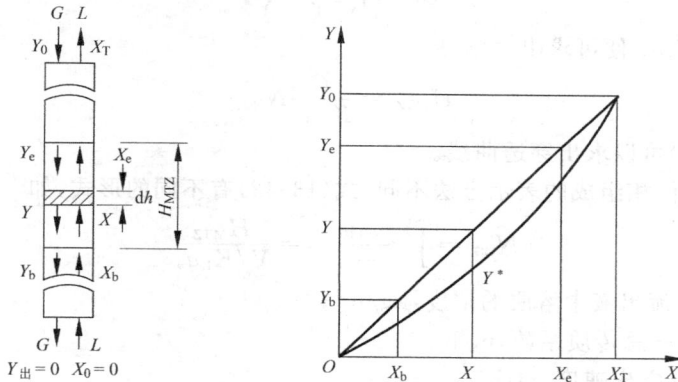

图 13-12　韦伯法示意图

以整个床层为体系进行物料衡算得

$$G(Y_0 - 0) = L(X_T - 0)$$

即

$$L/G = Y_0/X_T \tag{13-39}$$

上式代表一条通过原点和平衡线上点 (X_T, Y_0)、斜率为 L/G 的直线,是过程的操作线。

在床层的任一截面上,流体浓度 Y 和吸附剂吸附量 X 的关系为

$$GY = LX \tag{13-40}$$

在微元段 dh 高度内吸附速率为

$$G dY = K_Y a_v (Y - Y^*) dh \tag{13-41}$$

因此对于吸附区,有

$$N_{OG} = \int_{Y_b}^{Y_e} \frac{dY}{Y - Y^*} = \frac{H_{MTZ}}{G/K_Y a_v} = \frac{H_{MTZ}}{H_{OG}} \tag{13-42}$$

式中:N_{OG}——吸附区流体相总传质单元数;

H_{OG}——传质单元高度,$H_{OG} = G/K_Y a_v$。

假设在 H_{MTZ} 范围内 H_{OG} 不随高度而变，那么对任何小于 H_{MTZ} 的 H 值（对应于某一个 Y 值）有如下的关系：

$$\frac{H}{H_{MTZ}} = \frac{W - W_b}{W_a} = \frac{\int_{Y_b}^{Y} \frac{dY}{Y - Y^*}}{\int_{Y_b}^{Y_e} \frac{dY}{Y - Y^*}} \qquad (13\text{-}43)$$

由上述讨论可知，已知吸附平衡线以及 Y_0，便可确定 X_T，作出通过原点和 (X_T, Y_0) 的操作线，然后给定 Y_e，用图解积分求出：

$$N_{OG} = \int_{Y_b}^{Y_e} \frac{dY}{Y - Y^*}$$

如已知 $G/K_Y a_v$ 便可求出

$$H_{MTZ} = \frac{G}{K_Y a_v} N_{OG}$$

由式(13-43)可以求出穿透曲线。

根据流体相组成的表示方法不同，式(13-42)有不同的形式，如

$$N_{OG} = \int_{c_b}^{c_e} \frac{dc}{c - c^*} = \frac{H_{MTZ}}{V/K_L a_v} \qquad (13\text{-}44)$$

式中：c——流出液中溶质的浓度，kg/m^3；

$\quad\quad K_L$——总传质系数，m/h；

$\quad\quad V$——空床速度，m/h。

例 13-3 在 27℃ 及 101.3 kPa 下，湿度为 0.002 67 kg(水)/kg(干空气)的空气通过硅胶固定床去湿。床层高度为 0.61 m。空气通过床层的质量流速为 466 kg/(h·m²)。假定过程是等温吸附。流出空气的湿度达 0.000 1 kg(水)/kg(干空气)时视为穿透点；流出空气的湿度达 0.002 4 kg(水)/kg(干空气)时，被视为床层已耗尽吸附能力。求 W_b 和 W_e 之间的穿透曲线。

解：平衡数据标绘于图 13-13。

硅胶原是"干"的，即 $X_0 = 0$。最初流出的空气湿度很低，基本上也是干的，即 $Y_{出} = 0$，故操作线通过原点。由原点作一直线交平衡线于 $Y_0 = 0.002 67$，便得式(13-40)表示的操作线。

已知：$Y_b = 0.000 1$，$Y_e = 0.002 4$，由 Y_b 与 Y_e 之间取若干 Y 值，列于表 13-1 第(1)栏。由 Y 值便可在操作线上找到相应的 X，再在

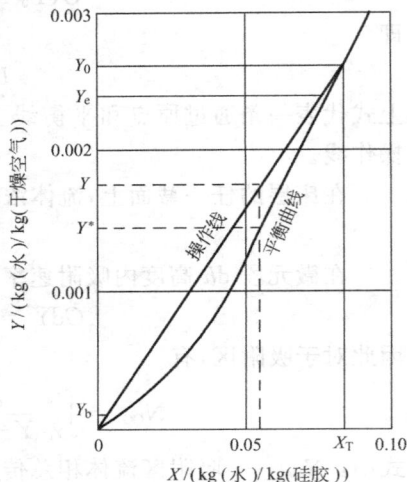

图 13-13　例 13-3 图示 1

平衡线上找到 X 的平衡浓度 Y^*，列于表 13-1 第（2）栏。如 $Y=0.002$ 时，$X=0.0656$，$Y^*=0.00175$，算出 $1/(Y-Y^*)$，列于表 13-1 第（3）栏。

表 13-1　例 13-3 的计算结果

$Y/\left(\dfrac{kg(H_2O)}{kg(干空气)}\right)$	$Y^*/\left(\dfrac{kg(H_2O)}{kg(干空气)}\right)$	$\dfrac{1}{Y-Y^*}$	$\displaystyle\int_{Y_b}^{Y}\dfrac{dY}{Y-Y^*}$	$\dfrac{W-W_b}{W_a}$	$\dfrac{Y}{Y_0}$
(1)	(2)	(3)	(4)	(5)	(6)
$Y_b=0.0001$	0.00003	14 300	0	0	0.0374
0.0002	0.00007	7 700	1.100	0.1183	0.0749
0.0004	0.00016	4 160	2.219	0.2365	0.1493
0.0006	0.00027	3 030	2.930	0.314	0.225
0.0008	0.00041	2 560	3.487	0.375	0.300
0.0010	0.00057	2 325	3.976	0.427	0.374
0.0012	0.000765	2 300	4.438	0.477	0.450
0.0014	0.000996	2 470	4.915	0.529	0.525
0.0016	0.00123	2 700	5.432	0.584	0.599
0.0018	0.00148	3 130	6.015	0.646	0.674
0.0020	0.00175	4 000	6.728	0.723	0.750
0.0022	0.00203	5 880	7.716	0.830	0.825
$Y_e=0.0024$	0.00230	10 000	9.304	1.000	0.899

以表 13-1 第（1）栏的 Y 为横坐标，第（3）栏的 $1/(Y-Y^*)$ 为纵坐标，绘出 $Y-1/(Y-Y^*)$ 曲线，并在各 Y 值和 Y_b 值之间作图解积分求得 $\displaystyle\int_{Y_b}^{Y}\dfrac{dY}{Y-Y^*}$，列于表 13-1 第（4）栏，如 $Y_b=0.0001$ 到 $Y=0.0012$ 的面积为

$$\int_{0.0001}^{0.0012}\frac{dY}{Y-Y^*}=4.438$$

求出

$$N_{OG}=\int_{Y_b}^{Y_e}\frac{dY}{Y-Y^*}=\int_{0.0001}^{0.0024}\frac{dY}{Y-Y^*}=9.304$$

由式（13-43），得

$$\frac{W-W_b}{W_a}=\frac{\displaystyle\int_{Y_b}^{Y}\frac{dY}{Y-Y^*}}{\displaystyle\int_{Y_b}^{Y_e}\frac{dY}{Y-Y^*}}=\frac{\displaystyle\int_{Y_b}^{Y}\frac{dY}{Y-Y^*}}{9.304}$$

便可求出与各 Y 值对应的 $(W-W_b)/W_a$，列入表 13-1 第（5）栏，如对于 $Y=0.0012$，有

$$\int_{Y_b}^{Y}\frac{dY}{Y-Y^*}=4.438$$

则

$$\frac{W-W_b}{W_a}=\frac{4.438}{9.304}=0.477$$

与此对应的

$$\frac{Y}{Y_0}=\frac{0.001\,2}{0.002\,67}=0.450$$

列于表 13-1 第(6)栏。

作 $(W-W_b)/W_a$-Y/Y_0 图,便得 W_b
与 W_e 之间穿透曲线,见图 13-14。

3) 伯哈特-亚当斯(Bohart-Adams)法

伯哈特-亚当斯法又称 BDST(Bed
Depth Service Time)法。伯哈特和亚当
斯通过实验发现:对于一定的体系,在一
定的初始浓度、空床速度和达到一定的穿
透浓度的条件下,固定床的床高和穿透时
间呈直线关系:

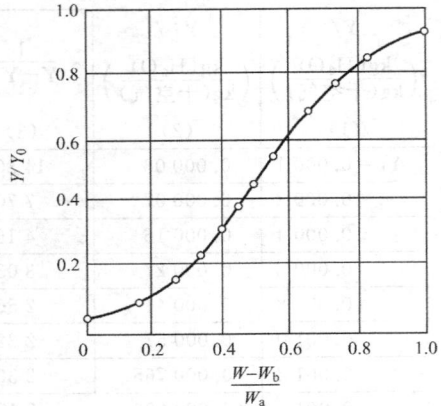

图 13-14　例 13-3 图示 2

$$t_b=\frac{N_0H}{c_0v}-\frac{1}{c_0K}\ln\left(\frac{c_0}{c_b}-1\right) \tag{13-45}$$

式中: t_b——穿透时间,h;

　　　N_0——吸附剂的动态吸附容量,kg/m³;

　　　H——床高,m;

　　　c_0——入口料液中吸附质浓度,kg/m³;

　　　v——空床线速度,m/h;

　　　K——比例系数,m³/(kg·h);

　　　c_b——穿透浓度,kg/m³。

式(13-45)又可写成

$$t_b=BH-A \tag{13-46}$$

$$B=\frac{N_0}{c_0v} \tag{13-47}$$

斜率 B 表示在实验条件下,消耗单位高度吸附剂所花费的时间。因此,斜
率的倒数意味着吸附剂的消耗速率,即传质区的移动速度 R:

$$R=\frac{1}{B}=\frac{c_0v}{N_0} \tag{13-48}$$

另外, t_b 为出口液中的浓度达到穿透浓度 c_b 时的操作时间。穿透时间也可
视为从吸附传质区形成之时算起,传质区移动 $H-H_{MTZ}$ 距离所需的操作时间。
因此, $t_b=0$ 时的床层高度 H_0 便是传质区高度 H_{MTZ},即

$$H_{MTZ} = H_0 = \frac{1}{c_0 K}\ln\left(\frac{c_0}{c_b}-1\right)\frac{c_0 v}{N_0} \qquad (13-49)$$

由上分析可知,只要通过小实验求出 A 和 B,便可确定必要的设计参数 N_0,K 和 H_{MTZ}。但必须注意,式中的 N_0 及 K 是通过在一定的初始浓度 c_0 及一定的空床速度 v 条件下所测出的 H-t 的直线斜率 B 和截距 A 求得的,因此,N_0 和 K 是在一定的 c_0 和 v 条件下的值,其大小随 c_0 及 v 而变化。这使该计算方法在应用时受到了很大的限制。实验测试的条件应和设计条件相似。

例 13-4 用活性炭固定床吸附器处理某种溶液中的杂质。杂质的初始浓度为 10 mg/L,穿透浓度为 0.5 mg/L 时的穿透实验数据列于下表:

	床高/m	0.75	1.5	2	3	4.5
穿透时间/h	空床速度 6.11 m³/(m²·h)	452.7	1 535.4	2 257.1	3 701	—
	空床速度 12.22 m³/(m²·h)	48.3	466.6	745.5	1 308.2	2 139.8
	空床速度 24.44 m³/(m²·h)	—	109.2	229.0	460.0	827.7

(1) 描绘 H-t 图。

(2) 求各空床速度的伯哈特-亚当斯公式参数 N_0,K 及 H_0,并作空床速度对 N_0,K,H_0 的图。

(3) 求在床深为 1 m、空床速度为 15 m³/(m²·h)、入口浓度仍为 10 mg/L、穿透浓度为 0.5 mg/L 的穿透时间。

(4) 空床速度为 20 m³/(m²·h) 的废水,通过活性炭床处理后,杂质的浓度从 10 mg/L 降到 0.5 mg/L 以下,要求每床的工作周期为 30 d。如果采用双床全饱和串联运行,即在活性炭床退出运行,进行再生前,其中炭的容量被完全耗尽。试用伯哈特-亚当斯法,计算每床所需最小高度。

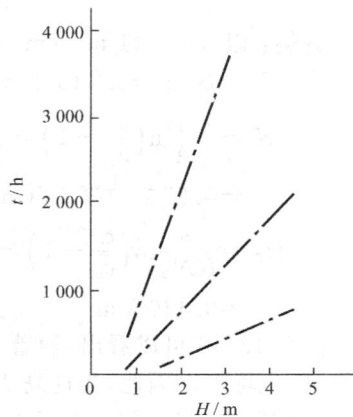

图 13-15 例 13-4 图示 1

解:(1) 作 H-t 图

根据式(13-45),由给出的实验数据作不同 v 时的 H-t_b 线,如图 13-15 所示。由该图便可求出不同 v 时的 A 和 B。

(2) 求 N_0,K 及 H_0 与 v 的关系

由式(13-47)得 $N_0 = Bc_0 v$ 和 $K = \dfrac{-1}{c_0 A}\ln\left(\dfrac{c_0}{c_b}-1\right)$ 求出不同 v 时的 N_0 和 K,

由式(13-49)求出不同 v 时的 H_0,列于下表,并绘成图 13-16。

$v/(\text{m}^3/(\text{m}^2 \cdot \text{h}))$	B	$N_0/(\text{mg/L})$	A	$K/(\text{L}/(\text{mg} \cdot \text{h}))$	H_0/m
6.11	1 443.7	8.82×10^4	-630.12	4.67×10^{-4}	0.436 8
12.22	557.7	6.82×10^4	-370	7.69×10^{-4}	0.663 4
24.44	237.1	5.80×10^4	-247	11.92×10^{-4}	1.041 8

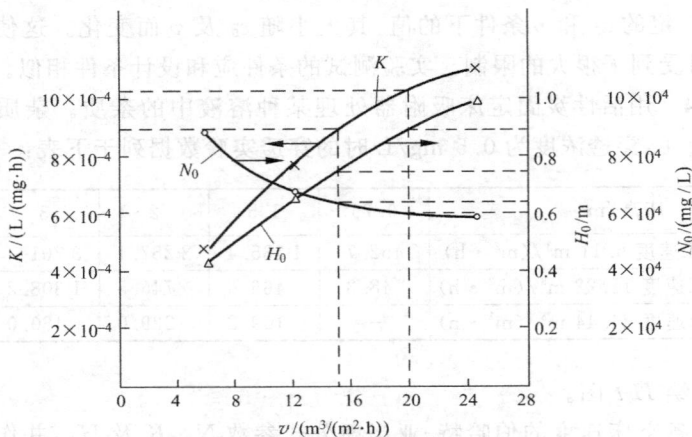

图 13-16 例 13-4 图示 2

算例：以 $v=6.11 \text{ m}^3/(\text{m}^2 \cdot \text{h})$ 进行计算。

$$N_0 = Bc_0 v = 1\,443.7 \times 10 \times 6.11 = 8.82 \times 10^4 \text{ mg/L}$$

$$K = \frac{-1}{c_0 A} \ln\left(\frac{c_0}{c_b} - 1\right) = \frac{1}{10 \times 630.12} \ln\left(\frac{10}{0.5} - 1\right)$$

$$= 4.67 \times 10^{-4} \text{ L}/(\text{mg} \cdot \text{h})$$

$$H_0 = \frac{v}{K N_0} \ln\left(\frac{c_0}{c_b} - 1\right) = \frac{6.11}{4.67 \times 10^{-4} \times 8.82 \times 10^4} \ln\left(\frac{10}{0.5} - 1\right)$$

$$= 0.436\,8 \text{ m}$$

由图 13-16 可以看出，随着 v 的增加，吸附饱和容量 N_0 降低，H_0 即 H_{MTZ} 增加，K 也增加。因此，当柱高 H 一定时，穿透时间 t_b 减少。

（3）求 $v=15 \text{ m}^3/(\text{m}^2 \cdot \text{h})$，$c_0=10 \text{ mg/L}$，$c_b=0.5 \text{ mg/L}$ 时的 t_b

由图 13-16 可查出，$N_0 = 6.45 \times 10^4 \text{ mg/L}$，$K=9.1 \times 10^4 \text{ L}/(\text{mg} \cdot \text{h})$，$H_0 = 0.753 \text{ m}$。所以

$$t_b = \frac{N_0 H}{c_0 v} - \frac{1}{c_0 K} \ln\left(\frac{c_0}{c_b} - 1\right)$$

$$= \frac{6.45 \times 10^4 \times 1}{10 \times 15} - \frac{1}{10 \times 9.1 \times 10^{-4}} \ln\left(\frac{10}{0.5} - 1\right)$$

$$= 106.4 \text{ h}$$

(4) 计算双床饱和串联运行每床所需最小高度(见图 13-17)

很显然，为了保证水质，该床达穿透点时应与再生好的另一床串接好，但每床所需的最小高度可按 30 天将全床活性炭饱和所需的床高，即

$$H = R \times 30 \times 24$$

由图 13-16 可查得 $v = 20 \text{ m}^3/(\text{m}^2 \cdot \text{h})$ 时的 $N_0 = 6 \times 10^4 \text{ mg/L}$，$H_0 = 0.9 \text{ m}$，根据式(13-48)得

$$R = \frac{20 \times 10}{6 \times 10^4} \text{ m/h}$$

$$H = \frac{30 \times 24 \times 20 \times 10}{6 \times 10^4} = 2.4 \text{ m}$$

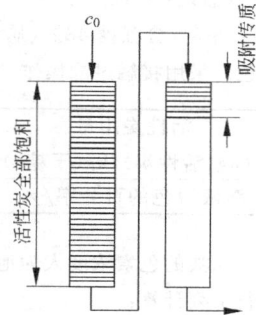

图 13-17　例 13-4 图示 3

但是开工时第一个床的切换时间和停工时最后一个床的使用时间应为

$$t \leqslant 30 - H_0/(R \times 24) = 18.75 \text{ d}$$

习　题

13-1　在实验室内，通过一组活性炭吸附实验，测定从水溶液中去除农药的吸附平衡数据。在 10 个 500 mL 的三角烧瓶中，各注入 250 mL 含农药约为 500 mg/L 的溶液。其中 8 个烧瓶各加入不同质量的粉状活性炭，另外两个不加活性炭作为空白样。每个烧瓶口用活塞塞住。在 25℃下摇动 8 h(这是预先确定足以到达平衡所需的时间)。然后，把活性炭从上清液中分离出来，并分析上清液中农药的浓度，结果如下表所示：

瓶　　号	1	2	3	4	5	6	7	8
农药浓度/(μg/L)	58.2	87.2	116.4	300	407	786	902	2 940
活性炭加入量/mg	1 005	835	640	411	391	298	290	253

试确定吸附等温线的函数关系。

(已知：两个不含活性炭的空白瓶中，农药的平均浓度为 515 mg/L)。

13-2　在 30℃下丙酮在活性炭上的吸附平衡数据如下：

吸附量 /(g(丙酮)/g(活性炭))	0	0.1	0.2	0.3	0.35
丙酮的气相分压/Pa	0	267	1 600	5 600	12 265

1 L 烧瓶中盛有空气与丙酮，其温度为 30℃，压力为 101.33 kPa，其中丙酮的饱和度为 35%(丙酮在 30℃下的蒸气压为 37.73 kPa)。在此烧瓶中放入 2 g 新鲜的活性炭，并使烧瓶

密闭。计算系统达平衡时(仍为 30℃)瓶内的压力和丙酮的含量。

（假设：可以忽略空气的吸附。）

13-3 含蔗糖 48%（质量分数）的溶液中含有少量色素，拟在 80℃ 下用活性炭吸附使其脱色。采用接触过滤操作，通过平衡实验测得的平衡数据如下：

活性炭用量 /(kg(活性炭)/kg(干糖))	0	0.005	0.01	0.015	0.02	0.03
溶液脱色的百分率/%	0	47	70	83	90	95

原液的色素浓度人为地定为 20，要求脱色后溶液中残留色素量为原始含量的 2.5%。试进行下列计算：

（1）将上述平衡数据转化为适用于吸附计算的形式，它们是否符合弗罗因德利奇公式，如符合，则求出式中的常数；

（2）如果采用单级操作，处理 1 000 kg 溶液需用多少活性炭；

（3）如果采用两级错流，处理 1 000 kg 溶液，需用活性炭的最小量是多少；

（4）如果采用两级逆流，处理 1 000 kg 溶液，需用多少活性炭。

13-4 一个生产能力为 114 000 m³/d 的水厂，为了去除原水中强烈的臭味，决定增设粒状活性炭吸附器系统，已完成中间试验厂的研究，并拟定下列设计标准：

空床速度：　　　　　　9.8 m³/(m² · h)

空床停留时间：　　　　15 min

活性炭的用量：　　　　处理 1 m³ 原水使用 0.156 kg 活性炭

活性炭的性能：　　　　2×20 筛号，堆积密度 480 kg/m³，孔隙率 0.40

活性炭的再生损耗：　　7%/周期

假如床层的截面积为矩形，宽为 6 m，在重力作用下作降流式运行。试计算处理能力为 114 000 m³/d 的 8 个并联活性炭床的尺寸(其中一个作为备用，在进行装、卸活性炭时运行)，以及活性炭床容量被耗尽时的运行时间、活性炭的初次填装量和每年活性炭的补充量。

13-5 在一直径 10 cm，床层高 8 cm 的活性炭固定床吸附柱中进行从空气中吸附正丁醇的实验，得到下列数据：

时间/h	1	1.5	2	2.4	2.8	3.3	4	5
流出物组成/(c/c_0)	0.005	0.01	0.027	0.050	0.10	0.20	0.29	0.56

因穿透曲线对称于 $c/c_0=0.5$ 的轴线，故上述实验数据中未列出时间超过 5 h 的流出物组成。所用的活性炭粒直径为 0.37 cm，视密度为 461 kg/m³。床层空隙率为 0.457，空气的空床速度为 58 cm/s。正丁醇原始浓度 $c_0=365$ mL/m³。操作温度 25℃，压力 98.13 kPa。当流出物组成 $c/c_0=0.05$ 时视为穿透点。试估算：

（1）吸附传质区高度；

（2）在其他条件相同的情况下，床层高度为 32 cm 时的穿透时间。

13-6 拟设计一活性炭固定床吸附器，处理含苯 200 mg/L 的废水。已测出水温为 20℃、活性炭的粒径为 1.5 mm 时的活性炭等温吸附方程为 $q = 0.024\,1\,c^{0.088}$，式中 c 的单位为 mg/L；q 的单位为 kg(溶质)/kg(活性炭)。废水流量为 2.3 m³/h，床层的直径为 0.6 m，活性炭的堆积密度为 432 kg/m³。要求活性炭床到达穿透浓度为 5 mg/L 以前必须运行 30 d，试用韦伯方法确定吸附传质区高度以及活性炭的床层高度。

（已知：活性炭空隙率为 0.5，$K_c a_v = 210\,\text{h}^{-1}$。）

13-7 设计一套固定床吸附装置，用活性炭去除某种废水中的毒性有机物。废水量为 20 m³/h，其中有机物的浓度为 150 mg/L，废水中有机物的允许排放浓度为 0.5 mg/L。为此，在直径 5 cm 的小吸附柱中进行实验以取得设计所需的数据。实验应用实际装置使用的活性炭，按废水排放标准穿透浓度定为 0.5 mg/L，在空床速度为 10 m³/(m²·h)的条件下测定不同床层高度下的穿透时间，实验结果如下：

床高/m	0.5	1.0	1.5	2.0
穿透时间/h	35.3	113.5	191.5	269.5

实际装置采用两个相同的吸附器轮换操作，一个在吸附，另一个在再生。当流出液的浓度达 0.5 mg/L 时，需切换再生。取床层高度为 2.5 m。求吸附器的直径和吸附器每次吸附操作的时间（即切换周期）。若废水中有机物的初始含量增加到 200 mg/L，则切换周期应改为多少？

（假设：吸附剂的吸附容量与废水的原始浓度成正比。）

符号说明

英文字母

A——吸附剂的外表面积，m²

A_m——每个被吸附的分子所占面积，m²

a_v——单位体积床层中吸附剂颗粒的外表面，m²/m³

c——流体内吸附质浓度，kg/m³；常数

c_i——吸附剂颗粒表面上流体中吸附质的浓度，kg/m³

D_c——细孔内扩散系数，m²/s

D_i——以溶液的浓度梯度表示推动力的有效扩散系数，m²/s

D_s——表面扩散系数，m²/s

G——纯溶剂量或流率，kg 或 kg/h

H——吸附柱高，m

H_{MTZ}——吸附传质区高度，m

H_{OG}——流体相总传质单元高度，m

K——比例系数

K_c——以流体相浓度差表示推动力的总传质系数，m/s

K_S——以吸附剂相吸附量差表示推动力的总传质系数，kg/(m²·s)

k_F——流体相的传质系数，m/s

k_S——吸附剂相的传质系数，kg/(m²·s)

L——吸附剂量或流率，kg 或 kg/h

N——吸附质的传质速率，kg/s

N_A——阿伏加德罗常数,6.02×10^{23} mol^{-1}

N_{OG}——吸附传质区的流体相总传质单元数

p——气相中吸附质分压,Pa

p_T——气相总压,Pa

p°——饱和蒸气压,Pa

q——吸附剂的吸附量,kg(吸附质)/kg(吸附剂)或 kmol(吸附质)/kg(吸附剂)

q_m——单分子层吸附量,kg(吸附质)/kg(吸附剂)或 kmol(吸附质)/kg(吸附剂)

R——传质区移动速度,m/h;吸附剂半径,m

S——吸附剂比表面积,m^2/g

T——温度,℃

t——时间,h

t_b——穿透时间,h

v——空床速度,$m^3/(m^2\cdot h)$

X——吸附剂相中吸附质的质量比,kg(吸附质)/kg(吸附剂)

y——气相或液相中吸附质的摩尔分数

Y——液相中吸附质的质量比,kg(吸附质)/kg(溶剂)

W——固定床吸附柱床层流出的净溶剂量,kg

希 腊 字 母

β——吸附相平衡常数

ρ_b——吸附剂的堆积密度,kg/m^3

ρ_s——吸附剂颗粒的表观密度,kg/m^3

φ——未饱和分率

参 考 文 献

1　Treybal R E. Mass Transfer Operations. 2nd ed. New York：McGraw-Hill,1968

2　北川浩,铃木谦一郎著.吸附的基础与设计.鹿政理译.北京：化学工业出版社,1983

3　哈斯勒 J W 著.活性炭净化.林秋华译.北京：中国建筑工业出版社,1980

4　小休默尼克 M J 著.水和废水处理物理化学工艺流程计算.李春华,黄长盾译.北京：中国建筑工业出版社,1982

5　Cheremisinoff P N,Ellerbusch F. Carbon Adsorption Handbook. Ann Arbor：Ann Arbor Science,1978

6　Hutchins R A. New method simplifies design of activated-carbon systems. Chemical Engineering,1973,20(19)：133～139

7　化学工程手册编辑委员会.化学工程手册.第17篇.北京：化学工业出版社,1985

14 膜 分 离

　　膜分离过程是通过固体或液体薄膜来实现混合物分离的过程,本章只简单介绍通过固体薄膜实现分离的主要过程。膜是原料相和产品相之间的选择性屏障,当原料相与产品相间存在化学位差时,会发生各组分通过膜的选择性传递。化学位差是过程的推动力,具体表现为压差、浓度差或电位差等。

　　各种压差推动的膜过程是目前膜分离应用最广、历史最悠久的过程,这类过程的特征是原料相中的溶剂透过膜,而大部分溶质或颗粒被截留。根据被截留溶质或颗粒尺寸的大小可将压差推动膜过程分为微滤、超滤、纳滤和反渗透,如图 14-1 所示。

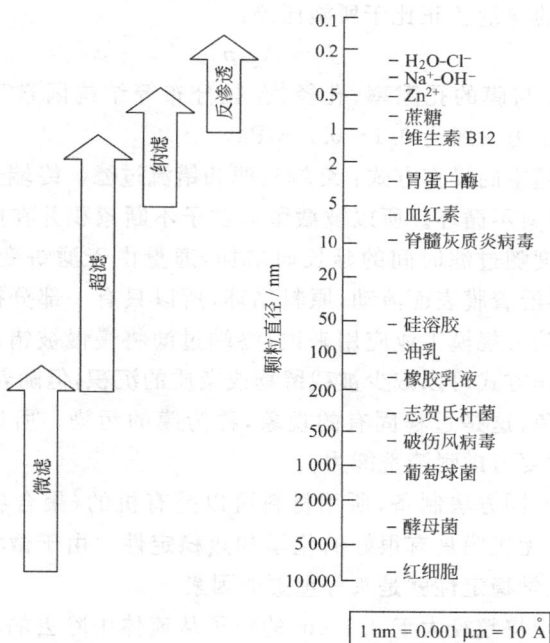

图 14-1　微滤、超滤、纳滤和反渗透过程

　　从微滤、超滤、纳滤到反渗透,被截留的颗粒或分子的尺寸越来越小,膜的孔径也越来越小。

　　典型的利用浓度差为推动力的膜过程包括气体分离和渗透汽化等。以电位差为推动力的过程为电渗析，它用于溶液中带电粒子的分离。

　　膜是膜分离过程的关键部件，它决定了分离过程的效果。不同的膜分离过程需使用不同的膜。通常对膜的要求是：通量大，分离选择性好，性能稳定，使用寿命长，价格低。一般，膜分离过程的优点是：过程简单，能耗低，污染轻。

14.1　微滤

　　微滤是与常规过滤十分相似的膜过滤过程。微滤膜的孔径（直径）范围为$0.05\sim10~\mu m$，主要适用于对溶液中微细粒子，诸如细菌等的截留。

　　衡量微滤膜性能的主要指标有通量和截留率。通量J的定义为单位时间内通过膜单位面积的溶液的量，单位为$kg/(m^2 \cdot h)$。截留率反映某种尺寸的颗粒被阻挡的百分数，定义为$R=1-c_p/c_f$，式中c_p和c_f分别为渗透物和原料中溶质的浓度。

　　通过微滤膜的通量J正比于所施压差：

$$J = A\Delta p \tag{14-1}$$

式中，渗透常数A与膜的孔隙率、孔径、孔径分布等结构因素和渗透液粘度有关。微滤的操作压力一般为$0.1\sim0.2~MPa$。

　　微滤有两种基本的操作方式：终端过滤和错流过滤。终端过滤时原料垂直于膜表面流动，原料不循环。所以被截留的粒子不断累积并在膜表面上形成一层滤饼。滤饼厚度随过滤时间的延长而增加，通量由于滤饼变厚而逐渐下降。错流过滤时，原料沿着膜表面流动，原料循环，所以只有一部分被截留的溶质会在膜面上累积。就大规模工业应用来说，终端过滤将慢慢被错流过滤替代。尽管选择适当的操作方式可以减少被截留物或杂质的沉积，但随着过程的进行，通量下降仍无法避免，这是过程固有的现象，称为膜的污染。所以膜必须定期清洗，选择膜材料时要考虑耐清洗能力。

　　微滤膜可用不同方法制备，所用材料可以是有机的（聚合物）或无机的（陶瓷、金属、玻璃）。无机膜具有很好的化学和热稳定性。由于微滤过程也常用于非水溶液，此时化学稳定性就是头等重要的因素。

　　微滤广泛用于将粒径大于$0.1~\mu m$的粒子从流体中除去的场合。微滤的工业应用之一是食品和制药工业中饮料和制药产品的除菌和净化。微滤也可用于超纯水制备中颗粒的去除。在生物技术领域中，微滤特别适用于细胞捕获。在生物医学领域，微滤可将血浆及其他有价值的产物从血细胞中分离出来。微滤在其他方面，例如果汁及葡萄酒和啤酒的净化、废水处理、乳液油水分离、胶乳脱水等均有应用范例。

14.2 超滤

超滤是介于微滤和纳滤之间的一种膜过程,膜孔径范围为 $0.05~\mu m$(接近微滤)至几 nm(接近纳滤)。超滤和微滤都是基于筛分原理的膜过程。两者主要的差别在于超滤膜的非对称结构中皮层要致密得多,因此流动阻力也大得多,如图 14-2 所示。超滤膜皮层厚度一般小于 $1~\mu m$。

超滤膜通量表达式与微滤膜类似:

$$J = K\Delta p \tag{14-2}$$

与微滤相似,渗透系数 K 包括了所有的膜结构因素及溶液物性因素。超滤膜的 K 值远小于微滤膜的。所以超滤的操作压差较微滤大,一般为 $0.1\sim 0.7~MPa$。实际上,由于膜被压实等原因,超滤的通量并不与压差成正比。

商品化的超滤膜多采用聚合物材料由相转化法制备。常用材料包括聚砜、聚醚砜、磺化聚砜、聚偏氟乙烯、聚丙烯腈、纤维素(如醋酸纤维素)、聚酰亚胺、聚醚酰亚胺和聚醚酮等。

除了聚合物材料外,无机(陶瓷)材料也可以制成超滤膜,例如氧化铝(Al_2O_3)和氧化锆(ZrO_2)。

与微滤类似,实际分离中过程性能并不等于膜的本征性质。这是因为存在着浓差极化(见图 14-3)和污染。被膜截留的大分子会在膜表面累积形成一定浓度的边界层和凝胶层。浓差极化造成边界层阻力增加,通量下降,继续提高压差往往并不能提高通量。此外,膜材料选择中,耐热性、抗化学腐蚀性及抗污染能力也是非常重要的。

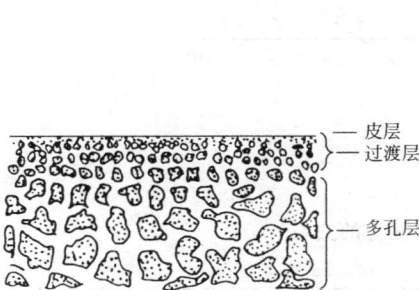

图 14-2 典型的非对称膜结构示意图

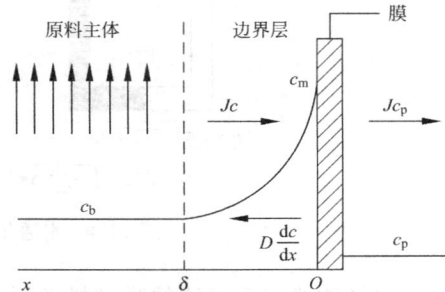

图 14-3 浓差极化引起的稳态
条件下的浓度分布

超滤主要用于 $0.1~\mu m$ 以下微粒与大分子的截留,其应用包括食品和乳品工业、制药工业、纺织工业、化学工业、冶金工业、造纸工业和皮革工业等。在食品和乳品工业中的应用包括牛奶浓缩、干酪制造、乳清蛋白回收、土豆淀粉和蛋白的回收、蛋白产品的浓缩、果汁和酒精饮料的净化等。

14.3 纳滤和反渗透

纳滤和反渗透是将低分子质量溶质,如无机盐或葡萄糖、蔗糖等小分子有机物从溶剂中予以截留的膜过程。利用不同截留分子质量的纳滤膜可以分离不同分子质量的物质。反渗透与纳滤和超滤的差别在于所用膜孔的大小和所用压差的高低。反渗透使用致密膜,且要使用大于渗透压的较高压差,反渗透使用的压差为 $2\sim10$ MPa;纳滤使用的压差为 $1\sim2$ MPa,比超滤过程所需压差要高得多。纳滤膜对电解质分离时,膜的荷电性质也会影响分离效果。

图 14-4 给出了用膜从盐水中分离纯水的示意图,膜可让溶剂(水)通过,而不使溶质(盐)通过。为使水通过膜,操作压差 Δp 必须大于渗透压 $\Delta\pi$。从图 14-4 可以看出,如果操作压差小于渗透压,水会从稀溶液(纯水)流向浓溶液。当操作压差高于渗透压时,水从浓溶液流向稀溶液。假设没有溶质通过膜,则有效水通量 J_w 可用式(14-3)计算:

$$J_w = A(\Delta p - \Delta\pi) \tag{14-3}$$

式中,A 称为渗透系数,与水在膜中的溶解度(又称分配系数)以及扩散系数有关。由于渗透压和溶解度均与溶液浓度有关,故 A 也与溶液浓度有关。

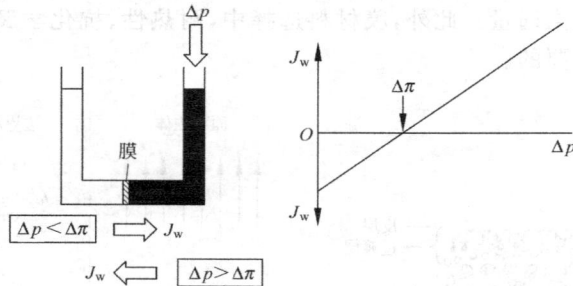

图 14-4　水通量与操作压力的关系

选择纳滤和反渗透的膜材料必须考虑膜的本征性质,要求膜对溶剂亲合力高,对溶质亲合力低。这与微滤膜和超滤膜的选择有明显差异。对于微滤和超滤,主要是膜孔尺寸决定分离性能,所以材料的选择主要考虑其成膜性能、化学稳定性和膜的耐污染性。实用的纳滤和反渗透膜通过降低厚度来提高膜的通量,均具有非对称结构,即由一个薄的致密皮层(厚度<1 μm)和多孔支撑层(厚

度为 $50\sim150~\mu m$)组成,传递阻力主要取决于致密皮层。具有非对称结构的膜可以分为一体化的非对称膜和复合膜两类。一体化的非对称膜是指用同一种材料制成的膜。复合膜则由一层具有一定分离功能的皮层覆盖在一层起支撑作用的基膜上而成,两层的材料不同。选择基膜材料主要考虑能提供良好的机械性能,而皮层材料则根据分离对象的需要进行选择,因此复合膜材料的选择范围更广,目前其应用也更广泛。

纳滤和反渗透可用于很多领域,分为溶剂纯化(渗透物为产物)和溶质浓缩(原料侧出产物)两大类。纳滤还可用于不同分子质量溶质的分离。纳滤和反渗透的一个重要应用是水的纯化,主要是咸水脱盐,特别是由海水生产饮用水。咸水中盐的含量为 $1\sim5~mg/g$,而海水中盐的浓度为 $35~mg/g$。另一个重要应用是制备半导体工业用超纯水。反渗透也用于浓缩过程,特别是食品工业(果汁、糖、咖啡的浓缩)、电镀工业(废液浓缩)和奶品工业。

纳滤膜与反渗透膜几乎相同,只是其网络结构更疏松,因此,它对 Na^+ 和 Cl^- 等单价离子的截留率很低,但对 Ca^{2+} 和 CO_3^{2-} 等二价离子的截留率却很高。此外,它对除草剂、杀虫剂、农药等污染物或糖等低分子质量组分的截留率也很高。通常,当需要对浓度较高的 NaCl 进行高度截留时,选择反渗透过程;当需要对低浓度 NaCl、二价离子和相对分子质量在 500 到几千的溶质进行截留时,则选择纳滤过程。使用适当孔径的纳滤可以对低分子有机物进行分级。

14.4 气体分离

气体膜分离是利用气体分离膜与原料气接触,在膜两侧压力差驱动下,气体分子以不同速率透过膜的过程。由于不同的气体分子透过膜的速率不同,渗透速率快的气体在渗透侧富集,渗透速率慢的气体在原料侧富集,即气体膜分离是利用气体组分渗透速率的差别而实现分离的过程。

气体分离所用的是有致密层的非对称膜或复合膜。

气体分子透过膜的速率可以用溶解扩散模型来描述(见图 14-5)。气体分子首先在膜的上游侧膜面溶解,在膜两表面间浓度梯度的作用下,气体分子扩散通过膜,然后在下游侧表面脱附,进入渗透侧气体。

致密膜中气体扩散的过程可以用经典的 Fick 定律来描述:

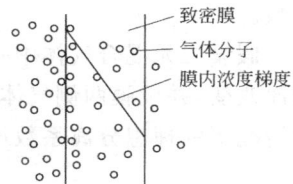

图 14-5　纯气体通过致密膜的渗透机理

$$J = -D \frac{\mathrm{d}c}{\mathrm{d}x} \tag{14-4}$$

式中：J——通过膜的通量；

D——扩散系数；

$\mathrm{d}c/\mathrm{d}x$——膜内与膜面垂直方向的浓度梯度，为推动力。

稳态下可将式(14-4)积分，得

$$J_i = \frac{D_i(c_{0,i} - c_{1,i})}{l} \tag{14-5}$$

式中：$c_{0,i}$，$c_{1,i}$——膜内上游侧、下游侧的组分 i 的浓度；

l——膜厚。

浓度与分压关系可用 Henry 定律描述，即认为膜内浓度与膜外气体分压之间呈线性关系：

$$c_i = S_i p_i \tag{14-6}$$

式中：S_i——组分 i 在膜中的溶解度系数。

将式(14-5)与式(14-6)合并，得

$$J_i = \frac{D_i S_i(p_{0,i} - p_{1,i})}{l} \tag{14-7}$$

式(14-7)常用来描述气体通过膜的渗透。扩散系数 D 与溶解度系数 S 的乘积称为渗透系数 P。式(14-7)可写成

$$J_i = \frac{P_i(p_{0,i} - p_{1,i})}{l} = \frac{P_i}{l}\Delta p_i \tag{14-8}$$

评价气体膜分离过程分离效果的主要指标是渗透通量与分离系数。

气体分离膜的分离系数定义为渗透侧所得气体中 i 组分和 j 组分的组成比 y_i/y_j 与原料气体中 i 组分和 j 组分的组成比 x_i/x_j 之比，用 α_{ij} 表示：

$$\alpha_{ij} = \frac{y_i/y_j}{x_i/x_j} \tag{14-9}$$

α_{ij} 类似于精馏中的相对挥发度，但其物理意义有所不同，分离系数不是物性参数。

假设二元混合气体中一种气体透过膜的渗透通量不因另一种气体的同时渗透而改变，并设膜两侧气体均完全混合，且渗透侧压力远小于原料侧压力，则这种情况下的理想分离系数可以表示为两种气体的渗透系数之比，即

$$\alpha_{ij} = \frac{P_i}{P_j} \tag{14-10}$$

通常情况下，由于两种组分同时渗透时，会相互影响，使得实际分离系数往往低于理想分离系数。

理想的气体分离膜应具有高通量和高分离系数,然而,两者往往不能兼得。当对分离系数要求不高时,可以选用高渗透性材料,如生产用于医疗、燃烧过程的富氧空气和需氧发酵过程的无菌空气。还有一种情况是从氮(空气)或甲烷气中分离有机蒸气,高渗透性、疏水性的弹性材料对氮和甲烷的渗透系数都远低于有机蒸气,所以最好选用高渗透性材料。如果要求中等选择性,则应选用基于玻璃态聚合物的低渗透性材料。

气体膜分离的主要应用包括:H_2 或 He 与其他气体的分离、空气分离制富氧空气或富氮空气、天然气脱湿脱硫,以及烟道气脱 SO_2,CO_2 和 NO_x 等。

14.5 渗透汽化

渗透汽化是利用组分在膜内溶解与扩散速率不同来实现混合物分离的过程。过程的推动力是膜两侧的蒸气压差。在渗透汽化过程中,膜的原料侧为常压下液体混合物,在渗透物侧维持很低的渗透物蒸气压而使渗透物以蒸气形式不断除去。可以采用载气吹扫或抽真空的方法来维持低压。渗透汽化过程的流程如图 14-6 所示。渗透汽化过程中,组分透过膜的传质过程主要包括以下3 步:①原料侧膜的选择性吸附;②通过膜的选择性扩散;③渗透物侧脱附到蒸气相。由于组分从原料侧向渗透物侧传递过程中发生相变,需要提供渗透组分蒸发热。所以,渗透汽化主要用于从液体混合物中分离或去除体系中的少量组分。

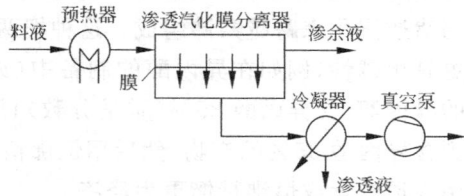

图 14-6　渗透汽化简单流程图

渗透汽化是同时包括传质和传热的复杂过程。图 14-7 表示膜及其两侧组分的浓度分布与温度分布。随着组分从膜的原料侧渗透到渗透物侧,热量也同时从原料侧传递到渗透物侧,提供组分汽化所需的汽化热。膜作为液相和蒸气相之间的屏障。评价渗透汽化膜性能的主要指标是渗透通量 J 和分离系数 α (其定义与气体分离的定义相同)。

根据前面的介绍,渗透汽化主要用于脱除液体混合物中少量组分,例如有机液体(如乙醇、异丙醇、乙酸乙酯等有机原料与溶剂,汽油、苯、己烷等碳氢化合物,氯乙烯等含氯碳氢化合物)中少量水的脱除,水中少量有机物(如醇、酸、酯、酮以及含氯碳氢化合物)的脱除。渗透汽化不受组分间气液平衡关系的限制且有很高的分离系数,因此特别适用于恒沸液的分离,例如由工业乙醇脱水制取无水乙醇。图 14-8 是从发酵液制取无水乙醇的精馏-渗透汽化联合流程。发酵液

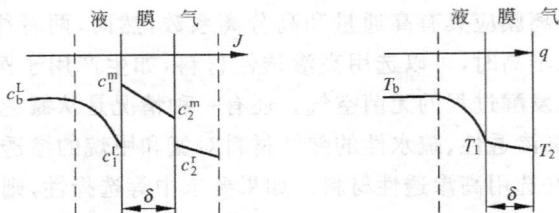

(a) 优先渗透组分的浓度分布　　　　(b) 渗透汽化过程的温度分布

图 14-7　渗透汽化中的浓度和温度分布

（含乙醇 10％左右）经初馏和精馏只能得到接近恒沸组成的工业乙醇,应用渗透汽化脱水可以直接制得无水乙醇。这种方法与各种特殊蒸馏相比有很多优点:无需外加化学添加剂,既节省费用又可避免对产品的污染;渗透液(含乙醇 5％～50％(质量分数))可直接返回精馏塔,几乎没有乙醇的损失(通常的恒沸精馏中乙醇平均损失 4％);无废水排放,消除了对环境的污染。

　　也有许多二元混合物,其共沸组成并不靠近某一纯组分而是介于二者之间,此时用渗透汽化得到纯品并不经济。可以采用渗透汽化与精馏结合的方法,利用渗透汽化来跨越共沸组成。这种把两个或多个分离过程结合起来使用的方法更具优越性,例如在异丙醇的制备中(见图 14-9),从精馏塔得到的接近恒沸液的异丙醇(含异丙醇 85％(质量分数))用渗透汽化法脱水,使其越过恒沸点,得到含异丙醇 95％的产物,然后用恒沸精馏制得无水异丙醇。这种流程比单独使用渗透汽化或恒沸精馏更为经济。

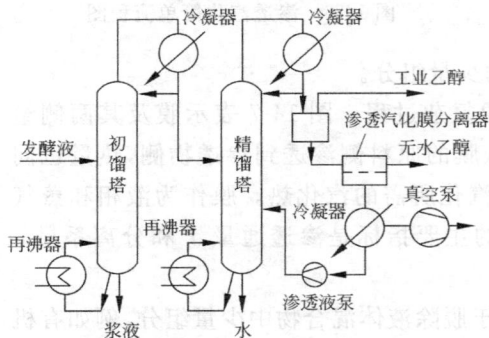

图 14-8　从发酵液制取无水乙醇的精馏-渗透
　　　　汽化联合流程

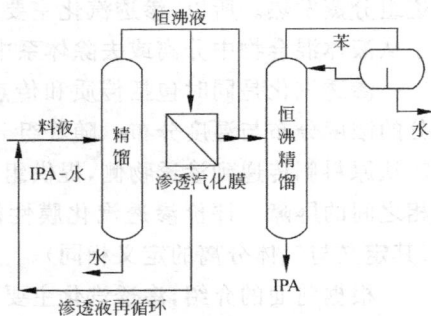

图 14-9　异丙醇(IPA)分离过程流程图

　　渗透汽化还可以用于食品和制药工业中热敏产物的浓缩或芳香物的脱除(浓缩),以及环境保护领域中废水所含挥发性有机物的脱除等。

14.6 电渗析

电渗析中使用离子交换膜,它是利用离子交换膜只允许电荷不同的离子(反离子)通过的特性使带电离子分离的过程。通常电渗析过程使用两种膜:阳离子交换膜与阴离子交换膜。阴离子交换膜中含有与聚合物相连的带正电荷的基团,如由季铵盐形成的基团。由于这些固定电荷的存在,带正电的离子会被膜排斥;相反,阳离子交换膜中带有带负电荷的基团,主要是磺酸或羧酸基团,因此带负电的离子受到排斥。性能优良的膜应具备的基本参数是低电阻、高选择性、适度溶胀和高机械强度。

电渗析过程的原理如图 14-10 所示。在阳极和阴极之间交替安置一系列阳离子交换膜和阴离子交换膜。当电解质原料液(如氯化钠溶液)通过两张膜之间的腔室并且施加直流电时,带正电的钠离子会向阴极迁移,带负电的氯离子会向阳极迁移;氯离子不能通过带负电的膜,钠离子不能通过带正电的膜。这意味着,在一个腔室中离子浓度会提高,而在与之相邻的腔室中离子浓度会下降,从而形成交替排列的浓室与淡室。相应地,得到稀溶液和浓溶液。

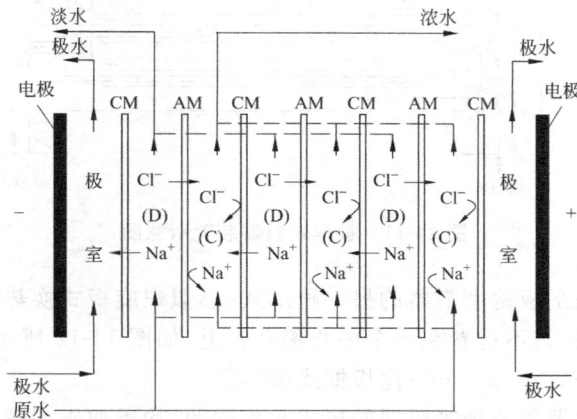

图 14-10　电渗析过程示意图
CM—阳离子交换膜；AM—阴离子交换膜

电渗析最主要的用途是由咸水生产饮用水,也可反过来生产盐。电渗析还可用于其他溶液(如果汁、饮料等)的脱盐与除酸,以及氨基酸的分离等。

14.7 膜器

膜过程的工业应用,通常需要较大的膜面积。膜器是膜装置的核心部件。在膜的制备中,可将膜制成平板膜和管式膜。相应地,膜器设计可以有多种形式,大致可分为平板构型和管式构型两类。板框式和卷式膜器均使用平板膜,而管状、毛细管和中空纤维膜器均使用管式膜。后3种膜器的差别主要在于所使用的管式膜的规格不同,管状膜直径大于 6 mm,毛细管膜直径为 0.5～6 mm,中空纤维膜直径小于 0.5 mm。

板框式膜器如图 14-11 所示,它的构造与板框压滤机类似,由众多膜框、支撑板和膜交替叠合而成。这类膜器的装填密度(单位体积内膜面积)为 100～400 m^2/m^3。

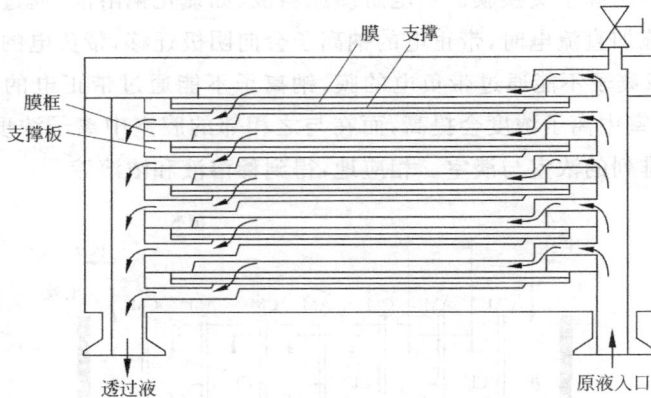

图 14-11　板框式膜器装置示意图

卷式膜器是平板构型膜器的另一种形式,形似螺旋板式换热器,它实际上是一种板框式系统,只不过卷在一个中心集合管上,如图 14-12 所示。这类膜器的装填密度(300～1 000 m^2/m^3)比板框式膜器高。

中空纤维膜器与毛细管膜器的形式是相同的,均类似于列管式换热器,其差异仅仅在于膜的规格尺寸不同。中空纤维膜器是装填密度最高的一种膜器构型,可以达到 30 000 m^2/m^3。图 14-13 是中空纤维膜器示意图。

新膜器的开发主要是为了最大程度地减少污染和浓差极化。实现这一目的的方法之一就是改变流道形状,强化边界层传质过程。改善和优化膜器结构的设计不仅对于微滤、超滤和反渗透等压差驱动过程有利,而且对渗透汽化、气体分离和其他膜过程的实际应用均有重要意义。

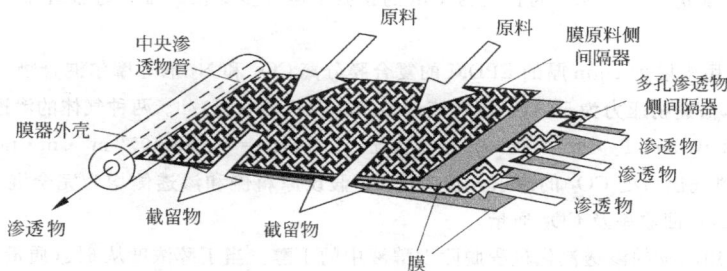

图 14-12　卷式膜器示意图

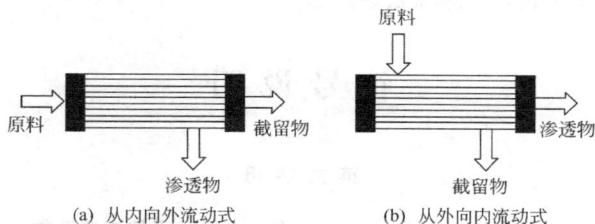

(a) 从内向外流动式　　　　(b) 从外向内流动式

图 14-13　中空纤维膜器示意图

习　题

14-1　100 kg 水溶液中含 1%(质量分数)的 NaCl 和 1% 的白蛋白。为纯化白蛋白,须将盐分尽可能多地脱出。为此可以采用透滤过程,即不断向原料液中补充水分,在水分透过膜的同时将盐分带走。

(1) 计算为使 NaCl 浓度降到 0.01% 所需加入水量。已知膜对白蛋白的截留率为 100%,对盐的截留率为 5%。

(2) 如果要分离的对象是 NaCl 和抗生素(相对分子质量 500),原料组成和分离要求仍同 (1)。试计算当膜对抗生素的截留率分别为 90% 和 99% 时,所浪费的抗生素(即随水透过膜的抗生素)的百分数。

14-2　利用电渗析过程可以将橘汁甜化,主要是脱除其中的柠檬酸根阴离子。

(1) 画出流程示意图。

(2) 已知:处理量为 500 L/h,柠檬酸的相对分子质量为 300,电流密度为 100 A/m²,电流效率为 80%,每个腔室的平均等效电阻为 0.03 Ω,单张膜的面积为 0.5 m²。试计算将柠檬酸的浓度从 15 g/L 降到 7.5 g/L 所需的膜面积和能耗。

14-3　某反渗透用中空纤维膜的水渗透系数为 1.6×10^{-8} m/(s・bar),纤维外径为 0.1 mm。以海水为原料(NaCl 含量为 3%(质量分数)),在 60 bar(1 bar = 10^2 kPa)和 298 K

下膜器产水量 $q_p = 5$ m³/d。问长度为 1 m 的膜器中应有多少根纤维？每根纤维每天的渗透量为多少？

14-4　用皮层为 1 μm 厚的 EPDM 的复合膜分离 CO_2 和 N_2 的等摩尔混合物。原料压力为 250 kPa，渗透物压力为 50 kPa，原料流量为 36 m³(标准状况)/h。两种气体的渗透系数分别为 $P_{CO_2} = 81$ Barrer；$P_{N_2} = 5.3$ Barrer(标准状况下，1 Barrer $= 0.76 \times 10^{-17}$ m³ · m · m⁻² · S⁻¹ · Pa⁻¹)。原料气出口处 CO_2 的摩尔分数为 0.2。假设原料侧和渗透侧均为完全混合，计算渗透物组成、CO_2 回收率及 CO_2 通量。

14-5　用间歇的渗透汽化过程脱除发酵液中的丁醇。当丁醇浓度从 6%(质量分数)降为 0.6% 时，体积减少了 13%。试计算：

(1) 渗透物中丁醇浓度；

(2) 画出过程流程图，并与精馏法进行比较。

符 号 说 明

英 文 字 母

A——膜的渗透系数，m³/(m² · s · Pa)　　K——超滤膜的渗透系数，m³/(m² · s · Pa)

$c_{0,i}$——膜上游侧的浓度，mol/L　　L——膜厚，m

$c_{1,i}$——膜下游侧的浓度，mol/L　　P——渗透系数，m²/(s · Pa)

D——扩散系数，m²/s　　Δp——压差，Pa

J——膜的通量，m³/(m² · s)　　S——溶解度系数，m³/(m³ · Pa)

J_w——有效水通量，m³/(m² · s)　　S_i——组分 i 在膜中的溶解度系数，m³/(m³ · Pa)

希 腊 字 母

α——分离系数　　$\Delta\pi$——渗透压，Pa

参 考 文 献

1　时钧，袁权，高从堦.膜技术手册.北京：化学工业出版社，2001

2　Mulder M 著.膜技术基本原理.李琳译.北京：清华大学出版社，1999

15　其他分离方法

前面几章介绍了目前在工业上使用最广泛的分离方法。实际上,由于分离对象、被分离组分的物化性质和分离要求等是各式各样的,仅仅使用一些常用的方法往往不能实现混合物的有效分离,为了适应各种各样混合物分离的要求,已经开发出了众多的分离方法。为了使学生对各种分离过程的全貌有一个概括的了解,并对合理地选择分离方法有一个正确的认识,本章首先简要介绍其他的一些分离方法,然后概要说明分离方法的选择原则。

15.1　其他分离方法介绍

实现混合物分离的基础是混合物中各组分物理、化学性质以及形态等的差别。显然,混合物中各组分之间必定存在某种性质的差异,因此,无论哪一种混合物,人们总能找到适当的方法把它们分离开。

常见的分离过程中所利用的性质差别主要有以下 3 类:

(1) 基于两相间平衡分配的差异实现分离

本书中的精馏、萃取、吸收和吸附等分离过程分别利用了气液、液液、气液和液(气)固两相之间的平衡关系来实现分离。本节中还将简要介绍溶液结晶、熔液结晶和浸取等依靠平衡关系而实现分离的过程。

(2) 基于传质速率的差异实现分离

本书上册中讲到的粒子分级(见本书上册 4.1 节)实际就是利用不同粒径的颗粒在水中沉降速率的差异来实现分离的;下册膜分离中的气体分离和渗透汽化等膜过程中也部分地利用了各组分在膜中扩散速率的不同;本节还将介绍利用速率差异的气体扩散分离和色谱分离等过程的基本原理。

(3) 基于化学反应性质的差异实现分离

本书中介绍的化学吸收其实就是利用化学反应来实现并且强化吸收过程。本节将简要介绍离子交换和反应精馏过程,并通过实例介绍一种利用生物反应来实现分离的方法。

当然,这种分类并不能完全概括所有的分离过程,同一分离过程中所利用的性质差异也不一定只有一个。这一点需要提醒读者注意。本节的最后还将介绍气体离心分离,目的是让读者充分拓宽思路,不局限于常用的、熟悉的方法,而能根据实际情况创造性地寻求与开发出新的适宜的方法。

15.1.1 溶液结晶

结晶是利用固体物质在液体中溶解度不同的性质使物质从溶液中析出,从而实现分离的过程。通过溶液结晶可以得到具有一定尺寸和形状的固体产品。比如,海水是溶解有多种盐类的混合溶液,在用海水晒盐的过程中,随着水分的蒸发,盐溶液逐渐得到浓缩,当其中盐的浓度超过饱和溶解度时,便从溶液中析出,得到粗盐结晶。控制不同的条件可以得到各种盐的粗品,然后,利用重结晶可以得到一系列的纯组分产品。

1. 溶解度

在一定的温度下溶质在某种溶剂中所能溶解的最大平衡量称为该物质的溶解度。物质的溶解度随温度而变。图 15-1 是几种常见的无机盐在水中的溶解度随温度变化的曲线。由图可知,随着温度的变化,这些物质的溶解度有正向变化的,也有反向变化的;有变化幅度大的,也有变化不明显的。多数情况下溶解度随温度的升高而增大。

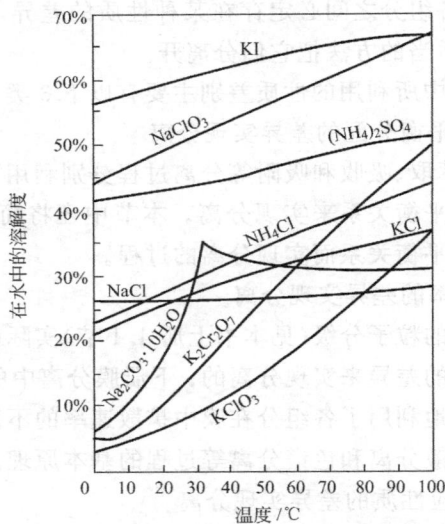

图 15-1　无机盐在水中的溶解度与温度的关系曲线

当多种溶质共同溶于一种溶剂中时,每种溶质的溶解度都会因为其他物质的存在而改变。

过饱和度、晶种和热量迁移等是结晶过程中的一些重要概念。下面通过描述降温结晶过程来对这些概念加以解释。

当溶液温度降低到其中溶质的浓度达到其溶解度时,溶质并不是立即析出,而是待其浓度高出溶解度一定值(称过饱和度,此现象称为过饱和)时,结晶才能形成。反映溶液结晶性能的典型状态图如图 15-2 所示。溶液的状态可以分为3 种:稳定态、介稳态和不稳定态。图中溶解度曲线以下为稳定区,此区内溶液为不饱和溶液。在第二介稳区界限的曲线以上为不稳定区,溶液中溶质浓度远高于溶解度,溶质将立即结晶。在溶解度曲线和第二介稳区界限的曲线之间的 M 区为介稳区,又可分为第一介稳区 M_1 和第二介稳区 M_2。在第一介稳区,溶液不可能发生均相成核;在第二介稳区,溶液可以发生均相成核,但是位于该区的溶液的成核过程并不是立即发生,而要经历一定的时间间隔后才发生。所谓均相成核,是指在整个液相中均匀形成晶核。

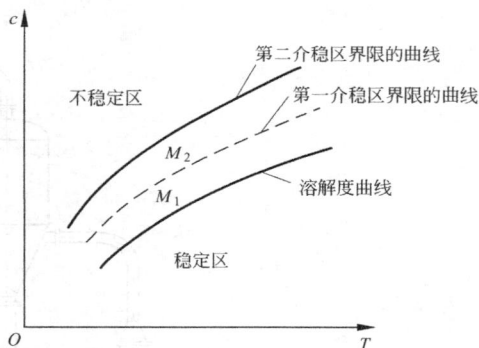

图 15-2　溶液状态图

结晶的形成过程是新相的产生和生长的过程。溶质从溶液中结晶需要晶核。晶核的来源有两种:一是自发成核,即当溶液的过饱和度足够大时,溶质分子有可能相互碰撞而形成晶核;二是外加晶核(称晶种)和二次晶种。外加晶核是向过饱和溶液中加入一定量的结晶,让溶液中的溶质在晶种的表面继续生长(有时溶液中存在的细小杂质颗粒也可能起到晶种的作用)。二次晶种是指晶体生长过程中受到外力作用而断裂,破碎后的晶体重新作为核心而继续生长。

随着溶质的析出,溶液浓度不断降低,使过饱和度下降,结晶过程的传质推动力降低,因此结晶过程中应该不断地将溶液降温,所以传热也是结晶过程中主要考虑的一个方面。为了保证整个结晶装置中均匀结晶,就要求温度均匀,这就需要采取搅拌等强制对流措施以增加溶液中的传热系数,但是冷却壁面处的过冷是避免不了的,这会给结晶过程带来一定的问题。

在晶体的生长过程中,溶质从溶液的主体向晶体表面传递,然后,在晶体的表面被吸附,最后以某种方式嵌入晶格中。因此,晶体的生长速度与从溶液主体传递到晶体表面的传质速度是相互关联的。根据本书前面介绍的传质理论可知,传质的速度与浓度差、传质面积、传质系数有关。浓度差主要与过饱和度有关;传质系数主要与搅拌等措施形成的强制对流强度有关,因为强制对流传质的速率比没有强制对流时的分子扩散或者自然对流传质要快得多。

2. 常见的结晶方式和设备

物系的溶解度与温度之间的关系是选择结晶器时首先要考虑的因素。随着温度的降低,如果溶质的溶解度下降幅度大时,可以考虑使用冷却式结晶器;如果溶解度下降幅度小或者增加时,必须使用蒸发式结晶器。这两种结晶器的例子见图 15-3 和图 15-4。

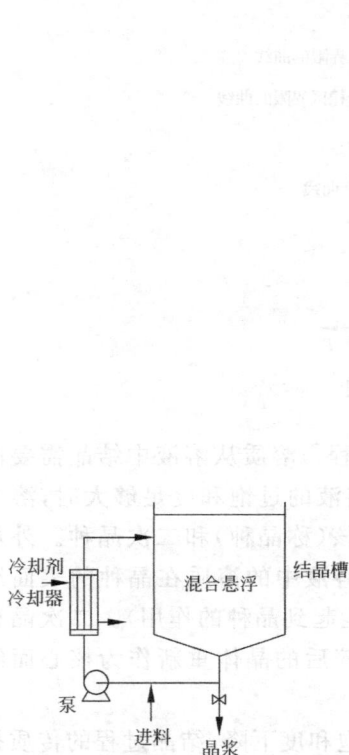

图 15-3　外部循环冷却结晶槽　　　　图 15-4　Oslo 型蒸发结晶器

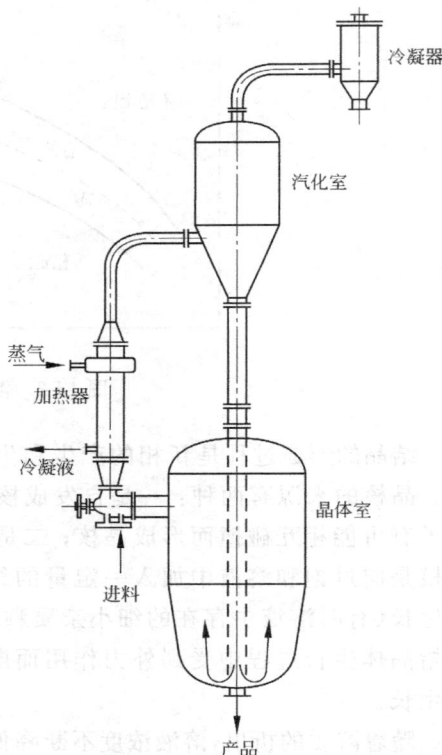

在图 15-3 所示的外部循环冷却结晶槽中,晶浆(即晶体和母液的混合悬浮液)强制循环于外冷却器与结晶槽之间,可使晶浆在槽内较好地混合,并能提高冷却器中的换热速率。这种结晶槽可以分批操作,也可以连续操作。

图 15-4 是 Oslo 型蒸发结晶器的示意图。主要由汽化室和结晶室组成,在循环管路上设有蒸气加热器。一般在加热器的上方有一定高度的液层,使溶液流经加热器时处在一个足够大的液层静压头下,这样,溶液在加热器中不致汽化而形成晶垢。

15.1.2 熔液结晶

熔液结晶是利用不同组分的熔点(凝固点)差别来实现分离的过程。该过程是平衡分离过程,需要利用组分在固、液两相间平衡分配的差异来实现分离。这在一定程度上类似于蒸馏过程。但是与蒸馏相比,由于存在固体内部的传质现象,因而速率很慢。这是设计熔液结晶过程和设备时要着重考虑的问题。

可以用熔液结晶分离的物料很多,包括无机物、有机物、金属以及生物质等,操作温度从 $-100℃$ 到 $3\,000℃$ 以上。目前多用于常温下为固态的物料的分离。

1. 固液平衡关系

两组分的固液相平衡有两种典型的情况:一种是形成固体溶液,此时相平衡关系如图 15-5 所示,它与气液平衡关系类似,需要多级和分馏结晶方可得到两个纯品;另外一种是形成最低共熔物,其典型的相图见图 15-6。此时,液相中两组分完全互溶,固相中两组分完全不互溶,这种情况用熔液结晶的方法只能得到一种纯品和共熔混合物。

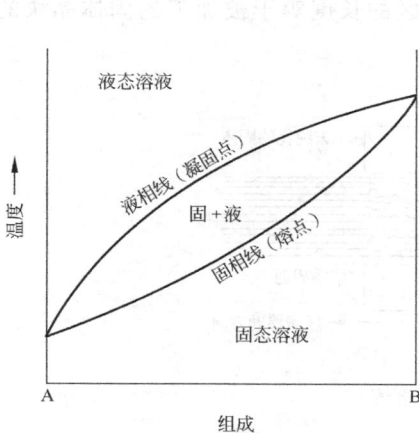

图 15-5 两组分形成固体溶液时的固液两相平衡关系

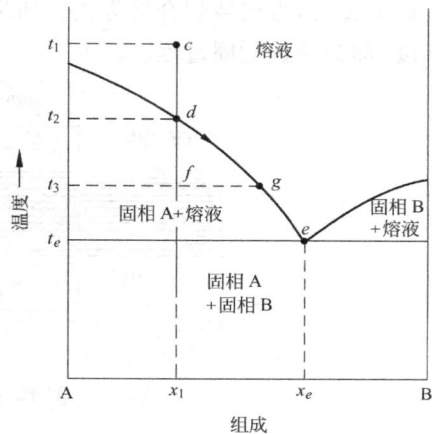

图 15-6 两组分形成最低共熔物时的固液两相平衡关系

2. 过程描述

实现熔液结晶的常见方式有渐进凝固、区域熔炼和分馏结晶等 3 种方式。

在渐进凝固（见图 15-7）过程中，将盛有熔融液的带有搅拌的圆筒置于冷却介质中冷却，当下部温度降低到凝固点时开始凝出固体。如果熔液中杂质的凝固点较低，则固相得到纯化。

随着熔液的凝固，逐渐向下移动圆筒，使熔液的凝固始终在固液两相的界面处发生。随着过程的进行，上部熔液中的杂质含量越来越高，相应地，凝出的固体的纯度也随之下降。由于固相中物质的扩散速率极慢，所以后凝出的固体中的杂质含量虽然较高，但是它不会污染位于下部的刚开始时形成的较纯净的固体凝出物。该方法类似于简单蒸馏。

在区域熔炼（见图 15-8）中，加热圈从左向右移动，使熔融区从一端缓慢移到另一端。仍然假设杂质的熔点较低，则在固液相界面处的固相侧中，杂

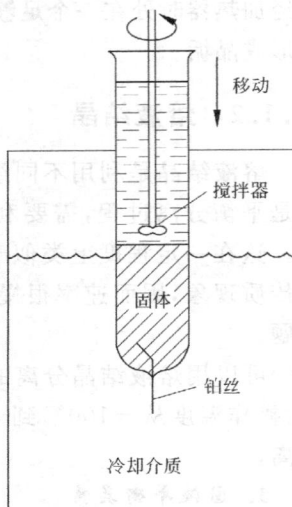

图 15-7　渐进凝固

质含量将少于熔融区内液相中的杂质含量，使组分在固相中得到部分的纯化。随着熔融区的不断移动，杂质被不断地向右"推"。完成一次熔炼后，杂质在右侧浓度高，在左侧浓度低。如果左侧的固体纯度仍然没有达到纯度要求，还可以重复以上过程，直到纯度合格为止。如果熔融区的长度等于被加工的固体晶块的长度，即为渐进凝固过程。

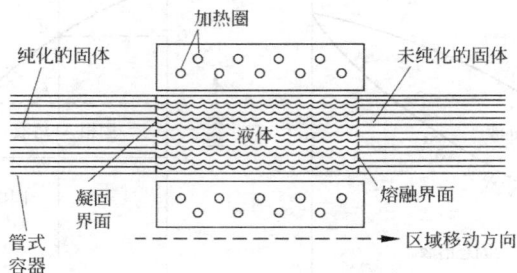

图 15-8　区域熔炼

分馏结晶过程在塔式设备中进行。塔的顶部和底部设有回流，塔内晶体和熔液逆流接触进行传质，图 15-9 是分馏结晶的示意图。顶部冷凝得到的结晶自上而下移动，与从塔底熔化得到的熔液逆流接触，固体结晶中的低熔点组分熔解

进入熔液,熔液中的高熔点组分凝固到结晶中。于是,在塔顶可以得到纯的低熔点组分,一部分以熔液形式采出,另一部分经冷却结晶后以固体形式回流;在塔底可以得到高熔点组分的纯品,一部分以固体结晶的形式采出,另一部分被加热熔化后以熔液形式向上回流。

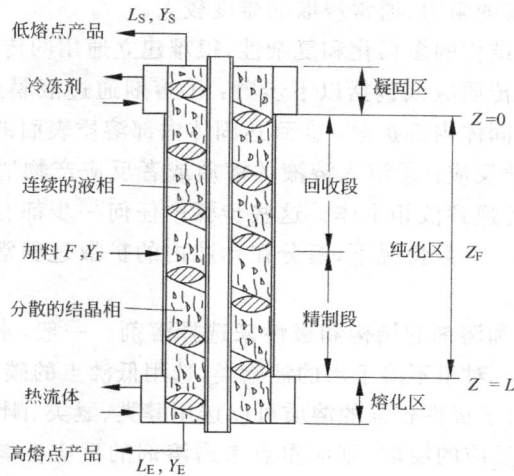

图 15-9　中间加料的结晶塔

分馏结晶类似精馏,但是有两点较大的区别:一是熔化热比汽化热小,因而热量的消耗少;二是固体中的质量传递慢,因而整个过程的速率慢,设备比较复杂。

15.1.3　浸取

浸取是用有机或者无机溶剂将固体原料中的可溶解性组分溶解,使其进入液相,从而将它从固体原料中分离出来的操作。固体原料中的可溶解组分称为溶质,固体原料中的不溶解组分称为载体,用于溶解溶质的液体称为溶剂或者浸取剂,浸取后得到的含有溶质的液体称为浸出液,残余的由载体及少量残存于其中的、溶解有溶质的溶液(称附液)所构成的固体称为残渣。

浸取操作一般包括 3 个主要的部分:①原料与溶剂的充分混合以及良好的液固接触;②浸取液与残渣的分离;③浸取液中溶质与溶剂的分离以及残渣的洗涤等。其中,第①项涉及固体粉碎、液固混合、搅拌、传热和传质等操作;第②项中涉及重力沉降、浮上、离心分离和过滤等固液分离操作;第③项则涉及蒸发、结晶、蒸馏、冷冻和洗涤置换等操作。

如果溶质均匀地分散于固体原料中,则在溶剂的作用下,靠近固体表面的部分溶质首先溶解并进入到溶液相主体,留下了一层多孔结构的固体。随后,溶剂进入孔隙中,继续与溶质发生作用。溶质被溶解后借助于浓度差从内部扩散到固体表面再进入液相主体,因此,随着浸取过程的进行,浸取速度越来越慢。只有附着于固体表面的溶质才能够比较快速地被浸取。对于存在于细胞中的溶质,因为受到细胞膜的阻力,通常浸取的难度较大。

由于固体物料结构的多样化和复杂性,很难建立通用的传质模型,但是通常认为浸取过程中的传质应该包括以下步骤:①溶剂通过液膜达到固体外表面;②溶剂通过孔隙向固体内部扩散;③到达固体内部溶质表面的溶剂对溶质进行溶解,或者发生化学反应;④溶入溶液的溶质或者反应产物通过孔隙扩散到固体表面后,经液膜传递到液相主体。这些步骤中任何一步都有可能成为浸取过程的速率控制步骤。一般情况下,组分在孔隙内的扩散过程常常是传质阻力最大的速率控制步骤。

通常根据溶质和溶剂的结构和极性来选择溶剂。一般,水和酸碱盐的水溶液选择无机物溶剂;对于不溶于水的油脂类,选用低沸点的碳氢化合物(如己烷和四氯化碳等);对于极性较强的溶质可以选用醇类、醚类、酮类、酯类或者混合溶剂;对于有化学反应的浸取,则应重点考虑溶剂的反应性能以及浸取液中溶质的分离等。

浸取过程中的平衡关系可以用三角形相图表示(见图 15-10)。与萃取中的相图类似,顶点 A,B,S 分别代表溶质、载体和溶剂。AS 线上的点代表浸取液,DF 线上的点代表残渣。如果浸取的时间足够长,则残渣中附液的组成与浸取液的组成相等,此时称为浸取平衡。因此,浸取的平衡结线(浸取液组成的点与代表残液组成的点的连线)应该是过 B 点的直线。需要注意的是,此处的平衡并不是溶质和溶液之间达到饱和溶解度的那种相律上的相平衡。如果接触时间不充分,或者是固相对溶质具有选择性的吸附作用,则附液中溶质的浓度将大于浸取液中溶质的浓度。

浸取过程的设计计算也是基于理论级概念的。事实上,由于接触时间有限,非平衡浸取更有实际意义。因此,需要使用生产中的或者接近生产条件下的实际数据作为计算的基础。

浸取设备种类繁多。一般来讲,在设计和选用浸取设备时多从固液接触的角度考虑。搅拌浸取槽为固体分散式浸取槽。固体原料以粒状或者粉状加入到盛有大量液体的槽中,槽内设有机械搅拌浆或者空气搅拌器。在粒径较大时用机械搅拌,在粒径较小时使用空气搅拌器。图 15-11 是立式机械搅拌浸取槽的结构示意图。该种型式的浸取器为间歇操作。

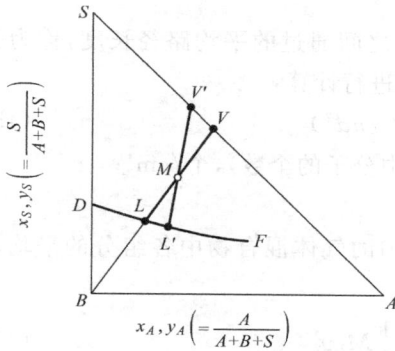

图 15-10　浸取平衡关系
AS—浸取液组成线；DF—残渣组成线；
VL—平衡结线；V'L'—非平衡结线

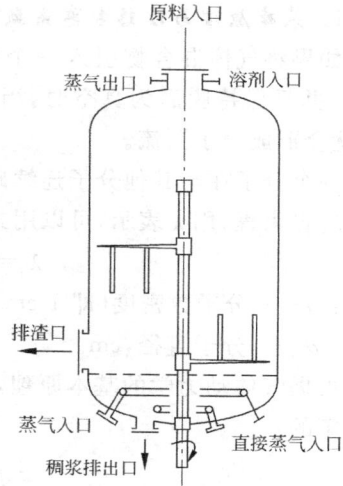

图 15-11　立式机械搅拌浸取槽

连续式的浸取设备有固定床和移动床等几种。图 15-12 所示为一种移动床浸取器，称为肯尼迪(Kennedy)浸取器。将水平或倾斜放置的槽型容器依次分割成许多串联的小室，各小室内装有回转叶片，叶片转动时可以将固体原料送到相邻的小室。叶片上开有很多的小孔，以便让液体漏下，不至于返混。溶剂与固体逆流接触。该设备适用于薄片状原料。缺点是有回转部件，既消耗动力，又需要经常维护。

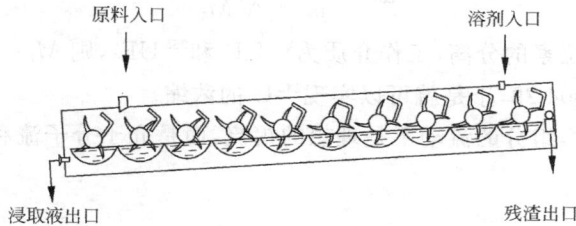

图 15-12　肯尼迪浸取器

15.1.4　气体扩散分离

气体扩散分离是利用各组分在扩散介质(多孔膜)中扩散速度的差异来实现分离的过程。

1. 基本原理与理想分离系数

如果将气体混合物引入一个多孔膜介质的表面(膜的厚度为 l,孔(半)径为 r),并且保持膜后为真空时,当气体分子的平均自由程 λ 远大于 r 并且 $l \leqslant r$ 时,就会形成分子泻流。

一个分子在与其他分子连续碰撞两次之间通过的平均路径长度,称为分子的平均自由程,用 λ 表示,可以用式(15-1)进行计算:

$$\lambda = 0.743/(\pi n d^2) \tag{15-1}$$

式中: n——分子数密度(即 1 cm³ 的体积中分子的个数),个/cm³;

d——分子直径,cm。

根据气体动力学的基本原理,温度均匀的气体混合物中各组分的平均动能是相等的:

$$\frac{1}{2}M_1 v_1^2 = \frac{1}{2}M_2 v_2^2 \tag{15-2}$$

式中: M_1 , M_2——组分 1 和 2 的摩尔质量;

v_1 , v_2——组分 1 和 2 的平动速度,m/s。

因此,如果气体混合物中各组分的分子质量不同,则它们的平均平动速度也不同。分子质量越大,则速度越小。因为分子质量小的组分(称轻组分)运动速度快,因此与膜的壁面碰撞的机会也就大,轻组分通过膜的可能性就大,其结果是轻分子在多孔介质后面得到浓缩。

由此可知,气体扩散法是利用分子泻流现象来实现分离的。在泻流时轻重分子平均速度之比称为气体扩散分离的理想分离系数,用 α_0 表示:

$$\alpha_0 = \frac{v_1}{v_2} = \sqrt{\frac{M_2}{M_1}} \tag{15-3}$$

例如,铀同位素的分离,工作介质为 $^{235}UF_6$ 和 $^{238}UF_6$,则 $M_1 = 349$, $M_2 = 352$,因此 α_0 等于 1.004 29,于是就可以实现 ^{235}U 的浓缩。

实际操作时,组分的流动不是理想的泻流,而是介于分子流和粘性流之间的流动。

2. 分子流

对于实际的多孔膜而言,为了保证一定的机械强度,其厚度将远远大于分子的自由程,于是在膜孔内气体组分将不断地与孔壁碰撞(分子多次与孔壁碰撞后才可能与另一个分子碰撞一次),此时的流动称为分子流。分子流时,其规律服从 Knudsen 定律,经推导为

$$G_{mol} = \frac{8r}{3l} \frac{p'' - p'}{\sqrt{2\pi MRT}} \tag{15-4}$$

式中：G_{mol}——分子流摩尔流量，$kmol/(m^2 \cdot h)$；

　　　p''，p'——膜前、膜后压力，Pa；

　　　T——温度，K；

　　　R——摩尔气体常数，$R = 8\,314\ J/(kmol \cdot K)$；

　　　M——气体摩尔质量，g/mol。

3. 粘性流

当分子的平均自由程远小于膜孔径时，气体分子在毛细管内的流动为粘性流，这时分子之间的碰撞很频繁，流动为成团的整体运动。分子和管壁的碰撞已经不占主要地位。粘性流动时的规律服从 Poiseuille 定律，经推导为

$$G_{vis} = \frac{r^2(p'' - p')}{16\mu RTl} \tag{15-5}$$

式中：G_{vis}——粘性流摩尔流量，$kmol/(m^2 \cdot h)$；

　　　μ——粘度，$Pa \cdot s$。

实际过程中，总的气体流量可以看作是分子流量和粘性流量的线形叠加，即

$$G = a\frac{p'' - p'}{\sqrt{M}} + b\frac{p''^2 - p'^2}{\mu} \tag{15-6}$$

实际的分离系数要比理想的分离系数低，其原因为：

（1）膜后压力不等于零，存在着由膜后向膜前的反向迁移；

（2）穿过膜的流动并不是纯的分子流，而是存在有粘性流，分子间的碰撞将削弱轻分子向膜后的扩散，从而使分离效率下降。

4. 分离级

气体扩散分离过程是在分离级中实现的。一般情况下，分离级为圆筒形（见图 15-13），其中安装着一定形式（通常为管状）和一定数量的分离膜。每个分离级设一个进料口和两个出料口，一个是浓缩流出口（又称轻馏分），另外一个是贫化流出口（又称重馏分）。

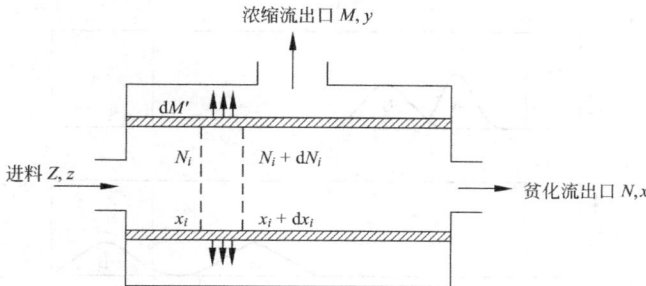

图 15-13　分离级示意图

Z，M，N——进料、浓缩流和贫化流流量；

z，y，x——进料、浓缩流和贫化流中轻组分的组成

由于理想的分离系数本身就很小（比如对于铀同位素分离时，仅为 1.004 29），再加上一定的分离效率，使得实际的分离系数更小，每一个分离级的分离效果都极为有限。所以为了实现一定程度的分离，必须很多级才能完成，有时需要上千级（如 Eurodif 法中有 1 400 个分离级）。为了获得一定的回收率，这些级必须加以合理地级联。

5. 应用

气体扩散分离方法可以用于氖同位素、氘和氚以及碳同位素等的分离。气体扩散法的大规模应用是在第二次世界大战期间用于同位素铀（^{235}U）的分离。美国的曼哈顿计划选中的方法就是气体扩散法。1945 年在田纳西州建成了第一个气体扩散厂 K-25。用它制得 ^{235}U 的浓缩物制成了首批原子弹。我国在 20 世纪 60 年代也建成了气体扩散浓缩铀的工厂。现在世界上大部分浓缩铀依然是气体扩散法生产的。

15.1.5 色谱分离

色谱又称色层或者层析。在色谱分离中，混合物中各组分被一种流体（称为流动相，可以是气体，也可以是液体）携带通过某一固定的界面（称为固定相，界面可以由固体提供，也可以由液体提供），在流动相沿固定相流动的过程中，由于混合物中不同组分与固定相之间的作用不同，使得某些组分随流动相的迁移速率快，而另外一些组分的迁移速率慢，在流经一定长度的固定相以后，组分就被分离开来，见图 15-14。图 15-14(a)，(b)，(c)为不同时刻流动相组分在柱体中的位置以及分布；A，B 表示两种组分。

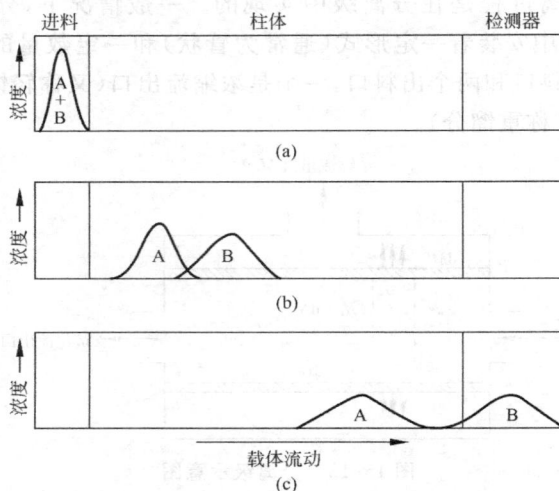

图 15-14　洗脱法色谱

在色谱分离中有两个基本的概念：保留时间和保留体积。

1. 保留时间

随着流动相的移动，混合物中诸组分将以不同的速度随之向前移动，表现为各组分的谱带以不同的速度向前移动。某组分的谱带通过色谱柱所需要的时间称为该组分的保留时间。

2. 保留体积

保留体积是指要使某组分的色谱峰出现在色谱柱的出口，所需要送入的流动相的体积。色谱分离主要应用于分析过程中。在色谱柱的出口处以一定的方式检测出流动相中的组分含量，即可以确定原来混合物中各组分的含量。使用不同的固定相，可以实现离子分析（离子色谱）、分子分析（气相和液相色谱）以及手性物质的分析等。

大型色谱还可以应用到工业分离中，如图 15-15 所示。加料和循环的物料通过脉冲进料加到色谱柱，溶剂或者载气连续加入色谱柱，经过色谱柱的分离作用，溶剂或者载气在不同的时间携带不同的组分从色谱柱流出，依靠计时装置或者检测装置，分别将不同时间段流出的流体送入相应的分离装置。在分离装置中，溶剂或者载气和产品分开后再循环使用。

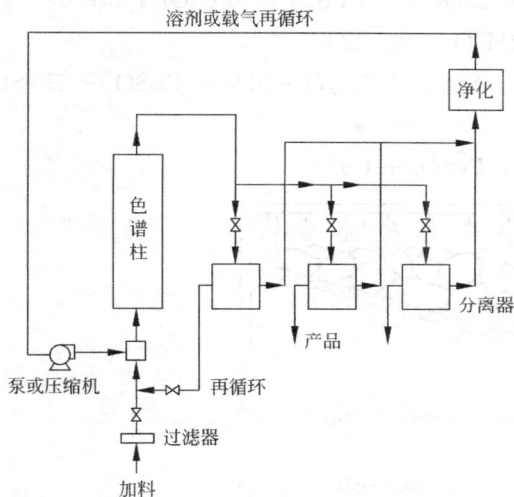

图 15-15 大型色谱的典型流程

15.1.6 利用生物反应的分离

某些生物具有极其特殊的功能。这种特殊性很大程度是由酶蛋白特异的催化性能以及形成细胞膜的酶特有的输送物性来体现的。在生物当中，比较容易为分离目的所利用的主要是酶和微生物。

一般说来，几乎所有的元素都对微生物的生命维持担当着重要的角色。然而，具体的某一种微生物，则常常只与某个特定的元素关系密切。例如，铁氧化菌就是利用将 Fe^{2+} 氧化为 Fe^{3+} 时所获得的能量和以空气中 CO_2 为碳源而生存的。而硫氧化菌则是依靠把还原态硫化物（$H_2S, S, S_2O_2^{2-}$）氧化为硫酸所得的能量来生存的。

利用硫氧化菌和铁氧化菌的这种特性可以从黄铜矿石（$CuFeS_2$）中将铜分离出来，图 15-16 就是这种细菌浸出过程的示意图。在图中右下方的空气搅拌槽内，铁氧化菌利用 Fe^{2+} 氧化为 Fe^{3+} 时提供的能量而增殖（反应式为(15-7)），然后扬水泵将这种水溶液喷洒到矿石堆上，利用三价铁离子的氧化作用分解黄铜矿石，使其中的硫氧化为单质态硫（反应式(15-8)），依靠硫氧化菌的作用使硫氧化为硫酸（反应式(15-9)）。铁氧化菌也具有对硫的氧化能力。后两个反应的总结果如反应式(15-10)所示。最后利用溶解的硫酸铜与金属铁在离子化倾向上的差异，用铁粉将硫酸铜还原得到金属铜（反应式(15-11)）。

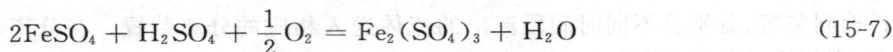

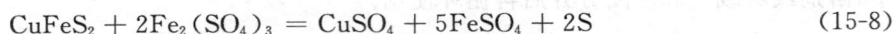

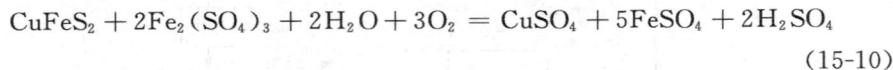

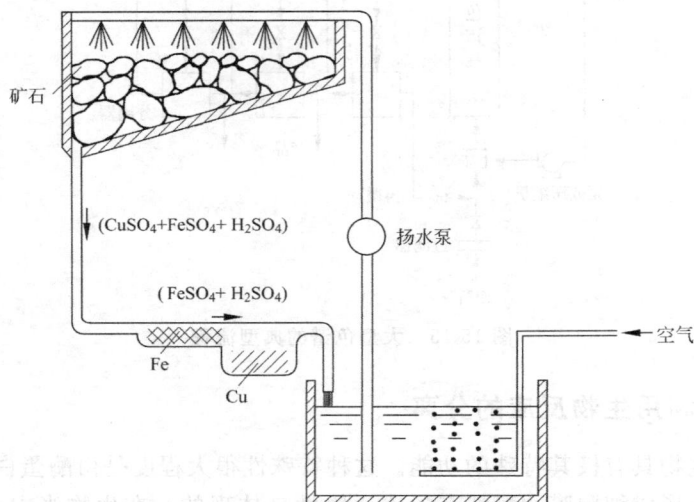

$$2FeSO_4 + H_2SO_4 + \frac{1}{2}O_2 = Fe_2(SO_4)_3 + H_2O \tag{15-7}$$

$$CuFeS_2 + 2Fe_2(SO_4)_3 = CuSO_4 + 5FeSO_4 + 2S \tag{15-8}$$

$$2S + 3O_2 + 2H_2O = 2H_2SO_4 \tag{15-9}$$

$$CuFeS_2 + 2Fe_2(SO_4)_3 + 2H_2O + 3O_2 = CuSO_4 + 5FeSO_4 + 2H_2SO_4 \tag{15-10}$$

$$CuSO_4 + Fe = FeSO_4 + Cu \tag{15-11}$$

图 15-16　黄铜矿细菌浸出过程示意图

15.1.7 反应精馏

反应精馏一般包括两种情况：一种是在可逆反应进行时，边反应边将产物用精馏的方法分离出去，以提高反应的转化率，并可简化生产设备。例如在乙酸和乙醇的可逆酯化反应中，利用酯或者酯、水和醇三元恒沸物的沸点低于乙醇与乙酸的沸点的特性，在反应过程中将反应产物乙酸乙酯不断从塔顶蒸出，就可以使酯化反应不断进行，提高了反应的转化率（见图 15-17）。另外一种情况是利用混合物中各组分的化学性质的差异，将某组分转化为另外一个组分，然后再实现精馏分离。例如利用异丙苯钠从间二甲苯中分离对二甲苯的金属反应精馏，就是利用反应来实现分离的典型实例。在分离对二甲苯和间二甲苯时，由于两者的沸点（分别为 138.4℃ 和 139.1℃）差仅为 0.7℃，使用普通精馏很难将其分离，而应用反应精馏可以很容易地将它们分离。此反应精馏的基本依据是二甲苯异构体能发生选择性的金属化作用，且金属交换反应很迅速，同时有机金属化合物的蒸气压很低，因此加入活泼的 Na 等金属的有机化合物，可以使二甲苯异构物的相对挥发度大大增加，易于用精馏法分离。此过程所利用的反应为

图 15-17　乙酸-乙醇酯化反应示意图

$$异丙苯钠＋对二甲苯 \Longleftrightarrow 异丙苯＋对二甲苯钠$$

$$异丙苯钠＋间二甲苯 \Longleftrightarrow 异丙苯＋间二甲苯钠$$

$$对二甲苯钠＋间二甲苯 \Longleftrightarrow 对二甲苯＋间二甲苯钠$$

图 15-18 是二甲苯分离的反应精馏流程。在塔 1 中，由于对二甲苯与钠的结合作用最弱，并且其沸点最低（异丙苯的沸点为 152.4℃），所以在塔顶可以得到对二甲苯产品，塔底为间二甲苯、间二甲苯钠、异丙苯和异丙苯钠的混合物。将该混合物送入塔 2 中，由于在该混合物中间二甲苯的沸点最低，所以在塔顶得到间二甲苯，塔底重新得到异丙苯钠，循环使用。

由于反应和精馏之间存在着很复杂的相互影响，即使在进料位置、板数、传热速率、停留时间、催化剂、副产物浓度和反应物进料配比等参数变化很小时，都可能对过程带来很大的影响。因此，反应精馏过程的工艺设计和操作比普通精馏要复杂得多，而且每个物料体系均有各自的特殊性（反应平衡和相平衡关系等）。

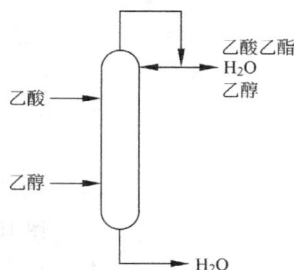

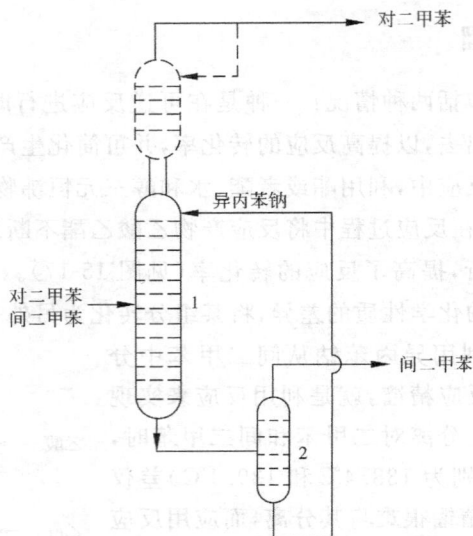

图 15-18　二甲苯分离的反应精馏流程

15.1.8　离子交换

通过固体离子交换剂中的离子与稀溶液中的离子进行等当量的交换来提取或者去除溶液中某些离子的操作称为离子交换。

离子交换剂可以是任何物质,只要该物质具有从溶液中吸附离子,同时能够释放等当量的离子到溶液中去的能力。这些物质包括沸石等无机的离子交换剂和人工合成的有机离子交换树脂。制备离子交换树脂最重要的起始原料是苯乙烯。苯乙烯自身聚合以及与二乙烯苯共聚形成聚合物分子,然后通过适当的手段引入阳离子交换基团($-SO_3H$,$-COOH$,$-OH$ 等)或者阴离子交换基团($-NR_3OH$,$-NH(CH_3)_2OH$ 等),使之具有离子交换能力。图 15-19 显示了高分子网络和其中所含有的离子交换基团。图中圆形表示离子交换树脂一般为圆珠状,格线表示被交联在一起的高分子网络,在高分子链段上有固定的磺酸根基团(或者季胺离子),与之对应的阳离子(或者阴离子)是可以自由移动的。

当离子交换树脂与水接触后,树脂发生溶胀,同时水中溶质的离子扩散到树脂的内部,与树脂上原来所带有的离子进行交换

$$R^-A^+ + B^+ \Longleftrightarrow R^-B^+ + A^+$$
$$R^+Y^- + Z^- \Longleftrightarrow R^+Z^- + Y^-$$

其中 R 代表高分子基体。

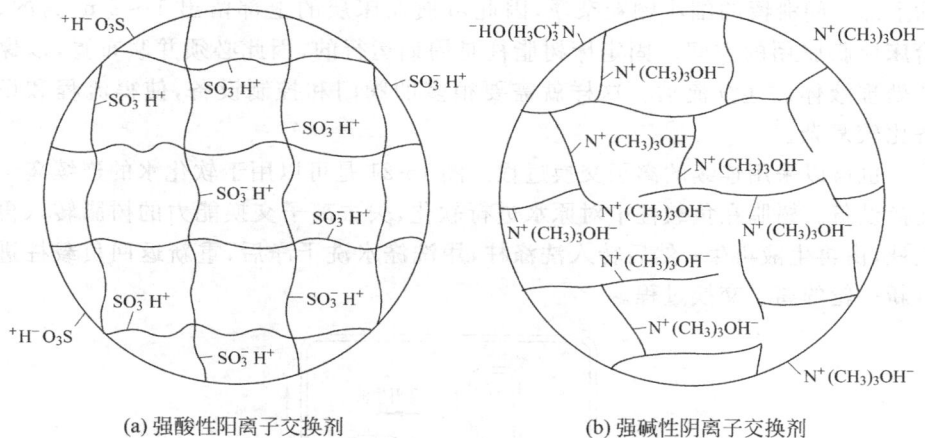

(a) 强酸性阳离子交换剂　　　　　　(b) 强碱性阴离子交换剂

图 15-19　显示带电荷的基体和可交换离子的图解

　　根据离子交换的原理可知,其主要的应用是脱除离子或者富集离子,可用于高纯度的分离和净化。在水处理领域,离子交换法可以从水中除去几乎全部的所溶解的无机杂质离子,最终可以生产出达到纯水电导的水。在糖汁和糖浆的软化(除钙)和脱除离子方面也主要使用离子交换技术。在湿法冶金中,离子交换法可以用来回收金、银等金属离子。

　　进行了离子交换之后的树脂需要进行再生才能继续发挥其功能。在阳离子交换树脂的再生中,可以使用酸将树脂上的阳离子洗脱下来;在阴离子交换树脂的再生中,可以使用碱将树脂上的阴离子洗脱下来。因此,在设计离子交换过程的流程以及所使用的设备时,必须包括离子交换和再生两个部分。

　　固定床是最常用的离子交换设备(见图 15-20)。其主体是一个带有底盘的柱体,水流方向一般是从上往下,这样树脂颗粒之间没有相对的移动,可以避免树脂颗粒的破碎,保证长的使用寿命。处理后的溶液从下部配水管排出。下部配水管埋在砂子或者卵石中,砂子或者卵石起着支撑离子交换树脂的作用。树脂再生时,再生剂通常从下向上流动,可以采用在床层上部铺设可膨胀的橡胶波纹管等技术避免颗粒的流化,保持树脂的稳定状态。床层需要进行周期性的流态化以清

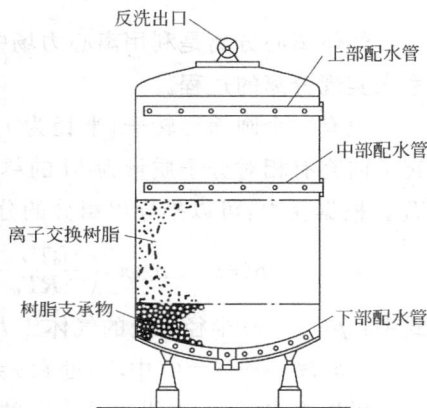

图 15-20　固定床离子交换设备

除上部空间滞留的细小颗粒杂质,因此习惯在床层的上部留出 1～2 m 高的、给床层膨胀用的空间。固定床树脂柱是周期运行的,因此必须并联布置,以保持处理液体的连续流动。这样就需要很多的阀门和控制设备,使得流程和设备比较复杂。

也可以采用连续的离子交换过程。图 15-21 是可以用于软化水的连续离子交换设备。树脂在负载柱中对原水进行软化,失去离子交换能力的树脂转入再生柱,由再生液再生;然后转入洗涤柱,用洗涤水洗干净后,重新返回负载柱进行新一轮的离子交换过程。

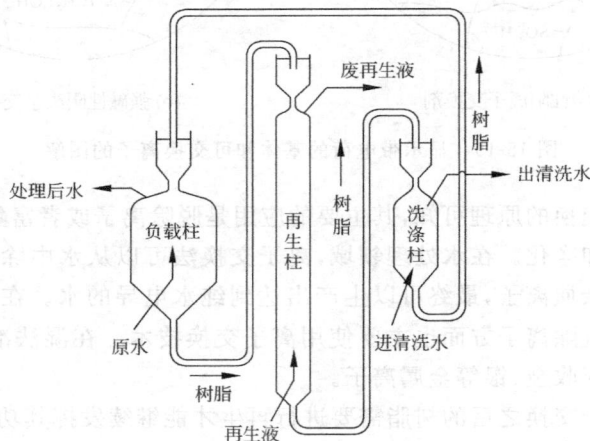

图 15-21 连续离子交换过程

15.1.9 气体离心分离

气体离心分离是利用离心力场中各组分气体压力分布与分子质量之间的关系来实现分离的过程。

设有一个圆筒形转子,半径为 r_a,高度为 Z,以恒定角速度 Ω 绕其轴旋转。转子内充有相对分子质量为 M 的单组分气体。设气体为粘性连续介质,温度为 T_0。根据受力,可以推导出组分的分压随半径的变化关系:

$$p(r) = p_c \exp\left(\frac{M\Omega^2 r^2}{2RT_0}\right) = p_w \exp\left[\frac{M\Omega^2 r_a^2}{2RT_0}\left(\frac{r^2}{r_a^2} - 1\right)\right] \tag{15-12}$$

式中:$p(r)$——半径 r 处的气体压力,Pa;

p_c,p_w——$r=0$(中心)处和 $r=r_a$(圆筒壁)处的气体压力,Pa。

可以看出,转子中沿半径方向的气体压力分布是很陡的,在转子轴线附近的很大空间内几乎为真空状态,大部分气体集中在圆筒壁附近的薄层内。

如果在离心机中存在两种组分的混合气体,设轻组分的摩尔质量为 M_1,重组分的摩尔质量为 M_2,两者摩尔质量之差为 ΔM,则根据式(15-12)可以得到

$$p_1(r) = p_{1c}\exp\left(\frac{M_1\Omega^2 r^2}{2RT_0}\right) \tag{15-13}$$

$$p_2(r) = p_{2c}\exp\left(\frac{M_2\Omega^2 r^2}{2RT_0}\right) \tag{15-14}$$

将 p_1 和 p_2 示意性地标绘在图 15-22 中,可以看出,在轴线处($r=0$)轻组分相对浓缩,在圆筒壁处($r=r_a$)重组分相对浓缩。这就是说,沿径向发生了轻重组分的分离。

定义径向平衡分离系数 α_q 为

$$\alpha_q = \frac{\dfrac{x(0)}{1-x(0)}}{\dfrac{x(r_a)}{1-x(r_a)}} \tag{15-15}$$

由于

$$x(0) = \frac{p_{1c}}{p_{1c}+p_{2c}}$$
$$x(r_a) = \frac{p_{1w}}{p_{1w}+p_{2w}} \tag{15-16}$$

式中：x——轻组分 1 的摩尔分数；

p_1——轻组分 1 的分压,Pa。

所以

$$\alpha_q = \exp\left(\frac{\Delta M\Omega^2 r_a^2}{2RT_0}\right) \tag{15-17}$$

由此可见,转子的圆周线速度越大,气体的温度越低,一级平衡分离系数 α_q 就越大。

1. 离心机和级联

可以使用逆流离心机(见图 15-23)进行气体的分离。由于转子中的两股圆筒状气流沿轴向作逆流流动,使径向分离效应在轴向得到倍增,从而大大提高了离心机总体的分离系数。气体是从转子的中部供入,分别在两端取出。一端取出的气体中轻组分得到浓缩,另一端取出的气体中重组分得到浓缩。因为逆流型离心机的分离系数大,又能连续生产,所以是最适合于工业生产的机型。

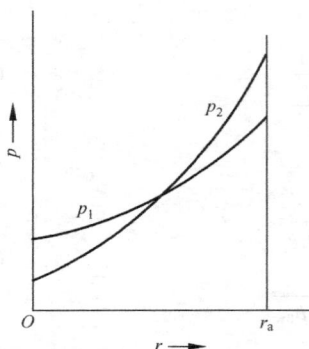

图 15-22　离心力场中双组分气体的各组
分压力沿半径分布示意图

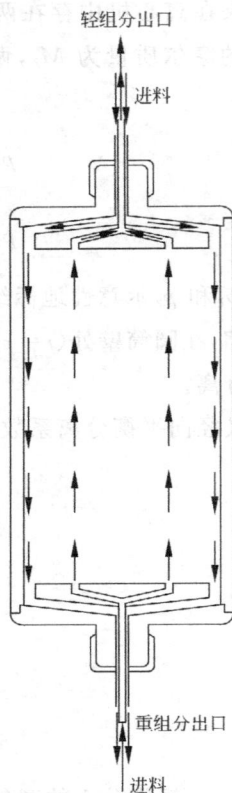

图 15-23　逆流离心机的流动示意图

2. 评价和应用

1919 年科学家就提出可以借助重力场或者离心力场分离同位素。1939 年美国学者研制成功了真空型离心机,分离了氯的同位素。第二次世界大战期间,美国和德国都开展了离心法分离铀同位素的研究,美国学者 Beams 还获得了 4% 的 ^{235}U 1.2 g。但是由于材料(高比强度的材料)的限制,使得该技术只能停留在实验室研究阶段。1950 年以后,德国首先在技术上取得突破,Zippe 型离心机逐步走向工业。核能技术的发展使离心技术得到更大的发展。20 世纪 70 年代以后,离心法浓缩铀已经趋于成熟。

单个离心机的分离系数仍不大,与气体扩散分离一样,为了实现组分之间较为完全的分离,需要采用多个离心机组成的级联系统。

3. 与气体扩散分离的比较

就单机分离性能而言,离心机的浓缩系数比扩散机大得多,但是流量小得多。因此,就级联性能而言,离心法级联的级数少,并联的台数多,更容易接近理想级联。而扩散法级联的级数多,常是串联方式。就工厂而言,离心法灵活性大,可以随市场的需求及时进行调整。

15.2　分离方法的选择

15.2.1　总的选择原则

一般而言,经济性是选择分离方法的总原则。所谓经济性是指对于可能使用的各种方法,从设备投资、原材料和能量消耗以及人工费用等方面进行综合比较,选择成本最低的分离方法。

但是,在某些特殊情况下,某些非经济因素可能成为选择分离方法的决定因素。例如第二次世界大战期间,对于铀同位素的分离,当时最重要的问题是尽快获得可用于裂变的浓缩 ^{235}U,因此有关各国均采用费用高但是技术上比较成熟的、能够在最短时间内获得浓缩 ^{235}U 的气体扩散法。

事实上,由于各种复杂因素的相互作用,经济上完全的最优化很难达到,也很难评价是否达到最优。因此,可以考虑以经济合理性为选择分离方法的判据。为了实现经济上的合理性,通常需要进行全面的系统考虑,下面讨论主要的考虑因素。

15.2.2　选择分离方法时需要考虑的因素

1. 详细了解分离对象的各种信息

首先要了解待分离对象是哪一个生产工艺中的混合物以及它在该工艺中的地位。其次要了解其处理量、状态、温度、压力、组成以及可能随整个工艺条件的变化而发生的波动。还要确定分离要求并且了解分离完毕之后是得到最终产品还是得到中间产品。对整个生产工艺的宏观了解有助于考虑问题的全面性。

2. 详细分析各组分的物化性质,初步确定可能应用哪些分离方法

例如在二甲苯异构体的分离中,首先分析各异构体分子之间的差别,进而选择适用的分离过程。3 种二甲苯和乙苯的部分性质列于表 15-1 中。由于它们是异构体,有相同的相对分子质量,因此,任何依靠分子质量差异进行分离的过程都不适用。

表 15-1　二甲苯和乙苯的性质

性　　质	邻二甲苯	间二甲苯	对二甲苯	乙苯
沸点/K	417.3	412.6	411.8	409.6
沸点随压力的变化/10^{-3}K/Pa	3.73	3.86	3.69	3.68
凝固点/K	248.1	225.4	286.6	178.4
相对分子质量	106.16	106.16	106.16	106.16

　　这些异构体的沸点十分接近。从沸点和沸点随压力变化可以算出,间位(或者对位)与邻位二甲苯的相对挥发度为1.16左右,而对位与间位二甲苯的相对挥发度为1.02。由于间位和邻位异构体的相对挥发度已经足够大,因此用精馏法使间二甲苯和邻二甲苯分离是可行的,不过,实现该精馏过程需要回流比为15,并且要100块甚至更多的板数。

　　对位和间位二甲苯之间的相对挥发度很小,用普通的精馏分离是不可行的。然而,这两种异构体的明显性质差异是分子的形状:对二甲苯是细长分子,间二甲苯则接近于球形。在确定的分子体积下,依靠分子形状进行的分离过程可以是结晶的方法。此处分子形状的差异可以有两个作用:①由于对二甲苯分子形状对称,故更容易堆砌在一起形成晶体结构,因此对二甲苯比其他的异构体有更高的凝固点。②对二甲苯和间二甲苯的形状不同,还意味着间二甲苯难以进入到固相对二甲苯的晶体结构中。这样,当两个异构体混合物进行低温处理时,形成的固相基本上只含有对二甲苯,过程具有很大的分离因子。

　　因此,在用精馏法除去邻二甲苯以后,结晶分离对二甲苯和间二甲苯成为传统的工业生产方法。

　　另外,由于分子形状因素对于吸附过程的影响较大,所以利用分子筛进行吸附,所得对二甲苯异构体的分离因子更大。因此,已经开发出了以分子筛工艺为基础的连续大型吸附装置,部分取代了结晶过程。

　　当然,还可以考虑前面介绍的反应精馏来实现对位和间位二甲苯的分离。

　　物质挥发性与气液两相平衡性质的差别是普遍存在的物性差,而且即使常温下是气态或者固态的物质可以通过改变温度和压力的方法建立气液两相共存的状态。精馏过程简单,一般不加入另外的物料。因此,它是应用最广泛的一种分离方法,特别是在大规模的石油炼制等工业中,精馏是普遍使用的分离过程。实际上,当相对挥发度大于1.05时就可以毫不犹豫地选择精馏的方法,除非存在明显的不适于用蒸馏的理由。通常不采用蒸馏的因素有:对产品的热损害,分离因子接近于1,以及如果采用蒸馏则出现极端操作条件(温度和(或)压力)。精馏的缺点是能耗较高,所以设计精馏过程时要注意考虑节能的问题,例如多组多参加实践,在实践中既可以加深对基本原理的理解,还可以积累实践经验,扩大知识面。

习　题

15-1　试为烟道气中 CO_2 的回收分离设计方案。

15-2　有浓度为 1 mol/m³ 的 $CaCl_2$ 水溶液 1 m³,拟分别用反渗透法和离子交换法回收其中的水。反渗透法在 0.5 MPa 的操作压力下可以回收 80% 的水,而离子交换法在赋活离子交换树脂时需要使用 2 mol 的 NaOH 和 2 mol 的 HCl,这些溶液则是在 2 V 的电压下电解 NaCl 得到的。试求欲获得 1 m³ 的纯水,两种方法分别需要的理论耗电量。

15-3　试比较海水淡化的各种方法。

15-4　把环己烷和苯的等分子混合物分离为较纯的产物,试提出工业规模可行的分离过程。

15-5　从排放到大气中的废氮气中除去 1%(摩尔分数)的苯蒸气,试提出两个以上的合理分离过程。

15-6　提出工业规模分离正丙醇和异丙醇的最合理流程。

15-7　为了基本上除尽室温下饱和液体苯中的水分,试提出一个或者若干个合理的分离过程。

15-8　湿的甘蔗渣中含有 5%(质量分数,下同)的蔗糖溶液,蔗糖溶液中含有 5% 的蔗糖,现欲用水洗的方法回收其中的蔗糖。经过初步的实验得知,每次水洗后从洗槽中取出的甘蔗渣中溶液含量为 0.053 kg/kg。如果湿甘蔗渣的处理量为 4 000 kg/h,水洗所用水量为 400 kg/h。

(1) 设计 3 种水洗流程;

(2) 分别计算每种流程所得的蔗糖溶液的量和组成;

(3) 比较蔗糖的回收率各为多少;

(4) 提出倾向性处理方案。

15-9　试分析温度、搅拌速度和粒度对浸取过程的影响。

15-10　试对图 15-21 中所示的离子交换过程进行深入的分析,说明阴阳离子是如何得以脱除的以及树脂又是如何得到再生的。

符 号 说 明

英 文 字 母

d——分子的直径,cm

G——气体流动的摩尔流量,kmol/(m² · h)

l——气体扩散膜介质厚度,m

M——摩尔质量

n——分子数密度,个/cm³

p——压力,Pa

R——摩尔气体常数,8 314 J/(kmol·K)　　v——气体分子平均平动速度,m/s

r——气体扩散膜介质的孔半径,m　　　　Z——转子高度,m 下标

r_a——转子半径,m　　　　　　　　　　mol——分子流

T——温度,K　　　　　　　　　　　　vis——粘性流

希腊字母

α——气体离心分离的分离系数　　　　　μ——粘度,Pa·s

λ——气体分子运动的平均自由程,m　　Ω——角速度,rad/s

参 考 文 献

1　King C J 著.分离过程.第 2 版.大连工学院化工原理教研室译.北京:化学工业出版社,1987

2　蒋维钧,余立新.新型传质分离技术.第 2 版.北京:化学工业出版社,2006

3　大矢晴彦.分离的科学与技术.北京:中国轻工业出版社,1999

4　肖啸菴.同位素分离.北京:原子能出版社,1999

5　陈洪钫,刘家祺.化工分离过程.北京:化学工业出版社,1995

6　哈姆斯基 E B.化学工业中的结晶.古涛,叶铁林译.北京:化学工业出版社,1984

7　丁绪淮,谈遒.工业结晶.北京:化学工业出版社,1985

8　王方.国际通用离子交换技术手册.北京:科学技术文献出版社,2000

9　袁一.化学工程师手册.北京:机械工业出版社,2000